全国电力出版指导委员会出版规划重点项目

锅炉设备检修

（第二版）

《火力发电职业技能培训教材》编委会　编

中国电力出版社
CHINA ELECTRIC POWER PRESS

内 容 提 要

本套教材在2005年出版的《火力发电职业技能培训教材》基础上，吸收近年来国家和电力行业对火力发电职业技能培训的新要求编写而成。在修订过程中以实际操作技能为主线，将相关专业理论与生产实践紧密结合，力求反映当前我国火电技术发展的水平，符合电力生产实际的需求。

本套教材总共15个分册，其中的《环保设备运行》《环保设备检修》为本次新增的2个分册，覆盖火力发电运行与检修专业的职业技能培训需求。本套教材的作者均为长年工作在生产第一线的专家、技术人员，具有较好的理论基础、丰富的实践经验和培训经验。

本书为《锅炉设备检修》分册，主要内容有：锅炉检修基础知识、锅炉本体检修、锅炉辅机及附属设备检修、锅炉管阀检修。

本套教材适合作为火力发电专业职业技能鉴定培训教材和火力发电现场生产技术培训教材，也可供火电类技术人员及职业技术学校教学使用。

图书在版编目（CIP）数据

锅炉设备检修/《火力发电职业技能培训教材》编委会编．—2版．—北京：中国电力出版社，2020.5（2022.9重印）

火力发电职业技能培训教材

ISBN 978-7-5198-4336-6

Ⅰ.①锅…　Ⅱ.①火…　Ⅲ.①火电厂-锅炉-设备检修-技术培训-教材　Ⅳ.①TM621.2

中国版本图书馆CIP数据核字（2020）第028906号

出版发行：中国电力出版社
地　　址：北京市东城区北京站西街19号（邮政编码100005）
网　　址：http://www.cepp.sgcc.com.cn
责任编辑：娄雪芳（010-63412375）
责任校对：黄　蓓　朱丽芳
装帧设计：赵姗姗
责任印制：吴　迪

印　　刷：三河市万龙印装有限公司
版　　次：2005年1月第一版　2020年5月第二版
印　　次：2022年9月北京第十四次印刷
开　　本：880毫米×1230毫米　32开本
印　　张：14.125
字　　数：489千字
印　　数：2001—2500册
定　　价：78.00元

版 权 专 有　侵 权 必 究

本书如有印装质量问题，我社营销中心负责退换

《火力发电职业技能培训教材》（第二版）

编 委 会

主　任： 王俊启

副主任： 张国军　乔永成　梁金明　贺晋年

委　员： 薛贵平　朱立新　张文龙　薛建立
许林宝　董志超　刘林虎　焦宏波
杨庆祥　郭林虎　耿宝年　韩燕鹏
杨　铸　余　飞　梁瑞珽　李团恩
连立东　郭　铭　杨利斌　刘志跃
刘雪斌　武晓明　张　鹏　王　公

主　编： 张国军

副主编： 乔永成　薛贵平　朱立新　张文龙
郭林虎　耿宝年

编　委： 耿　超　郭　魏　丁元宏　席晋奎

编辑办公室成员： 张运东　赵鸣志
徐　超　曹建萍

《火力发电职业技能培训教材 锅炉设备检修》（第二版）

编　写　人　员

主　编： 韩燕鹏

参　编： 易元胜　张建宾　范建斌　韩燕鹏

张宇雄　孟俊峰

《火力发电职业技能培训教材》（第一版）

编　委　会

主　任：周大兵　翟若愚

副主任：刘润来　宗　健　朱良镭

常　委：魏建朝　刘治国　侯志勇　郭林虎

委　员：邓金福　张　强　张爱敏　刘志勇

王国清　尹立新　白国亮　王殿武

韩爱莲　刘志清　张建华　成　刚

郑耀生　梁东原　张建平　王小平

王培利　闫刘生　刘进海　李恒煌

张国军　周茂德　郭江东　闻海鹏

赵富春　高晓霞　贾瑞平　耿宝年

谢东健　傅正祥

主　编：刘润来　郭林虎

副主编：成　刚　耿宝年

教材编辑办公室成员：刘丽平　郑艳蓉

第二版前言

2004年，中国国电集团公司、中国大唐集团公司与中国电力出版社共同组织编写了《火力发电职业技能培训教材》。教材出版发行后，深受广大读者好评，主要分册重印10余次，对提高火力发电员工职业技能水平发挥了重要的作用。

近年来，随着我国经济的发展，电力工业取得显著进步，截至2018年底，我国火力发电装机总规模已达11.4亿kW，燃煤发电600MW、1000MW机组已经成为主力机组。当前，我国火力发电技术正向着大机组、高参数、高度自动化方向迅猛发展，新技术、新设备、新工艺、新材料逐年更新，有关生产管理、质量监督和专业技术发展也是日新月异，现代火力发电厂对员工知识的深度与广度，对运用技能的熟练程度，对变革创新的能力，对掌握新技术、新设备、新工艺的能力，以及对多种岗位上工作的适应能力、协作能力、综合能力等提出了更高、更新的要求。

为适应火力发电技术快速发展、超临界和超超临界机组大规模应用的现状，使火力发电员工职业技能培训和技能鉴定工作与生产形势相匹配，提高火力发电员工职业技能水平，在广泛收集原教材的使用意见和建议的基础上，2018年8月，中国电力出版社有限公司、中国大唐集团有限公司山西分公司启动了《火力发电职业技能培训教材》修订工作。100多位发电企业技术专家和技术人员以高度的责任心和使命感，精心策划、精雕细刻、精益求精，高质量地完成了本次修订工作。

《火力发电职业技能培训教材》（第二版）具有以下突出特点：

（1）针对性。教材内容要紧扣《中华人民共和国职业技能鉴定规范·电力行业》（简称《规范》）的要求，体现《规范》对火力发电有关工种鉴定的要求，以培训大纲中的“职业技能模块”及生产实际的工作程序设章、节，每一个技能模块相对独立，均有非常具体的学习目标和学习内容，教材能满足职业技能培训和技能鉴定工作的需要。

（2）规范性。教材修订过程中，引用了最新的国家标准、电力行业规程规范，更新、升级一些老标准，确保内容符合企业实际生产规程规范的要求。教材采用了规范的物理量符号及计量单位，更新了相关设备的图形符号、文字符号，注意了名词术语的规范性。

（3）系统性。教材注重专业理论知识体系的搭建，通过对培训人员分析能力、理解能力、学习方法等的培养，达到知其然又知其所以然的目的，从而打下坚实的专业理论基础，提高自学本领。

（4）时代性。教材修订过程中，充分吸收了新技术、新设备、新工艺、新材料以及有关生产管理、质量监督和专业技术发展动态等内容，删除了第一版中包含的已经淘汰的设备、工艺等相关内容。2005 年出版的《火力发电职业技能培训教材》共 15 个分册，考虑到从业人员、专业技术发展等因素，没有对《电测仪表》《电气试验》两个分册进行修订；针对火电厂脱硫、除尘、脱硝设备运行检修的实际情况，新增了《环保设备运行》《环保设备检修》两个分册。

（5）实用性。教材修订工作遵循为企业培训服务的原则，面向生产、面向实际，以提高岗位技能为导向，强调了“缺什么补什么，干什么学什么”的原则，在内容编排上以实际操作技能为主线，知识为掌握技能服务，知识内容以相应的工种必需的专业知识为起点，不再重复已经掌握的理论知识。突出理论和实践相结合，将相关的专业理论知识与实际操作技能有机地融为一体。

（6）完整性。教材在分册划分上没有按工种划分，而采取按专业方式分册，主要是考虑知识体系的完整，专业相对稳定而工种则可能随着时间和设备变化调整，同时这样安排便于各工种人员全面学习了解本专业相关工种知识技能，能适应轮岗、调岗的需要。

（7）通用性。教材突出对实际操作技能的要求，增加了现场实践性教学的内容，不再人为地划分初、中、高技术等级。不同技术等级的培训可根据大纲要求，从教材中选取相应的章节内容。每一章后均有关于各技术等级应掌握本章节相应内容的提示。每一册均有关本册涵盖职业技能鉴定专业及工种的提示，方便培训时选择合适的内容。

（8）可读性。教材力求开门见山，重点突出，图文并茂，便于理解，便于记忆，适用于职业培训，也可供广大工程技术人员自学参考。

希望《火力发电职业技能培训教材》（第二版）的出版，能为推进火力发电企业职业技能培训工作发挥积极作用，进而提升火力发电员工职业能力水平，为电力安全生产添砖加瓦。恳请各单位在使用过程中对教材多提宝贵意见，以期再版时修订完善。

本套教材修订工作得到中国大唐集团有限公司山西分公司、大唐太原第二热电厂和阳城国际发电有限责任公司各级领导的大力支持，在此谨向为教材修订做出贡献的各位专家和支持这项工作的领导表示衷心感谢。

《火力发电职业技能培训教材》（第二版）编委会

2020 年 1 月

第一版前言

近年来，我国电力工业正向着大机组、高参数、大电网、高电压、高度自动化方向迅猛发展。随着电力工业体制改革的深化，现代火力发电厂对职工所掌握知识与能力的深度、广度要求，对运用技能的熟练程度，以及对革新的能力，掌握新技术、新设备、新工艺的能力，监督管理能力，多种岗位上工作的适应能力，协作能力，综合能力等提出了更高、更新的要求。这都急切地需要通过培训来提高职工队伍的职业技能，以适应新形势的需要。

当前，随着《中华人民共和国职业技能鉴定规范》（简称《规范》）在电力行业的正式施行，电力行业职业技能标准的水平有了明显的提高。为了满足《规范》对火力发电有关工种鉴定的要求，做好职业技能培训工作，中国国电集团公司、中国大唐集团公司与中国电力出版社共同组织编写了这套《火力发电职业技能培训教材》，并邀请一批有良好电力职业培训基础和经验并热心于职业教育培训的专家进行审稿把关。此次组织开发的新教材，汲取了以往教材建设的成功经验，认真研究和借鉴了国际劳工组织开发的 MES 技能培训模式，按照 MES 教材开发的原则和方法，按照《规范》对火力发电职业技能鉴定培训的要求编写。教材在设计思想上，以实际操作技能为主线，更加突出了理论和实践相结合，将相关的专业理论知识与实际操作技能有机地融为一体，形成了本套技能培训教材的新特色。

《火力发电职业技能培训教材》共 15 分册，同时配套有 15 分册的《复习题与题解》，以帮助学员巩固所学到的知识和技能。

《火力发电职业技能培训教材》主要具有以下突出特点：

（1）教材体现了《规范》对培训的新要求，教材以培训大纲中的“职业技能模块”及生产实际的工作程序设章、节，每一个技能模块相对独立，均有非常具体的学习目标和学习内容。

（2）对教材的体系和内容进行了必要的改革，更加科学合理。在内容编排上以实际操作技能为主线，知识为掌握技能服务，知识内容以相应的职业必需的专业知识为起点，不再重复已经掌握的理论知识，以达到再培训，再提高，满足技能的需要。

凡属已出版的《全国电力工人公用类培训教材》涉及的内容，如识绘图、热工、机械、力学、钳工等基础理论均未重复编入本教材。

（3）教材突出了对实际操作技能的要求，增加了现场实践性教学的内容，不再人为地划分初、中、高技术等级。不同技术等级的培训可根据大纲要求，从教材中选取相应的章节内容。每一章后，均有关于各技术等级应掌握本章节相应内容的提示。

（4）教材更加体现了培训为企业服务的原则，面向生产，面向实际，以提高岗位技能为导向，强调了“缺什么补什么，干什么学什么”的原则，内容符合企业实际生产规程、规范的要求。

（5）教材反映了当前新技术、新设备、新工艺、新材料以及有关生产管理、质量监督和专业技术发展动态等内容。

（6）教材力求简明实用，内容叙述开门见山，重点突出，克服了偏深、偏难、内容繁杂等弊端，坚持少而精、学则得的原则，便于培训教学和自学。

（7）教材不仅满足了《规范》对职业技能鉴定培训的要求，同时还融入了对分析能力、理解能力、学习方法等的培养，使学员既学会一定的理论知识和技能，又掌握学习的方法，从而提高自学本领。

（8）教材图文并茂，便于理解，便于记忆，适应于企业培训，也可供广大工程技术人员参考，还可以用于职业技术教学。

《火力发电职业技能培训教材》的出版，是深化教材改革的成果，为创建新的培训教材体系迈进了一步，这将为推进火力发电厂的培训工作，为提高培训效果发挥积极作用。希望各单位在使用过程中对教材提出宝贵建议，以使不断改进，日臻完善。

在此谨向为编审教材做出贡献的各位专家和支持这项工作的领导们深表谢意。

《火力发电职业技能培训教材》编委会

第二版编者的话

随着我国电力工业迅猛发展，新建、扩建火力发电厂规模越来越大，单机容量、参数越来越高，一批600MW、1000MW超临界机组相继投产，新技术、新工艺不断出现，电力检修职工的知识更新、技术换代问题亟待解决。

本次修编是在2005年第一版的基础上增补了近年来出现的新技术、新工艺和相关标准，对部分淘汰设备的检修内容做了删减，努力贴近大型锅炉的检修管理思路，更加突出了现场实用性。主要内容涵盖了锅炉检修基础知识、锅炉本体检修、锅炉辅机及附属设备检修、锅炉管阀检修等锅炉检修工种所需掌握的知识、技能。适合火力发电企业作为职工培训教材使用，也可作为技术人员参考用书。

本书修编共分四篇，第一篇由大唐太原第二热电厂韩燕鹏修编，第二篇由大唐太原第二热电厂张建宾、阳城国际发电有限公司孟俊峰修编，第三篇由大唐太原第二热电厂张宇雄、范建斌和阳城国际发电有限公司孟俊峰修编，第四篇由大唐太原第二热电厂易元胜修编。全书由大唐太原第二热电厂韩燕鹏统稿修编。

由于编写时间紧迫，编者水平有限，教材中存在的不妥之处恳请广大读者提出宝贵意见。

编　者

2019年6月

第一版编者的话

随着我国电力工业迅猛发展，新建、扩建火力发电厂规模越来越大，单机容量、参数越来越高，一批 600MW、900MW 超临界机组相继投产，新技术、新工艺不断出现，电力检修职工的知识更新、技术换代问题亟待解决。

本次修编的教材增补了近年来出现的新技术、新工艺，努力贴近大型锅炉的检修管理思路，更加突出了现场实用性。主要内容涵盖了锅炉本体检修、锅炉管阀检修、锅炉辅机检修、电除尘设备检修、除灰设备检修等锅炉检修五大工种所需掌握的知识、技能。适合火力发电企业作为职工培训教材使用，也可作为技术人员参考用书。

本书共分六篇，第一、三篇由太原第一热电厂赵学斌编写，第二篇由太原第二热电厂任玉忠编写，第四篇由太原第一热电厂孙雷编写，第五篇由太原第一热电厂杨晓东编写，第六篇由古交电厂苏建魁编写。全书由太原第一热电厂尹立新统稿主编，由太原第一热电厂周茂德、王引棣审定。

由于编写时间紧迫，编者水平有限，教材中存在的不妥之处恳请广大读者提出宝贵意见。

编　者

2004 年 8 月

目　录

第三篇 锅炉辅机及附属设备检修

第四篇 锅炉管阀检修

第一篇

锅炉检修基础知识

第一章

锅炉设备简介

第一节　锅炉设备的构成及工作概况

一、锅炉在火力发电厂中的地位及作用

对于火力发电厂，电力生产过程是一个能量转化的过程。燃料在锅炉内燃烧，产生高温高压蒸汽，蒸汽在汽轮机内膨胀做功，推动汽轮机旋转，汽轮机再带动发电机发电。上述过程首先是燃料的化学能转化为蒸汽的热能（锅炉），然后是热能转化为机械能（汽轮机），进而机械能转化为电能（发电机）。锅炉是火力发电厂的三大主机之一，它的任务就是经济、可靠地产生一定数量的、具有一定温度和压力的蒸汽。

随着电力生产不断的发展，锅炉也向着高参数、大容量的方向发展。目前在电网中300MW、600MW机组已经作为基本负荷机组运行，锅炉的容量已达到2000t/h，甚至更高。因此对锅炉设备的设计制造、安装、检修提出了更高的要求，这些要求包括：

（1）必须符合国家、行业关于锅炉设计制造、安装、运行、检修等各项有关规定的要求。

（2）必须能够连续、安全地运行。随着机组容量不断地增大，停产造成的损失也会越来越大。

（3）必须能够经济地运行。现代锅炉运行时耗用大量的燃料，因此经济性就显得十分重要，大型锅炉的设计炉效一般能达到94%。

（4）易于检修和快速处理事故。锅炉部件处在较为恶劣的环境中工作，部件的磨损、腐蚀等较为严重，部件在使用一定的年限之后，要在设备检修时予以更换；出现事故时，也要求在短时间内处理。

（5）必须充分考虑环保要求。锅炉是大型的燃烧设备，一台300MW机组配套锅炉每天耗煤3000多t，要排出大量的灰、渣和烟气。现代锅炉的发展和环保技术已经密不可分，要求对烟气的氮氧化物、硫氧化物和飞灰进行处理。因此锅炉除配备除尘器外，还应配备脱硫装置和脱硝装置。

二、电站锅炉的组成及作用

锅炉是一个庞大而又复杂的设备，它由锅炉构架、汽水系统、燃烧系统、辅机和附件组成，如图 1 – 1 所示。

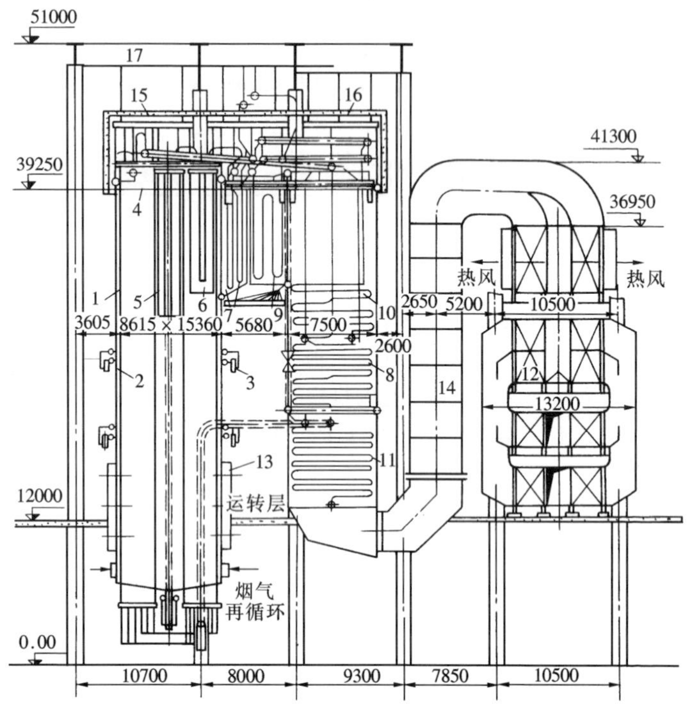

图 1 – 1　SG – 1000/170 型直流锅炉整体布置示意

1—上升管；2—双面水冷壁；3—混合器；4—顶棚管过热器；5—前屏过热器；6—后屏过热器；7—高温对流过热器；8—低温对流过热器；9—高温再热器；10—低温再热器；11—省煤器；12—空气预热器；13—燃烧器；14—导向烟道；15—炉顶罩壳；16—过渡梁；17—炉顶框架

（一）锅炉构架

锅炉构架有支撑式和悬吊式两种，用来支撑锅炉的所有部件，如汽包、汽水分离器、联箱、受热面、炉墙、平台、扶梯等。构架应有足够的强度、刚度、伸缩性和防震性。

锅炉一般采用支撑式钢架。钢架主要由立柱、横梁、桁架和辅助梁组成。大型锅炉中普遍采用悬吊式结构，这种结构的主要特点是：抗震性能好、刚性大、在外力作用下变形小。

支撑式锅炉的膨胀方向为总体向上，而悬吊式锅炉的热膨胀方向是总体向下的。

（二）汽水系统

锅炉的汽水系统由给水管路、省煤器、汽包、下降管、水冷壁、过热器、再热器及主再热蒸汽管路等组成，其主要任务是使水吸热、蒸发，最后变成有一定参数的过热蒸汽。从给水管路来的给水经过给水阀进入省煤器，加热到接近饱和温度，进入汽包，经过下降管进入水冷壁，吸收蒸发热量，再回到汽包。经过汽水分离以后，蒸汽进入过热器，水再进入水冷壁进行加热。进入过热器的蒸汽吸收热量，成为具有一定温度和压力的过热蒸汽，经过主蒸汽管，送入汽轮机高压缸做功。蒸汽从高压缸做完功后，经再热蒸汽管冷段，进入锅炉再热器加热至额定温度后，经再热蒸汽热段，进入汽轮机中压缸、低压缸继续做功。

汽水系统是锅炉的一个主要系统，可以进一步划分为：①给水系统；②主蒸汽系统；③炉内外水循环系统和主蒸汽管道系统；④疏放水系统；⑤排污系统。

（三）燃烧系统

锅炉的燃烧系统由炉膛、燃烧器、点火油枪（或等离子点火器）、风、粉、烟道等组成，其作用是使燃料燃烧发热，产生高温火焰和烟气。空气经送风机在空气预热器中吸收烟气的热量后，一部分作为一次风进入磨煤机内加热和干燥燃煤，并携带煤粉进入炉膛内燃烧；另一部分空气直接通过燃烧器进入炉膛作为二次风进行助燃。煤粉在炉膛空间内悬浮燃烧时，生成高温火焰和烟气，火焰以辐射传热的方式将热量传给水和蒸汽；烟气在烟道中流动时，以对流传热的方式将热量传给水和蒸汽；烟气经空气预热器冷却，将热量传给冷风以后，经电除尘、脱硫装置处理，最后由引风机送入烟囱，排入大气。

燃烧系统是锅炉的一个主要系统，可进一步划分为：

（1）燃烧器及调节点火装置；

（2）制粉系统；

（3）风烟系统；

（4）除渣、除灰系统；

（5）炉前点火油系统（或等离子点火系统）。

（四）辅机和附件

电站锅炉为了完成生产蒸汽的任务，还需要配置一系列的辅助设备，主要有送风机、引风机及制粉、除尘、除灰、除渣设备等。为了确保锅炉的安全经济运行，还须配置安全阀、水位计、膨胀位移指示器及吹灰器等锅炉附件。

三、锅炉的参数及型号

（一）锅炉参数

锅炉参数一般指锅炉容量、蒸汽压力、蒸汽温度和给水温度。

（1）锅炉蒸发量或锅炉容量分为额定蒸发量（BRL）和最大连续蒸发量（BMCR）。其中额定蒸发量是指锅炉在额定参数下，使用设计燃料并保证效率时所规定的蒸发量。最大连续蒸发量是指锅炉在额定参数下，使用设计燃料、长期连续运行时所能达到的最大蒸发量。锅炉蒸发量常以每小时所能供应蒸汽的吨数来表示，单位为t/h。最大连续蒸发量通常以额定蒸发量的1.03～1.2倍计算，国产及引进型机组多为偏大值，进口机组多为偏小值。目前大型火电厂锅炉容量一般为670t/h（200MW机组）、1000t/h（300MW机组）和2000t/h（600MW机组）。

（2）锅炉的蒸汽参数是指锅炉过热器出口送出蒸汽的压力和温度，锅炉设计时所规定的蒸汽压力和温度称为额定蒸汽压力和额定蒸汽温度；对于具有中间再热的锅炉，蒸汽参数中还应包括再热蒸汽压力和温度。蒸汽压力用符号p表示，压力的单位为MPa，蒸汽温度用符号t表示，温度的单位为℃。目前大型锅炉的蒸汽压力多为14MPa（670t/h）、17.4MPa（1000t/h或2000t/h）、25.4MPa（2000t/h），蒸汽温度一般为540℃、570℃（超临界压力下）。

（3）给水温度是指进入省煤器前的给水温度。

（二）锅炉型号的表示方法

锅炉型号反映了锅炉的某些基本特征，根据JB/T1617《电站锅炉产品型号编制方法》，我国国产锅炉目前采用三组或四组字码表示其型号。

一般中、高压锅炉采用三组字码，例如：DG－400/9.8－1型锅炉，型号中第一组字码是锅炉制造厂名称的汉语拼音缩写，DG表示东方锅炉厂（SG表示上海锅炉厂、HG表示哈尔滨锅炉厂、WG表示武汉锅炉厂、BG表示北京锅炉厂）；型号中第二组字码为一个分数，分子表示锅炉容量（t/h），分母表示过热蒸汽压力（表压力，MPa）；型号中第三组字码表示锅炉设计燃料代号和变型设计序号，原型设计则无变型设计序号，燃料代号用字母表示，M为燃煤，Y为燃油，Q为燃气，T为其他燃料。产品的设计序号，序号数字小的是先设计的，序号数字大的是后设计的，不同序号可以反映出在结构上的某些差别或改进。

超高压以上锅炉均装有中间再热器，故采用四组字码，即在上述型号的二、三组字码间又加了一组分数形式的字码，其分子表示过热蒸汽温度，分母表示再热蒸汽温度。例如 HG－670/13.7－540/540－1 型锅炉即表示哈尔滨锅炉厂制造，容量为 670t/h，过热蒸汽出口压力为 13.7MPa；过热蒸汽温度为 540℃，再热蒸汽温度为 540℃，第一次设计的锅炉。

四、锅炉主要技术经济指标

锅炉主要技术经济指标一般用锅炉热效率、锅炉成本及锅炉可靠性三项来表示。

1. 锅炉热效率

锅炉热效率是指送入锅炉的全部热量中被有效利用的百分数，现代电站锅炉的热效率一般都在 90% 以上。

2. 锅炉成本

锅炉成本一般用一个重要的经济指标——钢材消耗率来表示。钢材消耗率是指锅炉单位蒸发量所用的钢材质量，即锅炉的每 1 t/h 蒸发量所用钢材吨数，电站锅炉的钢材消耗率一般为 2.5～5。

3. 锅炉可靠性

锅炉可靠性常用下列三种指标来衡量：

（1）连续运行小时数。

连续运行小时数＝两次事故之间的运行时数

（2）事故率。

事故率＝事故停用小时数/（运行总时数＋事故停用小时数）×100%

（3）可用率。

可用率＝（运行总时数＋备用总时数）/统计时间总时数×100%

锅炉事故率和可用率统计期间，可以用一个适当的周期来计算。我国大型电站锅炉过去正常情况下，一般两年安排一次大修和若干次小修，因此在统计时可以一年或两年作为一个统计周期。随着锅炉设计、制造、安装、运行以及检修水平的提高，现在大型电站锅炉，尤其 600MW 及以上容量锅炉的大修周期都有不同程度的延长，达到三年或更长，所以相应的事故率下降而可用率上升。但如果按照机组容量来比较的话，则随着机组容量的增大，可用率会相应降低。

五、锅炉检修工种范围的划分

锅炉本体检修的范围包括：炉内、外水循环系统，过热、再热汽系统，燃烧系统，回转式空气预热器，锅炉本体附件等。

锅炉辅机检修的范围包括：风烟系统、制粉系统、冷却水系统、空压机系统等辅助设备的回转机械及附属管道等。

锅炉管阀检修的范围包括：给水系统、主蒸汽管道系统、疏放水系统和排污系统等。

锅炉除尘检修的范围包括：除尘设备的检修、调试和故障分析与处理。

锅炉除灰设备检修的范围包括：除灰系统、除渣设备、冲渣设备、输灰设备等。

提示 本节内容适合锅炉本体检修（MU2 LE2），锅炉辅机检修（MU2 LE3、LE4），锅炉管阀检修（MU3 LE4），锅炉除尘检修（MU6 LE12）。

第二节 锅炉的型式及工作原理

一、锅炉的类型

根据工质在锅炉内部的流动方式、燃料的燃烧方式，锅炉可分为不同的类型。

1. 按工质在锅炉内的流动方式分类

工质是指在汽、水系统内用来吸热、携带热量、放热以完成物理热过程的工作介质，即指水和蒸汽。按照工质在锅炉内部不同的流动方式，锅炉可分为以下类型：

（1）自然循环锅炉；

（2）多次强制循环汽包锅炉；

（3）直流锅炉；

（4）低倍率循环锅炉；

（5）复合循环锅炉。

2. 按燃料和排渣方式分类

电厂锅炉常用的燃料是煤和油，故锅炉有燃煤炉和燃油炉之分。由于油的成本高、综合利用价值大，燃油炉已逐步减少，电厂常用的是燃煤锅炉。按照燃烧方式可分为以下几类：

（1）室燃炉；

（2）旋风炉；

（3）层燃炉；

（4）流化床燃烧炉。

目前我国大型电站常采用的炉型为室燃炉，其中自然循环锅炉占多数，多次强制循环汽包锅炉、直流锅炉、低倍率循环锅炉及复合循环锅炉也已逐步被采用。

二、自然循环锅炉

1. 工作原理

自然循环锅炉中，汽水主要靠水和蒸汽的密度差产生的压头而循环流动，图 1－2 所示为自然循环锅炉简图。

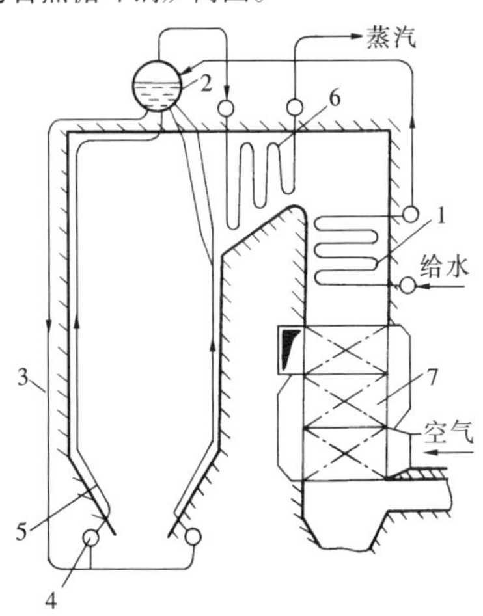

图 1－2　自然循环锅炉简图

1—省煤器；2—汽包；3—下降管；4—下联箱；5—上升管；6—过热器；7—空气预热器

图中的汽包、下降管、下联箱和水冷壁组成一个循环回路。由于水冷壁在炉内受热，产生了蒸汽，汽水混合物的密度小，而下降管在炉外不受热，管中是水，密度大，两者密度差就产生了循环推动力。水沿着下降管向下流动，而汽水混合物则沿上升管向上流动，从而形成了水的自然循环。

上升管内的汽水混合物进入汽包，经汽水分离装置分离出来的饱和蒸汽进入过热器，由省煤器来的给水则不断地补充到汽包内。

2. 特点

随着锅炉工作压力的升高，饱和水与饱和汽的密度差逐渐减小，自然循环的推动力也将逐渐减小，因此自然循环锅炉只能在临界压力以下应用。但是如果能增大水冷壁的含汽率以及减小回路的阻力，并采取相应的防止膜态沸腾的技术措施，在汽包压力为19MPa时仍可维持足够的循环推动力，目前亚临界压力大容量自然循环锅炉正是这样发展的。

自然循环锅炉的汽包是蒸发受热面和过热器之间的固定分界点，由于其蓄热和蓄水能力大，因而对自动调节的要求较低，给水带入的盐分可用排污的方式除掉，对水处理的要求也相对较低。但汽包较难制造，耗金属多，安装运输较复杂且筒壁较厚，筒壁温差限制了锅炉的启停速度。

三、多次强制循环锅炉

1. 工作原理

多次强制循环锅炉是在自然循环锅炉的基础上发展起来的，结构与自然循环锅炉基本相同，只是在下降管中增加了循环泵，以增强循环流动的推动力，如图1-3所示。

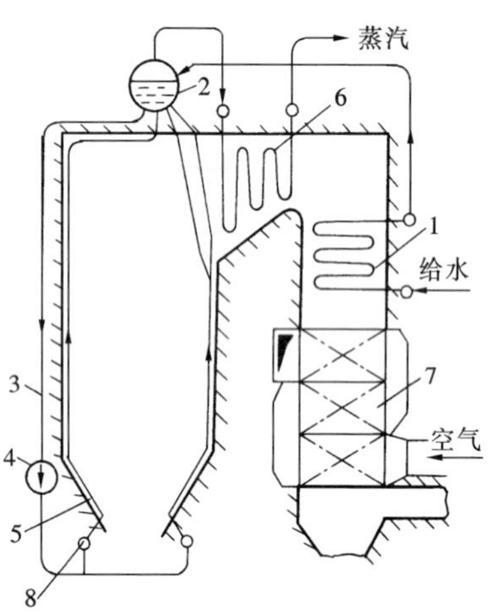

图1-3　多次强制循环锅炉简图

1—省煤器；2—汽包；3—下降管；4—循环泵；5—水冷壁；6—过热器；7—空气预热器；8—下联箱

大容量的锅炉一般装3~4台循环泵，其中一台备用，循环泵垂直布置在下降管的汇总管道上。

2. 特点

这种锅炉的蒸发受热面内工质流动主要靠强制循环，循环倍率在3~5左右。这样既可使水冷壁布置型式较自由，不像自然循环水冷壁必须基本直立，还可采用较小管径，使水冷壁质量减轻，工质质量流速增加，降低管壁温度及应力，提高水冷壁工作的可靠性。同时还可采用较小的汽包，提高启动及升降负荷的速度。

由于循环泵的采用，增加了设备费用以及锅炉运行费用，且循环泵长期在高压高温（250～330℃）下运行，需用特殊结构，相应地也会影响锅炉运行的可靠性。

四、直流锅炉

1. 工作原理

直流锅炉蒸发受热面中工质的流动全部依靠给水泵的压头来实现。给水在给水泵压头的作用下，依次通过加热、蒸发、过热各个受热面，将水全部变成过热蒸汽。直流锅炉没有汽包，其水冷壁可以是垂直上升、螺旋上升，甚至是多次垂直上升的。直流锅炉简图如图1－4所示。

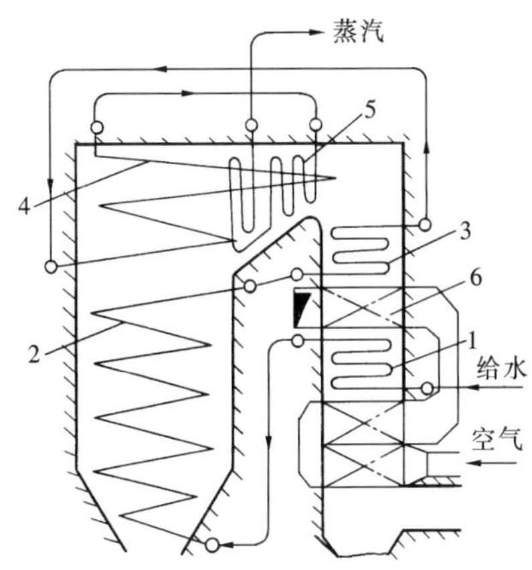

图1－4　直流锅炉简图

1—省煤器；2—水冷壁（下辐射）；3—过渡区；4—水冷壁（上辐射）；5—对流过热器；6—空气预热器

2. 特点

直流锅炉与自然循环锅炉相比，有以下特点：

（1）没有汽包，管径较细，金属耗量少。但蓄热能力差，对外界负荷变化适应性差，调节系统比较复杂，控制技术要求高。

（2）机组启停速度快，不受限于汽包的热应力，且制造、安装、运输方便。

（3）由于用给水泵作为循环推动力，不受工质压力的限制，既可用于临界压力以下，又可用于超临界压力。但工质流动阻力大，额外消耗较多的给水泵功率。

（4）蒸发受热面布置比较自由。

（5）由于给水全部在管内一次蒸发，不能排污，因此，对给水品质的要求比汽包炉高。

五、复合循环锅炉

1. 工作原理

复合循环锅炉是在直流锅炉和强制循环锅炉工作原理基础上发展起来的，可以分为两种。一种是部分负荷再循环，即低负荷时，按再循环方式运行，当锅炉负荷高时按直流方式运行。另一种是全负荷再循环，即在任何负荷下，都有一部分流量进行再循环，但循环倍率很低，一般在1.25～2.5之间，所以又称低倍率循环锅炉。这两种锅炉都没有汽包，而代之以较小的汽水分离器，都装有再循环泵，其系统如图1－5所示。从水冷壁出来的汽水混合物进入汽水分离器，分离后的蒸汽引向过热器，水则和省煤器出来的给水在混合器混合后经再循环泵送入水冷壁。这两

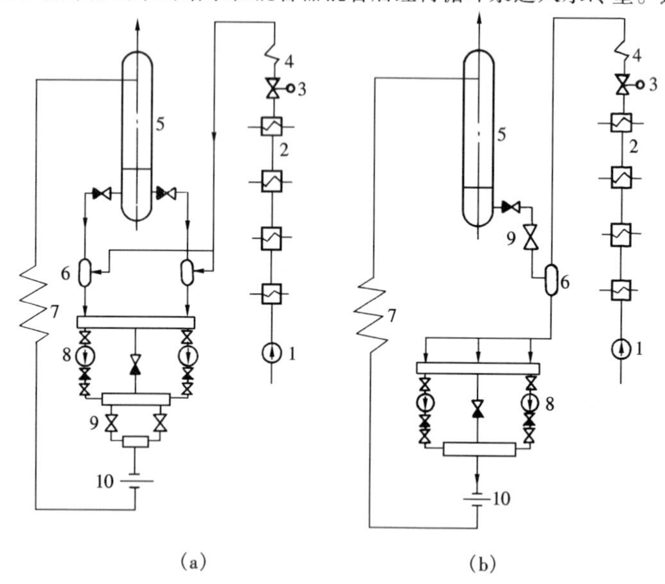

图1－5　复合循环锅炉系统

（a）全负荷再循环锅炉；（b）部分负荷再循环锅炉

1—给水泵；2—高压加热器；3—给水调节阀；4—省煤器；5—汽水分离器；6—混合器；7—水冷壁；8—再循环泵；9—控制阀；10—节流孔板

种锅炉的差别主要是控制阀的装设位置不同，全负荷再循环锅炉的控制阀只起节流作用，汽水分离器中始终有水被分离出来，在各种负荷下再循环泵都投入运行；而部分负荷再循环锅炉则在锅炉蒸发量达到一定值后（30% ~70%额定蒸发量），可关闭控制阀，再循环泵停运，锅炉按直流方式运行。

2. 特点

这两种锅炉既有直流锅炉的特点，又有多次强制循环锅炉的特点，但没有大直径的汽包，只有小直径的分离器，钢材消耗较少，循环泵的功率也较小。但这种锅炉必须保证再循环泵的工作可靠性，且调节系统比其他锅炉复杂。

六、典型锅炉简介

1. 瑞士苏尔寿947t/h低倍率循环锅炉

锅炉简图如图1－6所示。锅炉蒸发量为947t/h，过热蒸汽压力为18.8MPa，过热蒸汽温度为545℃，再热蒸汽流量为847.6t/h，再热蒸汽压力（出口）为4.24MPa，再热蒸汽出口温度为545℃，给水温度为262℃，锅炉效率为91.4%，配用汽轮发电机组的额定功率为300MW。

锅炉为单烟道半塔式布置，炉膛自下而上布置了末级屏式过热器，Ⅱ级高温再热器，Ⅱ级对流过热器，Ⅰ级低温再热器及省煤器，然后经过向下的烟道将烟气送入风罩回转式空气预热器。

水冷壁为一次上升膜式壁，管径为Φ30×5mm，节距为46.5mm，材质为15Mo3；前后水冷壁到炉膛出口处向炉内弯曲，形成六排管子，向上延伸至炉顶，成为炉顶管，送入上联箱，并形成各对流受热面的悬吊管。立式分离器布置在炉后烟道外。循环泵配有两台，一台运行，一台备用。

水循环系统为：

循环泵→各回路下联箱→水冷壁→分离器 → 过热器

省煤器来 → 混合器→循环泵

过热器系统为：Ⅰ级墙式辐射过热器→Ⅱ级对流过热器→末级屏式过热器→高压缸。

Ⅰ级墙式辐射过热器呈水平带式布置在炉膛出口处，四壁成四组，每组三流道，遮住部分水冷壁管，装有喷水减温装置，启动时不必采取保护措施。材质为15Mo3及10CrMo910。

对流过热器、屏式过热器均为水平布置，疏水方便，但容易积灰，装有长杆吹灰器。材质分别为15Mo3、13CrMo44及F12。

再热器系统为：高压缸来汽→Ⅰ级再热器→Ⅱ级再热器→中压缸。

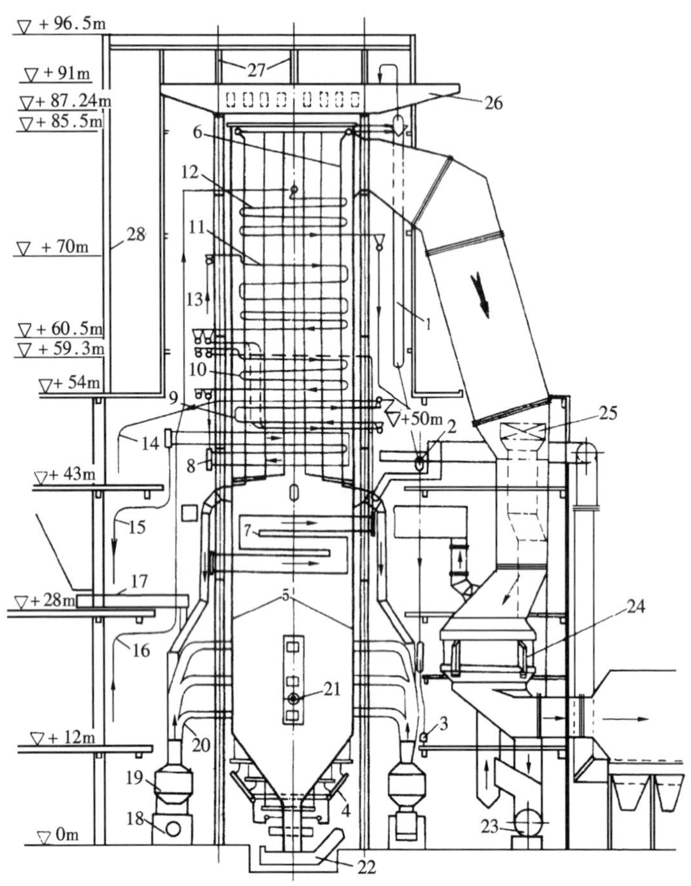

图 1-6　苏尔寿公司 947t/h 低倍率循环锅炉简图

1—汽水分离器；2—混合器；3—循环泵；4—下联箱；5—水冷壁；6—悬吊管；7—墙式辐射过热器；8—屏式过热器；9—高温再热器；10—对流过热器；11—低温再热器；12—省煤器；13—再热蒸汽入口管；14—再热蒸汽出口管；15—过热蒸汽出口管；16—给水管；17—给煤机；18—磨煤机；19—粗粉分离器；20—一次风管；21—燃烧器；22—除渣机；23—送风机；24—空气预热器；25—暖风器；26—主板梁；27—房架；28—电梯道

材质为：Ⅰ级再热器 St45.8、15Mo3、13CrMo44，Ⅱ级为 13CrMo 及 10CrMo910。

Ⅱ级过热器进出口联箱装有两级喷水减温器，Ⅰ、Ⅱ级再热器间也装有喷水减温器。

省煤器装在主烟道顶部，顺列布置，入口联箱装在烟道中，出口联箱在烟道外。管径为 Φ38 ×5，材质为 St45.8。

锅炉采用悬吊结构，钢结构用高强螺栓连接，施工方便。采用敷管式炉墙。

燃烧器为直流式，制粉系统为风扇磨直吹式。六台磨煤机围绕炉膛布置，两侧墙中间各布置一组燃烧器，前后墙靠两侧各布置两组燃烧器，形成六角布置切圆燃烧，每组燃烧器都配有油枪。

2. 美国福斯特惠勒公司 1950t/h 超临界压力直流锅炉

锅炉简图如图 1 -7 所示。

锅炉的蒸发量为 1950t/h，过热蒸汽压力为 25.5MPa，过热蒸汽温度为 541℃，再热蒸汽温度为 568℃，再热蒸汽压力（进口/出口）为 4.7/4.6MPa，再热蒸汽流量为 1600t/h，配用的汽轮发电机组功率为 600MW。

锅炉为Π形布置，燃用重油或原油，燃烧器为前后墙对冲布置，各为 4 排 4 列，共 32 只，燃烧器为压力雾化式，炉膛为正压通风。锅炉给水温度为 283℃，热风温度为 311℃，排烟温度为 141℃，锅炉效率为 87.12%。

锅炉采用纯直流式。汽水流程依次为：省煤器、炉膛各水冷壁管屏、尾部烟道四壁管屏、炉膛及尾部烟道的顶棚管、水平式一级过热器、屏式过热器、末级对流过热器。

炉膛受热面的布置：炉膛下部为多次串联垂直上升管屏，上部为一次垂直上升管屏，炉膛底部为第一次回路，下部的前墙和两侧墙前部是第二次回路，下部的两侧墙中部是第三次回路，下部后墙和两侧墙后部是第四次回路，炉膛上部的四侧为第五次回路，对流烟道各侧墙上布置第六次回路。炉膛部分管径为 $\phi38$，尾部四壁管径为 $\phi57$，采用鳍片管，管材为含有 0.5Cr 及 0.5Mo 的低合金钢。

尾部下降烟道设计成平行的双烟道。在靠炉前的一侧中，布置水平式再热器，在靠炉后一侧中布置水平式第一级过热器及第二级省煤器，然后在下面双烟道又汇合为一，布置第一级省煤器。在炉膛的高温烟气处，布置蒸汽温度较低的屏式过热器，末级过热器布置在其后，且两者都为顺流式。末级过热器后布置立式第二级再热器，过热汽温采用喷水调节，再热汽温采用烟道挡板调节。

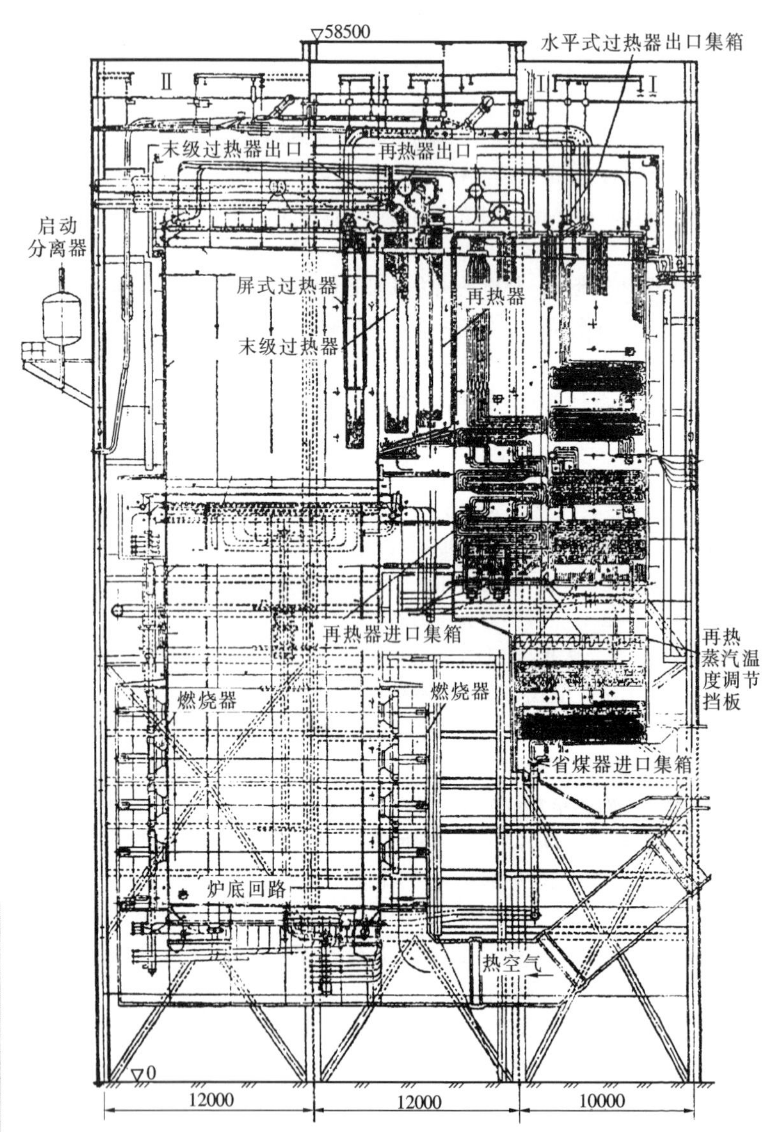

图 1－7　美国福斯特惠勒公司 1950t/h 超临界压力直流锅炉

空气预热器采用回转式，并有前置暖风器，将进入空气预热器的空气温度加热至75℃。

由于锅炉采用了多次上升管屏，各回路之间用不受热连接管连接管屏，使各次回路中工质焓增较小，并使回路出口工质温度偏差很少。这种结构还使流动工况稳定，可不采用为使管屏流量适应于各段热量而设置的节流圈。

七、600MW 锅炉主要技术规范及结构型式

600MW 机组锅炉主要参数系列见表 1－1。

表 1－1　　　　600MW 机组锅炉主要参数系列

压力类别	蒸汽压力(MPa)	蒸汽温度(℃)	给水温度(℃)	额定蒸发量(t/h)	配套机组容量(MW)
亚临界压力	17.5	540/540	260～290	2050	600
超临界压力	25.4	571/569	281	1900	600

根据锅炉蒸发系统中工质的流动方式，锅炉可以分为自然循环锅炉、强制循环锅炉和直流锅炉。目前，对于600MW 机组，亚临界机组有相当部分仍采用自然循环锅炉或强制循环锅炉，但超临界机组的蒸汽压力已提高到25.31MPa，温度控制在540℃左右，一般采用直流锅炉。现代直流锅炉在型式上逐渐趋于一致，主要有三种型式：一次垂直上升管屏式（UP型）；炉膛下部多次上升、炉膛上部一次上升管屏式（FW 型）；螺旋围绕上升管屏式。以下是600MW 机组锅炉的几种典型结构。

1. 600MW 亚临界压力自然循环锅炉结构及布置

B&WB－2028/17.4－M 为亚临界压力、一次再热、单炉膛平衡通风、自然循环、单汽包 W 形锅炉，如图 1－8 所示。设计燃料为无烟煤。采用双进双出钢球磨煤机正压直吹冷一次风机制粉系统，燃烧器采用 B&W 标准设计的浓缩型双调风旋流燃烧器，燃烧器布置在锅炉水冷壁的前后拱上，形成 W 形燃烧方式。尾部设置双烟道，采用烟气分流挡板调节再热器出口汽温。锅炉本体采用全钢构架加轻型金属屋盖、倒 U 形布置，固态连续排渣。

每台锅炉配有 6 台 BBD4060 型双进双出钢球磨煤机，每台磨煤机对应锅炉 4 只燃烧器，每台锅炉有 24 只燃烧器，布置在锅炉的前后拱上，前后拱各有 12 只燃烧器。

2. 600MW 亚临界压力多次强制循环锅炉典型布置

SG－2008/17.5－M901 为亚临界参数汽包炉，采用控制循环、一次中

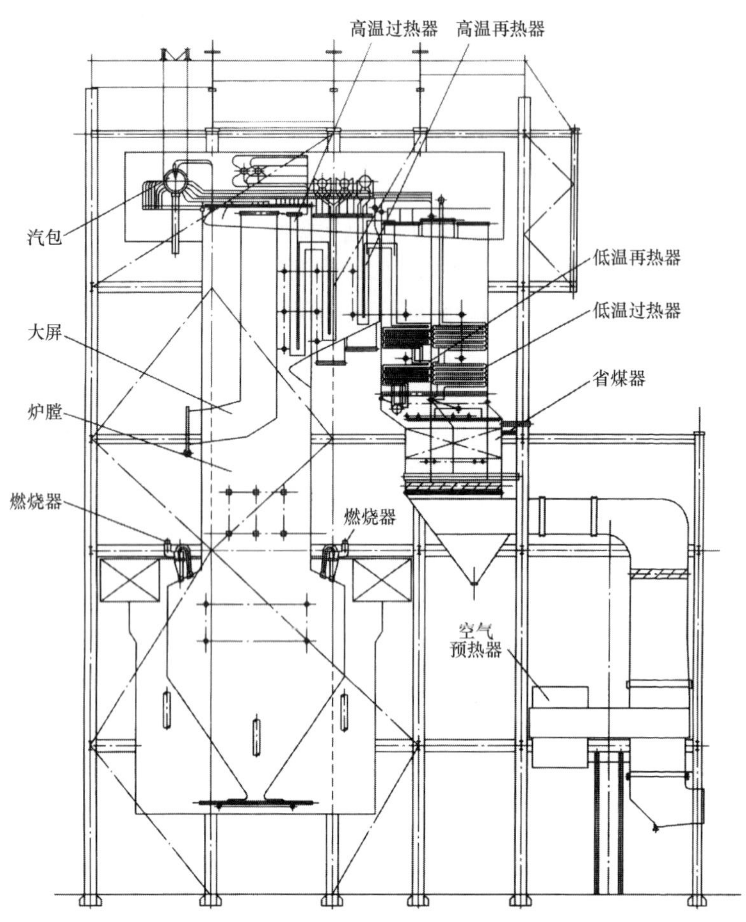

图 1-8　600MW 机组 W 型火焰锅炉

间再热、单炉膛、四角切圆燃烧方式、燃烧器摆动调温、平衡通风、固态排渣、全钢悬吊结构，露天布置燃煤锅炉。如图 1-9 所示，该锅炉的制粉系统采用中速磨冷一次风机正压直吹式系统。过热器的汽温调节由 2 级喷水来控制。再热器的汽温采用摆动燃烧器方式调节（自动调节），再热器进口设有事故喷水。锅炉燃烧系统按中速磨冷一次风直吹式制粉系统设计。尾部烟道下方设置 2 台 3 分仓受热面旋转容克式空气预热器。炉底排渣系统采用机械刮板捞渣机装置。

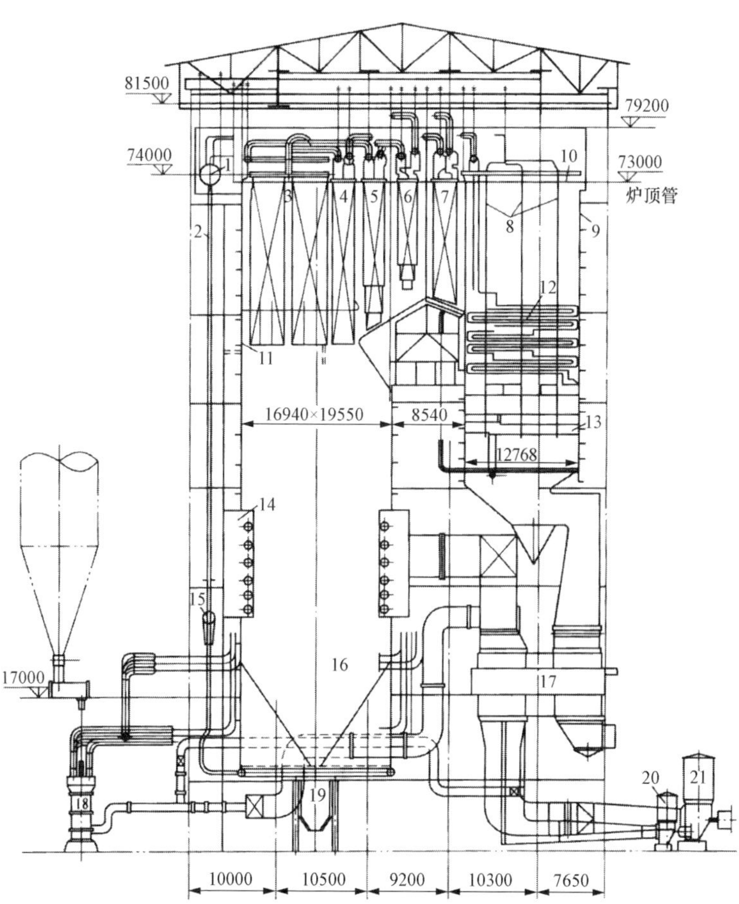

图 1－9　600MW 控制循环锅炉

1—锅筒；2—下降管；3—分隔屏过热器；4—后屏过热器；5—屏式过热器；6—末级再热器；7—末级过热器；8—悬吊管；9—包覆管；10—炉顶管；11—墙式辐射再热器；12—低温水平过热器；13—省煤器；14—燃烧器；15—循环泵；16—水冷壁；17—容克式空气预热器；18—磨煤机；19—出渣装置；20——次风机；21—二次风机

直流燃烧器、四角布置、切圆燃烧是美国 CE 公司的传统燃烧方式。

这种燃烧方式因气流在炉膛内形成一个较强烈旋转的整体燃烧火焰，对稳定着火、强化后期混合、保证燃料完全燃烧十分有利。采用了正压直吹式制粉系统，配置6台ZGM113N中速磨煤机，燃烧器四角布置，切向燃烧。煤粉管道从磨煤机出口供至燃烧器进口，每台磨煤机出口由4根煤粉管道连接至同一层四角布置的煤粉燃烧器。每角燃烧器风箱分成14层，其中A～F6层为一次风喷嘴，其余8层为二次风喷嘴。一、二次风呈间隔排列，在AB、CD、EF3层二次风室内设有启动及助燃油枪，共12支。

3. 600MW超临界压力直流锅炉典型布置

DG1900/25.4－Ⅱ1型锅炉（见图1－10和图1－11）是东方锅炉（集团）股份有限公司与日本巴布科克－日立公司及东方－日立锅炉有限公司合作设计、联合制造的600MW超临界参数变压直流本生型锅炉。从外形上看，除了没有汽包外，该锅炉几乎与传统的亚临界压力自然循环锅炉没有什么差别。该锅炉采用传统的Π型布置方式，炉膛为单炉膛，再热器采用一次中间再热，燃烧器采用前后墙布置的对冲燃烧方式，尾部采用双烟道结构，在尾部低温再热器和省煤器出口处设置了用于调节再热汽温的烟气调节挡板，空气预热器采用回转式，锅炉采用全悬吊的全钢结构，平衡通风，露天布置，固态排渣方式。

锅炉的工质循环系统由启动分离器、储水罐、下降管、下水连接管、水冷壁上升管及汽水连接管等组成。在负荷不小于25%BMCR后，直流运行，一次上升，启动分离器入口具有一定的过热度。为了解决启动阶段及低负荷亚临界压力阶段运行时水冷壁出口的汽水分离问题，采用内置式启动旁路系统。

炉膛的水冷壁结构由上下两大部分组成。折焰角下部是下部螺旋管圈水冷壁与上部垂直管屏的分界面，两部分水冷壁通过中间过渡联箱过渡连接。下部螺旋管圈水冷壁采用全焊接的螺旋上升膜式管屏，螺旋管水冷壁管采用了内螺纹管；上部水冷壁采用全焊接的垂直上升膜式管屏，既保证了炉膛的气密性，同时又减少了工地的焊接组装工作量。由于同一管带中管子以相同方式绕过炉膛，因此，吸热均匀，水冷壁出口的介质温度和金属温度非常均匀，为机组的调峰运行提供了保证。

4. 1000MW超临界压力直流锅炉典型布置

塔式锅炉是不同于双烟道锅炉的一种炉型，如某1000MW超超临界塔式锅炉为单炉膛、一次中间再热、单切圆燃烧方式、平衡通风、固态排渣、全钢悬吊结构塔式锅炉，露天布置燃煤锅炉，如图1－12所示。该锅

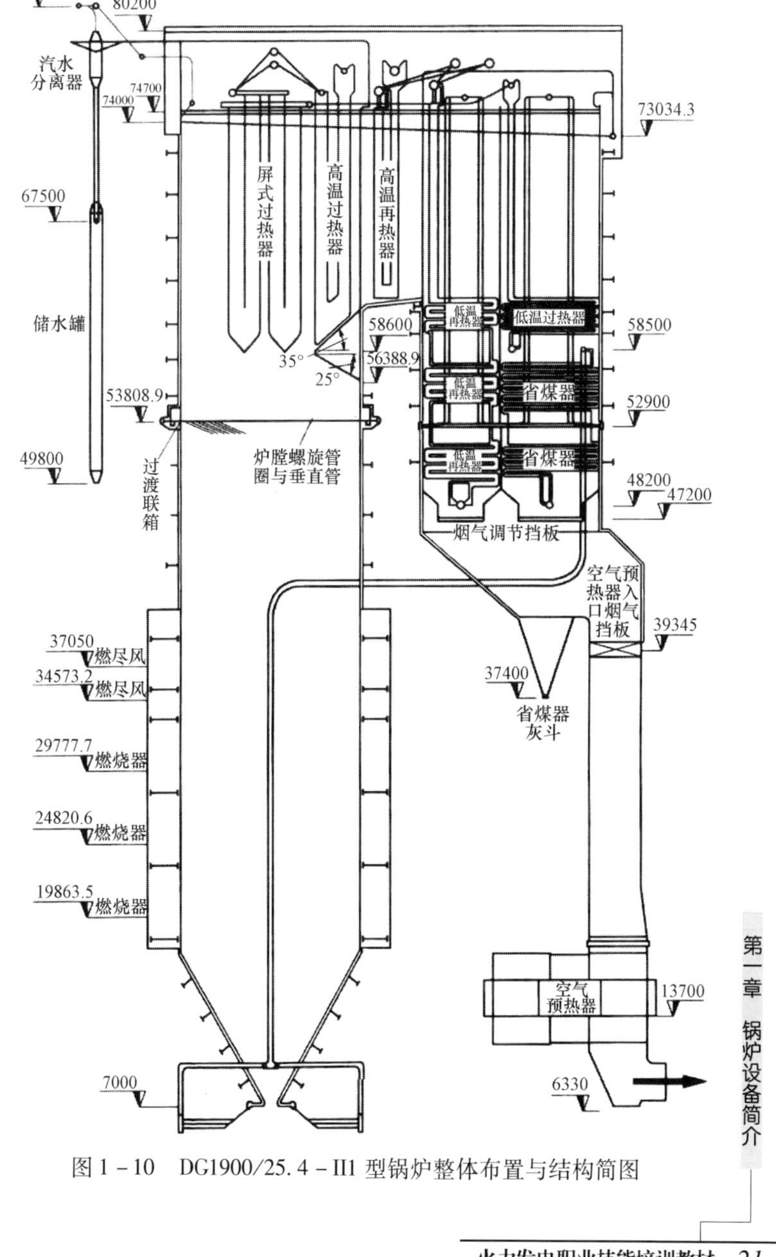

图 1－10　DG1900/25.4－II1 型锅炉整体布置与结构简图

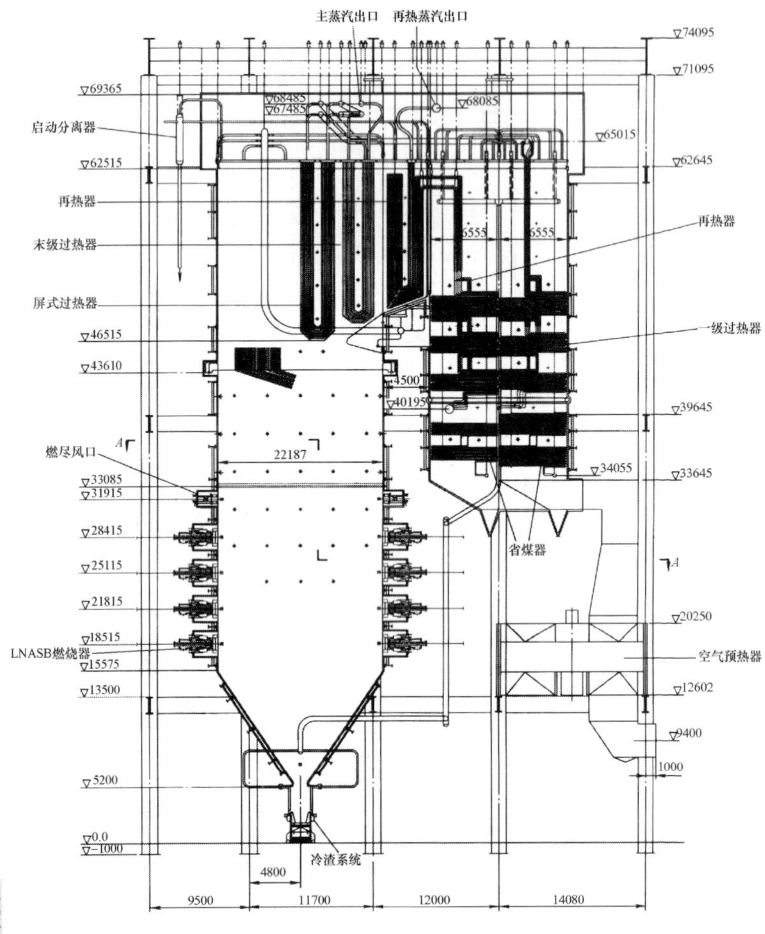

图 1－11　600MW 机组前后墙对冲燃烧直流锅炉整体布置图

炉所有的受热面均采用水平布置，具有很强的自疏水能力，具备优异的备用和快速启动特点；采用单烟道结构，过热器、再热器烟气温度、速度分布均匀；由于所有的受热面均顺着炉膛的高度方向布置，受热面磨损小；占地面积小。

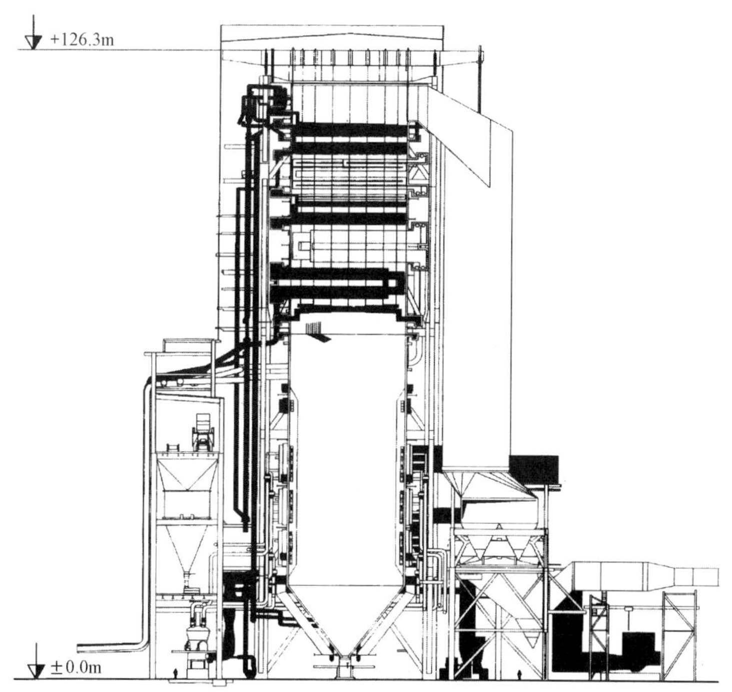

图 1－12　1000MW 塔式布置锅炉

提示　本节内容适合锅炉本体检修（MU2　LE3），锅炉辅机检修（MU2　LE3、LE4），锅炉管阀检修（MU3　LE4），锅炉电除尘检修（MU6　LE12）。

第三节　锅炉检修相关技术标准

锅炉检修相关技术标准主要参照《锅炉技术监督制度》《火力发电机组及蒸汽动力设备水汽质量》《火力发电厂水汽试验方法》《锅炉设备型号编制方法》《火力发电厂锅炉设计技术规定》等有关标准、制造技术资料和现场具体情况介绍及编写。

GB/T 13814—2008　《镍及镍合金焊条》

GB/T 19004—2011　《追求组织的持续成功　质量管理方法》

GB/T 50017—2017　《钢结构设计标准》

DL/T 435—2018　《电站锅炉炉膛防爆规程》

DL/T 438—2016 《火力发电厂金属技术监督规程》

DL/T 439—2018 《火力发电厂高温紧固件技术导则》

DL/T 440—2004 《在役电站锅炉汽包的检验及评定规程》

DL/T 441—2004 《火力发电厂高温高压蒸汽管道蠕变监督规程》

DL/T 586—2008 《电力设备监造技术导则》

DL 612—2017 《电力工业锅炉压力容器安全监督规程》

DL 647—2004 《电站锅炉压力容器检验规程》

DL/T 679—2012 《焊工技术考核规程》

DL/T 748.1—2001 《火力发电厂锅炉机组检修导则 第1部分：总则》

DL/T 748.2—2016 《火力发电厂锅炉机组检修导则 第2部分：锅炉本体检修》

DL/T 748.3—2001 《火力发电厂锅炉机组检修导则 第3部分：阀门与汽水系统检修》

DL/T 748.4—2016 《火力发电厂锅炉机组检修导则 第4部分：制粉系统检修》

DL/T 748.5—2001 《火力发电厂锅炉机组检修导则 第5部分：烟风系统检修》

DL/T 748.6—2016 《火力发电厂锅炉机组检修导则 第6部分：除尘器检修》

DL/T 748.7—2001 《火力发电厂锅炉机组检修导则 第7部分：除灰渣系统检修》

DL/T 748.8—2001 《火力发电厂锅炉机组检修导则 第8部分：空气预热器的检修》

DL/T 748.9—2001 《火力发电厂锅炉机组检修导则 第9部分：干输灰系统检修》

DL/T 748.10—2016 《火力发电厂锅炉机组检修导则 第10部分：脱硫系统检修》

DL/T 752—2010 《火力发电厂异种钢焊接技术规程》

DL/T 793—2017 《发电设备可靠性评价规程》（所有部分）

DL/T 800—2018 《电力企业标准编写规则》

DL/T 838—2003 《燃煤火力发电企业设备检修导则》

DL/T 869—2004 《火力发电厂焊接技术规程》

DL/Z 870—2004 《火力发电企业设备点检定修管理导则》

DL/T 959—2014 《电站锅炉安全阀技术规程》

DL 5190.5—2019 《电力建设施工技术规范　第5部分：管道及系统》
DL/T 5366—2014 《发电厂汽水管道应力计算技术规程》
NB/T 47013—2015 《承压设备无损检测》

第二章

锅炉的金属监督、监察、检验

第一节　锅炉的金属监督

锅炉的金属监督主要依据 DL 438《火力发电厂金属技术监督规程》进行。

1. 锅炉金属监督的范围和任务

工作温度大于和等于450℃的高温承压金属部件（含主蒸汽管道、高温再热蒸汽管道、过热器管、再热器管、联箱、阀壳和三通），以及与主蒸汽管道相联的小管道；工作温度大于和等于435℃的导汽管，工作压力大于和等于3.82MPa的汽包；工作压力大于和等于5.88MPa的承压汽水管道和部件（含水冷壁、省煤器、联箱和主给水管道）；300MW及以上机组的低温再热蒸汽管道；工作温度大于和等于400℃的螺栓，都属于锅炉受压元件金属监督的范围。

锅炉受压元件金属监督的任务是对监督范围的各种金属部件在检修中的材料质量和焊接质量进行监督，避免错用钢材，保证焊接质量。对受监督的金属部件，要通过大小修的检查、检验，发现问题，及时采取措施，并掌握其金属组织变化、性能变化和缺陷发展情况，对设备的健康状况，做到心中有数，从而可以做到有计划地检修，预防性检修，提高设备的可用率。在受监金属部件故障出现后，还应参加事故的调查和分析，及时采取处理对策，总结经验教训，同时还应建立、健全金属材料技术监督档案。

2. 汽包的监督检查

锅炉投入运行5万h，检修时应对汽包进行第一次检查，以后的检查周期结合A级检修进行。检查内容如下：

（1）集中下降管管座焊缝应进行100%的超声波探伤或对监督运行的部位进行重点检验。

（2）筒体和封头内表面去锈后，尽可能进行100%目视宏观检查。

（3）筒体和封头内表面主焊缝、人孔加强焊缝和预埋件焊缝表面去锈后，进行100%的目视宏观检查；对主焊缝应进行无损探伤抽查（纵缝至少抽查25%，环缝至少抽查10%）。

（4）检查发现裂纹时，应采取相应的处理措施，发现其他超标缺陷时，应进行安全性评价。

碳钢或低合金高强度钢制造的汽包，检修中严禁在汽包上焊接拉钩及其他附件。发现其他缺陷时不得任意进行补焊，经安全性评价必须进行补焊时，应制定方案，经主管部门审批后进行。如需进行重大处理时，处理前还须报上级锅炉监察部门备案。

进行锅炉水压试验时，为了防止锅炉脆性破坏，水温不应低于锅炉制造厂所规定的水压试验温度。

在启动、运行、停炉过程中要严格控制汽包壁温度上升和下降的速度。高压炉不应超过60℃/h，中压炉不超过90℃/h，同时尽可能使温度均匀变化。对已投入运行的、有较大超标缺陷的汽包，其温升、温降速度还应适当降低，尽量减少启停次数，必要时可视具体情况，缩短检查的间隔时间或降参数运行。

3. 联箱监督检查

对于运行锅炉的高温段过热器出口联箱、减温器联箱、集汽联箱，检修人员负责进行宏观检查。应特别注意检查表面裂纹和管孔周围有无裂纹，必要时进行无损探伤。对于一些底部联箱，必要时应切割手孔，进行检查清理。大修或水冷壁进行过大面积更换的检修时，水冷壁下联箱均应该进行切割手孔检查清理，锅炉进行酸洗以后的省煤器入口联箱、水冷壁下联箱都应切割手孔进行清理和水冲洗。

4. 受热面管子的监督检查

在锅炉检修时，应有专人检查受热面管子有无变形、磨损、刮伤、鼓包、蠕变变形等情况，发现有以上缺陷时，要及时进行处理，并做好记录。对垢下腐蚀严重的水冷壁管，应定期进行腐蚀深度测量。如检查发现合金过热器管和再热器管外径蠕变变形超过2.5%、碳钢过热器管和再热器管外径蠕变超过3.5%时，应及时更换。当受热面管子表面有氧化微裂纹或管壁减薄到小于强度计算壁厚时，应立即更换。对碳钢管和钼钢制成的受热面管子，如检查发现石墨化已达4级时，也应及时更换。

高温过热器，或高温再热器的高温段如采用18－8型不锈钢管时，其异种钢焊接接头应在运行8万～10万h时进行宏观检查和无损探伤抽查 20%。

如更换受热面管子，更换前应该核实材质，并检查表面有无裂纹、撞伤、压扁、砂眼和分层等缺陷。外表面缺陷深度超过管子规定壁厚 10% 以上时，该管子不应使用。

过热器和再热器安装好后，运行前应对过热器的原始管径进行测量，运行后每隔一定时间检查，即在每次大小修时进行管径的蠕胀测量。由于同一公称管径和壁厚的管子在制造时有一定的允许公差，管径和壁厚的大小不会是均匀一致的。为了保证测量结果的准确性及便于比较，应选定几个固定的有代表性的位置，每次检修时进行测量，以监视其运行变化情况。测量时注意将测量部位擦干净，氧化皮去掉。由于管子的截面不是一个严格的圆形，运行中管子截面圆周上的温度分布也不均匀，因而管子同一截面各个方向上的胀粗不可能一致，因此应在管子互相垂直的直径方向上进行测量。

5. 金属材料和焊接材料的管理与验收

为防止错用或乱用，以免发生意外，应弄清材料的材质、性能和规格，还应制定具体的金属材料和焊接材料从入库到安装投运的管理办法。凡是材料管理人员、锅炉检修人员、金属监督人员都要人人把关，做好这项工作。具体要求：

（1）金属材料的验收应遵照如下规定：

1）受监的金属材料，必须符合国家标准和行业有关标准。进口的金属材料，必须符合合同规定的有关国家的技术标准。

2）受监的钢材、钢管和备品、配件，必须按合格证和质量保证书进行质量验收。合格证或质量保证书应标明钢号、化学成分、力学性能及必要的金相检验结果和热处理工艺等。数据不全的应进行补检，补检的方法、范围、数量应符合国家标准或行业有关标准。进口的金属材料，除应符合合同规定的有关国家的技术标准外，尚需有商检合格文件。

3）对受监金属材料的入厂检验，按 JB3375 的规定进行，对材料质量发生怀疑时，应按有关标准进行抽样检查。

（2）凡是受监范围的合金钢材、部件，在制造、安装或检修中更换时，必须验证其钢号，防止错用。组装后还应进行一次复查，确认无误，才能投入运行。

（3）焊接材料（焊条、焊丝、钨棒、氩气、氧气、乙炔和焊剂）的质量应符合国家标准或有关标准的规定。焊条、焊丝等均应有制造厂的质量合格证，凡无质量合格证或对其质量有怀疑时，应按批号抽样检查，合格者方可使用。钨极氩弧焊用的电极，宜采用铈钨棒，所用氩气纯度不低于99.95%。

（4）具有质保书或经过质检合格的受监范围的钢材、钢管和备品、配件，无论是短期或长期存放，都应挂牌，标明钢种和钢号，按钢种分类存放，并做好防腐蚀措施。

（5）物资供应部门、各级仓库、车间和工地储存受监范围内钢材、钢管、焊接材料和备品、配件等，必须建立严格的质量验收和领用制度，严防错收错发。

应根据存放地区的自然情况、气候条件、周围环境和存放时间的长短，按SD168的规定和材料设备技术文件对存放的要求，建立严格的保管制度，做好保管工作，防止变形、变质、腐蚀、损伤。不锈钢应单独存放，严禁与碳钢混放或接触。

（6）焊条、焊丝及其他焊接材料，应设专库保存，并按有关技术要求进行管理，保证库房内湿度和温度符合要求，防止变质锈蚀。

第二节　锅　炉　检　验

锅炉检验主要依据DL 647《电力工业锅炉压力容器检验规程》进行。

1. 锅炉检验的范围

主要包括：锅炉本体受压元件、部件及其连接件；锅炉范围内管道；锅炉安全保护装置及仪表；锅炉主要承重结构；热力系统压力容器（高低压加热器、压力式除氧器、各类扩容器等）；主蒸汽管道、高低压旁路管道、主给水管道、高温和低温再热蒸汽管道等。

2. 在役锅炉定期检验的分类、周期与质量要求

（1）在役锅炉定期检验一般分为三类。

1）外部检验。每年不少于一次。

2）内部检验。结合A级检修进行，其检验内容列入锅炉年度检修计划。新投产锅炉运行一年后应进行首次内部检验。

3）超压试验。一般二次A级检修进行一次。根据设备具体技术状况，经上级锅炉压力容器安全监察机构同意，可适当延长或缩短超压试验间隔时间。超压试验可结合A级检修进行，列入A级检修的特殊项目。

（2）遇有下列情况之一时，也应进行内外部检验和超压水压试验：

1）停用一年以上的锅炉恢复运行时；

2）锅炉改造、受压元件经重大修理或更换后，如水冷壁更换管数在

50%以上，过热器、再热器、省煤器等部件成组更换及汽包进行了重大修理时；

3）锅炉严重超压达1.25倍工作压力及以上时；

4）锅炉严重缺水后受热面大面积变形时；

5）根据运行情况，对设备安全可靠性有怀疑时。

新装锅炉投运后的首次检验应做内外部检验。检验的重点是与热膨胀系统相关的设备部件和同类设备运行初期常发生故障的部件。在役锅炉的定期检验可根据设备使用情况做重点检验，同时结合同类型设备特点确定检验计划。运行10万h后确定检验计划时，应扩大检验范围，重点检验设备寿命状况。

（3）锅炉内、外部检验项目与质量要求及锅炉水压试验的标准与步骤可依据DL 647《电力工业锅炉压力容器检验规程》进行。

第三节 锅 炉 监 察

锅炉监察主要依据DL 612《电力工业锅炉压力容器监察规程》进行。

（1）发电厂应根据设备结构、制造厂的图纸、资料和技术文件、技术规程和有关专业规程的要求，编制现场检修工艺规程和有关的检修管理制度，并建立健全各项检修技术记录。

（2）发电厂应根据设备的技术状况、受压部件老化、腐蚀、磨损规律以及运行维护条件制定检修计划，确定锅炉、压力容器及管道的重点检验、修理项目，及时消除设备缺陷，确保受压部件、元件经常处于完好状态。管道及其支吊架的检查维修应列为常规检修项目。

（3）锅炉受压部件、元件和压力容器更换应符合原设计要求。改造应有设计图纸、计算资料和施工技术方案。涉及锅炉、压力容器结构及管道的重大改变、锅炉参数变化的改造方案、压力容器更换的选型方案，应报上级有关部门审批。有关锅炉、压力容器改造和压力容器、管道更换的资料、图纸、文件，应在改造、更换工作完毕后立即整理、归档。

（4）应建立严格的质量责任制度和质量保证体系，认真执行各级验收制度，确保修理和改造的质量。修理改造后的整体验收由电厂总工程师主持，锅炉监察工程师参加。重点修理改造项目应由专人负责验收。

（5）禁止在压力容器上随意开检修孔、焊接管座、加带贴补和利用管道作为其他重物起吊的支吊点。

（6）发电厂每台锅炉都要建立技术档案簿，登录受压元件有关运行、检修、改造、事故等重大事项。每台压力容器都要登记造册。

（7）发电厂应有标明支吊架和焊缝位置的主蒸汽管、主给水管、高温和低温再热蒸汽管的立体布置图，并建立技术档案，记载管道有关运行、修理改造、检验以及事故等技术资料。

提示 本节内容适合锅炉本体检修（MU3 LE10）。

第三章

液压传动与气压传动知识

第一节　液压与气压系统的构成及工作原理

一、液压与气压系统的构成及工作原理

液压与气压传动的工作原理基本相似，现以图 3－1 所示的手动液压千斤顶为例，说明它们的工作原理，由大缸体 5 和大活塞 6 组成举升液压缸；由手动杠杆 4、小缸体 3、小活塞 2、进油单向阀 1 和排油单向阀组成手动液压泵。

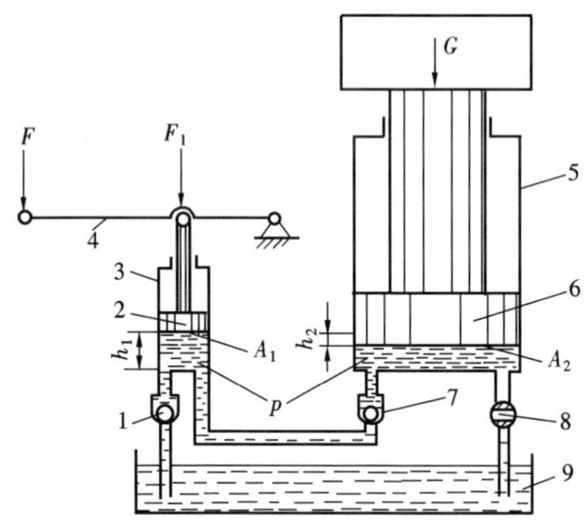

图 3－1　液压千斤顶工作原理

1—进油单向阀；2—小活塞；3—小缸体；4—手动杠杆；5—大缸体；6—大活塞；7—排油单向阀；8—截止阀；9—油箱

当手动杠杆摆动时，小活塞做往复运动。小活塞上移，泵腔内的容积扩大而形成真空，油箱中的油液在大气压力的作用下，经进油单向阀 1 进入泵腔内；小活塞下移，泵腔内的油液顶开排油单向阀 7 进入液压缸内使大活塞带动重物一起上升。反复上下扳动杠杆，重物就会逐步升起。手动泵停止工作，大活塞停止运动；打开截止阀 8，油

液在重力的作用下排回油箱，大活塞落回原位。这就是液压千斤顶的工作原理。

液压传动的基本特征是：以液体为工作介质，依靠处于密封工作容积内的液体压力能来传递能量；压力的高低取决于负载；负载速度的传递是按容积变化相等的原则进行的，速度的大小取决于流量；压力和流量是液压传动中最基本、最重要的两个参数。

二、液压传动与气压传动系统的组成

（1）能源装置。液压泵（又称动力元件）或空气压缩机，其功能是将原动机输出的机械能转换成液体和气体的压力能，为系统提供动力。

（2）执行元件。液压缸或气缸、液压马达或气马达，其功能是将液体或气体的压力能转换成机械能，以带动工作部件运动。

（3）控制元件。压力阀、流量阀和换向阀，其作用是调节与控制液体或气体的压力、流量和流动方向，以满足工作部件所需要的力、速度和运动方向要求。

（4）辅助元件。包括油箱或贮气罐、油管、接头、过滤器、蓄能器、干燥器、冷却器、指示仪表等。它们对于保证系统工作的可靠性和稳定性具有重要作用。

（5）液压油。液压是液压系统传递能量的工作介质，有各种牌号的液压油。

第二节　液动与气动设备维护保养

一、液压设备的维护与保养

液压设备通常采用“点检”（日常检查）和“定检”（定期检查）作为维修和保养的基础，通过点检和定检可以把液压系统中存在的问题排除在萌芽状态，还可以为设备维修提供第一手资料，从中确定修理项目，编制检修计划，并可以从中找出液压系统出现故障的规律，以及液压油、密封件和液压元件的更换周期。点检与定检的项目及内容见表3－1、表3－2，由于液压设备类别繁多，各有其特定用途和使用要求，具体维护保养的内容应根据实际情况确定。表3－1、表3－2仅说明一般情况，表3－3为液压系统常见故障的分析和排除方法。

表 3-1　点检的项目及内容

项　目	内　容	项　目	内　容
油　位	是否正常	液压缸	运动是否平稳
行程形状和限位挡块	是否紧固	油　温	是否在 35～55℃范围内
手动、自动循环	是否正常	泄　漏	全系统有无漏油
压力	系统压力是否稳定和在规定的范围内	振动和噪声	有无异常

表 3-2　定检项目及内容

项目	内　容
螺钉、螺母和管接头	定期检查并紧固： （1）10MPa 以上系统每月一次； （2）10MPa 以下系统每三月一次
过滤器	定期检查：每月一次，根据堵塞程度及时更换
密封件	定期检查或更换：按环境温度、工作压力、密封件材料质等具体规定更换周期； 对重大设备大修时全部更换（一般为两年）；对单机设备、非连续运行设备，只更换有问题的密封件
压力表	按设备使用情况，规定检验周期
油箱、管道、阀板	定期清洗：大修时
油液污染度	对已确定换油周期的提前一周取样化验（取样数量 300～500mL）； 对新换油，经 1000h 使用后，应取样化验； 对大、精、稀设备用油，经 600h 使用后，取样化验
液压元件	定期检查或更换：根据使用工况，对泵、阀、缸、马达等元件进行性能测定，尽量采取在线测试办法测定其主要参数。对磨损严重和性能指标下降，影响正常工作的元件进行修理或更换
高压软管	根据使用工况规定更换时间
弹簧	按使用工况、元件材质等具体规定更换时间

表 3－3　　液压系统常见故障的分析和排除方法

故障现象	故障原因	排除方法
产生振动和噪声	液压泵吸空： (1) 进油口密封材料不严，致使空气进入； (2) 液压泵轴径处油封损坏； (3) 进油口过滤器堵塞或通流面积过小； (4) 吸油管径过小，过长； (5) 油液黏度太大，流动阻力增加； (6) 吸油管距回油管太近； (7) 油箱油量不足	(1) 拧紧进油管接头螺帽，或更换密封件； (2) 更换油封； (3) 清洗或更换过滤器； (4) 更换管路； (5) 更换黏度适当的液压油； (6) 扩大两者距离； (7) 补充油液至油标线
	固定管卡松动或隔振垫脱落	加装隔振垫并紧固
	压力管路管道长且无固定装置	加设固定管卡
	溢流阀阀座损坏、调压弹簧变形或折断	修复阀座、更换调压弹簧
	电动机底座或液压泵架松动	紧固螺钉
	泵与电动机的联轴器安装不同轴或松动	重新安装，保证同轴度符合规定值
系统无压力或压力不足	溢流阀： (1) 在开口位置被卡住； (2) 阻尼孔堵塞； (3) 阀芯与阀座配合不严； (4) 调压弹簧变形或折断	(1) 修理阀芯及阀孔； (2) 清洗； (3) 修研或更换； (4) 更换调压弹簧
	液压泵、液压阀、液压缸等元件磨损严重或密封件破坏造成压力油路大量泄漏	修理或更换相关元件
	压力油路上的各种压力阀的阀芯被卡住而导致卸荷	清洗或修研，使阀芯在阀孔内运动灵活
	动力不足	检查动力源
系统流量不足（执行元件速度不够）	液压泵吸空	见表中前述“液压泵吸空”时的排除方法
	液压泵磨损严重，容积效率下降	修复，达到规定的容积效率或更换

续表

故障现象	故障原因	排除方法
系统流量不足(执行元件速度不够)	液压泵转速过低	检查动力源，将转速调整到规定值
	变量泵流量调节变动	检查变量机构并重新调整
	油液黏度过小，液压泵泄漏增大，容积效率降低	更换黏度适合的液压油
	油液黏度过大，液压泵吸油困难	更换黏度适合的液压油
	液压缸活塞密封件损坏，引起内泄漏增加	更换密封件
	液压马达磨损严重，容积效率下降	修复达到规定的容积效率或更换
	溢流阀调定压力偏低，溢流量偏大	重新调节
液压缸爬行(或液压马达转动不均匀)	液压泵吸空	见表中前述“液压泵吸空”时的排除方法
	接头密封不严，有空气进入	拧紧接头或更换密封件
	液压元件密封损坏，有空气进入	更换密封件保证密封
	液压缸排气不彻底	排尽缸内空气
油液温度过高	系统在非工作阶段有大量压力油损耗	改进系统，增设卸荷回路或改用变量泵
	压力调整过高，泵长期在高压下工作	重新调整溢流阀的压力
	油液黏度过大或过小	更换黏度适合的液压油
	油箱容量小或散热条件差	增大油箱容量或增设冷却装置
	管道过细、过长、弯曲过多，造成压力损失过大	改变管道的规格及管路的形状
	系统各连接处泄漏，造成容积损失过大	检查泄漏部位，改善密封件

二、气动系统的维护保养

1. 气动系统的日常维护

气动系统的日常维护主要是对冷凝水和系统润滑的管理。

（1）每周一次排除系统各排水阀中积存的冷凝水，经常检查自动排水器、干燥器是否正常，定期清洗分水滤气器、自动排水器。

（2）经常检查油雾器是否正常，如发现油杯中油量没有减少，需及时调整滴油量，调节无效，需检修或更换。

2. 气动系统的定期检修

气动系统的定期检修的时间间隔通常为三个月。

（1）检查系统各泄漏处，至少应每月一次，任何存在泄漏的地方都应进行修补。

（2）通过对方向阀排气口的检查，判断润滑油是否适当，空气中是否有冷凝水。

（3）检查安全阀、紧急安全开关是否可靠。

（4）观察方向阀的动作是否可靠，检查阀芯或密封件是否磨损（如方向阀排气口关闭时仍有泄漏，往往是磨损的初期阶段），查明后更换。

（5）反复开关换向阀观察气缸动作，判断活塞密封是否良好；检查活塞杆外露部分，判断缸盖配合处是否有泄漏。

（6）对行程阀、行程开关以及行程挡块都要定期检查安装的牢固程度，以免出现动作的混乱。

上述定期检修的结果应记录下来，作为系统出现故障查找原因和设备大修时的参考。表3－4为气动系统常见故障的分析与排除方法。

表3－4　　气动系统常见故障的分析与排除方法

故障现象	故　障　原　因	排　除　方　法
气路没有气压	气动回路中的开关阀、启动阀、速度控制阀等未打开	予以开启
	换向阀未换向	查明原因后排除
	管路扭曲或压扁	纠正或更换管路
	滤芯堵塞或冻结	更换滤芯
	介质或环境温度太低，造成管路冻结	及时清除冷凝水，增设除水设备

续表

故障现象	故　障　原　因	排　除　方　法
供压不足	耗气量太大，空压机输出流量不足	选择输出流量合适的空压机或增设一定容积的气罐
	空压机活塞环等磨损	更换零件
	漏气严重	更换损坏的密封件、软管，紧固管接头及螺钉
	减压阀输出压力低	调节减压阀至使用压力
	速度控制阀开度太小	将速度控制阀打开到合适开度
	管路细长或管接头选用不当，压力损失大	重新设计管路，加粗管径，选用流通能力大的管接头及气阀
	各支路流量匹配不合理	改善各支路流量匹配性能，采用环型管道供气
异常高压	因外部振动冲击首先产生了冲击压力	在适当部位安装安全阀或压力继电器
	减压阀损坏	更换
每天首次启动或长时间停止工作后再启动，动作不正常	因密封圈始动摩擦力大于动摩擦力，造成回路中部分气阀、气缸及负载部分的动作不正常	注意气源净化，及时排除油污及水分，改善润滑条件

提示　本节内容适合锅炉本体检修（MU8　LE27、LE30），锅炉辅机检修（MU3　LE6），锅炉管阀检修。

第四章

锅炉检修常用材料

锅炉设备检修常用材料主要包括金属材料、密封材料、耐热及保温材料、常用油脂、常用清洗剂、涂料、磨料等。

第一节 金属材料

锅炉检修中最常用的金属材料是钢和铸铁，其次是有色金属合金。

一、承压部件用钢

锅炉承压部件用钢从使用温度来分，可分为高温用钢和中温用钢；从钢材形式来分，可分为管材和板材两大类，管材用于各类受热面、集箱和管道，板材主要用于汽包。

承压部件用钢选用时主要考虑以下几个方面：

(1) 强度符合要求，严防错用或使用质量不合格的钢材。

(2) 在高温条件下长期使用的组织结构稳定性良好。

(3) 工艺性能良好，包括热加工、冷加工，尤其是焊接性能。

(4) 抗氧化和抗腐蚀性能良好。

(5) 价格、成本合理，符合我国合金元素资源情况及其使用政策等。

(一) 管材

受热面用的管材直径较小，一般在 $\Phi60$ 以下，最大约为 $\Phi108$。由于热流的存在，壁温总高于工质温度。安装在炉外、不受热的集箱和管道的壁温则等于工质温度，但其直径却较大，壁厚也较厚，因而其内储能量较大，损坏的后果也严重得多。因此，对集箱或管道用钢管的要求要严格，通常这类钢管的最高使用温度比相同钢号的受热面管子要低 30～50℃。

锅炉承压部件大致分为两部分：省煤器、水冷壁及其管道，过热器、再热器及其管道。前者一般在中温范围内工作，后者一般在高温范围内工作。

(1) 省煤器和水冷壁用钢管。这两种承压部件的工质温度最高为水的临界温度374℃，壁温一般不很高，属中温范围。最常用的是优质碳素钢。这类钢在此温度范围强度不太低，组织稳定，有一定的抗腐蚀能力，冷、热加工性能和焊接性能均好，得到广泛的应用。当锅炉压力大于15MPa时，尤其是高热负荷的蒸发受热面，可采用温度和强度都较高的低合金钢，如波兰制造的BP－1025亚临界压力的锅炉，水冷壁采用15Mo3、13CrMo44钢；上海锅炉厂制造的SG－1000/170直流锅炉，水冷壁采用15CrMo钢。

（2）过热器和再热器用钢管。过热器是锅炉的重要高温部件，由于运行时过热器管子外部受高温烟气的作用，内部流动着高压蒸汽，壁温一般在高温范围，其钢管金属处在高温应力的条件下，即在产生蠕变的条件下运行，工作条件较为恶劣。再热器虽然其内部流通的蒸汽压力低，但蒸汽比容大，密度小，放热系数比过热蒸汽小得多，对管壁的冷却能力差，同时受热力系统经济性的限制。为控制再热器的阻力，再热器中的蒸汽流速不能太高；由于这些因素，使得再热器的工作条件比过热器更差。因此，为了保证热力设备安全可靠地运行，对管道用钢提出以下要求：

1）足够高的蠕变极限、持久强度和良好的持久塑性。在进行过热器管和蒸汽管道的强度计算时，常以持久强度作为计算依据，然后按照蠕变极限进行校核。

2）高的抗氧化性能和耐腐蚀性能。一般要求在工作温度下的氧化深度应小于0.1mm/年。

3）足够的组织稳定性。

4）良好的工艺性能，特别时焊接性能好。

上述要求在某种程度上是矛盾的。要保证热强性和组织稳定性，需要加入一定的合金元素，但这往往会使工艺性能变坏。在这种情况下，一般优先考虑使用性能要求，对焊接性能则可采用焊前预热和焊后热处理来补救。

我国应用于不同壁温的过热器、再热器及联箱用钢的常用钢号有10、20、20g、12CrMog、15CrMog、12Cr1MoVg、12Cr2MoWVTiB、12Cr2MoVSiTiB等，它们的使用温限见表4－1。

（二）板材

锅炉用钢板主要用以制造汽包。汽包的工作温度处于中温范围，由于汽包所处的工作条件及加工工艺的要求，对汽包所用锅炉钢板的性能要求以下几点：

表 4-1　过热器、再热器及集箱蒸汽管道常用钢材及允许温度

钢的种类	钢号	标准编号	适用范围		
			用途	工作压力（MPa）	壁温（℃）
碳素钢	10，20	GB 3087	受热面管子	≤5.9	≤450
			联箱、蒸汽管道		≤425
碳素钢	20g	GB 5310	受热面管子	不限	≤450
			联箱、蒸汽管道		≤425
合金钢	12CrMog	GB 5310	受热面管子	不限	≤560
	15CrMog		联箱、蒸汽管道		≤550
	12Cr1MoVg	GB 5310	受热面管子	不限	≤580
			联箱、蒸汽管道		≤565
	12Cr2MoWVTiB	GB 5310	受热面管子	不限	≤600
	12Cr2MoVSiTiB				≤600

（1）强度高。汽包虽然工作温度不太高，但工作压力较高，因此要求汽包用锅炉钢板强度高。这样，对于同样的温度和压力，汽包所需壁厚可减小一些，这对于制造、安装和运行都会有很大的好处。

（2）塑性、韧性和冷弯性能好。在加工汽包卷板时，钢板不易出现裂纹。

（3）时效敏感性低。由于汽包钢板在冷加工后，其运行温度正好在时效过程进行得较为强烈的范围内。发生时效过程会使钢板的冲击韧性降低。在相同时间内，冲击韧性下降得多则称为时效敏感性高，反之则时效敏感性低。

（4）钢板的缺口敏感性低。由于汽包上开孔较多，钢板的缺口敏感性低，则对应力集中不敏感。

（5）焊接性能好。

（6）非金属夹杂、气孔、疏松、分层等制造缺陷尽量少，并且不允许钢板中有白点和裂纹。

汽包的直径大，壁厚，内存大量的饱和水，如发生爆裂，释放能量很大，后果非常严重。再加汽包制造工艺复杂，成本高，所以锅炉用钢板的质量应当引起高度重视，我国有专门的国家标准来规定它的技术条件（GB 713《制造锅炉用碳素钢及普通低合金钢钢板技术条件》）。锅炉钢板的钢号后标以“锅”字或标以下脚“g”。相同牌号的锅炉用钢板和普通用途的热轧钢板在化学成分和普通机械性能上几乎没有差别，但锅炉用钢板保证冲击值和时效冲击值，而一般用途钢板却不保证。常用的锅炉钢板及应用范围如表 4－2 所示。

表 4－2　　锅炉钢板及应用范围

钢的种类	钢　号	标准编号	适用范围	
			工作压力（MPa）	壁温（℃）
碳素钢	20R① 20g 22g	GB 6654 GB 713	≤5.9 ≤5.9②	≤450
合金钢	12Mng，16Mng	GB 713	≤5.9	≤400
	16MnR①	GB 6654	≤5.9	≤400

① 应补做时效冲击试验合格。

② 制造不受辐射热的汽包时，工作压力不受限制。

二、锅炉辅机检修常用金属材料

锅炉辅机设备零部件主要包括轴、键、销、齿轮、蜗轮、蜗杆、带轮、链轮、轴承、风烟道等。

锅炉辅机设备零部件常用的金属材料可根据零部件的使用要求和加工性能从金属材料标准中选用。主要零件的常用材料见表 4－3。

表 4－3　　锅炉辅机主要零件的常用材料

零件名称	常　用　材　料
轴	25～45 号优质碳素钢、40Cr 或 45Cr 合金结构钢等
轴承座	HT200、HT250 等
齿轮	45 号钢、ZG35、ZG45、ZG40Cr、ZG35CrMnSi 等
风轮	Q235、Q255 钢及 16Mn 等
键	硬度和强度略低于轴，风机轴选用 45 号钢，键采用 35 号
滑动轴承	低负荷工作时，为青铜或黄铜，高载时采用巴氏合金
滚动轴承	轴承钢，牌号有 GCr6、GCr9SiMn、GCr15、GCr15SiMn 等
联轴器	HT200、ZG35 等
风粉、烟道部件	Q235 钢、16Mn，弯头处可采用 ZG25、ZG35 等

三、管阀用钢

（一）锅炉一般管道常用材料

锅炉一般管道指的是工作压力可以很高，但工作温度在450℃以下的各种汽水管道，如高压给水管道、锅炉本体的疏排水管道、一些常温低压的冷却水、冲灰渣水、压缩空气等管道。这些管道共同的特点是不属于高温管道，因此，可选用碳钢管。常温中低压管道可选择一般用途的碳钢无缝钢管、中低压锅炉专用无缝碳钢管，高压管道可选用锅炉用高压无缝碳钢管，因为碳钢管价格低廉，具有良好的焊接性能和冷加工性能，且强度也可满足要求。在锅炉高压管道的选材中，也采用低合金钢，如15Mo3、13CrMo44、15NiCuMoNb5等。这些低合金钢的共同特点是合金含量低，工艺性和可焊性较好，由于加入了合金成分，使得强度和耐热性大大提高。因此，对必须采用大管径及厚壁的管道及附件，可降低管壁厚度，使得制造、焊接、热处理等工艺性能好一些。

（二）锅炉高温高压管道常用材料

由于高温高压管道长期在高温高压下运行，故均采用耐热钢。耐热钢在高温状态下能够保持化学稳定性（耐腐蚀、不氧化）和足够的强度，即具有热稳定性和热强性，耐热钢可分为珠光体耐热钢、马氏体耐热钢、铁素体耐热钢和奥氏体耐热钢。高温高压管道常使用珠光体和马氏体耐热钢。

（1）珠光体耐热钢。火电厂中常用的有代表性的珠光体耐热钢种性能及适用范围见表4-4。

表4-4　耐热钢性能及适用范围

钢号	性　能	适用范围
15CrMo	在510℃以下组织稳定性良好，在520℃时还具有较高的持久强度，并有良好的抗氧化性能。温度超过550℃时，蠕变极限明显下降。长期在500~550℃下工作，会产生球化现象	用于蒸汽参数为510℃的高中压蒸汽导管以及管壁温度为550℃的锅炉受热面
12Cr1MoV	热强性和持久塑性比15CrMo钢好，工艺性能良好，在500~700℃回火时有回火脆性现象，在570℃条件下长期运行，会产生球化现象	用于壁温低于580℃的高压、超高压锅炉的过热器管以及蒸汽参数为570℃的过热器联箱及蒸汽管道

续表

钢号	性　　能	适用范围
10CrMo910	西德钢种，焊接性能良好，但蠕变极限和持久强度比12CrlMoV钢低，具有良好的持久塑性，常化温度较12CrlMoV低，热处理方便，在长期高温运行中会发生珠光体球化，碳化物析出	用于蒸汽温度小于或等于540℃的蒸汽管道，壁温小于或等于590℃的过热器管
12Cr2MoWVTiB（钢102）	具有良好的综合机械性能、工艺性能和相当高的持久强度，有较好的组织稳定性及良好的抗氧化性，经600℃、620℃，5000h时效试验后，机械性能无显著变化。但易受烟气的腐蚀，壁厚减薄较快	用于600～920℃的过热器和再热器管，也可用于蒸汽管道，但实际中采用较少
12Cr3MoVSiTiB（П11）	具有较高的热强性和组织稳定性，长期时效试验表明，在工作温度下无热脆倾向，有良好的抗氧化能力，在600～620℃下有较高的热强性	用于600～620℃的过热器和再热器管，也可用于蒸汽管道，但实际中采用较少

（2）马氏体耐热钢。当金属使用温度进一步提高时，常采用马氏体耐热钢或马氏体——半铁素体耐热钢。这些钢号的合金元素含量介于珠光体耐热钢和奥氏体耐热钢之间，适用于制造高参数和超高参数机组的过热器管。X20CrMoWV121（F11）、X20CrMoV121（F12）钢是德国生产的马氏体耐热钢，具有良好的耐热性能，在空气和蒸汽中抗氧化能力可达700℃。F11钢现已停止生产，而生产不含钨、性能与F11差不多的F12钢。

（三）高温紧固件常用材料

螺栓作为紧固件，被广泛地应用于火力发电厂锅炉阀门结合面以及管道法兰等部件上，制作高温螺栓材料有以下要求：

（1）抗松弛性好，屈服强度高。保证在一个大修期间，螺栓的压紧应力不小于要求密封的最小应力。材料性能的好坏，决定螺栓设计的尺寸，在某些空间有限的条件下，螺栓的尺寸不允许大于某个数值。

（2）缺口敏感性低。

（3）具有一定的抗腐蚀能力。

（4）热脆性倾向小。

（5）螺栓和螺母不应有相互“咬死”的倾向，为了避免这一倾向并保护螺栓螺纹不被磨坏，要求一套螺栓、螺母不能用同样的材料，而且螺母材料的硬度应比螺栓材料低 20 ~ 40HB。

（6）紧固件与被紧固件材料的导热系数、线膨胀系数不要相差悬殊，以免引起相当大的附加应力，或者减弱了压紧应力。

紧固件常用材料如表 4 – 5 所示。

表 4 – 5　　　　常用紧固件材料

钢的种类	钢　号	标准编号	最高使用温度（℃）
碳素钢	25	GB 699	350
	35	DL 439	400
合金钢	20CrMo	DL 439	480
	35CrMo	DL 439	480
	25Cr2MoV	DL 439	510
	25Cr2Mo1V	DL 439	550
	20Cr1Mo1V1	DL 439	550
	20Cr1Mo1VNbTiB	DL 439	570
	20Cr1Mo1VTiB	DL 439	570
	20Cr12NiMoWV	DL 439	570

注　用作螺母时，可比表列温度高 30 ~ 50℃，硬度比螺栓低 HB20 ~ 50。

目前在高参数火力发电厂中，25Cr2MoV 和 25Cr2Mo1V 钢是使用较广泛的高温螺栓用钢。但是这两种钢在高温使用后，有较严重的热脆性出现，可以通过恢复热处理，使脆化的螺栓消除脆性。

（四）阀门常用材料

阀门在火力发电厂中使用广泛，在 300MW 机组的锅炉设备上，就有各种汽水阀门近 500 只，其中有低压、中压、高压阀门，有常温、中温、高温阀门，工作介质有汽、水、油、灰及气。为了使众多的阀门都有良好的性能，要求阀门在选材上既可以满足各种工况、各种介质的运行，又不造成过大的浪费，既实用又经济。阀门材料应根据介质的种类、压力、温度等参数及材料的性能选用。阀体、阀盖是阀门的主要受压零件，并承受介质的高温与腐蚀、管道与阀杆的附加作用力的影响，选用的钢材应有足够的强度和韧性、良好的工艺性及耐腐蚀性。常用钢材如表 4－6 所示。

表 4－6　　　　　　阀门阀体、阀盖常用材料

钢材牌号	常用工况		适用介质
	PN（MPa）	t（℃）	
QT400－18	≤4	≤350	水、蒸汽、油类
ZG25Ⅱ	≤16	≤450	水、蒸汽、油类
12Cr1MoV 15CrMo1V ZG15Cr1Mo1V	p_{57}14	570	蒸汽
1Cr18Ni9Ti ZG1Cr18Ni9Ti	≤6.4	≤600	高温蒸汽、气件

密封面是保证阀门严密性能的关键部件，在介质的压力与温度的作用下，要有一定的强度及耐腐蚀性，并且工艺性能要好。对于密封面有相对运动的阀类，还要求有较好的耐磨性。常用的密封面材料见表 4－7。

表 4－7　　　　　　阀门常用密封面材料的适用范围

钢材牌号	常用工况		适用阀类
	PN（MPa）	t（℃）	
1Cr18Ni9Ti 1Cr18Ni2Mo2Ti 38CrMoA1A（氮化）	≤6.4 ≤32 p_{54}10	≤100 ≤450 540	不锈钢阀 调节阀 电厂用阀

阀杆是重要的运动件及受力件，且常与密封填料摩擦，处于介质的浸泡中。因此要求阀杆有足够的强度和韧性，能耐介质、大气及填料的腐蚀，耐磨耐热，工艺性能良好。常用的阀杆材料见表 4－8。

表 4－8　　　　　　阀门常用阀杆材料的适用范围

钢材牌号	常用工况		适用阀类
	PN（MPa）	t（℃）	
38CrMoA1A（氮化） 20Cr1Mo1V1A（氮化）	p5410 p5714	540 570	电厂用钢
2Cr13（表面镀铬或高温淬火等强化处理）	≤32	≤450	高、中压阀门

四、受热面吊架用铸铁和钢

锅炉受热面吊架的工作特点是处于锅炉的高温烟气中，没有冷却介质来冷却，元件本身的温度很高，但承受的载荷并不大，因此要求吊架使用的材料要耐高温，抗氧化性能要好，且有一定的强度，以固定受热面。为了满足这些使用要求，在吊架使用的材料中，合金元素的含量很高，并且多有提高钢的抗氧化性能的元素，如 Cr、Si 等。常用的吊架用铸铁及钢见表 4 -9。

表 4 -9　　常用的受热面吊架材料

钢　号	类　型	许用极限温度（℃）
RTCr -0.8	耐热铸铁	600
RQTSi -5.5	高硅球墨 耐热铸铁	900
Cr5Mo	珠光体类	650
Cr6SiMo	珠光体类	800
4Cr9Si2	马氏体类	800
Cr18Mn11Si2N（D1）	奥氏体类	900
Cr20Mn9Ni2 -Si2N（钢 101）	奥氏体类	1100
Cr20Ni14Si2	奥氏体类	1100
Cr25Ni20Si2	奥氏体类	1100

提示　本节内容适合锅炉本体检修（MU9　LE31、LE32），锅炉辅机检修（MU4　LE7、LE8），锅炉管阀检修（MU7 LE20）。

第二节　锅炉检修常用密封材料

密封性能是评价锅炉设备及其辅助设备健康水平的重要标志之一。假如运行中的承压阀门发生泄漏，不但浪费大量的能量，严重泄漏者还将导致整台机组被迫停运。辅助设备的漏油、烟道的漏灰、制粉系统的漏粉不仅造成环境污染，而且对锅炉的稳定运行构成威胁，极易发生火灾。

锅炉设备各类阀门和辅助机械上的密封都是为了防止汽、水、油等的泄漏而设计的。起密封作用的零部件，如垫圈、盘根等，都称为密封件，简称密封。

一、垫料

锅炉设备、管道法兰和阀门的严密性及辅助设备结合面的严密性主要是靠采用垫子材料密封的，这些材料是根据密封的介质、介质的压力和温度的不同而选择使用的。一般在常温、低压时选择非金属软垫片；中压高温时选择非金属与金属组合垫片或金属垫片；温度、压力有较大波动时，选择回弹性能好的或自紧式垫片。

垫子材料一般可分为以下几种：

1. 石棉垫

石棉垫的材料主要是石棉，厚度一般为 3 ~ 10mm。主要用于烟风道法兰、制粉系统法兰。

2. 石棉橡胶垫

这种垫料主要是用石棉纤维和橡胶制成的，用途很广，油、水、烟、风等介质压力在 10MPa 以下、温度 450℃以下均可使用。

3. 金属缠绕垫片

这种垫片采用“V”型断面的金属带料和非金属带料交错叠放，绕成螺旋形，成为一系列标准形状。缠绕垫片具有相当高的机械强度和很好的回弹性，故适用于亚临界压力机组汽水系统的密封，如图 4 - 1 所示。

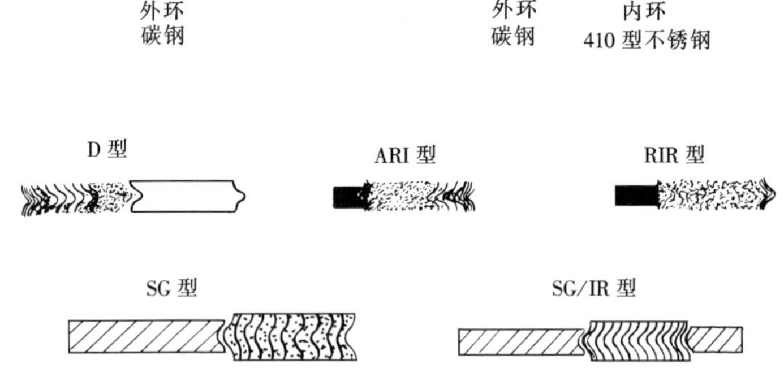

图 4 - 1　金属缠绕垫片

根据使用的条件、受压状况不同，缠绕垫片可分为带有加强内环、外环、内外环型三种。目前，金属缠绕垫片是国内外较常用的密封垫片，因综合性能优良，使用范围广，已成为用量最大的一种静密封垫片。其缺点是不能多次重复使用，一旦受损不可修复，口径太小的法兰垫难以加工。

对于不经常拆卸的静密封，可以重点采用。

常用垫料的类别、性能和适用范围见表4-10。

表4-10　　垫料的分类、性能和使用范围

垫片材料	介质	应用范围		使用方法
		压力（MPa）	温度（℃）	
帆布	水	0.1	50	涂以红铅或白铅油，垫片厚度2~6mm
大麻	水	0.3	40	
纯橡皮	水、空气	0.6	60	涂以漆片或白铅油，也可不涂。适用于500以下，超过时应用带金属丝或夹帆布层的橡皮垫片，厚度4~6mm，夹帆布及金属丝厚度3~4mm
夹帆布层橡皮	水、空气	0.6	60	
夹金属丝橡皮	水、空气	1.0	80	
工业用厚纸	水	1.6	100~200	垫片3mm厚，涂以白铅油
绝缘纸	油	1.0	40	涂以漆片或铅油
图纸	油	1.0	80	涂以漆片或铅油
工业废布造厚纸	油	1.0	30	涂以漆片或铅油
耐油橡皮	油	7.4	350	用于煤油、汽油、矿物油等，垫片厚度最好1~1.5mm，可涂以漆片
石棉布、带、绳	烟、风	0.1	650	可涂以水玻璃
石棉橡胶	水、汽、风、烟、油	9.8	450	可用干铅粉
紫铜垫	水 汽	9.8 6.3	250 420	用时先退火软化
钢垫　碳钢10号	水、汽	>9.8	510	做成齿型，并先回火
钢垫　合金钢1Cr13	水、汽	>9.8	540	做成齿型，并先回火，小于法兰面硬度
钢垫　合金钢1Cr18Ni9Ti	水、汽	>9.8	570	做成齿型，并先回火，小于法兰面硬度

注　有些电厂在压力为9.8MPa、温度为540℃的蒸汽管道上使用碳钢齿形垫，其效果也很好。

二、填料

填料主要是用棉线、麻、石棉和铅粉制成的，又称盘根。根据设备压力和温度的不同，常用盘根的分类、性能和使用范围见表4－11。

表4－11　　盘根的分类、性能和大致使用范围

名称	按材料构成分类	型号	性能和大致使用范围
棉盘根	1. 以棉纱编结成的棉绳； 2. 油浸棉绳； 3. 橡胶结合编结的棉绳	方型、圆型	用于水、空气和润滑油等介质温度≤100℃，压力≤20～25MPa处
麻盘根	1. 干的或油浸的大麻； 2. 麻绳； 3. 油浸棉绳； 4. 橡胶结合编结的麻绳	方型、圆型	用于水、空气和油等介质，温度≤100℃，压力≤16～20MPa处
普通棉绳盘根	1. 用润滑油和石墨浸渍过的石棉线； 2. 石棉线夹钢丝编结，用油和石墨浸渍过； 3. 石棉线夹铝丝编结，用油加石墨浸渍过	方型、圆型	编结或扭制。按棉号分为250℃、350℃、450℃三种，分别适用于250℃、4MPa，350℃、4MPa，450℃、6MPa的蒸汽、水、空气和油等介质处
高压石棉盘根	1. 用橡胶作结合剂卷制或编结的石棉布或石棉线； 2. 用橡胶结合卷制或编结，带有钢丝的石棉布或石棉线； 3. 用橡胶结合卷制或编结，带有铅丝的石棉布或石棉线； 4. 石棉绒状高压盘根； 5. 细石墨纤维与片状石墨粉的混合物； 6. 石墨粉处理过的石棉绳环，环间填以片状石墨粉	方型及扁型	方形盘根分别适用于250℃、4MPa，350℃、4MPa，450℃、6MPa的蒸汽、水、空气和油。扁形盘根适用于4MPa、350℃以内的锅炉人孔及手孔的密封。 石墨盘根适用于温度在510℃以下的高压阀门，用于14MPa、510℃的蒸汽介质
石墨盘根	石墨作成的环，并用银色石墨粉填在环间	—	用于14MPa、510℃的蒸汽介质

续表

名称	按材料构成分类	型号	性能和大致使用范围
金属盘根	铝箔盘根	圆型	用于热油泵
塑料环或橡皮环	—	—	用于≤60℃的高压条件下
棉制品盘根	1. 棉绳； 2. 油棉绳； 3. 胶芯棉纱填料	—	用于自来水、工业用水 油浸可用于压力≤20MPa，温度≤100℃的空气及油管中

传统的阀门填料普遍发硬，缺乏韧性，蠕变回弹性差，填料在填料函内没有弹性余量。当阀杆运动时，径向或轴向形成的微小间隙得不到瞬时回填。另外，阀杆或填料函在加工时形成的误差、椭圆度、缺陷、裂纹等，使传统的填料无法良好地适应使用要求。随着密封材料制造工艺的提高，加上设备无渗漏要求的进一步严格，近年来，国内外出现了许多由不同材料制造的高性能密封填料。新型高性能填料针对阀杆的运行机理，更适应阀杆的三维动态，贴合阀杆的运动曲线，其所储备的弹性当量随阀杆移动的反方向运动，回填补偿阀杆微小位移、偏心和机械磨损造成的瞬间缝隙，三位伸展而杜绝间隙可达到长期优良的密封效果。一般中压、低温的填料多添加膨胀聚四氟乙烯，高温的添加复合硅氟、陶瓷材料等。

在使用新型填料时，安装方法至关重要，影响使用性能。应用中可根据填料函的大小、压力高低、温度高低、介质种类等条件灵活掌握配合使用。

三、常用密封胶

除垫料和填料外，近来常用密封胶作为辅机结合面的密封材料，各种密封胶的使用特性及应用范围不同，应根据厂家说明书正确选用。密封胶一般分为液态密封胶和厌氧胶两类。液态密封胶的基体主要是高分子合成树脂和合成橡胶或一些天然高分子有机物，在常温下是可流动的黏稠液体，在连接前涂敷在密封面上，起密封作用。可用于温度高到300℃，压力1.6MPa的油、水、气等介质上，对金属不会产生腐蚀作用。目前应用最普遍的是半干性黏弹型液态密封胶，可单独使用，也可和垫片配合使用。液态密封胶的类型应根据使用条件选用，见表4－12。

表4－12　　液态密封胶性质

<table>
<tr><th colspan="2">种类</th><th>非干性黏型</th><th>半干性黏弹型</th><th>干性附着型</th><th>干性可剥型</th></tr>
<tr><td colspan="2">耐热性</td><td>良</td><td>可</td><td>优</td><td>可</td></tr>
<tr><td colspan="2">耐压性</td><td>良</td><td>可</td><td>优</td><td>可</td></tr>
<tr><td colspan="2">间隙较大</td><td>良</td><td>可</td><td>优</td><td>可</td></tr>
<tr><td colspan="2">耐振动</td><td>优</td><td>可</td><td>不可</td><td>良</td></tr>
<tr><td colspan="2">剥离性</td><td>可</td><td>可</td><td>不可</td><td>优</td></tr>
<tr><td rowspan="4">通用部位</td><td>平面</td><td>优</td><td>优</td><td>优</td><td>优</td></tr>
<tr><td>螺纹面</td><td>优</td><td>可</td><td>优</td><td>不可</td></tr>
<tr><td>嵌入部位</td><td>优</td><td>良</td><td>优</td><td>不可</td></tr>
<tr><td>装配时有滑动的部位</td><td>可</td><td>不可</td><td>不可</td><td>不可</td></tr>
<tr><td colspan="2">与垫片配合使用时耐压耐热性</td><td>优</td><td>优</td><td>良</td><td>优</td></tr>
</table>

使用时应注意：

（1）预处理。将密封面上的油污、水、灰尘或锈除去。单独使用时，两密封面间隙应大于0.1mm。

（2）涂敷。涂敷厚度视密封面的加工精度、平整度、间隙大小等具体情况而定。一般在密封面上涂敷0.06～0.1mm即可。

（3）干燥。溶剂型液态密封胶需干燥，干燥时间视所用溶剂种类和涂敷厚度而定，一般为3～7min。

（4）紧固。紧固方法与使用垫片时相同，紧固时应注意不可错动密封面。

厌氧胶分为胶黏剂和密封剂两种。这里主要指作为密封剂的厌氧胶，其组成主要是具有厌氧性的树脂单体和催化剂。厌氧胶涂敷性良好，在隔绝空气的情况下，胶液自动固化，固化后即成形，有良好的耐热性和耐寒性。一般用于不仅需要密封而且需要固定的接合面和承插部位，对阀门接合面的密封有良好的效果，密封高压油管接头（5～30MPa）更显出其优越性。

提示 本节内容适合锅炉本体检修（MU9 LE31），锅炉辅机检修（MU4 LE9），锅炉管阀检修（MU7 LE19）。

第三节 耐热及保温材料

随着锅炉向大容量、高参数的不断发展及现代化设计技术的不断采用（如膜式水冷壁的采用），在现代化大型锅炉设备上耐火材料的使用不断减少，而新型的保温材料的使用正日益增多。

一、耐火材料

常用的耐火材料包括耐火混凝土、烧结土耐火砖、红砖、耐火塑料等。

1. 耐火混凝土

多用于大型锅炉的顶棚管、包墙管、尾部框架式锅炉、燃烧器扩散口和门孔等处。常用的耐火混凝土低钙铝酸盐水泥耐火混凝土原料配合比及物理性能见表4－13。

表4－13 低钙铝酸盐水泥耐火混凝土原料配合比及物理性能

<table>
<tr><td rowspan="5">原料配合比及颗粒度</td><td rowspan="2">低钙铝酸盐水泥</td><td rowspan="2">15%</td><td rowspan="5">常温物理性能</td><td colspan="2" rowspan="2">密度</td><td rowspan="2">2650～2900kg/m^3</td><td rowspan="5">高温物理性能</td><td>耐火度</td><td>1790℃</td></tr>
<tr><td>荷重软化点</td><td>1350～1450℃</td></tr>
<tr><td><0.088mm矾土熟料</td><td>5%</td><td rowspan="3">常温强度</td><td>3天</td><td>25～34MPa</td><td>热膨胀系数</td><td>5～7×$10^{-5}C^{-1}$</td></tr>
<tr><td>3mm以下矾土熟料</td><td>35%</td><td>7天</td><td>44～59MPa</td><td>热稳定性</td><td>850℃下水冷22次</td></tr>
<tr><td>3～5mm矾土熟料</td><td>15%</td><td>28天</td><td>59～88MPa</td><td>残余收缩</td><td>1500℃ <1%</td></tr>
</table>

2. 耐火砖

重型炉墙用的耐火砖是耐火黏土烧结而成的，使用温度低于1300℃，用作炉膛及炉墙的耐火层。耐火砖的性能见表4－14。

3. 耐火塑料

耐火塑料的成分分骨料和黏结料，其性能见表4－15。

表 4－14　　耐火砖的性能

化学成分（%）				主要特性			
Al_2O_3		SiO_2	Fe_2O_3	标准砖尺寸（mm×mm×mm）	密度（kg/m^3）	导热系数［W/（m·K）］	耐火温度与用途
甲级	31.25	61.54	2.66	大型：250×125×65 小型：230×112×65	1500～1800（干砖）	①在 500～600℃时为 0.8～1.1； ②在 1000℃时为 1.2～1.4	1750℃ 用于炉膛内衬墙
乙级	30.16	63.25	2.79				1710℃ 用于炉膛内衬墙
丙级	29.85	63.65	2.80				1690℃ 用于炉膛内衬墙
丁级	29.74	63.63	2.70				1690℃ 用于炉膛内衬墙

表 4－15　　常用耐火塑料

名称	水玻璃（%）	铬矿砂（%）	耐火黏土（%）	烧黏土砖粒（%）	硅藻土砖粒（%）	矾土水泥（%）	不低于 500 号的硅酸盐水泥（%）	适用范围
铬矿砂塑料	外加 6～7	97	3	—	—	—	—	≤1700℃
矾土水泥制作的塑料	—	—	15	75	—	19	—	≤1200℃
硅酸盐水泥制作的塑料	—	—	20～25	70～75	—	—	5～10	≤1000～1100℃
低温塑料	—	—	20～25	—	70～75	—	5～10	≤900℃

二、保温材料

保温材料要求具备导热系数小、密度小、耐热度高等特性。常用的保温材料有硅藻砖、石棉白云石板、矿渣棉板水泥珍珠岩、微孔硅酸钙、硅酸铝纤维毡等。

现代大型机组以膜式水冷壁炉墙为主，大量采用了耐热度较好、密度较小、导热系数小的岩棉、岩棉被、硅酸铝纤维毡。常用保温材料的使用范围见表 4－16。

表 4－16　　常用保温材料

名　称	使用范围	名　称	使用范围
膨胀蛭石及其制品	≤800℃	膨胀珍珠岩制品	－200～800℃
水泥蛭石制品	≤500℃	水泥珍珠岩制品	≤500℃
水玻璃蛭石制品	≤600℃	水玻璃珍珠岩制品	≤600℃
硅泥土板（瓦）制品	800～900℃	长纤维矿渣棉制品	≤600℃
普通矿渣棉	≤600℃	酚醛矿渣棉制品	≤350℃
沥青矿渣制品	≤250℃	岩石棉岩棉	≤800℃
岩棉保温板、毡等	≤350℃	玻璃棉及制品	<300～600℃
微孔硅酸钙制品	≤600℃	高硅氧纤维	≤1000℃
硅酸铝耐火纤维	≤1000℃	泡沫石棉毡	<500℃
石棉绳	200～550℃	石棉绒粉	≤550℃
碳酸钙、碳酸镁石棉粉	≤450℃	硅藻土石棉粉	≤900℃

提示　本节内容适合锅炉本体检修（MU9　LE31），锅炉管阀检修（MU7　LE19）。

第四节　润滑基本知识和常用油脂

锅炉设备常用油脂按用途可分为润滑油、润滑脂、液压油等。

一、常用油脂的性质

1. 常用油品主要质量指标

（1）黏度。黏度就是液体的内摩擦阻力，也就是当液体在外力的影响下移动时在液体分子间所发生的内摩擦。

（2）黏度指数（黏度比）。油的黏度随温度变化而变化的性能。通常用 50℃黏度与 100℃黏度的比值来判断它的黏温性的好坏。

（3）凝点。油放在试管中冷却，直到把它倾斜 45°，经过 1min 后，油开始失去流动性的温度。

（4）酸值。中和 1g 油中的酸所需氢氧化钾（KOH）的毫克数。

（5）闪点。油加热到一定温度就开始蒸发成气体，这种蒸气与空气混合后遇到火焰就发生短暂的燃烧闪火的最低温度。此时温度就是润滑油的闪点。

（6）残炭。油因受热蒸发而形成的焦黑色的残留物称为残炭。

（7）灰分。一定量的油，按规定温度灼烧后，残留的无机物质量百分数称为灰分。

（8）机械杂质。经过溶剂稀释而后过滤所残留在滤纸上的物质。

2. 常用润滑脂主要质量指标

（1）滴点。润滑脂从不流动态转变为流动态的温度，通常是润滑脂在滴点计中按规定的加热条件，滴出第一滴液体或流出25mm油柱时的温度。

（2）针入度。质量为150g的标准圆锥体、沉入润滑脂试样5s后所达到的深度。

（3）水分。润滑脂含水量的百分比。

（4）皂分。在润滑脂的组成中，作为稠化剂的金属皂的含量。

（5）机械杂质。润滑脂中机械杂质的来源包括金属碱中的无机盐类，制脂设备上磨耗的金属微粒及外界混入的杂质（如尘土、砂砾等）。

（6）灰分。润滑脂中的灰分包括制皂的金属氧化物，基础油的无机物和原料碱里的杂质。

（7）分油量。在规定的条件下（温度、压力、时间），从润滑油中析出的油的质量。

二、润滑的基本原理

两个相互接触的物体的表面作相对运动时，必然会产生摩擦阻力，有摩擦就会有磨损，磨损就会导致机械寿命缩短。为了降低或避免摩擦，通常的方法是采用某种介质把摩擦面隔开，使之不直接接触，这样可以避免金属表面凸起部分的相互碰撞，也可以避免接触点上分子吸引力和黏结等现象产生。这种方法叫润滑，用以起润滑作用的介质叫润滑剂。润滑可分为流体动压润滑、弹性流体动压润滑和边界润滑三种状态。

轴承润滑的目的在于降低摩擦功耗，减少磨损，同时还起到冷却、吸振、防锈等作用，润滑效果的好坏和选用润滑剂有很大关系。GB 3141规定以运动黏度值作为润滑油的牌号，润滑油的工作温度应低于其闪点20～30℃。在润滑性能上润滑油一般比润滑脂好，应用较广，但润滑脂具有密封简单，不需经常加添，不易流失、不滑落、抗压性好、密封防尘性好、抗乳化性好、抗腐蚀性好的特点。

三、润滑用油的选用和使用

1. 对润滑用油的基本要求

对润滑用油的基本要求是：较低的摩擦系数，良好的吸附与入能力

(即具有较好的油性)，一定的内聚力（即黏度)，较高的纯度，抗氧化稳定性好，无研磨和腐蚀性，有较好的导热能力和较大的热容量。

2. 选用润滑用油的一般原则

（1）运动速度。两摩擦面相对运动速度愈高，其形成油楔的作用也愈强，故在高速的运动副上采用低黏度润滑油和针入度较大（较软）的润滑脂。反之在低速的运动副上，应采用黏度较大的润滑油和针入度较小的润滑脂。

（2）负荷大小。运动副的负荷或压强愈大，应选用黏度大或油性好的润滑油；反之，负荷愈小，选用润滑油的黏度应愈小。各种润滑油均具有一定的承载能力，在低速、重负荷的运动副上，首先考虑润滑油的允许承载能力。在边界润滑的重负荷运动副上，应考虑润滑油的抗压性能。

（3）运动情况。冲击振动负荷将形成瞬时极大的压强，往复与间歇运动对油膜的形成不利，故均应采用黏度较大的润滑油。有时宁可采用润滑脂（针入度较小）或固体润滑剂，以保证可靠的润滑。

（4）温度。环境温度低时运动副应采用黏度较小、凝点低的润滑油和针入度较大的润滑脂；反之则采用黏度较大、闪点较高，油性好以及氧化安定性强的润滑油和滴点较高的润滑脂，温度升降变化大的，应选用黏温性能较好（即黏度比较小）的润滑油。

（5）潮湿条件。在潮湿的工作环境里，或者与水接触较多的工作条件下，一般润滑油容易变质或被水冲走，应选用抗乳化能力较强和油性、防锈蚀性能较好的润滑剂。润滑脂（特别是钙基、锂基、钡基等)，有较强的抗水能力，宜用潮湿的条件。但不能选用钠基脂。

（6）在灰尘较多的地方。密封有一定困难的场合，采用润滑脂以起到一定的隔离作用，防止灰尘的侵入。在系统密封较好的场合，可采用带有过滤装置的集中循环润滑方法。在化学气体腐蚀比较严重的地方，最好采用有防腐蚀性能的润滑油。

（7）间隙。间隙愈小，润滑油的黏度应愈低，因低黏度润滑油的流动和入能力强，能迅速进入间隙小的摩擦副起润滑作用。

（8）加工精度。表面粗糙，要求使用黏度较大或针入度较小的润滑油脂。反之，应选用黏度较小或针入度较大的润滑油脂。

（9）表面位置。在垂直导轨、丝杠上、外露齿轮、链条、钢丝绳上的润滑油容易流失，应选用黏度较大的润滑油。立式轴承宜选用润滑脂，这样可以减少流失，保证润滑。

3. 润滑用油的使用

由于润滑油脂品种繁多，而各种油脂的组成成分不同，其使用性能也各异。因此，在选用润滑油脂时，应注意所选的润滑油必须与其使用条件相适应。

4. 润滑用油的保管

为了确保润滑用油的质量，除生产厂严格按工艺规程生产和质量检查外，润滑用油脂的贮运也是一个重要的环节。贮存过程中为防止变质、使用便利和防止污染，应注意：

（1）防止容器损坏，以致雨水、灰尘等污染润滑用油，运输中要做好防风雨措施。

（2）润滑用油脂要尽可能放在室内贮存，避免日晒雨淋，油库内温度变化不宜过大。应采取必要措施，使库内温度保持在 10 ~ 30℃。温度过高，会引起润滑脂胶体安定性变差。

（3）润滑用油脂的保存时间不宜过长，应经常抽查，变质后不应再使用，以防机械部件的损坏。

（4）润滑脂是一种胶体结构，尤其是皂基润滑脂，在长期受重力作用下，将会出现分油现象，使润滑脂的性能丧失。包装容积越大，这种受压分油现象越严重。因此，避免使用过大容器包装润滑脂。

（5）在使用时要特别注意润滑油不应与润滑脂掺合，因为这样做会破坏润滑脂的胶体安定性和机械安定性等性能，从而严重影响润滑脂的使用性能，故应尽量避免这类不正确的做法发生。

四、液压油的选择条件

为了获得效率高而且经济的油压装置，必须选择适当的工作油。一般应考虑以下各项要求：

（1）采用不可压缩液体，在运转温度范围内要容易在油压回路中流动。

（2）为了减少各运动部位的摩擦，润滑性能要好。

（3）即使长时间使用，物理性能和化学性能的变化也要小。

（4）不会使油压装置内部元件生锈和腐蚀。

（5）能使从外边浸入的杂质迅速沉淀分离。

选择液压油时首先依据液压系统所处的工作环境、系统的工况条件（压力、温度和液压泵类型等）以及技术经济性（价格、使用寿命等），按照液压油各品牌的性能综合统筹确定选用液压油，可参考表 4 – 17 和表 4 – 18。

表 4-17　　依据环境和工况条件选择液压油品种

环境＼工况	压力：<7MPa 温度：<50℃	压力：7～14MPa 温度：<50℃	压力：7～14MPa 温度：50～80℃	压力：>14MPa 温度：80～100℃
室内固定设备	HL	HL 或 HM	HM	HM
寒天寒区或严寒区	HR	HV 或 HS	HV 或 HS	HV 或 HS
地下水下	HL	HL 或 HM	HM	HM
高温热源 明火附近	HFAE HFAS	HFB HFC	HFDR	HFDR

表 4-18　　按照工作温度范围和液压泵类型选用液压油品种和黏度等级

液压泵类型		运动黏度（40℃）（$mm^2 \cdot s^{-1}$）系统工作温度 5～40℃	运动黏度（40℃）（$mm^2 \cdot s^{-1}$）系统工作温度 40～80℃	适用品种和黏度等级
叶片泵	<7MPa	30～50	40～75	HM 油：32、46、68
叶片泵	>7MPa	50～70	55～90	HM 油：46、68、100
齿轮泵		30～70	95～165	HL 油（中、高压用 HM 油）：32、46、68、100、150
轴向柱塞泵		40～75	70～150	HL 油（高压用 HM 油）：32、46、68、100、150
径向柱塞泵		30～80	65～240	HL 油（高压用 HM 油）：32、46、68、100、150

五、液压油的使用、净化、保管

1. 液压油的使用

液压油在使用中，由于工作温度、工作压力的变化和空气的氧化而逐渐变质，尤其是从外边落入杂质（水、空气中的尘埃等），在催化剂的作用下而生成氧化物，这就更使工作油劣化。因此，按照运转条件在适当的时期进行外观试验和静止试验，试验合格才能继续使用，反之，必须更换。更换周期一般因工作条件而异，应以试验结果为依据。

通常在使用液压油时应注意以下问题：

(1) 油箱内壁一般不要涂刷油漆，以免油中产生沉淀物。若必须涂刷油漆时，应采用良好的耐油油漆。

(2) 按设备说明书的规定，选用合适的油。

(3) 在使用过程中应防止水、乳化液、灰尘、纤维杂质及其他机械杂质浸入油中。

(4) 在使用中，油箱的油面要保持一定高度，添加的油液必须是同一牌号的油，以免引起油质恶化。油泵的吸油管与系统的回油管安装要合理，以防止油中产生气泡。

(5) 当环境温度在38℃以上时，连续工作四小时后油箱内油温不得超过70℃。

2. 液压油的净化处理

为了确保液压系统的安全运行，所采用的液压油一般都要做净化处理。

(1) 液压系统的净化。液压系统安装完成后，回路中会存有杂质，如管子和接头部位的水锈和碎片、机械加工的毛刺、喷砂时的砂、铸件砂、软管等紧固部位的碎片、管螺纹部分的油封剂、内部清除时的破布和纤维物、回路中的锈、涂料片等。

清除上述杂质的主要方法是：清洗油路管道，清洗油可用38℃时黏度为$2\times10^{-5}m^2/s$的汽轮机油（注意在油箱回油口加装80～100目的滤油器），清洗时间为20～180min。清洗时要反复对焊接处和管子轻轻地震打，以加速和促进脏物脱落。清洗后，必须排除清洗油。

(2) 液压油的过滤。由于外部因素，液压回路内是很容易进入杂物的，比如由注入口、通气口、活塞的密封部位及地板、油箱盖等部位混入的尘埃；由于空气中的尘埃和气泡而生成乳浊液；混入空气中的湿气等。因此，加油前应对油进行多次过滤，在泵的吸油侧加装滤油器及加必要的干燥剂。

(3) 液压油更换。由于液压回路内在运行中经常可能生成一些杂质，如：泵、油缸、密封材料的破损片；阀、轴承、泵等磨损生成的粉屑；高温高压造成油的劣化产生的胶状物、油淤泥；水分、空气、铜、铁的触媒作用而产生的氧化物等。因此，液压油应经常更换。

3. 液压油的贮存及保管

由于液压机械对液压油的要求相当高，因此，液压油的贮存和保管就很重要。油桶上不要积聚污水和尘埃，同时不要直接放在地上。加油时，防止杂质掉入油桶或其他容器内，定期检查油的质量。环境温度一般不得超过60℃，最好为室温（25℃）。

提示 本节内容适合锅炉辅机检修（MU4 LE9），锅炉管阀检修（MU7 LE19）。

第五节 研磨材料

进行阀门密封面的研磨时要在研磨工具和被研磨的工件之间垫一层研磨材料，以利用研磨材料硬度很高的颗粒，将工件磨光。常用的研磨材料有磨料、研磨膏和砂布等。

一、磨料

磨料种类很多，使用时应根据工件的材质、硬度及加工精度等条件选用磨料。表4－19为常用磨料的种类及用途，表4－20为磨料粒度的分类及用途。

表4－19 常用磨料的种类及用途

系列	磨料名称	代号	颜色	特性	应用范围	
					工件材料	研磨类别
氧化铝系	棕刚玉	GZ	棕褐色	硬度高，韧性大，价格便宜	碳钢、合金钢、铸铁、铜等	粗、精研
	白刚玉	GB	白色	硬度比棕刚玉高，韧性较棕刚玉低	淬火钢，高速钢及薄壁零件等	精研
	单晶刚玉	GD	浅黄色或白色	颗粒呈球状，硬度和韧性比白刚玉高	不锈钢等强度高、韧性大的材料	粗、精研
	铬刚玉	GG	玫瑰红或紫红色	韧性比白刚玉高，磨削粗糙度低	仪表，量具及低粗糙度表面	精研
	微晶刚玉	GW	棕褐色	磨粒由微小晶体组成，强度高	不锈钢和特种球墨铸铁等	粗、精研

续表

系列	磨料名称	代号	颜色	特性	应用范围	
					工件材料	研磨类别
碳化物系	黑碳化硅	TH	黑色有光泽	硬度比白钢玉高，性脆而锋利	铸铁、黄铜、铝和非金属材料	粗研
	绿碳化硅	TL	绿色	硬度仅次于碳化硼和金刚石	硬质合金、硬铬、宝石、陶瓷、玻璃等	粗、精研
	碳化硼	TP	黑色	硬度仅次于金刚石、耐磨性好	硬质合金、硬铬、人造宝石等	精研、抛光
金刚石系	人造金刚石	JR	灰色至黄白色	硬度高，比天然金刚石稍脆，表面粗糙	硬质合金、人造宝石、光学玻璃等硬脆材料	粗、精研
	天然金刚石	JT	灰色至黄白色	硬度最高，价格昂贵		
其他	氧化铁		红色或暗红色	比氧化铬软	钢、铁、铜、玻璃等	极细的精研、抛光
	氧化铬		深绿色	质软		
	氧化铈		土黄色	质软		

表 4-20　　磨料粒度的分类及用途

分类	粒度号	颗粒尺寸（μm）	可加工表面粗糙度 Ra（μm）	应用范围
磨料	8 号 10 号 12 号	3150～2500 2500～2000 2000～1600		
	14 号 16 号 20 号 24 号 30 号	1600～1250 1250～1000 1000～800 800～630 630～500	25	铸铁打毛刺、除锈等

续表

分类	粒度号	颗粒尺寸（μm）	可加工表面粗糙度 Ra（μm）	应用范围
磨料	36 号 46 号	500～400 400～315	25～12.5	一般件打毛刺、平磨等
	60 号 70 号 80 号	315～250 250～200 200～160	12.5～3.2	加工余量大的精密零件粗研用，精度不太高的法兰密封面等零件的研磨
	100 号 120 号	160～125 125～100	1.6	一般阀门密封面的研磨
磨粉	150 号 180 号 240 号 280 号	100～80 80～63 63～50 50～40	1.6～0.4	中压阀门密封面的研磨
微粉	W40 W28 W20 W14	40～28 28～20 20～14 14～10	0.4～0.2	高温高压阀门、安全阀密封面的研磨
	W10 W7 W5 W3.5 W2.5 W1.5 W1 W0.5	10～7 7～5 5～3.5 3.5～2.5 2.5～1.5 1.5～1 1～0.5 0.5～至更细	0.2 以下	超高压阀门和要求很高的阀门密封面及其他精密零件的精研、抛光

磨粒和磨粉的号数越大，磨料越细。而微粉是以 W 为代号，号数越大，磨料越粗。微粉比磨粉细，磨粉又比磨粒细。对硬度较高的工件来讲，磨粒适于粗研，磨粉适于精研，微粉适于精研与抛光。

二、研磨膏

事先预制成的固体研磨剂叫做研磨膏，可自制，也可购买，使用方便。研磨膏是由硬脂酸、硬酸、石蜡等润滑剂加以不同类别和不同粒度的磨料配制而成的，分为 M28、M20、M14、M10、M7、M5 等，有黑色、淡黄色和绿色。

三、砂布和砂纸

砂布和砂纸是用胶粘剂把磨料均布在布或纸上的一种研磨材料。具有方便简单，粗糙度低，清洁无油等优点，在阀门研磨中使用较多。砂布（金刚砂布）的规格见表4－21，水砂纸的规格见表4－22，金相砂纸的规格见表4－23。

表4－21　　砂布（金刚砂布）的规格

代号		0000	000	00	0	1	$1\frac{1}{2}$	2	$2\frac{1}{2}$	3	$3\frac{1}{2}$	4	5	6
磨料粒度号数	上海	220	180	150	120	100	80	60	46	36	30	24	—	—
	天津	200	180	160	140	100	80	60	46	36	—	30	24	18

注　习惯上也有把0000写成4/0；000写成3/0；00写成2/0的。

表4－22　　水砂纸的规格

代　号		180	220	240	280	320	400	500	600
磨料粒度号数	上海	100	120	150	180	220	240	280	320（W40）
	天津	120	150	160	180	220	260	—	—

表4－23　　金相砂纸的规格

代号	280	320	01/（400）	02/（500）	03/（600）	04/（800）	05/（1000）	06/（1200）
磨料粒度号数	280	320/（W40）	W28	W20	W14	W10	W7	W5

提示　本节内容适合锅炉管阀检修（MU7　LE19）。

第五章

锅炉检修常用工器具

第一节 常 用 工 具

锅炉检修中常用的普通工具有扳手、手锤、虎钳、錾子、样冲、锉刀、刮刀、铰刀、电钻、磨光机等。

一、扳手

扳手的种类很多，主要有活扳手、开口固定扳手、闭口固定扳手、花型扳手和管子钳。

(1) 活扳手（见图 5－1)。这种扳手适用于紧各种阀门盘根、烟风道人孔门螺丝以及 M16 以下的螺丝，常用的规格有 200、250、300mm。

活扳手的正确使用方法见图 5－2（a)。

(2) 开口固定扳手（见图 5－3)。这种扳手适用于 M18 以下的螺丝，使用时不要用力过大，否则容易将开口损坏。

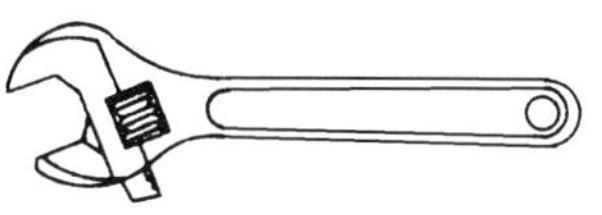

图 5－1 活扳手

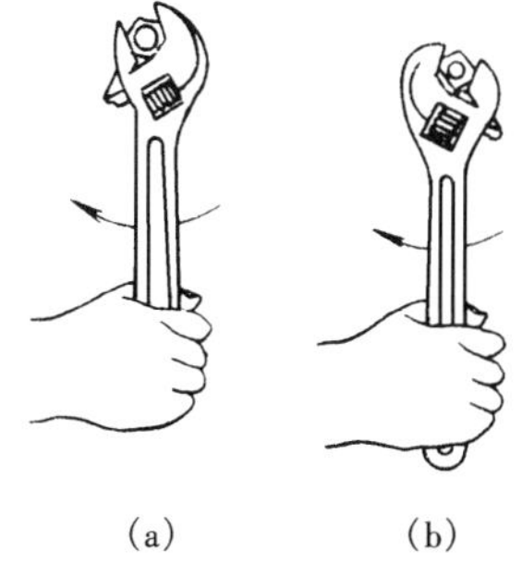

图 5－2 活扳手的使用

(a) 正确；(b) 不正确

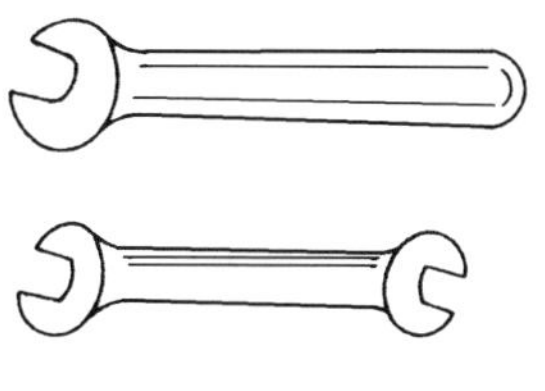

图 5－3 开口固定扳手

这种扳手的缺点是一种规格只适用于一种螺丝，使用前要检查开口有无裂纹。

(3) 闭口固定扳手（见图5-4)。这种扳手六方吃力，故适用于高压力和紧力大的螺丝，最适用于高压阀门检修，使用前应仔细检查有无缺陷。

(4) 花型扳手（见图5-5)。这种扳手除了具有使螺丝六方吃力均匀的优点外，最适用于在工作位置小、操作不方便处紧阀门和法兰螺丝时使用。使用时在螺丝上要套正，否则易将螺帽咬坏。

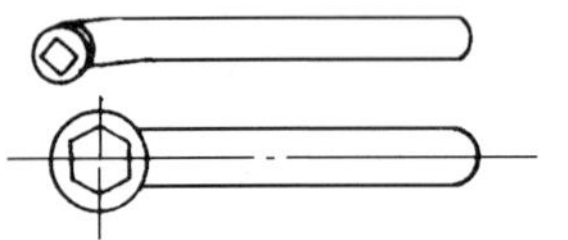

图5-4 闭口固定扳手

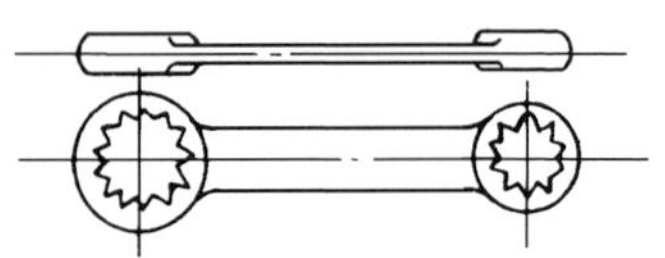

图5-5 花形扳手

(5) 管子钳（管子扳手，见图5-6)。这种扳手适用于在低压蒸汽和工业用水管上工作时采用。使用时不要用力太猛，更不要用加套管的办法来帮助用力，否则将使管子咬坏。使用前应检查有无缺陷，且扳手嘴的牙齿上不要带油。

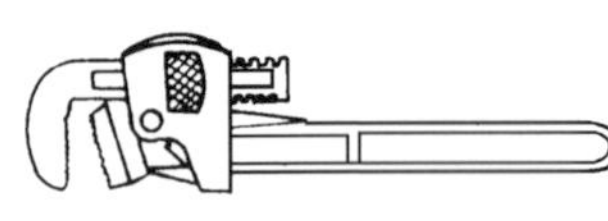

图5-6 管子钳

二、手锤

手锤的规格有0.5、1、1.5kg几种，如图5-7所示。

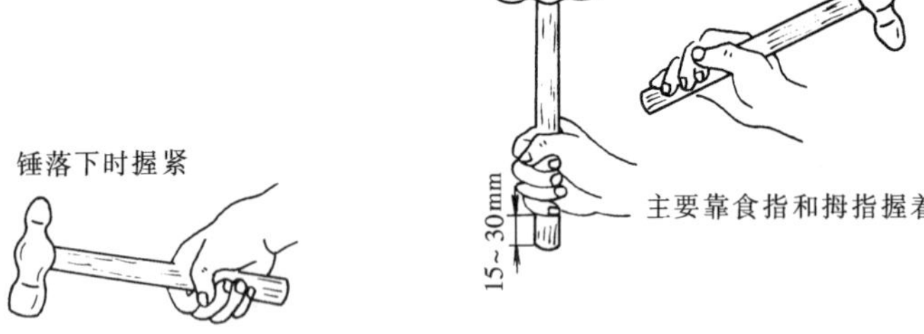

图5-7 手锤及其握法

手锤的手柄是硬木制的，长度为300~350mm。锤把的安装应细致，锤头与锤把要成90°，手柄镶入锤孔后要钉入一铁楔，以防锤头松脱。铁楔埋入深度不得超过锤孔深度的2/3。手锤的锤面稍微凸出一点比较好，锤面是手锤的打击部位，不能有裂纹和缺陷。

三、錾子

常用的錾子有扁錾、尖錾、油槽錾、扁冲錾和圆弧錾几种，如图5-8所示。其中扁錾用于錾切平面，剔毛边，剔管子坡口，剔焊渣及錾切薄铁板；尖錾用于剔槽、剔生铁和比较脆的材料；油槽錾用于剔轴承油槽和其他凹面开槽；圆弧錾用于錾切阀门用的金属垫片及有圆弧的零件。

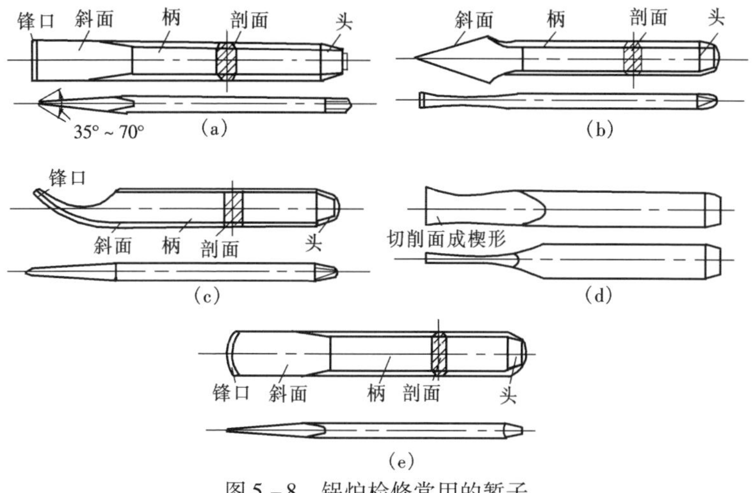

图5-8 锅炉检修常用的錾子

(a) 扁錾；(b) 尖錾；(c) 油槽錾；(d) 扁冲錾；(e) 圆弧錾

四、虎钳

虎钳是安装在工作台上供夹持工件用的工具，分为固定式和回转式，见图5-9。

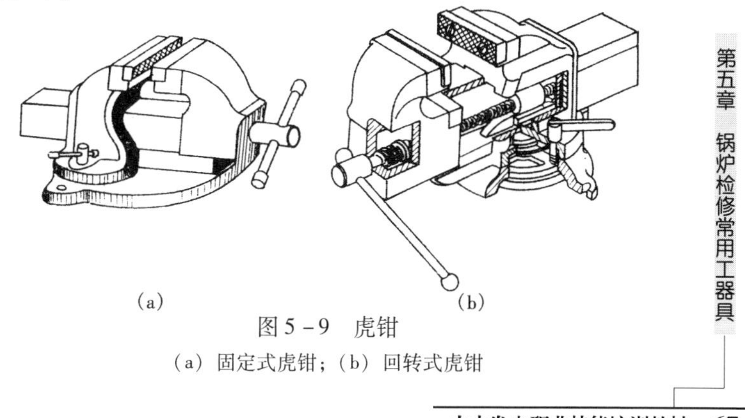

图5-9 虎钳

(a) 固定式虎钳；(b) 回转式虎钳

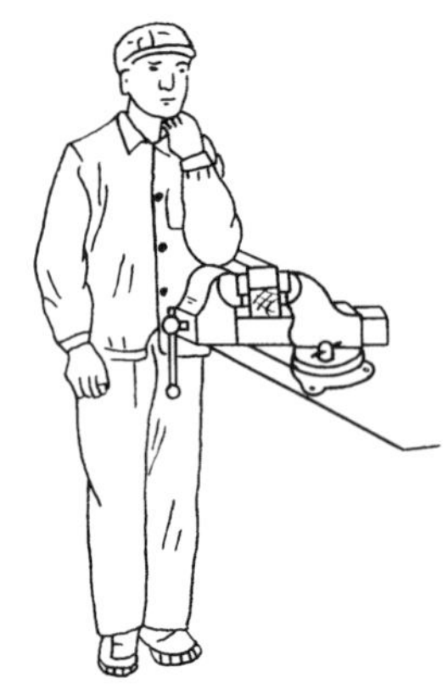

图 5－10　虎钳的安装高度

虎钳装在台面上，其钳口高度应与人站立时的肘部高度大致相同，如图 5－10 所示。使用虎钳时应注意下列事项：

（1）夹持工具时，只能用双手扳紧手柄，不允许在手柄上套铁管或用手锤敲击手柄，以免损坏丝杆螺母。

（2）不允许用大锤在虎钳上敲击工件。

（3）虎钳的螺母、螺杆要常加油润滑。

（4）夹持大型工件时，要用辅助支架。

五、锯弓（手锯）

锯弓有固定式和可调式两种，用于小口径管子和铁棍的切割。可调式锯弓的弓架分成前后两段，前段可在后段中间伸缩，因而可安装几种长度的锯条。固定式锯弓的弓架是整体的，只能安装一种长度的锯条。安装锯条时一定要注意方向，不能装反，锯弓的起锯方法如图 5－11 所示，锯切姿势和方法如图 5－12 所示。

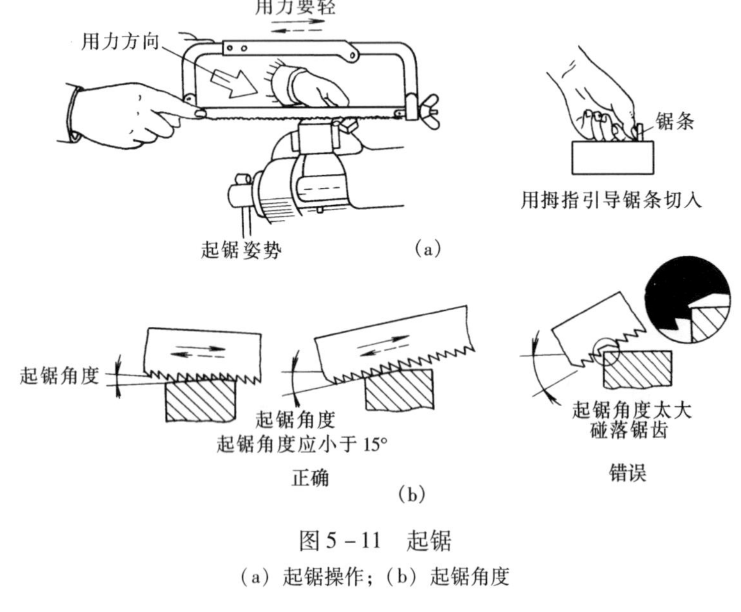

图 5－11　起锯

（a）起锯操作；（b）起锯角度

为了预防所划的线模糊或消失，在线上应按一定的距离用样冲打出样冲眼，以保证加工时能找到加工界线。图 5－13 为样冲的用法。

图 5－12　锯切姿势和方法图

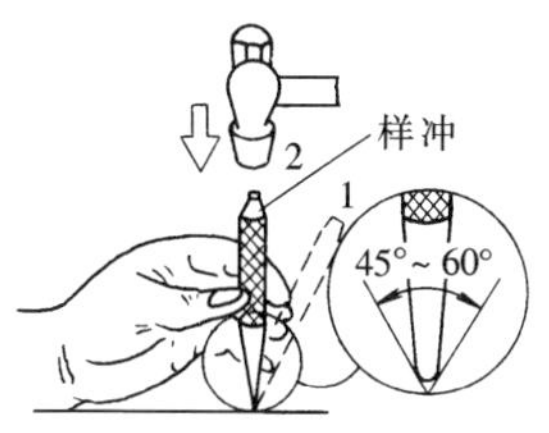

图 5－13　样冲及其用法

六、锉刀

锉刀的粗细是以锉面上每 10mm 长度上锉齿的齿数来划分的。粗锉刀（4～12 齿）的齿间大，不易堵塞，适用于粗加工或锉铜、铝等软金属；细锉刀（13～24 齿），适用于锉钢或铸铁等材料，光锉刀（30～60 齿）又称油光锉，只用于最后修光表面。锉刀越细，锉出的工件表面越光，但生产率则越低。锉削时不要用手摸工件表面，以防再锉时打滑。粗锉时用交叉锉法，基本锉平后，可用细锉或光锉以推锉法修光。

根据锉刀断面形状不同，可分平锉、半圆锉、方锉、三角锉及圆锉等。锉削时步位与姿势如图 5－14 所示，交叉锉法如图 5－15 所示，推锉法如图 5－16 所示。

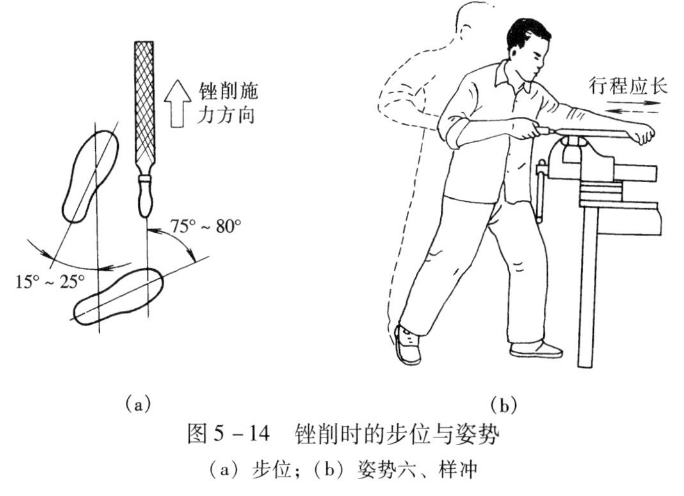

图 5－14　锉削时的步位与姿势

（a）步位；（b）姿势六、样冲

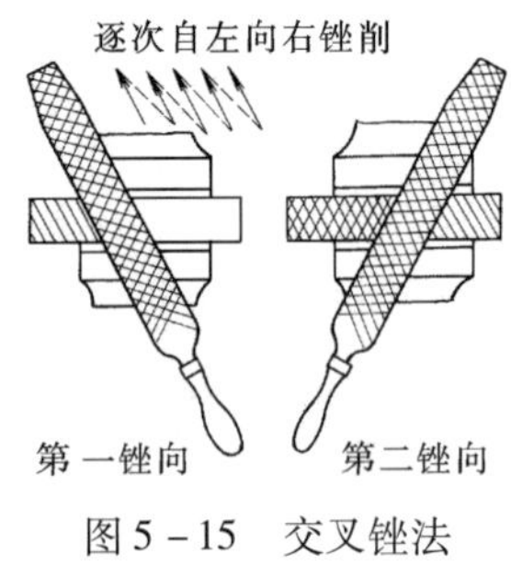

图 5 - 15　交叉锉法

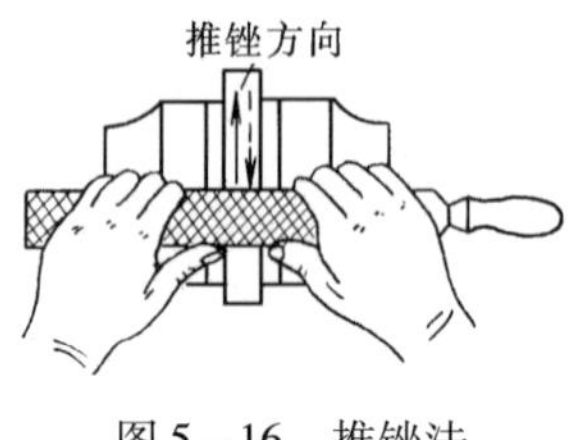

图 5 - 16　推锉法

七、刮刀

常用的刮刀有平面刮刀和三角刮刀，平面刮刀用来刮削平面或刮花。图 5 - 17 所示为手刮法，右手握刀柄，推动刮刀；左手放在靠近端部的刀体上，引导刮刀刮削方向并加压。刮削时，用力要均匀，要拿稳刮刀，以免刮刀刃口两侧的棱角将工件划伤。图 5 - 18 所示为挺刮法，刮削时利用腿部和臀部的力量，使刮刀向前推挤。

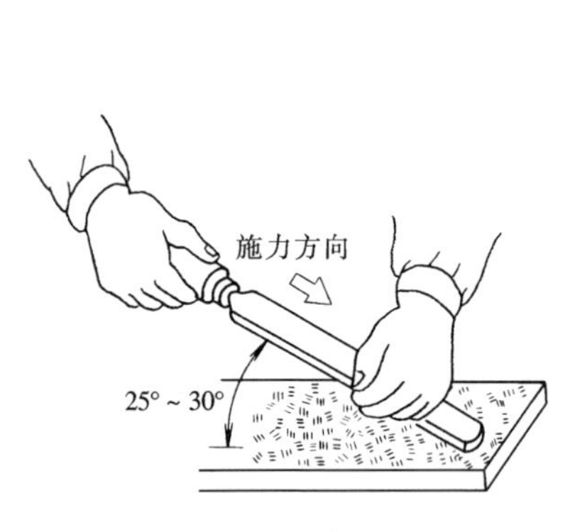

图 5 - 17　手刮法

图 5 - 18　挺刮法

三角刮刀用来刮削要求较高的滑动轴承的轴瓦，以得到与轴颈良好的配合。刮削时的操作方法如图 5 - 19 所示。

常用的铰刀有手用铰刀和机用铰刀两种。除了一部分锥销孔、非标准孔，或者由于工件结构的限制需要手铰以外，一般多采用钻床来铰孔。

八、电动角向磨光机

电动角向磨光机主要用于金属件的修磨及型材的切割，焊接前开坡口

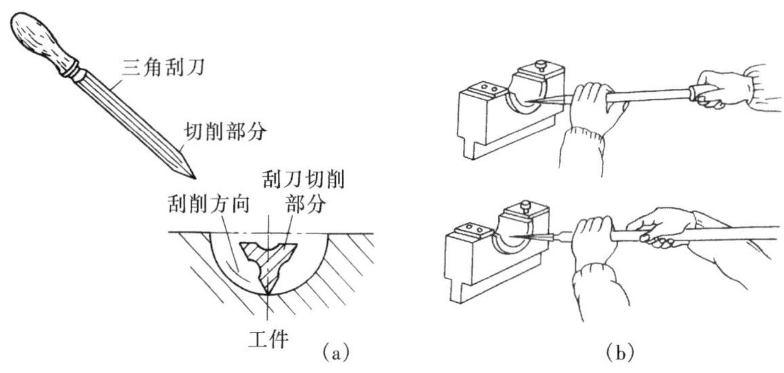

图 5－19　三角刮刀及其刮削方法
（a）用三角刮刀刮削轴瓦；（b）刮削姿势九、铰刀

以及清理工件飞边、毛刺。

九、电钻

配用麻花钻，主要用于对金属件钻孔，也适用于对木材、塑料件等钻孔。若配以金属孔锯、机用木工钻等作业工具，其加工孔径可相应扩大。

十、磁性表座

表座可吸附于光滑的导磁平面或圆柱面上，用于支架千分表、百分表，以适应各种场合的测量。

提示　本节内容适合锅炉本体检修（MU8　LE27），锅炉辅机检修（MU3　LE6），锅炉管阀检修，锅炉电除尘检修、锅炉除灰检修。

第二节　锅炉检修常用量具及专用测量仪

一、量具

1. 常用量具

锅炉检修中常用量具有以下几类：简单量具、游标量具、微分量具、测微量具、专用量具，具体包括：大小钢板尺、钢卷尺、游标卡尺、千分尺、百分表、塞尺、深度尺、水平仪、测速仪、测振仪、激光找正仪、动平衡仪等。

2. 常用量具的使用

（1）游标卡尺。图 5－20 所示为一种可以测量工件内径、外径和深度的三用游标卡尺及其主要组成部分。

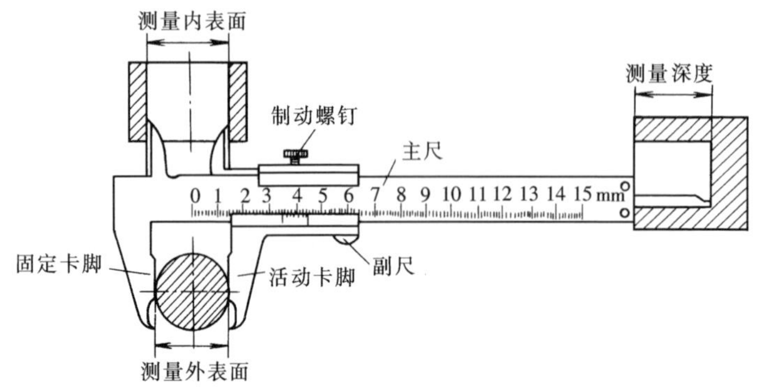

图 5－20　游标卡尺及其组成部分

游标卡尺测量的准确度（刻度值）有 0.1、0.05、0.02mm 三种。现以刻度值为 0.1mm 的游标卡尺为例，说明其读数原理和读数方法。如图 5－21（a）所示，主尺刻度的间距为 1mm，副尺刻度的间距为 0.9mm，两者刻度间距之差值为 0.1mm。副尺共分 10 格。当主尺和副尺零线对准时，副尺上最后一根刻线即与主尺上的第九根刻线对准，但这时副尺上的其他刻线都不与主尺刻线对准。当副尺（即活动卡脚）向右移动 0.1mm 时，副尺零线后的第一根刻线就与主尺零线后的第一根刻线对准，此时零件的尺寸为 0.1mm。当副尺向右移动 0.2mm 时，副尺零线后第二根刻线与主尺零线后的第二根刻线对准，此时零件的尺寸为 0.2mm，依次类推。因此，读尺寸时，先读出主尺上尺寸的整数是多少毫米，再看副尺上第几根线与主尺刻线对准，以读出尺寸的小数；两者之和即为零件的尺寸。如图 5－21（b）所示，主尺整数是 27，副尺第五根刻线与主尺对准，即为 0.5mm，故其读数为 27.5mm。

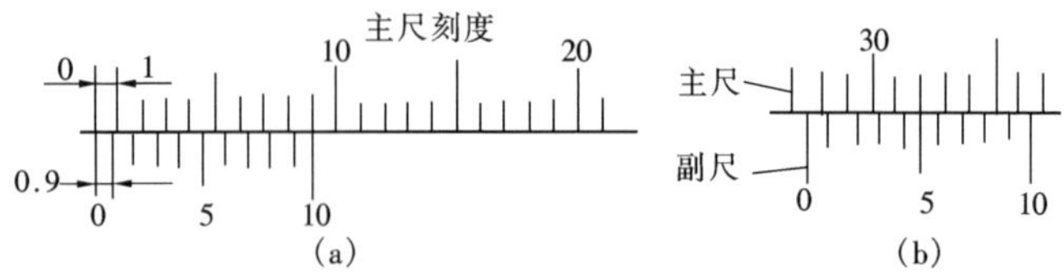

图 5－21　读数原理和方法

（a）副尺刻度；（b）测量读数值 27＋0.5＝27.5mm

游标卡尺使用前应擦净卡脚，并闭合两卡脚检查主、副尺零线是否重合，否则应对读数加以相应的修正。测量时应注意拧松制动螺钉，并使卡脚逐渐与工件靠近，最后达到轻微接触，不要使卡脚紧压工件，以免卡脚变形或磨损，降低测量的准确度。

（2）千分尺。千分尺是利用精密螺杆旋转并直线移动的原理来进行测量的一种量具。图 5 - 22（a）是测量范围为 0 ~ 25mm，测量准确度为 0.01mm 的外径千分尺及其主要组成部分。

千分尺的螺杆是与活动套筒连在一起的，当转动活动套筒时，螺杆和活动套筒一起向左或向右移动。套筒每转一转，套筒和螺杆移动 0.5mm。千分尺的刻度设计及读数如图 5 - 22 所示，在固定套筒的轴向刻线两边，每两条刻线间的距离是 0.5mm。如果就一边来说，则每两条刻线间的距离是 1mm，这是主尺刻度值。在活动套筒左端的锥面上，沿圆周刻度，一周分为 50 格，所以每格代表 0.01mm。测量时先读出固定套筒的尺寸（应为 0.5mm 的整数倍），再看活动套筒上的哪一刻线和固定套筒上的中心线对准；两者读数之和即为零件的实际尺寸。图 5 - 22（b）所示为千分尺的读数示例。

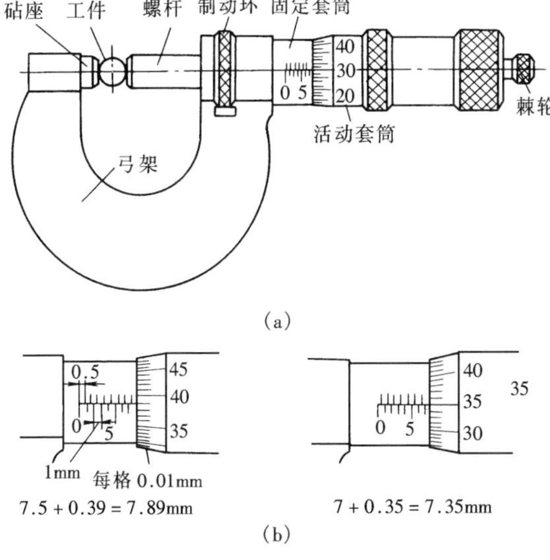

图 5 - 22　千分尺及其读数方法

（a）外径千分尺及其主要组成部分；（b）千分尺的读数示例

测量时，先转动活动套筒做大的调整，至螺杆与砧座的距离略大于工件尺寸时，再卡入工件，然后转动棘轮。当棘轮发出清脆的“卡卡”响声时，表明测量压力已合适，即可读数。

（3）百分表。百分表是装在支架上用的读数指示表。常用来检验零件的跳动、同轴度和平行度等，主要是作比较测量用。

图 5－23 为分度值 0. 01mm 的百分表及其传动原理。表盘上一圈共有刻度 100 格，测量杆移动 1mm，推动长指针旋转一圈。因此，长指针每转动一格，就相当于测量杆移动 0. 01mm。除长指针外，还有一个小指针。长指针旋转一周，小指针即在转数指示盘上转过一格。

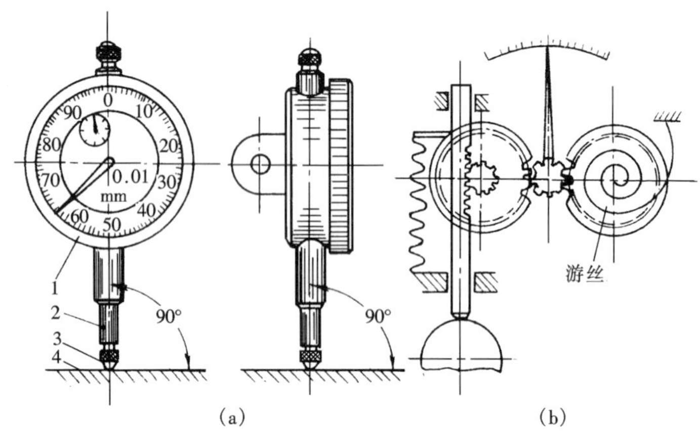

图 5－23　百分表

（a）外形；（b）动作原理

1—表圈；2—测量杆；3—测头；4—工件

（4）水平仪。水平仪用于检验机械设备平面的平直度，机件的相对位置的平行度及设备的水平位置与垂直位置。常用的有普通水平仪及框式水平仪（见图 5－24）。

1）普通水平仪。普通水平仪只能用来检验平面对水平的偏差，其水准器留有一个气泡，当被测面稍有倾斜时，气泡就向高处移动，从刻在水准器上的刻度可读出两端高低相差值。如刻度为 0. 05mm/m，即表示气泡移动一格时，被测长度为 1m 的两端上，高低相差为 0. 05mm。

2）框式水平仪。又称为方框水平仪，其精度较高，有四个相互垂直的工作面，各边框相互垂直，并有纵向、横向两个水准器。故不仅能

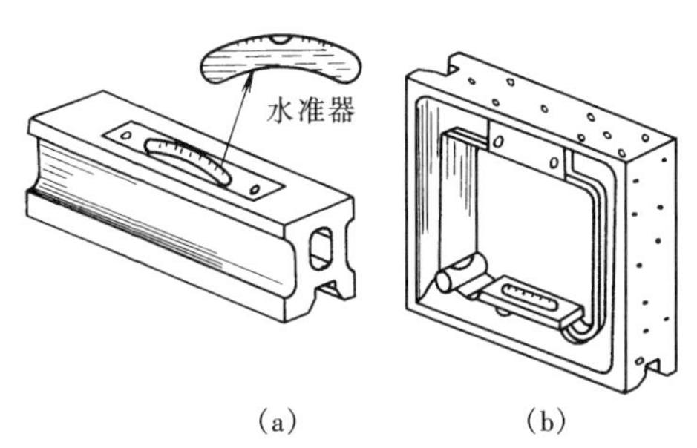

图 5－24　水平仪

（a）普通水平仪；（b）框式水平仪

检验平面对水平位置的偏差，还可检验平面对垂直位置的偏差。框式水平仪的规格很多，最常用的是 200mm×200mm，其刻度值有 0.02mm/m、0.05mm/m 两种。

二、专用测量仪

1. 激光找正仪

可见激光找正仪可轻易地完成传统找正很难或无法实现的轴校正。激光找正仪原理是：传感器的激光二极管发射出的激光被棱镜反射回到传感器的测位器，当轴旋转 90°时，由于转轴偏差将引起反射的激光束在测位器原位置发生移动，测位器所测得的这一激光束位移被输入计算机。然后计算机使用测量的位移结果与已输入的机器尺寸来计算出转轴偏差程度，包括联轴器偏差状态及机器地脚的调整量。

2. 高速动平衡测量仪

高速动平衡测量仪可以对各种机械设备进行现场动平衡，不需将转子从设备上拆卸下来，就在正常运转状态下，能迅速找到引发振动的原因和部位，自动在线振动监测、分析和动平衡校正。适用于发电厂各类机械设备，如压缩机、电厂风机、水泵等锅炉辅机。

高速动平衡测量仪种类很多，主要配置为现场动平衡仪一台、振动传感器两只、转速探头一只及相关配件等。其主要原理是采用试重法和影响系数法进行平衡计算分析，具有平衡效率高（一次平衡可降低振动量达 90% 以上）、计算功能强、操作简单、携带方便、价格低廉、现场实用性强等特点，具体使用方法可参见高速动平衡测量仪随机说明书。

3. 工业内窥镜

工业内窥镜的种类很多，常见的有电子工业内窥镜、光纤工业内窥镜等。

（1）光纤工业内窥镜。

光纤工业内窥镜是一种由纤维光学、光学、精密机械及电子技术结合而成的新型光学仪器，它利用光导纤维的传光、传像原理及其柔软弯曲性能，可以对设备中肉眼不易观察到的任何隐蔽部位方便地进行直接快速的检查。既不需要设备解体，亦不需另外照明，只要有孔能使窥头插入，内部情况便可一目了然。既可直视，也可照相，还可录像或电视显示。

（2）电子工业内窥镜。

电子工业内窥镜是利用电子学、光学及精密机械等技术研制的新型无损检测仪器。电子工业内窥镜采用了 CCD 芯片，能在监视器上直接显示出观察图像。与光纤工业内窥镜相比，除具有柔软可弯曲等性能外，还具有分辨率高、图像清晰、色彩逼真、被检部位形状准确、有效探测距离长等优点，并能方便地对图像、资料作永久记录。

电子工业内窥镜广泛用于机器设备的检测，如锅炉、热交换器、成套设备管路、给排水管等，可供多人同时通过监视器来观察分析高析像力的图像，对被检测部位做出客观的判断。

4. 超声波检漏仪

超声波检漏仪配备有超声波麦克风、听诊器拾音头和其他一些附件，可以用于各种状态监控、系统维护和故障检测使用，是一种专门设计的用以降低维护和检修耗时的多功能诊断系统。超声波检漏仪的工作原理：当气体或液体通过狭缝时便会发出超声波，经过放大变频为可听频率范围，这样可以在耳机或内置的扬声音器中听到，可以容易找出超声波源从而找到泄漏处。也可利用闪灯及音调来显示所探到的超声波强弱，越是接近超声波源亮起之闪灯便越多、从耳机听到的声音音调越高。适用于有色金属、黑色金属和非金属管道的快速检漏，如发电厂高低加热器管、锅炉四管等。

5. 测温仪

测温仪中，红外线测温仪使用方便，测温速度快，是一种应用最广泛的测温仪。测温范围广，大多数都带有激光瞄准方式，测温精度高，光学分辨率清晰，发射率可调，并具有最小、平均、差值显示。

6. 测厚仪

超声波测厚仪，采用超声波测量原理，探头发射的超声波脉冲到达被测物体以一恒定速度在其内部传播，到达材料分界面时被反射回探头，通过精确测量超声波在材料中传播的时间来确定被测材料的厚度。超声波测厚仪采用微电脑对数据进行分析、处理、显示，采用高度优化的测量电路，具有测量精度高、范围宽、操作简便、工作稳定可靠等特点，此仪器可对各种板材和各种加工零件作精确测量，另一重要方面是可以对生产设备中各种管道和压力容器进行监测，监测它们在使用过程中受腐蚀后的减薄程度。

7. 超声波探伤仪

超声波探伤仪是一种便携式工业无损探伤仪器，它能够快速便捷、无损伤、精确地进行工件内部多种缺陷（裂纹、夹杂、气孔等）的检测、定位、评估和诊断。既可以用于实验室，也可以用于工程现场。

8. 硬度仪

硬度计中里氏硬度计是一种新型的硬度测试仪器，它是根据最新的里氏（Dietmar Leeb）硬度测试原理，利用最先进的微处理器技术设计而成。里氏硬度计具有测试精度高、体积小、操作容易、携带方便，测量范围宽的特点。它可将测得的 HL 值自动转换成布氏、洛氏、维氏、肖氏等硬度值并打印记录，它还可配置适合于各种测试场合的配件。里氏硬度计可以满足于各种测试环境和条件。

提示 本节内容适合锅炉本体检修（MU8 LE29），锅炉辅机检修（MU3 LE5、LE6），锅炉管阀检修（MU6 LE18）。

第三节 专用工器具

一、切割工具

锅炉检修常用的切割工具主要有电动锯管机及无齿切割机。

1. 电动锯管机

电动锯管机的外形与结构如图 5－25 所示。

电动锯管机是由电动机、减速装置、往复式刀具和卡具等组成，用于炉内就地切割受热面管子。

（1）电动机。一般采用功率为 250W、240r/min 的手电钻电动机带动。电动机的轴与一级减速机主动齿轮装配在一起带动减速装置转动，迫使刀具往复运动。

（2）减速装置。是由一级和二级减速齿轮、齿轮轴、轴承、轮盘和丝轴等组成。经减速装置后电动机的转动变为刀具的往复运动，一般每分钟 50 次为宜，太快容易损坏锯条。

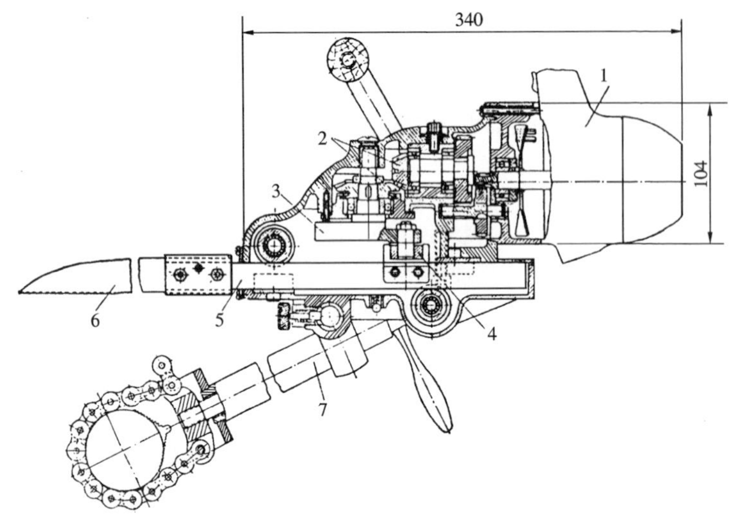

图 5－25　电动锯管机

1—手电钻；2—伞形齿轮；3—减速齿轮；4—偏心轮；
5—滑块机构；6—锯条；7—管卡子

（3）往复式刀具。由滑槽、滑动轴和锯条组成，用于锯割管子。

（4）卡具。由管子卡脚、拉紧螺丝和链条等组成、其作用是将电动锯管机牢固地卡在管子上。

使用电动锯管机时，其外壳应有接地线，工作人员应戴绝缘手套，以防触电。此外，还要定期检查电动机的绝缘，检查各部件情况并加油。

2. 无齿切割机

无齿切割机见图 5－26。

无齿切割机是用电动机带动砂轮片高速旋转，线速度可达 40m/s 以上，用来快速切割管子、钢材及耐火砖等材料。砂轮片的规格为 $\phi300\times20\times3$。

为保证安全，砂轮片上必须有能罩 180°以上的保护罩。砂轮片中心轴孔必须与砂轮片外圆同心，砂轮片装好后还须检查其同心度。另

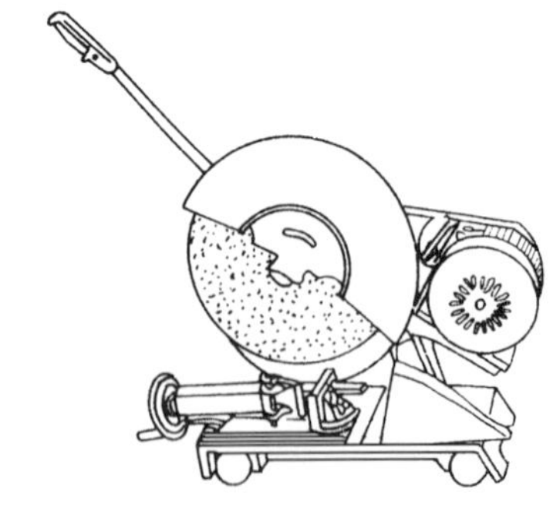

图 5－26　无齿切割机

外，在使用时应慢慢吃力，切勿使其突然吃力和受冲击。

二、坡口工具

1. 手动坡口机

手动坡口工具的外形和结构见图 5－27，由旋转刀架和固定胀筒等组成。

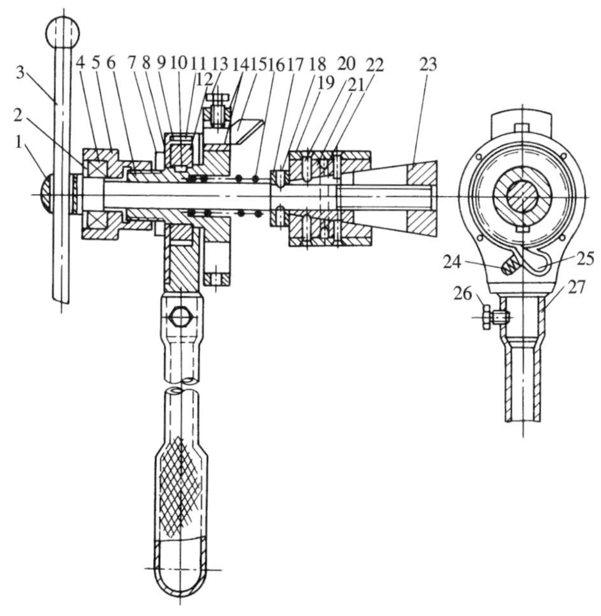

图 5－27　手动坡口工具

1—主轴；2—轴承盖；3—固定手柄；4—滚动轴承；5—螺母；6—刀架；7—固定螺帽；8—棘轮外壳盖；9—M6×20 螺丝；10—平键；11—棘轮外壳；12—棘轮；13—M10×25 六角螺丝；14—车刀垫片；15—车刀；16—弹簧；17—紧圈；18—M6×8 螺丝；19—外套筒；20—M5×25 螺丝；21—内套筒；22—拉紧弹簧；23—螺丝套筒；24—钢丝撑爪弹簧；25—棘轮撑爪；26—M6×10 六角螺丝；27—转动手柄

（1）固定胀筒。固定胀筒是由主轴、螺丝套筒、内套筒和外套筒等组成。固定胀筒将旋转刀架固定在被加工的管端，且使旋转刀架的轴心线与管孔中心轴线相重合。

（2）旋转刀架。旋转刀架主要由刀架、棘轮撑爪和转动手柄等组成，是用来车制管子坡口的。加工坡口时，应先转动把手，再缓缓进刀，切削管子，每次吃刀量为0.2～0.3mm，直到坡口加工好为止。在加工坡口时应注意不可吃刀太多、用力过猛，否则刀容易被打坏。要求刀子角度与坡口角度相一致，否则制出的坡口角度就不符合要求。

2. 内塞式电动坡口机

内塞式电动坡口机的结构如图5－28所示。

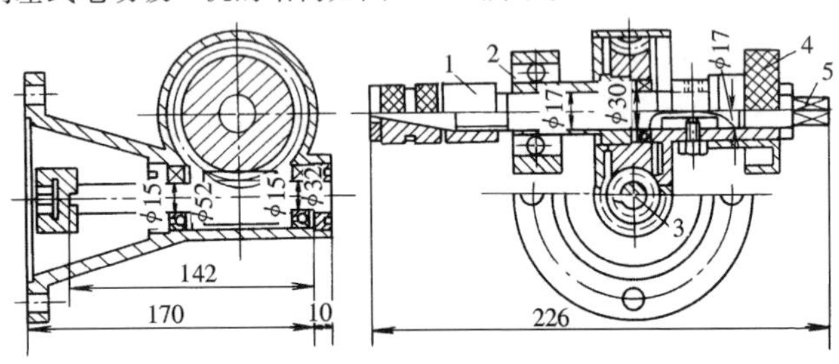

图5－28　内塞式电动坡口工具

1—塞头；2—刀架；3—蜗轮减速装置；4—进刀手轮；5—固定管方头

图中电动机未画出，电动机与外壳相连，电动机容量为250W。

使用时先把塞头1塞入管中，用扳手拧紧固定管方头5，使塞头胀开与管子固定在一起。启动电动机通过蜗轮减速装置带动刀架2旋转，再缓缓转动进刀手轮，使刀刃与管口接触，即可制出坡口。

3. 外卡式电动坡口工具

外卡式电动坡口工具如图5－29所示。

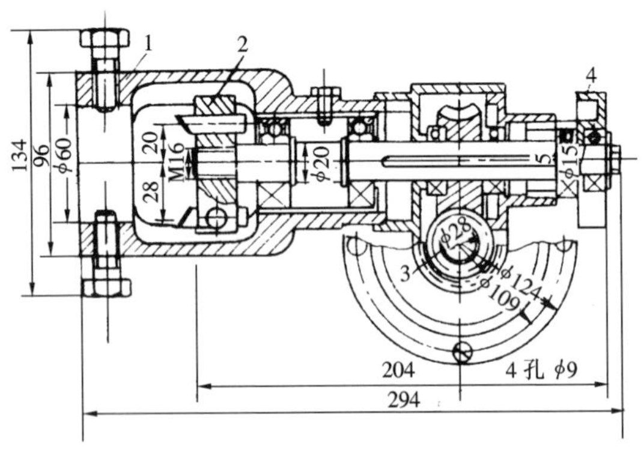

图5－29　外卡式电动坡口工具

1—管卡子；2　刀架；3—蜗轮减速装置；4—进刀手轮

电动机容量为250W，与外壳相连，外壳由铝合金制成。制坡口时，将管子塞入管卡子中，找好位置用顶丝将其与管子固定在一起，启动电机即可。

三、弯管工具

锅炉检修常用的弯管工具有手动弯管机、电动弯管机、中频弯管机和液压弯管机。

1. 手动弯管机

手动弯管机一般可以弯制公称直径不超过25mm的管子，是一种自制的小型弯管工具，如图5-30所示。

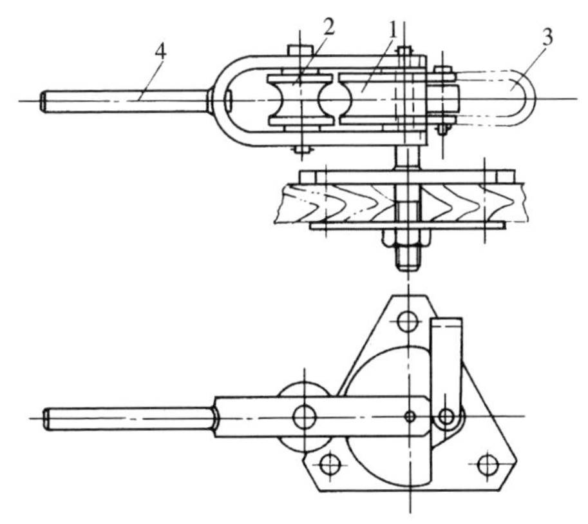

图5-30　手动弯管机

1—工作轮；2—滚轮；3—夹子；4—把手

手动弯管机的每一对导轮只能弯曲一种外径的管子，管子外径改变，导轮也必须更换。这种弯管机最大弯曲角度可达到180°。

另外还有一种便携式的手动弯管机，是由带弯管胎的手柄和活动挡块等部件组成，如图5-31所示。操作时，将所弯管子放到弯管胎槽内，一端固定在活动挡块上，扳动手柄便可将管子弯曲到所需要的角度。这种弯管机轻便灵活，可以在高空作业处进行弯管作业，不必将管子拿上拿下，很适合于弯制仪表管、伴热管等ϕ10mm左右的小管子。

使用时，打开活动挡块，将管子插入弯管胎与偏心弧形槽之间，使起弯点对准胎轮刻度盘上的“0”，然后，关上挡块扳动手柄至所需要角度，再打开活动挡块，取出弯管，即完成弯管工作。此种弯管机可以一次弯成0°~200°以内的弯管。

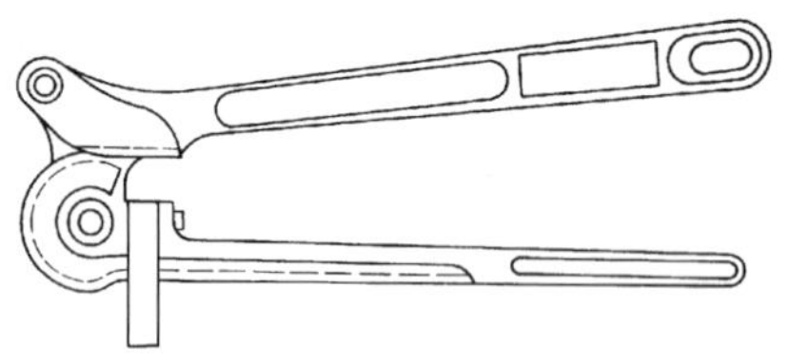

图 5 - 31　便携式手动弯管器

2. 电动弯管机

电动弯管机是在管子不经加热、也不充砂的情况下对管子进行弯制的专用设备，可弯制的管径通常不超过 DN200。特点是弯管速度快、节能效果明显、产品质量稳定。目前使用的电动弯管机有蜗轮蜗杆驱动的弯管机，可弯曲 15 ~ 32mm 直径的钢管；加芯棒的弯管机，可弯曲壁厚在 5mm 以下，直径为 32 ~ 85mm 的管子。

用电动弯管机弯管时，先把要弯曲的管子沿导板放在弯管模和压紧模之间。压紧管子后启动开关，使弯管模和压紧模带动管子一起绕弯管模旋转，到需要的弯曲角度后停车，如图 5 - 32 所示。

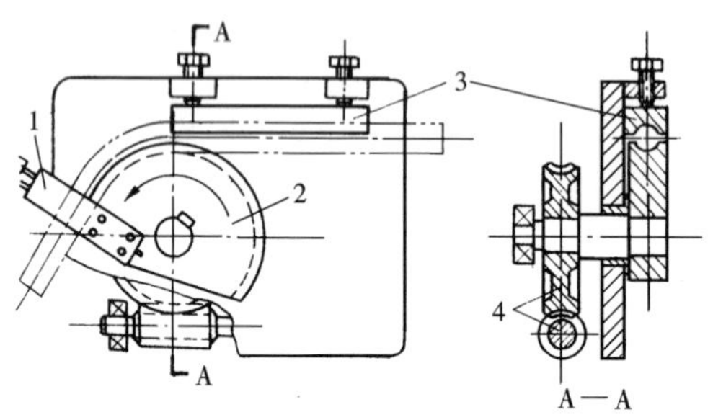

图 5 - 32　电动弯管机

1—管卡；2—大轮；3—外侧成型模具；4—减速机构

弯管时使用的弯管模、导板和压紧模，必须与被弯管于的外径相等，以免管子产生不允许的变形。当被弯曲的管子外径大于 60mm 时，必须在管内放置弯曲芯棒。芯棒外径比管子内径小 1 ~ 1.5mm，放在管子开始弯曲的稍前方，芯棒的圆锥部分转为圆柱部分的交界线要放在管子的开始弯曲位置上，如图 5 - 33 所示。

3. 中频弯管机

晶闸管中频弯管机如图 5 - 34 所示。

中频弯管机是利用中频电源感应加热管子，使其温度达到弯管温度并通过弯管机弯管。其过程为加热、弯曲、冷却、定型，直到所需角度为止。

中频弯管机主要用于弯制直径较大的碳素钢管。其优点是安全、质量好、速度快、带动强度小、占地面积小。

4. 液压弯管机

液压弯管机主要有两种型号。一种是 WG－60 型，具有结构先进、体积小、质量轻等特点，是小口径钢管常用的弯管机械，可以弯制 DN15～50 的钢管，弯管角度为 0°～180°。另一种是 CDW27Y 型，可以弯制 ϕ426×30 以下各种规格的钢管。

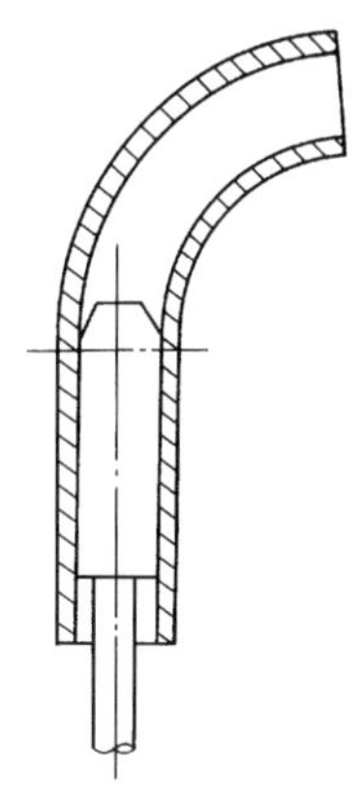

图 5－33　弯管时弯曲芯棒的位置

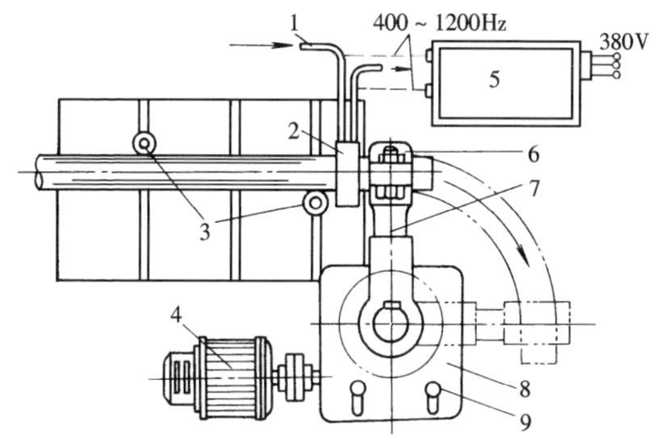

图 5－34　晶闸管中频弯管机

1—冷却水进口管；2—中频感应圈；3—导向滚筒；4—调速电动机；5—晶闸管中频发生器；6—管卡；7—可调转臂；8—变速箱；9—弯速手柄

液压弯管机一般由柱塞液压泵、液压油箱、活塞杆、液压缸、弯管胎、夹套、顶轮、进油嘴、放油嘴、针阀、复位弹簧、手柄等组成。弯管时将管子放入弯管胎与顶轮之间，由夹套固定，启动柱塞液压泵，使活塞杆逐渐向前移动，通过弯管胎将管子顶弯。操作时，两个顶轮的凹槽、直径与设置间距，应与所弯制的管子相适应（可调换顶轮和调整间距）。由于液压弯管弯曲半径较大，操作不当时椭圆度较大，故操作时应倍加小心。

四、研磨工具的规格、使用及保养

1. 手动研磨工具

阀门在研磨密封面时不能用阀头和阀座直接研磨，而要做成各种研磨工具，也称研磨头和研磨座。

（1）平面密封面的研磨工具。平面密封面研具用灰口铸铁制成，最好采用珠光体铸铁，使用的牌号有 HT－33、HT－20～40 等。一般来说，研具的硬度比研磨件低，以免在较大压力作用下，磨粒被嵌入密封面或划坏密封面，研具工作面粗糙度一般为 3.2 以下。用于夹砂布的研具可用钢件制作，其表面粗糙度可要求高些，但平整度要好，以免研具把它表面不平整的几何形状传递到砂布上，影响研磨质量。图 5－35 所示为平面密封面的常用研磨工具，小平板研具适用于口径 100mm 以下密封面的研磨，对于平板上下两个端面，一面用于粗研，另一面用于精研，也可夹持砂布进行干研。大平板研具适用于口径 100mm 以上密封面的研磨。常用的研具还有漏斗形、圆柱体、凹型。

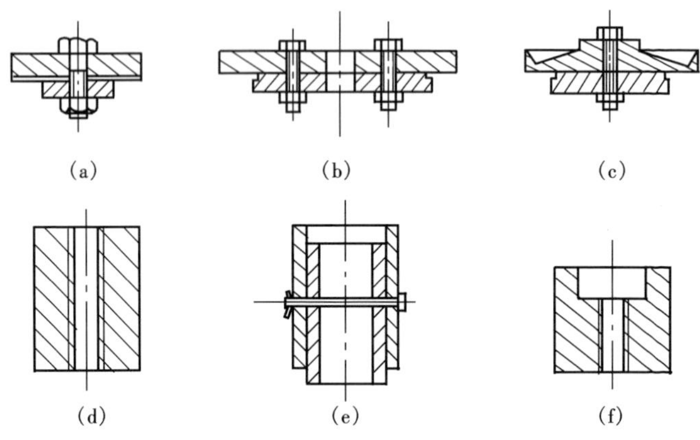

图 5－35　平面密封面研具

（a）小平板；（b）大平板；（c）漏斗形研具；（d）圆柱体研具；（e）筒形研具；（f）凹形研具

（2）锥面密封面的研磨工具。锥面密封面的研具分为金属锥面研具、砂布锥面研具等。金属锥面研具如图 5－36 所示。材料通常用铸铁，表面粗糙度一般为 3.2 以下，粗研具粗糙度可高些，精研具的粗糙度要求低些。为了提高锥面研具的利用率，研具可制成图 5－36（f）那样的一具两用，在研具正反面制成不同锥度或不同用途的研磨锥面。

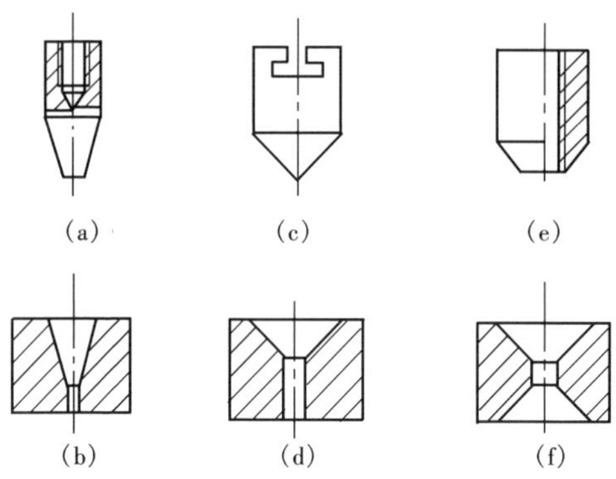

图 5－36　金属锥面研具

（a）针形阀座研具；（b）针形阀瓣研具；（c）直角阀座研具；（d）直角阀瓣研具；（e）一般锥面阀座研具；（f）一般锥面阀瓣研具

砂布锥面研具如图 5－37 所示。夹持式是用砂布剪成十字形状，然后夹持在锥面工具上，靠砂布研磨锥面阀座密封面。粘贴式锥面研具是用砂布剪成一定形状，用粘胶剂或其他黏结物把砂布粘贴在锥面研具上，粘贴时接头要对接，不能搭接；然后用相同角度的凸凹研具叠合相压，待胶液干后，清除残存胶液。

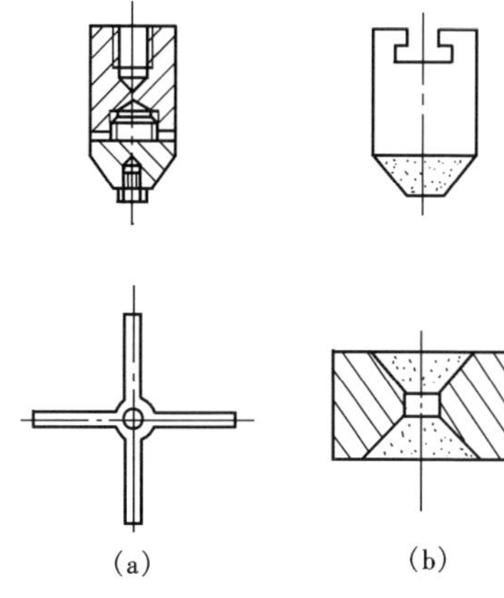

图 5－37　砂布锥面研具

（a）夹持式；（b）粘贴式

（3）球形密封面研具。球形密封面研具如图 5－38 所示，由铸铁制成，弧形面由特制的工具和刀具在车床上或铣床上加工而成，球面粗糙度在 3.2 以下。球形面应小于半球面，以利研磨，使用省力。

2. 研磨机

现代大型锅炉阀门数量很多，阀门研磨的工作量很大，为了提高工作效率，在检修工作中常采用各种研磨机。研磨机按对象可分为阀瓣闸板研

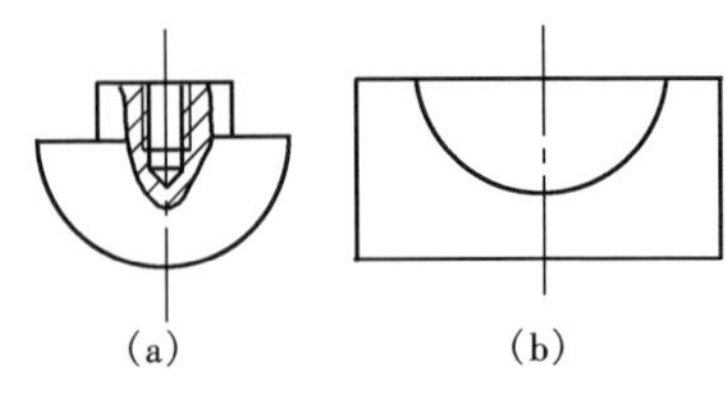

图 5－38　球形密封面研具
（a）内球面研具；（b）外球面研具

磨机、阀体研磨机、旋塞研磨机、球面研磨机和多功能研磨机。按结构分为旋转式、行星式、振动式、摆轴式、立式等，也可使用枪式手电钻研磨小型球形阀门。目前实际应用较多的是多功能便携式研磨机，其结构简单，使用调速手枪电钻作为动力，依靠固定装置固定在阀门上或工作台上使用，结构如图 5－39 所示。

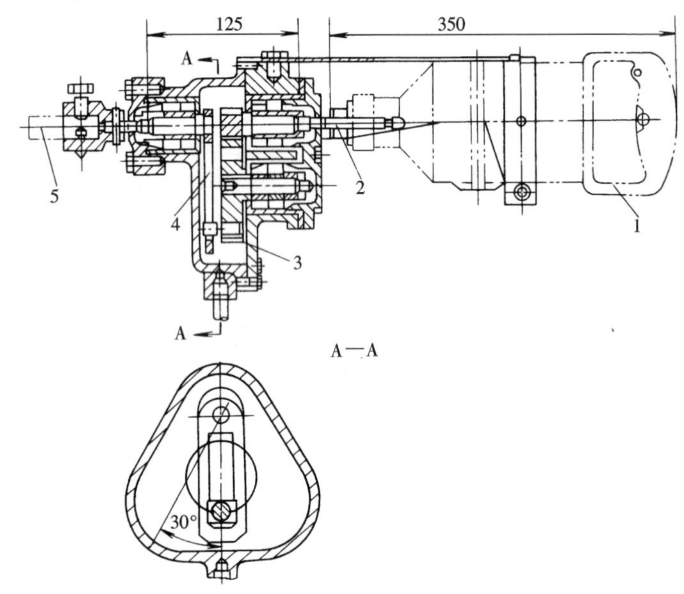

图 5－39　小型研磨机
1—电钻；2—传动轴；3—齿轮减速机；4—连杆；5—研磨器轴

五、锅炉炉内检修平台

锅炉炉内检修平台主要构成部件有卷扬机、保护器、导向轮、滑轮、主吊点和电源控制器。

锅炉炉内检修平台，是炉膛内高效、多功能、高空检修施工作业机具，它代替了传统的脚手架，对炉膛内壁的检查、修理、清洁、维护。通过检修人员操作，使平台上升、下降到所需位置施工作业。具有结构合理、使用方便、安全可靠、提高工作效率、减轻劳动强度和缩短检修工期等特点，目前在火电行业中得到广泛应用。

提示 本节内容适合锅炉本体检修（MU8 LE28、LE30），锅炉辅机检修（MU3 LE6），锅炉管阀检修（MU6 LE17），锅炉电除尘检修，锅炉除灰检修。

第二篇

锅炉本体检修

第六章

锅炉本体设备及系统概述

锅炉本体设备主要由燃烧设备、蒸发设备、对流受热面、锅炉炉墙构成的烟道和钢架构件组成。燃烧设备包括燃烧室、燃烧器和点火装置。蒸发设备包括汽包、下降管、水冷壁等。对流受热面是指布置在对流烟道内的过热器、省煤器、再热器和空气预热器。

第一节 蒸发系统及省煤器

一、汽包及其内部装置

1. 汽包的作用及结构

汽包是锅炉的重要部件之一，其作用是：

(1) 汽包是加热、蒸发、过热三个过程的连接枢纽。

(2) 汽包可以储存一定的热量，因此适应负荷的变化较快。

(3) 汽包内部的蒸汽清洗装置、排污装置对蒸汽有一定的清洗作用，可改善汽水品质。

汽包的结构如图 6 - 1 所示，

汽包是由筒身、封头及内部装置等组成。筒身部分是由钢板卷制焊接而成的圆筒，封头是由钢板模压而成，经加工后再与筒身部分焊成一体。通常在封头上留有椭圆形或圆形人孔，以备安装和检修之用。

2. 汽水分离装置

汽水分离装置一般是利用自然分离和机械分离的原理进行工作的。所谓自然分离，是利用汽和水的重度差，在重力的作用下，使水汽得到分离。而机械分离则是依靠重力、惯性力、离心力和附着力等使水从蒸汽中得到分离。

根据以上工作原理制造的汽水分离装置形式很多，根据其工作过程一般分为两个阶段：

(1) 粗分离阶段（也称第一次分离）。它的任务是消除汽水混合物的

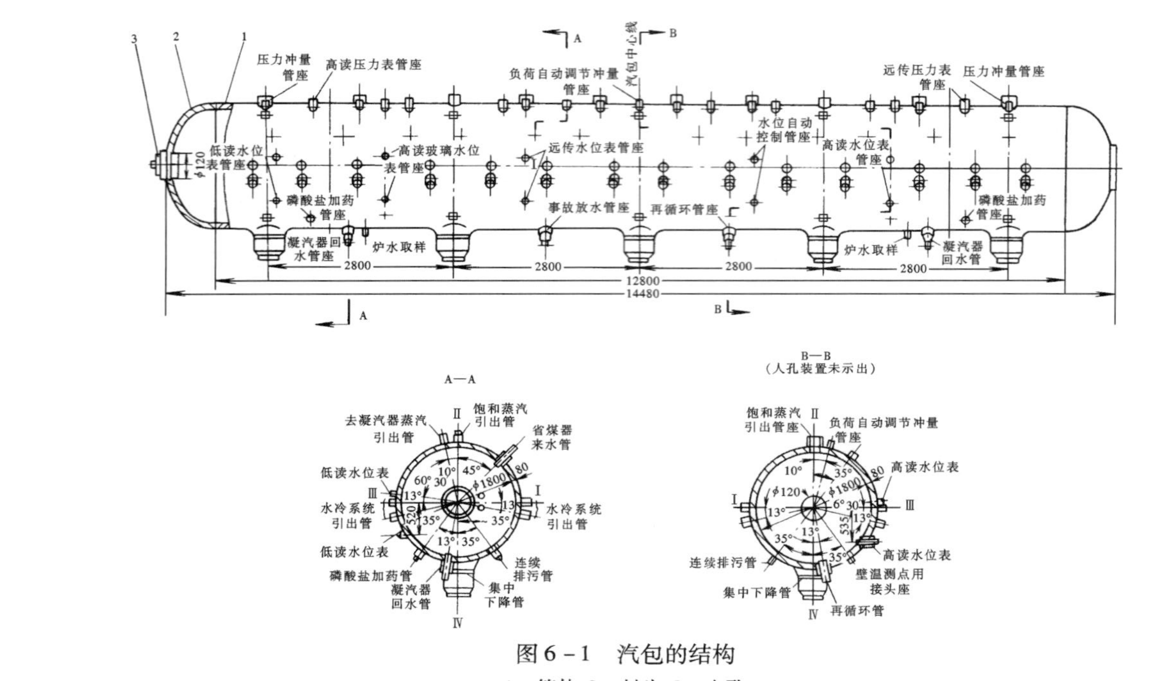

图 6－1 汽包的结构

1—筒体；2—封头；3—人孔

动能，使水汽分离时，水流不致被打成细小水滴。

（2）细分离阶段（也称第二次分离）。利用蒸汽空间的容积，并借重力使水滴从蒸汽中分离出来，或用机械分离的作用使经粗分离后蒸汽中残留的较细小的水滴进行二次分离。为使这一过程能有较好的效果，必须保证较低的蒸汽流速，同时使蒸汽沿汽包长度或截面上均匀分布，而不致发生局部流速过高。

锅炉汽水分离装置最常用的有：进口挡板、旋风分离器、波形板、多孔板等。

3. 蒸汽清洗装置

蒸汽清洗的方法就是使机械分离后出来的蒸汽经过一层清洗水（一般为省煤器来的给水）加以清洗，将其中一部分盐溶解于清洗水中，使蒸汽质量得以改善。因此清洗水的含盐量，在任何情况下都要小于炉水的含盐量，当溶解于蒸汽中的物质在与含盐量低的水接触时，便会迅速发生物质的扩散过程，可使蒸汽中溶解的盐分扩散到清洗水层中去。蒸汽清洗不仅对降低蒸汽的溶解携带有效，同时也可以降低机械携带。蒸汽清洗设备的形式很多，其中以起泡穿层式清洗为最好。起泡穿层式蒸汽清洗装置主要有两种形式，即钟罩式和平孔板式。

清洗水配水装置的布置分为两种：即单侧配水和双侧配水。配水装置布置于一侧，溢水斗布置于另一侧，叫做单侧配水方式，钟罩式清洗装置应采用单侧配水。配水装置布置于清洗装置的中部，向两侧配水，且溢水斗也布置在两侧的叫做双侧配水方式。

清洗配水装置的类型很多，但一般多用圆管，上面钻有 φ10 ~ φ12 的配水孔。配水管的外面装有导向罩，用以消除水流动能，下面还装有配水挡板，以均匀配水。

二、水冷壁

（一）水冷壁的作用

水冷壁是蒸发设备中的受热面。一般锅炉都在燃烧室的四周内壁布满水冷壁，而容量较大的锅炉还将部分水冷壁布置在炉膛中间，形成所谓的双面曝光水冷壁，用来吸收炉膛火焰的辐射热。水冷壁的作用为：

（1）水冷壁是锅炉的主要蒸发受热面，将水或饱和水加热成饱和蒸汽，通过导汽管送入过热器。

（2）保护炉墙并防止炉墙及受热面结渣。炉膛火焰温度高达 1500 ~ 1600℃，高温灰很容易黏结在炉墙受热面上，通过水冷壁吸收辐射热可以大大降低炉膛出口温度至灰熔点以下。

（3）节约金属，降低锅炉造价。水冷壁是锅炉的最好受热面，它接受炉膛的辐射热，其换热效率要远高于接受对流热的其他受热面。因而在同等的热量交换下，相对来说节约了金属，降低了锅炉造价。

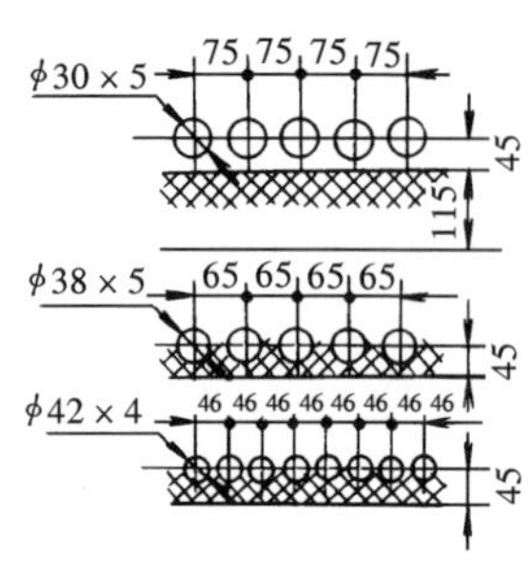

图 6－2　光管水冷壁

（二）水冷壁的类型及结构

水冷壁可分为光管水冷壁、销钉式水冷壁及鳍片管式（膜式）水冷壁。

（1）光管水冷壁。光管水冷壁由普通无缝钢管弯制而成，它在锅炉上的布置情况如图 6－2 所示。

光管水冷壁布置的紧密程度用管子的相对节距 s/d 表示。当 s/d 小时，即排列紧密时对炉墙的保护作用好，但管子背面所受炉墙反射热量少，金属利用率相对降低。当 s/d 大时，即每根水冷壁管的吸热量相对较多，而炉墙温度实际上并不降低，起不到保护炉墙的作用。一般锅炉 s/d 常采用 1.2～1.25。高参数大容量锅炉光管水冷壁一般趋向于密排，其 s/d 之值常在 1.1 左右。当锅炉容量增加到一定程度后，炉墙面积可能不够水冷壁敷设，有必要时在炉膛中间，沿炉膛深度布置 1～3 排双面曝光水冷壁。

（2）销钉式水冷壁。销钉式水冷壁是在光管水冷壁表面，按照要求焊上很多一定长度的圆钢，其结构如图 6－3 所示。

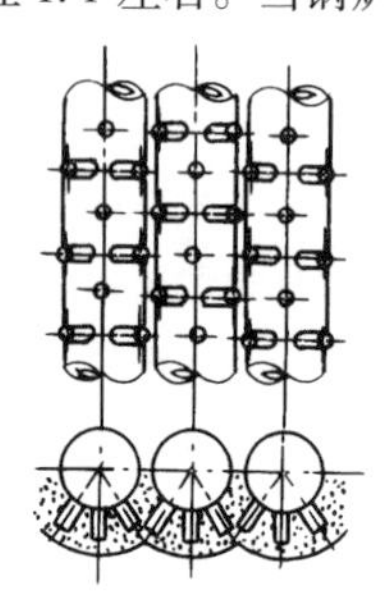
图 6－3　销钉式水冷壁

利用销钉可以敷设和固牢耐火材料形成卫燃带、熔渣池等，以提高着火区和熔渣区的温度，保证着火稳定和顺利流渣。同时利用销钉传热以冷却耐火塑料，也使熔渣池周围的水冷壁不受高温腐蚀。因此在液态排渣炉、旋风炉以及某些固态排渣的煤粉炉的喷燃器周围和所采用的卫燃带上，销钉式水冷壁得到广泛使用。

由于销钉处在炉膛最高温度区域，对于销钉的材料、尺寸和焊接质量有严格的要求，必须注意，否则容易被烧坏。销钉材料与管子材料相同。尺寸一般为直径 9～12mm，长度为 20～30mm。销钉式水冷壁由于销钉数量太大，焊接工作量大，质量要求也较高，所以除卫燃带、熔渣池等处使用外，一般不采用。

（3）鳍片管式水冷壁。现代设计锅炉广泛采用带有鳍片管的膜式水冷壁。

膜式水冷壁的组成有两种类型。一种是光管之间焊扁钢形成鳍片管，另一种是用轧制形成鳍片管焊成，如图 6 – 4 所示。

目前我国多采用轧制形成鳍片焊管，按一定的管组大小整焊成膜式壁。安装时组与组之间再焊接密封。

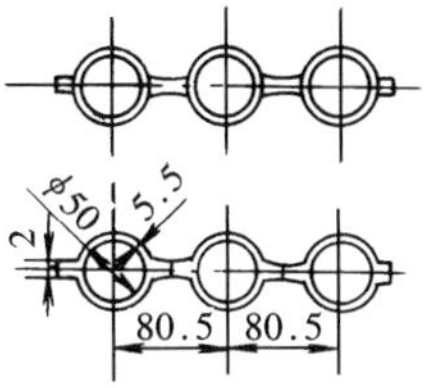

图 6 – 4　鳍片管式（膜式）水冷壁

轧制 φ60 鳍片管的鳍片断面为梯形，鳍片宽 10mm，根部厚度 9mm，顶部厚度 6mm。鳍片一般不能过宽，因为宽度增大，鳍端的金属温度也增大；鳍片也不能过厚，否则会使两边金属温差太大，引起过大的金属热应力。因此鳍片几何尺寸必须正确选择，方可保证膜式水冷壁安全可靠地工作。

敷管式炉墙的水冷壁，由于炉墙外层无护板和框架梁，因此刚性较差。为了能承受炉膛内可能产生的爆燃压力和炉内正压或负压变化，使管子和炉墙受到较大的推力时不致突起或出现裂纹，所有敷管式炉墙必须围绕炉膛四壁在炉外分层布置刚性梁。刚性梁好似一圈圈腰带，沿炉膛高度每隔 3 ~ 4m 框上一圈，将炉墙和管子箍起来，并使之形成具有刚性的平面。常用刚性梁结构型式为搭接式，如图 6 – 5 所示。

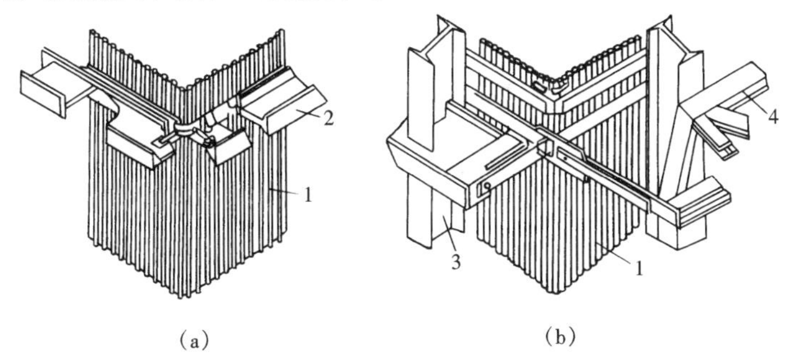

图 6 – 5　刚性梁结构

（a）搭接式；（b）框架式

1—水冷壁；2—横梁；3—钢柱；4—桁架

这种结构由于搭板的摆动，可允许刚性梁和水冷壁在水平方向能有相对的位移（留有一定间隙），外层起框紧及抵消压力的作用。当水冷壁受热向下膨胀时，刚性梁跟着一起向下移动。

（4）凝渣管。又称防渣管或费斯顿管。它是由后墙水冷壁管向上延伸，到上部炉膛出口烟窗处拉稀布置而成。通常错列布置成 2～4 排，每排管子的距离较大，其横向相对节距 $s1/d=4\sim6$，纵向相对节距 $s2/d\geqslant3.5$。保持较大节距的目的是形成烟气通道，并进一步冷却成烟气，保持烟气温度低于灰熔点，使烟气中所携带的飞灰处于凝固状态。因此它本身不易结渣，即使由于运行不正常而结成了一些渣，也不致形成严重的渣瘤，或部分堵塞烟气通道。凝渣管一般可降低烟气温度 30～50℃。

在高参数全悬吊结构的锅炉中，一般不采用凝渣管，而用装在炉膛出口的屏式过热器所代替。因为这时的炉膛出口即是屏式过热器的入口，这样的屏式过热器就起到了凝渣管的作用。

装有屏式过热器的现代锅炉，大都采用平炉顶结构。这种锅炉的后墙水冷壁上部常做成一个折焰角与中间联箱相接。图 6－6 为折焰角结构图。

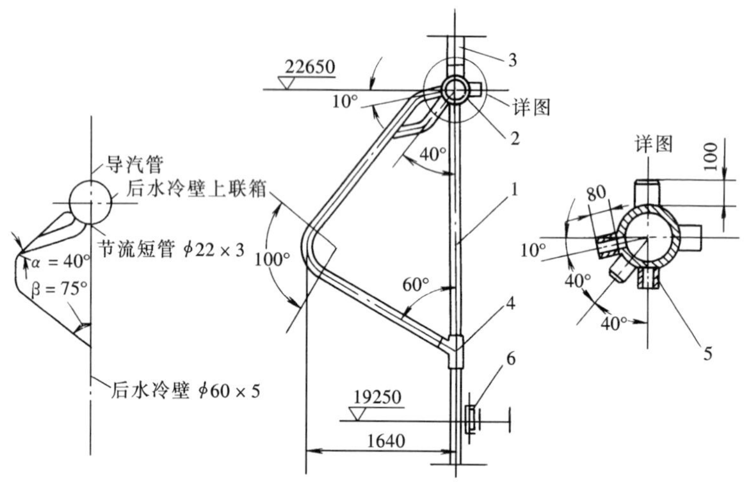

图 6－6　折焰角结构

1—上升管；2—联箱；3—连接管；4—三叉管；5—节流小孔；6—刚性梁

折焰角的作用是：

（1）增加了水平连接烟道的长度，可以在不增加锅炉深度的情况下布置更多的过热器受热面，这就是屏式过热器。

（2）改善烟气流冲刷屏式过热器的空气速度场的均匀性，并增加横向冲刷的作用，也增长烟气流程，加强烟气混合，使烟气流沿烟道高度分布趋于均匀。

三、省煤器

（一）省煤器的作用

省煤器是利用排烟余热加热给水的受热面。其作用为：

（1）节省燃料。由于省煤器可以降低排烟温度，提高炉效率，故能够节省燃料。

（2）改善汽包的工作条件。由于提高了进入汽包的给水温度，降低了给水与汽包的温差，故可以减少汽包的热应力，改善汽包的工作条件。

省煤器一般布置在低温对流烟道内，和过热器一样，是由许多并列的蛇形管组成，均为水平布置。

（二）省煤器的结构

钢管式省煤器由一系列并列的蛇形管所组成。蛇形管用外径为 25～42mm 的无缝钢管弯制而成，管子通常为错列或顺列布置。各蛇形管进口端和出口端分别连接到进口联箱和出口联箱上面。

在弯制蛇形管时，弯曲半径小些，能使制成的蛇形管管间距离减小，布置的省煤器紧凑。但弯曲半径太小时，管子外壁在弯制时减薄严重，会引起管子强度的明显降低。为此，弯管时的弯曲半径至少也不应小于管子直径的 1.5～2.0 倍。

为了便于检修，省煤器的管组高度有一定限制。当管子为紧密布置时（$s2/d\leqslant1.5$），管组高度不超过 1m。当管子为稀疏布置时，管组高度不超过 1.5m。如果省煤器高度较大，那就需要将它分成几个管组，管组之间应留高度不小于 550～600mm 的空间，以便检修人员进入工作。

省煤器通常布置在对流烟道中，一般将管圈放置成水平以利于排水。而且总是保持水由下向上流动，以便于排除其中的空气，避免引起局部的氧气腐蚀。烟气从上向下流动，既有自吹灰作用，又保持烟气相对于水的逆向流动，增大传热温差。

如果省煤器为双级布置，那么在第一级省煤器的出口联箱和第二级省煤器的进口联箱之间应有互相交叉的连接管，以减少水在平行蛇形管中的温度偏差。

在省煤器蛇形管与进出口联箱连接处，大量管子穿过炉墙。管子穿墙部位的炉墙一般用耐火混凝土浇成，管子和炉墙（耐火混凝土）之间留有间隙，使炉墙不受管子热膨胀的影响。为了保证这部分炉墙的密封性，必须装设可靠的密封结构。

提示 本节内容适合锅炉本体检修（MU5 LE13、LE14），锅炉管阀检修（MU9 LE26），锅炉电除尘检修（MU6 LE13）。

第二节 过热、再热系统

一、过热器

1. 过热器的作用及分类

蒸汽过热器的作用是将饱和蒸汽加热成为具有一定温度和压力的过热蒸汽，以提高电厂的热循环效率及汽轮机工作的安全性。

过热器按其传热的方式不同可划分为：对流过热器、辐射式过热器和半辐射式过热器。

2. 过热器的结构及布置

（1）对流过热器。安置在对流烟道内主要吸收烟气对流放热的过热器，叫做对流过热器。在中小型锅炉中，一般采用纯对流过热器；而在高参数大容量锅炉中，则多采用较为复杂的过热系统，然而对流过热器仍然是其中的主要部分。

在烟道截面一定的情况下，要保持适当的蒸汽流速和烟气流速，可以增加或减少管圈的重叠数。图6－7所示为单管圈、双管圈和三管圈的结构。

管圈重叠数越多，则蒸汽流速要减少。图6－7所示（b）、（c）所示的双重管圈和三重管圈，可以增加蒸汽流通截面一倍或两倍，也可以使蒸汽流速相应减少二分之一或三分之二。一般管圈数目不超过三圈，否则容易引起蒸汽流量分配不均，造成温度偏差。

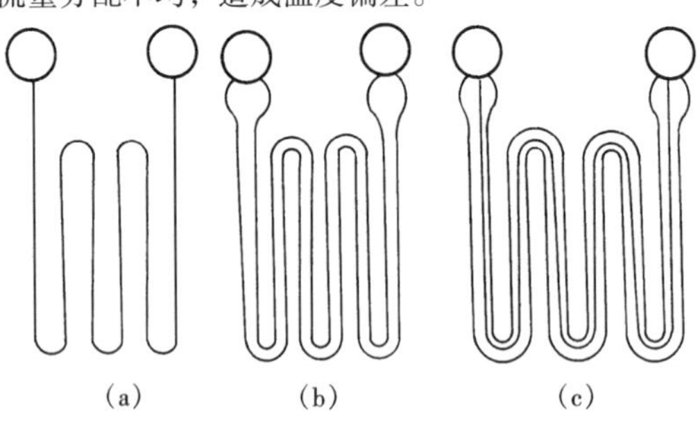

图6－7 管子重叠数不同的管圈类型

（a）单管圈；（b）双管圈；（c）二管圈

按蒸汽与烟气的流动方向，可以将对流过热器分为顺流、逆流、双逆流以及混合流四种。

逆流布置的过热器温差大，传热效果好，因而可以减少受热面，节省金属。但是管壁温度较高，容易使金属过热，安全性较差。双逆流或混流布置的过热器，集中了逆流和顺流的优点，保证了过热器入口管壁的安全条件。其温差虽较逆流低，但比顺流高，安全又经济，因此获得了广泛的应用。

按照管子放置的方向，过热器可分为垂直式或水平式两种。我国设计的锅炉，水平烟道中的对流过热器都是垂直布置的，而当低温对流过热器布置在垂直烟道中时则采用水平布置。水平布置过热器的优点是不易积水，疏水排汽方便，但是容易积灰、结焦，影响传热；而且它的支吊件全部放在烟道内，容易烧坏，需要较好的材料。

立式过热器（见图6－8）支吊简单方便，而且安全，积灰、结焦可能性也小。这种过热器联箱在炉顶墙外，而管子吊在联箱上，炉内只要少

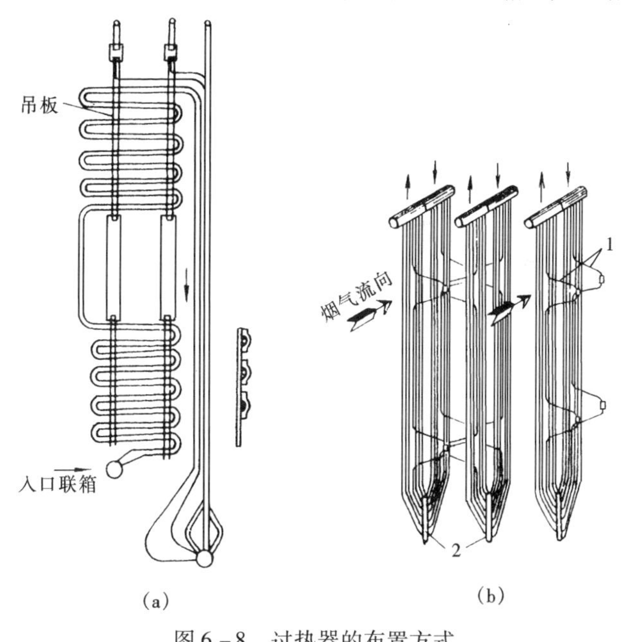

图6－8　过热器的布置方式

（a）水平布置；（b）立式布置

1—定位管；2—扎紧管

量管夹固定管排即可。其缺点是疏水不易排出，停炉时管内积水容易腐蚀管壁金属。另外升火时，若管内空气排不尽，容易烧坏管子。

（2）辐射式过热器。布置在炉膛，直接吸收炉膛辐射热量的过热器，称为辐射式过热器。辐射式过热器的布置方式很多，除了可以布置成前屏式过热器外，还可以布置在燃烧室四壁，称为壁式过热器；布置在炉顶的称为顶棚过热器。在自然循环汽包锅炉中，通常可以垂直地布置在炉膛壁面上，这样可以较容易地与炉膛中蒸发受热面配合排列，或者布置在炉膛四壁的任何一面上。但是炉膛内受热面的热负荷很高，使得管壁温度很高，特别是升火过程中，没有蒸汽来冷却管壁，很容易使管壁超温。为了保证安全，必须采用外界引进蒸汽等特殊措施，这样就使系统和升火过程更为复杂。布置在炉膛上部的过热器可不受火焰中心的强烈辐射，对工作安全有好处，但这又会使得炉墙下部的水冷壁的高度缩短，影响水循环的安全。因此我国设计的自然循环汽包锅炉一般不采用壁式过热器。顶棚过热器的吸热量很小，其主要作用是构成轻型平炉顶。顶棚管是单排管，其节距 $s/d \leqslant 1.25$。在顶棚管上敷设耐火材料和保温材料就形成炉顶。

（3）半辐射式过热器。半辐射式过热器布置在炉膛出口处，半辐射式过热器一方面吸收烟气的对流传热，一方面又吸收炉膛中管间烟气的辐射传热。半辐射式过热器都做成挂屏型式，所以称为屏式过热器。

屏式过热器是悬吊在炉膛上部，位于燃烧室出口。为了防止结渣，相邻两管屏间有较大的距离，一般为 500～1500mm。屏式过热器的联箱置于炉外，管子吊在联箱上，每片屏间并联管数为 15～30 根，一般管间相对节距 $s/d = 1.1$。为了固定屏间距离，可在相邻两屏间各抽一根管子弯在中间夹在一起。每片屏本身也在中间抽出一根管子弯成包扎管将下部管子扎紧，使管子不能从管的平面凸出，以免烧坏。

有的锅炉有两组屏式热器，通常把靠近炉前的一组叫前屏式过热器，把靠近炉膛出口的一组叫后屏式过热器。两者传热情况不同，前屏式过热器主要吸收辐射传热，烟气冲刷不充分，对流传热较少，属于辐射式过热器。后屏式过热器，烟气冲刷较好，同时由于有折焰角的遮蔽，只有一部分吸收辐射传热，因此属于半辐射过热器。

（4）包覆管过热器。近代大型锅炉中常布置有包覆管过热器。这种过热器布置在水平烟道和垂直烟道的墙上，所以也叫墙式过热器。

装设墙式过热器的主要作用是简化烟道部分的炉墙。将包覆管过热器悬吊在炉顶的梁上，在包覆管上敷设炉墙，可以简化炉墙结构，并减轻炉墙的质量，我国设计的超临界、亚临界压力的锅炉都装有包覆管过热器。

二、再热器

1. 再热器系统

再热器系统是由汽轮机高压缸排汽管，再热冷段蒸汽管道，再热器进口事故喷水减温器，布置在不同烟温区域、性能各异的再热器，再热热段蒸汽管道等组成。高压缸排汽经过再热器冷段管道到再热器进口联箱，再依次经过各级再热器，被加热到预定温度并汇集到高温再热器出口联箱，通过再热蒸汽热段管道引入到汽轮机中压缸。

再热器的作用是将由锅炉送出、经汽轮机高压缸做功后返回锅炉的蒸汽重新加热至额定温度，然后再送回汽轮机中、低压缸继续做功。其目的主要是提高热力循环效率。

再热器一般布置在对流烟道内，与对流过热器的结构相似，也是由蛇形管组成，布置的位置因锅炉类型不同而异。根据不同蒸汽温度，一般可分成低温再热器和高温再热器，低温再热器一般水平布置在尾部烟道中，由两个或三个单独的部分组成。根据布置方式，再热器可分为墙式再热器、悬吊再热器。图 6 –9 示出了两种典型的再热器系统布置图。

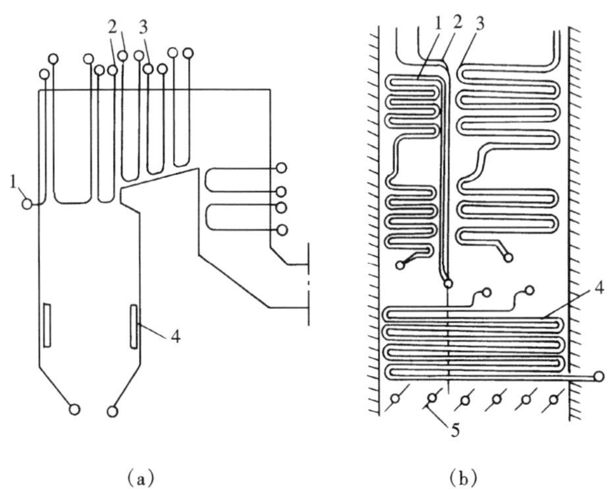

图 6 –9　再热器系统

(a) 摆动式燃烧器调节再热汽温的系统；

1—一次再热器；2—二次再热器；3—三次再热器；4—摆动式燃烧器

(b) 烟气挡板调节再热汽温的系统

1—过热器；2—烟道隔板；3—再热器；4—省煤器；5—烟气挡板

在低温烟气区的再热器一般都采用逆流布置，以增大温差，使较少的受热面能吸收较多的热量。布置在高温烟气区的再热器为了降低壁温，一般采用顺流布置，以提高再热器运行安全性。

2. 再热器的结构

（1）布置在炉膛上方的墙式再热器与水冷壁的结构方式相似，水平烟道中装设的悬吊式再热器的结构与过热器相同。在尾部烟道的低温再热器，为了便于检修和吹灰，往往将低温段分成两组，每组高度不超过3m，中间设有检修人孔。

低温再热器用省煤器引出管来悬吊并采用定位装置，详见图6－10。

悬吊式再热器都采用顺列布置，烟温越高处横向节距越大，以防止堵灰。尾部烟道水平布置的低温再热器管束有错列布置和顺列布置两种方式。错列布置传热效果较好，但容易引起磨损。现在按新标准设计的锅炉，为了在适当提高烟气流速的同时不加剧磨损速率，采用横向节距较大的顺列布置方式，横向节距约120～140mm。

（2）再热器悬吊管排都由蛇形管圈组成，由于再热器对热偏差敏感性较高，所以近来已开始发展一种单U形的管圈。从进口联箱引出的再热器管经过一个U形弯即通到出口联箱，有利于减少热偏差，同时又可通过调节再热器管管径，使内外圈水力阻力均衡，以减少水力偏差。

（3）目前国内生产的大型锅炉采用较新的设计技术，即根据管圈各段壁温来选用相应的材质，能大量节省高级的合金钢材。采用这种方法设计的过热器，同一管圈上有5～6种不同规格的钢材。

（4）再热器的管卡有两类。一类是目前采用得比较多的，由耐热钢制成的梳形管卡或波形管卡，运行中十分容易烧损，给检修带来不少麻烦。另一类是自冷式管卡，一般有三种，由于使用寿命长，很有发展前途，详见图6－11，它们有以下几种处理方式：

1）自冷式管卡。如图6－11 A－A所示，运行工况与水冷壁上的鳍片相似，一端与受热面管子焊牢，当宽度控制在一定数值内时，不会发生烧损现象。图中所示，在管卡处将内外管圈间距缩小，将能作相对膨胀活动的铰接式管卡各自焊在内外管圈上，使整个管屏牢固地联成一片，管夹又能得到充分冷却，使用寿命较长。

2）水冷式定位管。如图6－11 B－B所示为水冷式定位管，用来消除管圈在运行中因受烟气流动影响而发生整个管屏左右摆动的现象，对减小联箱与管子根部连接处焊口的交变应力有一定作用。

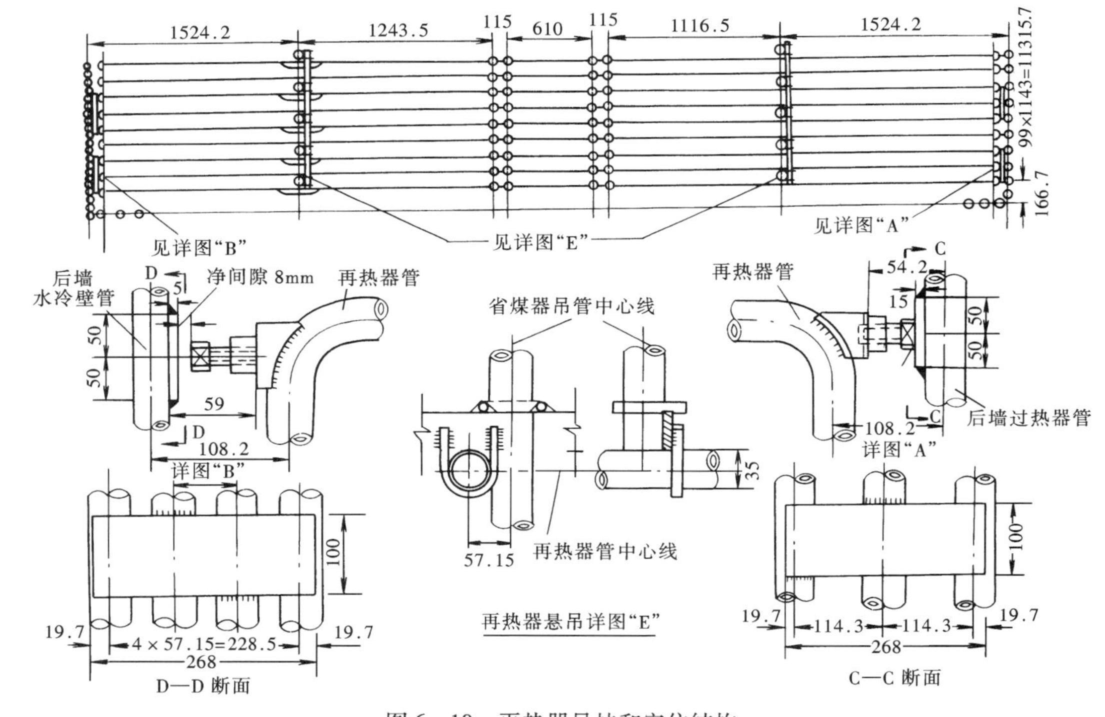

图 6－10 再热器吊挂和定位结构

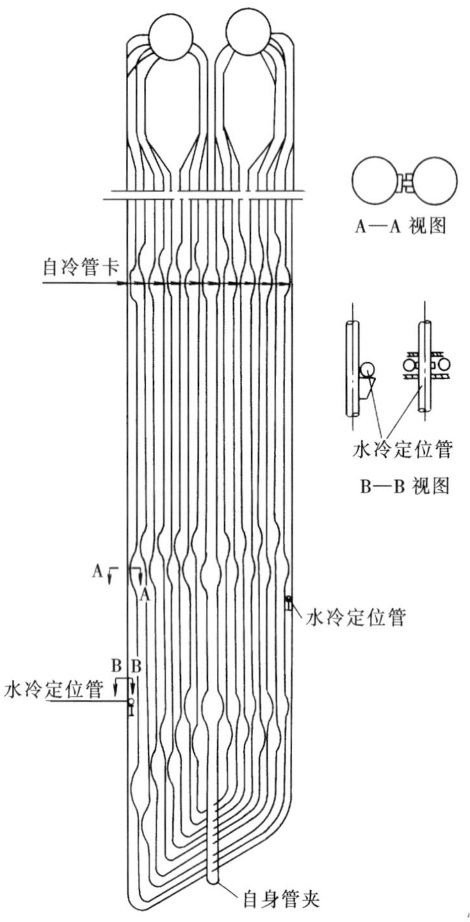

图 6－11　再热器自冷式管卡

3）自身管卡。利用再热器上某一根管子将整个管屏夹牢，这种管卡既是夹紧装置，又是受热面，一举两得，可取得较好的效果。

（5）再热器的防磨装置表示在图 6－12 中，大体有以下几种：

1）防磨护板。顺列布置管束在烟气流向的第一排，错列布置管束在烟气流向的第一、二排装有半圆形防磨护板。圆弧要紧贴再热器管外壁，每块护板两头用夹子卡住，夹子再与护板点焊，既能防止脱落，又能保证

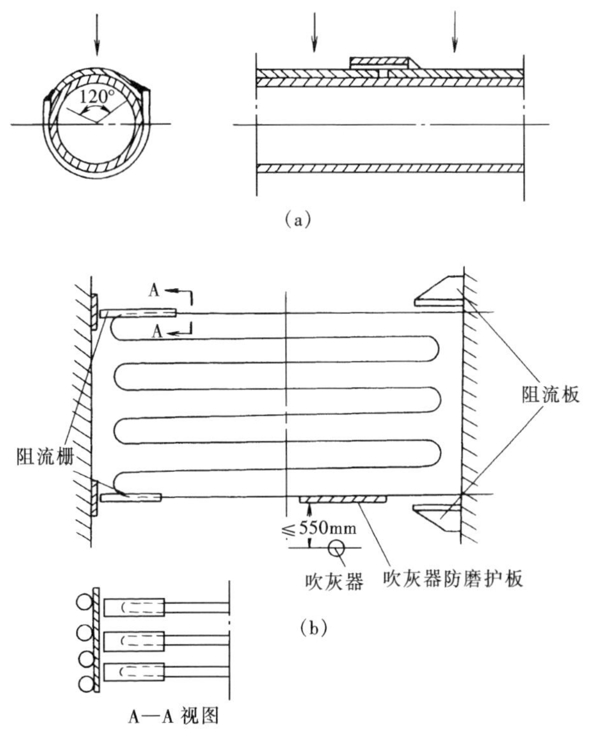

图 6－12　再热器的防磨装置

（a）防磨护板；（b）阻流板、阻流栅、吹灰器防磨护板

护板与再热器管间自由膨胀。

再热器蛇形管弯头处往往形成烟气走廊，产生局部磨损，可用整体防磨板的结构形式来保护蛇形管的弯头。

2）阻流板。阻流板主要用来防止再热器管与炉壁间间距过大形成的烟气走廊，使该部分烟气阻力较小，烟气流速增加，造成局部磨损。

3）阻流栅。将装在再热器管上的防磨板在蛇形管弯头处继续向前直伸，与炉壁管上的防护板保持一个较小的间隙，这样既保护了弯头处不致发生局部磨损，也不会打乱该处的烟气速度场，避免产生新的局部磨损处。

4）吹灰器处防磨护板，长期受到吹灰器作用的再热器管束，也会产生局部磨损。所以凡是与吹灰器距离小于550mm 的管子，应装有防磨护板，这可有效地防止吹灰器汽流吹坏管子。

三、调温设备

锅炉在运行中，过热汽温和再热汽温经常发生变化。为保持额定汽温，在蒸汽侧装有减温器，一般有表面式与喷水式（混合式）两种，如图6－13所示。

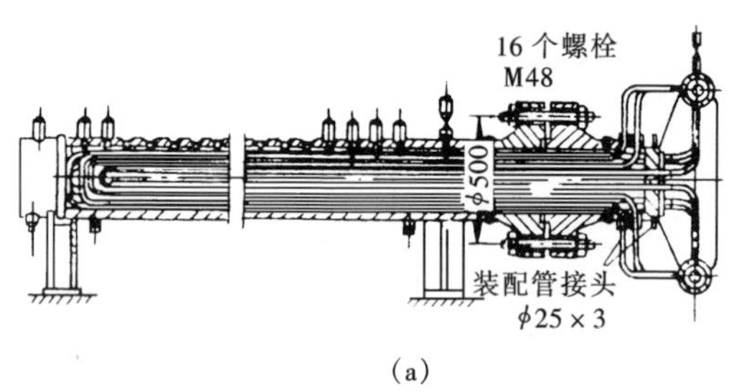

(a)

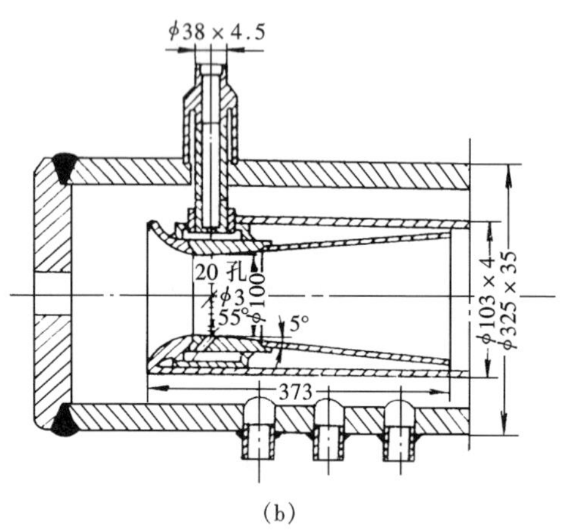

(b)

图6－13 减温器

(a) 表面式；(b) 喷水式

大型锅炉都采用喷水减温器。其优点是结构简单，调节灵敏，时滞小，汽温调节幅度大（可达100～130℃）。但对引入的冷却水要求质量较高，以免污染蒸汽，一般情况下减温水来自锅炉的给水。

提示　本节内容适合锅炉本体检修（MU5　LE13、LE14），锅炉管阀检修（MU9　LE26），锅炉电除尘检修（MU6　LE13）。

第三节　燃　烧　设　备

锅炉的燃烧设备主要包括炉膛、燃烧器及点火装置。

一、炉膛

炉膛是由炉墙包围起来的、供燃料燃烧用的立体空间，其四周布满水冷壁。炉膛底部的结构随除渣方式不同而不同，有由前后水冷壁弯曲而形成的倾斜的冷灰斗（固态除渣），也有水平（或微倾斜的）的熔渣池（液态除渣）。炉膛顶部的结构有斜炉顶和平炉顶两种。高参数锅炉一般为平炉顶，其上布置顶棚过热器管，炉膛上部悬挂有屏式过热器。炉膛后上方为烟气流出炉膛的通道，叫做炉膛出口。为了改善烟气对屏式过热器的冲刷，充分利用炉膛容积，炉膛出口处下面设有折焰角。炉膛的容积随锅炉容量的不同而各不相同。

炉膛的形状示意见图6－14，固态排渣炉和液态排渣炉的炉膛示意见图6－15。

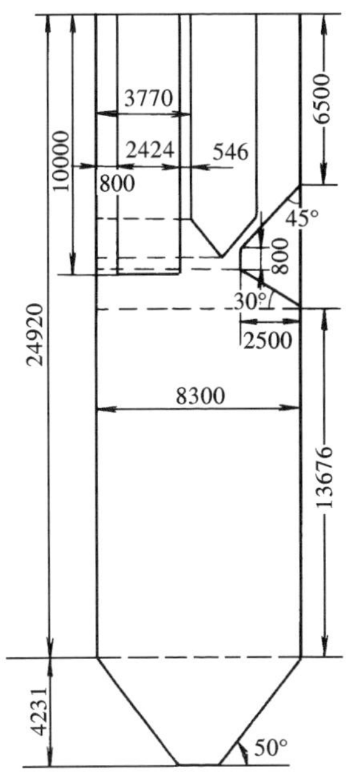

图6－14　炉膛的形状示意

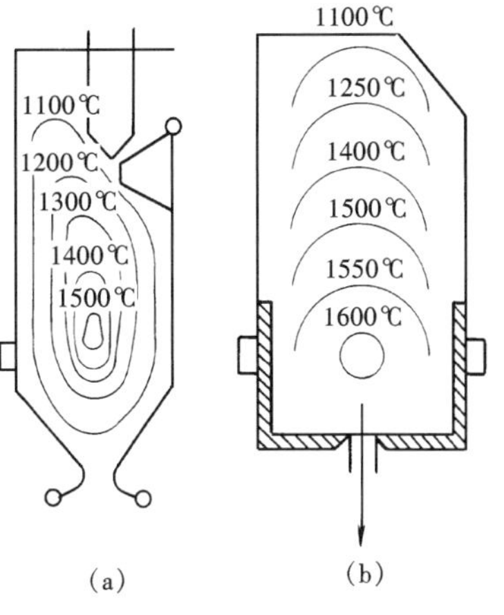

图6－15　炉膛类型示意
（a）固态排渣炉；（b）液态排渣炉

二、燃烧器

煤粉燃烧器是煤粉炉的主要燃烧设备，其作用是使携带煤粉的一次风和不带煤粉的二次风喷入炉膛，并在炉膛中很好地着火和燃烧，故燃烧器的性能好坏对燃烧的稳定性和经济性有很大影响。性能良好的燃烧器应具备以下要求：

（1）一、二次风出口截面要保证适当的一、二次风速比；

（2）有足够的搅动性，即能使风粉很好地混合；

（3）煤粉气流着火稳定，火焰在炉膛中的充满度好；

（4）风阻小；

（5）扩散角在一定的范围内任意调整，以适应燃料种类的变化；

（6）沿出口截面的煤粉分布均匀。

煤粉燃烧器一般可按气流形式分为直流燃烧器与旋流燃烧器两类。

（一）直流燃烧器

直流燃烧器的形状窄长（图 6－16 所示为其中一种），一般布置在炉膛四角，由四组燃烧器喷出的四股气流在炉膛中心形成一个切圆（见图 6－17），这种燃烧方法简称为切圆燃烧。我国采用直流燃烧器的锅炉很多，多采用此种切圆燃烧。

采用四角布置有直流燃烧器时，火焰集中在炉膛中心，形成一个高温火球，炉膛中心温度比较高，且气流在炉膛中心强烈旋转，煤粉与空气的混合较充分。

直流燃烧器阻力小，结构简单，气流扩散角较小，射程较远。适于燃用挥发分在中等以上的煤种（烟煤、褐煤等），如采用适当的结构和布置方式，也可用于贫煤或无烟煤。

四角布置的燃烧器的倾角一般取最下部喷口保持水平，以防煤粉冲入冷灰斗造成燃烧不完全，或在液态排渣燃烧室中防止煤粉冲入熔渣池中，带来渣中析铁问题。上部喷口具有最大的向下倾斜度，中间的次之，以使火焰中心下移，保证火焰有足够的空间高度。

（二）旋流燃烧器

旋流式燃烧器分扰动式和轴向叶轮式两种。

（1）扰动式旋流燃烧器。常用的扰动式旋流燃烧器为双蜗壳燃烧器，结构见图 6－18。

图中大蜗壳中是二次风，小蜗壳中是一次风，中间有一根中心管，中心管中间可以插入油枪。一、二次风切向进入蜗壳，然后经过环形通道，同方向旋转喷入炉膛。二次风进口处装有舌形挡板，用来调整二次风的旋

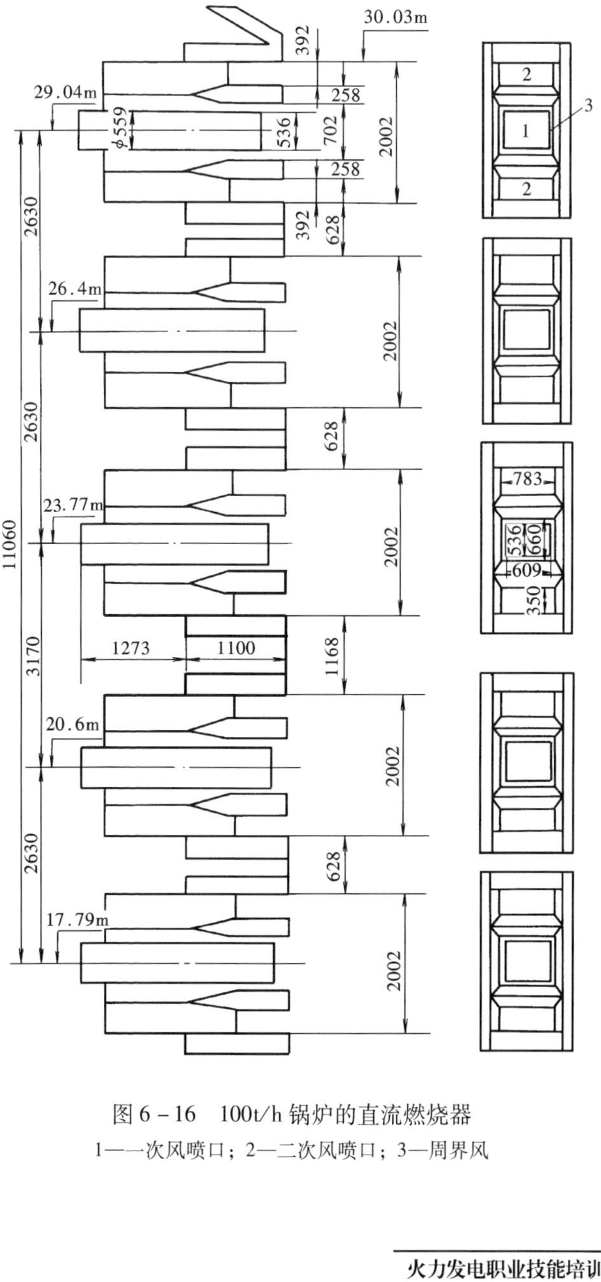

图 6 - 16　100t/h 锅炉的直流燃烧器

1—一次风喷口；2—二次风喷口；3—周界风

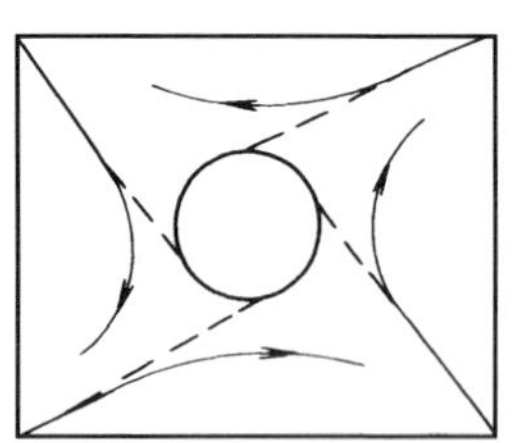

图 6－17　切圆燃烧方式及其气流的实际流向

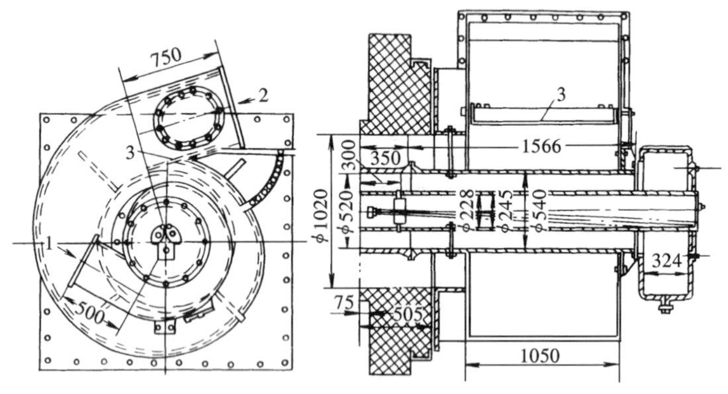

图 6－18　双蜗壳燃烧器

1—一次风进口；2—二次风进口；3—舌形挡板

流强度。

（2）轴向叶轮式旋流燃烧器。目前我国大型锅炉广泛采用轴向叶轮式旋流燃烧器，其结构如图 6－19 所示。

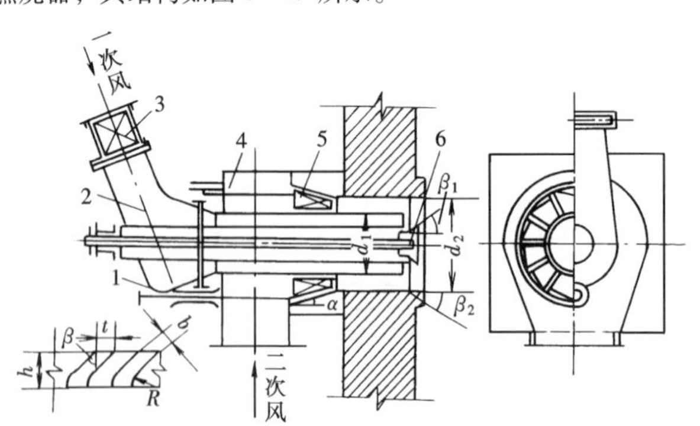

图 6－19　轴向叶轮式旋流燃烧器

1—拉杆；2—一次风管；3—一次风舌形挡板；4—二次风筒；5—二次风叶轮；6—喷油嘴

这种燃烧器有一根中心管，管中可插油枪。中心管外是一次风环形通道，最外圈是二次风环形通道。二次风经过叶轮后，由叶片引导产生强烈旋转；一次风由于舌形挡板的作用而稍有旋转。

叶轮式旋流燃烧器有以下优点：

（1）能广泛适应不同性质的燃料燃烧要求。

（2）由于调整方便，对锅炉负荷变化的适应性好。

（3）由于二次风的引射作用，一次风阻力很小，有时呈负压，特别适用于风扇磨直吹系统。

（4）结构尺寸较小，对大容量锅炉设计布置方便。

旋流式燃烧器多布置在炉膛前后墙，在燃烧室内空气动力场分布较均匀，火焰充满情况较好，后期混合作用也较好。但对于直吹系统，当停用部分磨煤机时，易产生温度不均和热偏差。

（三）新型燃烧器

我国电站锅炉燃用煤质普遍较差，大部分锅炉燃用着火困难、燃烧稳定性差的劣质煤，同时由于对发电机组调峰要求过高，迫使机组在低负荷下运行，锅炉燃烧工况变差。为了稳定燃烧，必须投油助燃，燃油量增加。因此为了强化劣质煤的着火，提高锅炉着火稳定性和负荷调节能力，降低助燃油量，各电厂都广泛引进和使用浓淡分离型燃烧器、W 型火焰燃烧器、船形多功能燃烧器等新型燃烧器。

浓淡燃烧器分为水平浓淡燃烧器和垂直浓淡燃烧器两种，目前使用的水平浓淡燃烧器居多。其原理是局部地提高一次风的煤粉浓度形成浓、淡燃烧，在水平方向上组织向火侧高煤粉浓燃烧，在背火侧则组织低浓度煤粉燃烧。从而充分发挥了向火侧的着火优势，提高了着火的稳定性。

W 形火焰燃烧器错列布置在锅炉下炉膛的前后墙拱上，其原理是将风粉混合物经煤粉均分器均匀分为两股，切向进入旋风筒，利用离心力将煤粉与一次风分离，将分离后的部分一次风引出，从而调节煤粉浓度，提高着火稳定性。W 形火焰燃烧器适合燃用挥发分低的无烟煤。

船形燃烧器是在一次风喷口内加装一个像船一样形状的稳燃器，其作用是加强一次风的搅动能力，扩大一次风周围的卷吸区域，使高温烟气大量卷吸至一次风，从而达到稳定着火的目的。船型稳燃器由耐热、耐磨的高铬铸铁制造。为了保证煤粉气流在船型稳燃器四周均匀分配，要求在煤粉管道的最后一个弯头内加装均流板。

目前，在电站锅炉中研制和使用的新型喷燃器还有夹心风燃烧器、偏转二次风燃烧器、抛物线型燃烧器等。

三、点火装置

点火装置用于锅炉启动时引燃煤粉气流，另外，在运行中当负荷过低或煤种变化而引起燃烧不稳时，也可用来维持燃烧稳定。

目前，我国大型火力发电厂的煤粉炉、燃油炉的点火装置由点火油枪、主油枪及配风器组成，均采用电气点火装置。电气点火装置由引燃和燃烧两部分组成。引燃部分通常有电火花、电热丝和电弧点火三种类型，燃烧部分有燃气和燃油两种类型。也有的电厂使用无油（气）点火装置。

（一）点火油枪和主油枪

又称油雾化器或油喷嘴，其作用是将油雾化成极细的油滴。

常用的雾化器有机械雾化器、蒸汽雾化器和 Y 型雾化器。机械雾化器分简单机械雾化器和回油式机械雾化器两种。蒸汽机械雾化器分内混式和外混式两种。

（1）简单机械雾化器。其构造如图 6－20 所示，是由分流片（分配盘）、雾化片、旋流片、螺帽压盖等几部分组成。

分流片的作用是将油流均匀分配到周围分油孔，并引入雾化片的切向槽。雾化片的作用是将油从切向槽引入中间旋流室，使之产生强烈的旋转，然后通过端部喷油孔，扩散成伞形的油雾而喷入炉膛。

（2）回油式机械雾化器。其构造如图 6－21 所示，与简单机械雾化器不同的是在旋流室底部开了回油孔。

油从内、外套管间的环形通道流入，经过分流孔，使油均匀地经切向槽进入旋流室，并在旋流室内高速旋转。在回油调节门开启的情况下，一部分油从喷孔喷出，另一部分油经回油孔排往回油管道。

（3）外混式蒸汽机械雾化器。RG－W－1 型的结构如图 6－22 所示。

油经雾化筒转入雾化筒外的环形通道流入雾化器头部，经旋流室及喷口旋转喷出。蒸汽通过油管外的环形通道，经过旋流叶片，以相同方向旋转喷出，并与喷口出来的油雾相遇，使之进一步雾化。这种雾化器的油与汽在外部混合，可避免因高压油倒流而污染汽水系统。

（4）内混式蒸汽机械雾化器。目前广泛应用的是 Y 型雾化器，其结构如图 6－23 所示。

蒸汽通过内管分流至各汽孔，然后在混合孔内膨胀加速。油经内、外管之间的环形通道进入油孔，然后在混合孔内被高速汽流冲击，小部分被击碎随蒸汽喷出，大部分在混合孔的孔壁上形成油膜，在蒸汽推动下加速

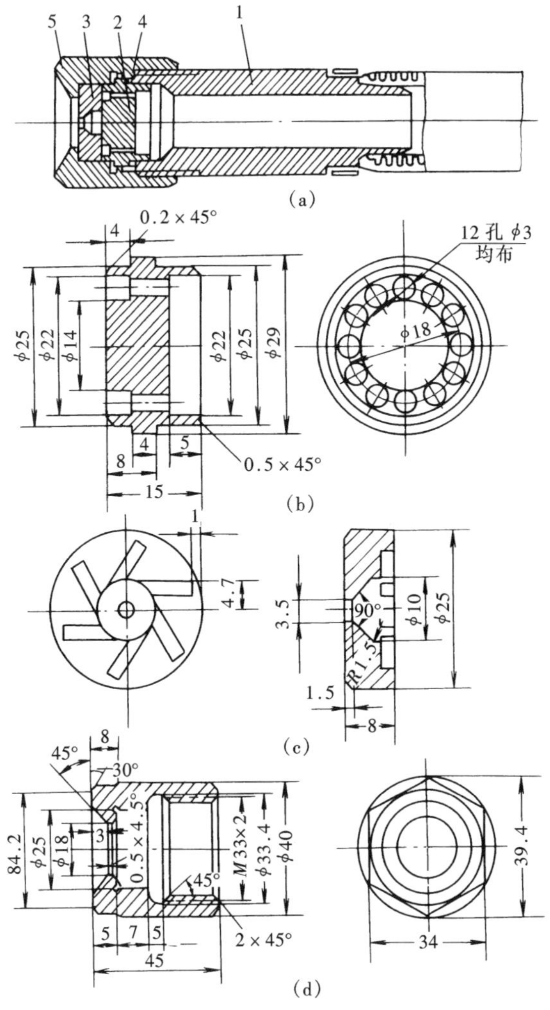

图 6－20　简单机械雾化器

(a) 总体图；(b) 分流片详图；(c) 雾化片详图；(d) 螺帽压盖详图

1—进油管；2—分流片；3—雾化片；4—垫圈；5—螺帽压盖

向喷口运动。离开喷口后，由于油膜与蒸汽在喷口外的高速冲撞，以及蒸汽再次膨胀的作用，将油膜破碎成细滴，完成油的雾化。

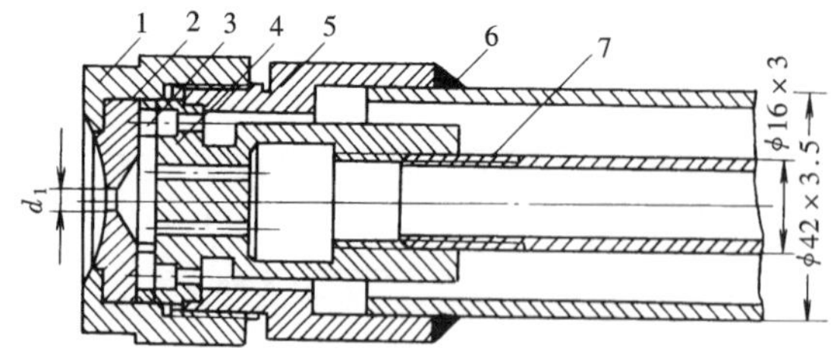

图 6－21　回油式机械雾化器

1—螺帽；2—雾化片；3—旋流片；4—分油嘴；5—喷嘴座；6—进油管；7—回油管

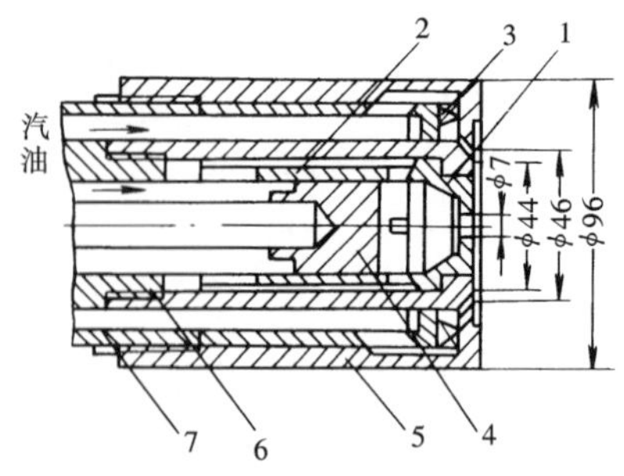

图 6－22　RG－W－1 型外混式蒸汽机械雾化器

1—喷嘴头部；2—雾化筒；3—旋流叶片；4—活塞；5—套筒式螺帽；6—油管；7—汽管

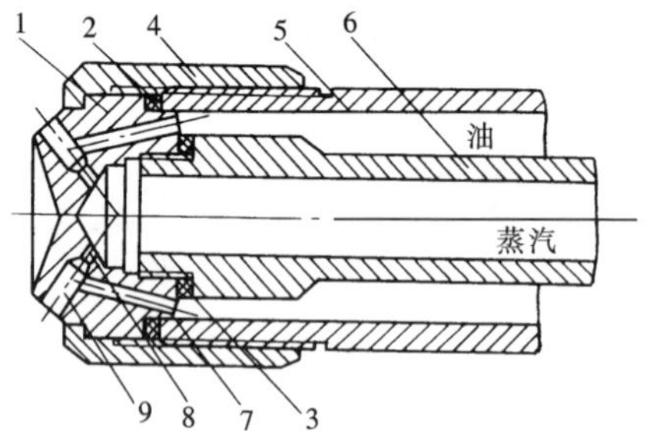

图 6－23　Y 型雾化器

1—喷嘴头部；2、3—垫圈；4—螺帽；5—外管；6—风管；7—油孔；8—蒸汽孔；9—混合孔

Y 型喷嘴有如下优点：①油压和汽压都不高，油压为 0.7 ~ 2.1MPa。②汽耗率低，为 0.01 ~ 0.03kg/kg。③雾化质量好，且在任何喷油量下都能保证雾化质量。④调节比大。⑤喷油量变化的雾化角几乎不变。但也存在堵孔、头部积炭结焦及漏油等问题。

（二）配风器

配风器的作用是及时给火炬根部送风，使油与空气能充分混合，形成良好的着火条件，以保证燃油能迅速而完全地燃烧。油枪的配风应满足下列要求：

（1）要有适量的一次风。燃油的一次风量应占总燃油风量的 15% ~ 30%，燃油的一次风速应为 25 ~ 40m/s。

（2）要有一定的回流区。油雾着火时需要一定的着火热，着火热来源于高温烟气的回流，油枪的出口必须有适当的回流区，它是保证及时着火和稳定燃烧的热源。

（3）油雾和空气的混合要强烈。油枪的配风器有两种，即直流配风器与旋流配风器。旋流配风器的一次风旋流叶片又叫做稳焰器，稳焰器的作用是使燃油一次风产生一定的扩散和旋转，在接近火焰根部形成一个高温回流区，点燃油雾并稳定燃烧。

提示　本节内容适合锅炉本体检修（MU2　LE3），锅炉辅机检修（MU2　LE3、LE4），锅炉管阀检修（MU3　LE4），锅炉电除尘检修（MU6　LE12）。

第四节　锅炉本体附件

锅炉本体附件主要有安全阀、水位计、膨胀指示器及清灰装置等。

一、安全阀

安全阀的作用是保障锅炉不在超过规定的蒸汽压力下工作，以免发生爆炸。它是保障锅炉安全运行的重要部件，必须定值准确，动作灵活、可靠。

安全阀一般装在汽包、过热器、省煤器及再热器等位置上，主要有重锤式、弹簧式、脉冲式及液压系统控制的活塞式等几种类型（见图 6 - 24）。

（1）重锤式安全阀是用杠杆和重锤来平衡阀瓣的压力，移动重锤的位置或改变重锤的重量来调整压力。优点在于结构简单；缺点是比较笨重回座力低。重锤式安全阀只用于固定的设备上。

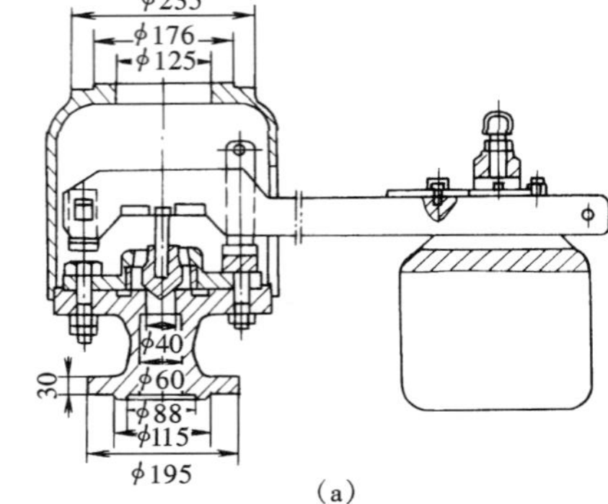

(a)

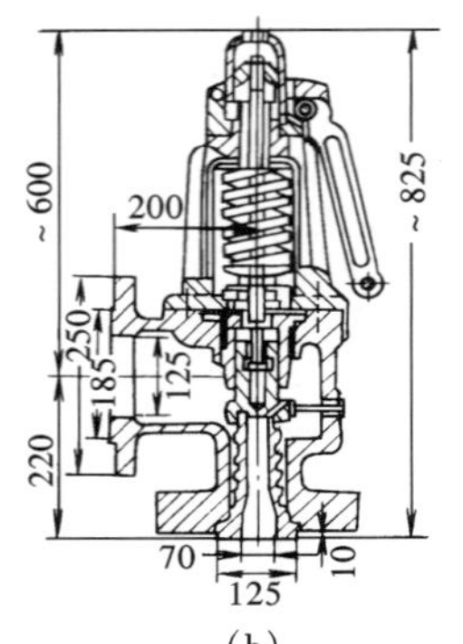

(b)

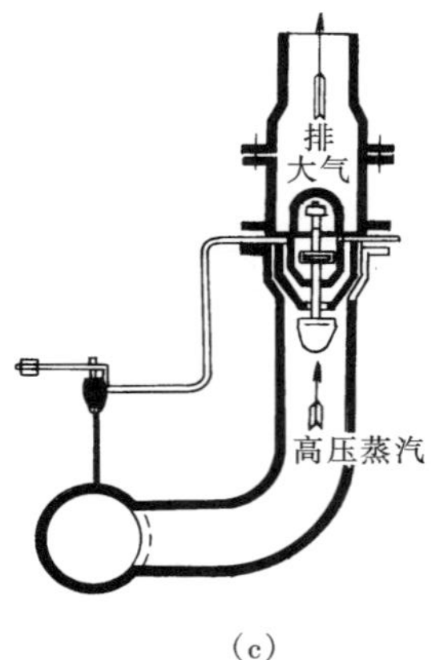

(c)

图 6－24　安全阀的类型

(a)重锤式;(b)弹簧式;(c)脉冲式

（2）弹簧式安全阀是利用压缩弹簧的力来平衡阀瓣的压力并使之密封，靠调节弹簧的压缩量来调整压力。优点在于比重锤式安全阀体积小、轻便、灵敏度高，安装位置不受严格限制；缺点是作用在弹簧上的力随弹簧的变形而发生变化。弹簧式安全阀的弹簧作用力一般不要超过2000kg，因为过大过硬的弹簧不适于精确的工作。

（3）脉冲式安全阀由主阀和辅阀组成。主阀和辅阀连在一起，通过辅阀的脉冲作用带动主阀动作。当管路中介质超过额定值时，辅阀首先动作带动主阀动作，排放出多余介质。

二、水位计

水位计用以指示锅炉汽包内水位的高低。汽包水位是锅炉运行中的重要控制指标，水位过高会造成蒸汽带水，损坏过热器及汽轮机；水位过低会造成锅炉缺水，使受热面烧坏，甚至引起锅炉的爆炸。

每台锅炉控制盘上至少应装三个彼此独立的水位计，以防水位计故障时无法显示水位。

水位计的种类有就地水位计、低置水位计、电接点水位计、电气指示、记录水位计及双色水位计等多种类型。图6-25所示为就地水位计和低置水位计。

三、膨胀指示器

膨胀指示器是用来监视汽包、联箱及受热设备在点火升压过程中的膨胀情况的，可以预防因点火升压不当或安装、检修不良引起的受热设备变形、裂纹和泄漏等事故。

膨胀指示器如图6-26所示，它由标有刻度的方铁板和圆铁制成的指示针组成。方铁板固定在受热膨胀影响较小的地方，根据指针移动情况，即可知道联箱等设备的膨胀情况。

四、清灰装置

常用的清灰装置主要是以蒸汽、水或空气为介质的各种吹灰器，其作用是吹去受热面积灰，保持受热面清洁。常用的吹灰器有蒸汽吹灰器、燃气脉冲激波吹灰器、声波吹灰器。

（1）蒸汽吹灰器。蒸汽吹灰器分为长伸缩式和短伸缩式两种。

长伸缩式吹灰器用于吹扫过热器和再热器（也有用于省煤器的）管束中的积灰。吹灰时吹灰器管子和喷头一面旋转，一面伸入烟道。喷头用拉瓦尔喷管式，蒸汽或空气的喷射速度超过声速，有效吹灰半径约1.5~2m。

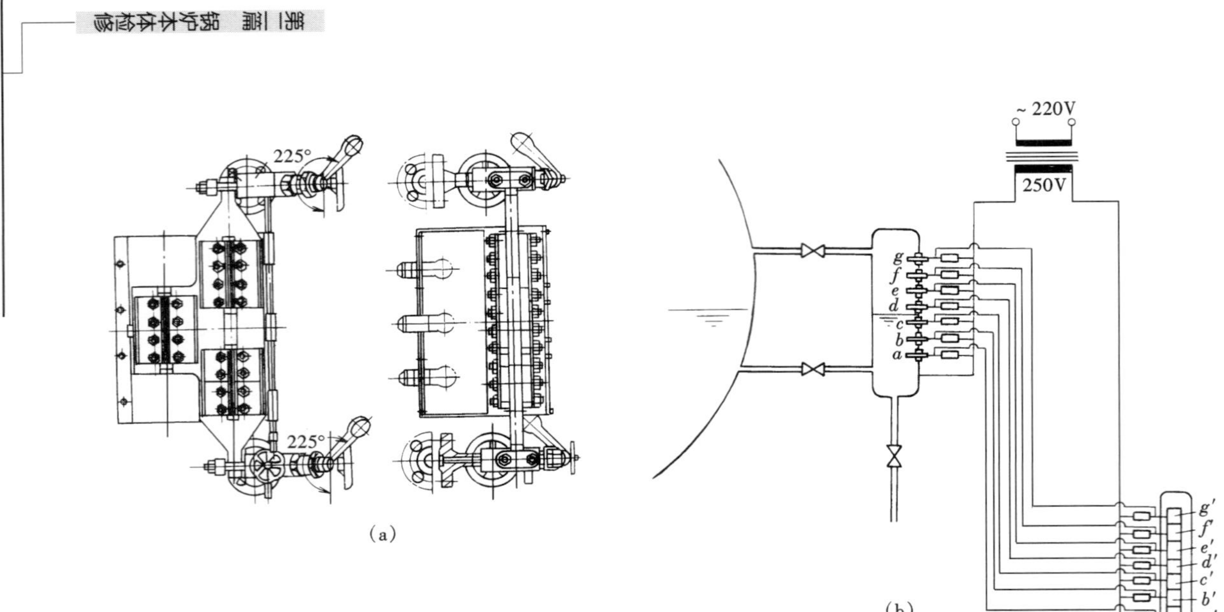

图 6－25　水位计的种类
(a)就地水位计;(b)低置水位计

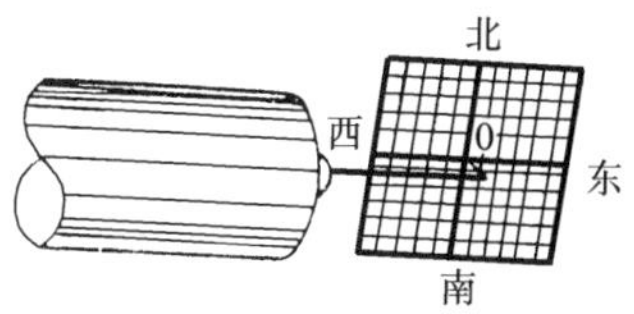

图 6－26　膨胀指示器

短伸缩式吹灰器用于吹扫炉膛水冷壁管子表面的结渣和积灰，其结构如图 6－27 所示。

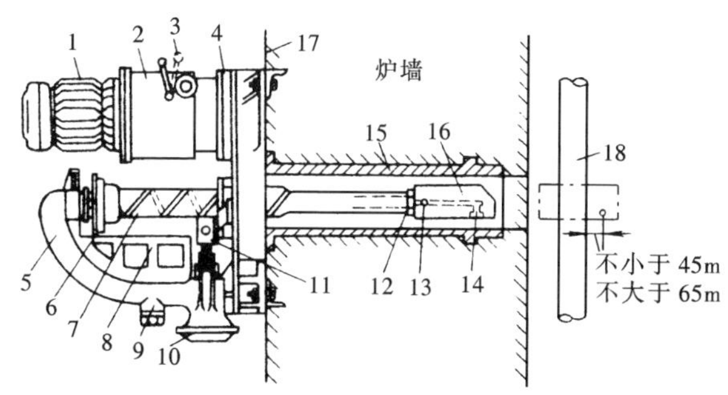

图 6－27　枪式吹灰器

1—电动机；2—齿轮箱减速器；3—电动切换手柄；4—传动装置；5—鹅颈导汽管；6—导向盘；7—空心轴；8—导向轨；9—疏水器；10—蒸汽入口法兰；11—极限装置；12—调整螺丝；13—固定螺丝；14—喷嘴孔；15—生铁保护套筒；16—喷嘴头；17—墙皮；18—水冷壁管

这种吹灰器一般采用压力小于或等于 3.0MPa、400～425℃的过热蒸汽，其作用半径为 2m 左右。使用时由电动机驱动，将枪头推入燃烧室，一边转动，一边吹灰，然后将枪头退出来，每次吹灰过程约 0.5～1min。

（2）燃气脉冲激波吹灰器。燃气脉冲激波吹灰器是利用空气和可燃气体（如氢气、乙炔气、煤气、液化气和天然气等）以适当的比例在一特殊的容器中混合，经高频点火，产生爆燃，瞬间产生的巨大声能和大量高温高速气体，以冲击波的形式振荡、撞击和冲刷受热面管束，使其表面积灰飞溅，随烟气带走。

燃气脉冲激波吹灰器根据气体混合点的设置位置分为串联式和并联式两种型式。串联式系统是指气体混合点设置在主干管路上，经点火器后产生的高温气体再经分配器至各吹灰点；并联式系统是指气体混合点设置在各吹灰点的分支管路上，经点火器后产生的高温气体直接至各吹灰点。从系统设置而言，并联式系统比串联式系统更安全、控制更灵活。

（3）声波吹灰器。声波吹灰器是将压缩空气（或蒸汽）转换成大功率声波［一种以疏密波的形式在空间介质（气体）中传播的压力波］送入炉内，当受热面上的积灰受到以一定频率交替变化的疏密波反复拉、压作用时，因疲劳疏松脱落，随烟气流带走，或在重力作用下，沉落至灰斗排出。

声波吹灰器根据发声原理可分为膜片式声波吹灰器、共振腔式声波吹灰器、旋笛式声波吹灰器。

提示 本节内容适合锅炉本体检修（MU5 LE14），锅炉管阀检修（MU9 LE26）。

第五节 燃 烧 理 论

一、燃料的种类

所谓燃料，是指在燃烧过程中能够发出热量的物质。燃料必须具备两个条件：一是可燃；二是燃烧时发出热量，且在经济上是合算的。

火力发电厂锅炉是消耗大量燃料的动力设备。锅炉工作的安全性、经济性均与燃料的性质有密切的关系，燃料不同时，燃烧方式和燃烧装置也不同，所以了解燃料的成分与性质是十分重要的。

火力发电厂燃料按物态分有固体、液体、气体三类，固体燃料有煤、油页岩及木柴等；液体燃料有柴油、重油和渣油等各石油制品；气体燃料是天然气、油田伴生煤气和各种煤气。

根据我国燃料利用原则，火力发电厂应尽可能不占用其他工业部门所必需的优质燃料。因为把这些优质燃料用做火力发电厂的动力燃料时，只能取其热量，而做不到物尽其用。火力发电厂尽量利用劣质燃料，可以保证国家燃料资源得到充分利用。

由于各种煤的组成成分含量不同，因而各种煤的发热量也不同。为了统一计算与考核，标准规定收到基发热量为29310kJ/kg（7000kcal/kg）的煤为标准煤，各种煤的消耗量可以通过下列公式折算成标准煤的消耗量，即

$$B_b = BQ_{ar,net}/29310 \text{ (kg/h)} \tag{6-1}$$

式中 B_b——标准煤的消耗量，kg/h；

B——实际消耗的天然煤量，kg/h；

$Q_{ar,net}$——实际煤的收到基低位发热量，kJ/kg。

二、煤的着火及燃烧过程

1. 煤粉燃烧三个阶段

（1）着火前的准备阶段。煤粉进入炉内至着火前的这一阶段为着火前的准备阶段。在此阶段内，煤粉中的水分蒸发，挥发分析出，煤粉的温度也要升高至着火温度。显然，着火前的准备阶段是吸热阶段。影响着火速度的因素除了燃烧器本身外，主要是炉内热烟气流对煤粉气流的加热强度、煤粉气流的数量与温度以及煤粉性质和浓度等。

（2）燃烧阶段。煤粉着火以后进入燃烧阶段。燃烧阶段是一个强烈的放热阶段。煤粉颗粒的着火燃烧，首先从局部开始，然后迅速扩展到整个表面。煤粉气流一旦着火燃烧，可燃质与氧发生高速的燃烧化学反应，放出大量的热量，放热量大于周围水冷壁的吸热量，烟气温度迅速升高达到最大值，氧浓度及飞灰含碳量则急剧下降。

（3）燃尽阶段。燃尽阶段是燃烧过程的继续。煤粉经过燃烧后，炭粒变小，表面形成灰壳，大部分可燃物已经燃尽，只剩少量未燃尽炭继续燃烧。在燃尽阶段中，氧浓度相应减少，气流的扰动减弱，燃烧速度明显下降，燃烧放热量小于水冷壁吸热量，烟温逐渐降低，因此燃尽阶段占整个燃烧阶段的时间最长。

对应于煤粉燃烧的三个阶段，煤粉气流喷入炉膛后，从燃烧器出口至炉膛出口，沿火炬行程可分为着火区、燃烧区与燃尽区三个区域，其中着火区很短，燃烧区也不长，而燃尽区却比较长。

2. 炭粒燃烧

一般认为，从煤粉中析出的挥发分先着火燃烧。挥发分燃烧放出的热量又加热炭粒，炭粒温度迅速升高，当炭粒加热至一定温度并有氧补充到炭粒表面时，炭粒着火燃烧。

煤粉燃烧的关键是其中炭粒的燃烧。这是因为：焦炭中的碳是大多数固体燃料可燃质的主要成分；焦炭的燃烧过程是整个燃烧过程中最长的阶段，在很大程度上能决定整个粒子的燃烧时间；焦炭中碳燃烧的放热量占煤发热量的4%（泥煤）~95%（无烟煤），它的发展对其他阶段的进行有着决定性的影响。因此，煤粉的整个燃烧过程中，关键在于组织好焦炭中碳的燃烧。炭粒的燃烧机理是比较复杂的，炭粒与氧之间的燃烧属于多相燃烧，其反应是在炭粒表面进行的。周围环境中的氧不断向炽热炭粒表面扩散，在其表面进行燃烧。其反应生成的二氧化碳和一氧化碳即可通过炭粒周围的气体介质向外扩散出去，又可向炭粒表向扩散 CO，向外扩散

时遇氧燃烧生成 CO_2；CO_2向炭粒扩散时，在高温下与碳进行气化反应生成 CO。

锅炉燃烧设备中，煤粉炉内的煤粉处于悬浮状态，空气流与煤粉粒子间的相对速度很小，可认为焦炭粒子是处在静止气流中进行燃烧的。而在旋风炉和流化床锅炉中，煤粉在燃烧过程中还受到气流的强烈冲刷。当炭粒在静止的空气中燃烧时，在不同的温度下，上述这些反应以不同的方式组合成炭粒的燃烧过程。

应该指出，炭粒的实际燃烧过程是在更为复杂的情况下进行的。除上述温度会影响反映进程外，其他因素，如整个过程是否等温、炭粒的几何形状和结构以及炭粒周围气流性质等，也会对反应进程有一定影响。因此为强化燃烧过程，必须根据如前所述的三个燃烧阶段的特点和要求，采取不同的方式和措施。

三、煤粉燃烧强化

（1）提高空气预热温度。

这种措施现在广泛使用。在烧无烟煤时，空气常预热到 400℃ 左右，还希望更进一步提高，特别是一次风温度。这种情况下宜用高温热空气输送煤粉，而乏气可送入炉膛作为三次风。

（2）限制一次风的数量。

如煤粉的浓度降低，则用于加热煤粉气流至着火温度所需要的热量相对增加，这将限制着火过程的发展，使着火离开喷口很远。但一次风的数量必须保证化学反应过程的发展，以及着火区中煤粉局部燃烧的需要，一次风数量必须根据着火过程的具体条件选择。

（3）合理送入二次风。

二次风不要送入火焰根部，而需要与根部有一定的距离。使煤粉气流先着火，当燃烧过程发展到迫切需要时，再与二次风混合。

（4）选择适当的气流速度。

降低一次风速可以使煤粉气流在离开燃烧器不远处着火，但此速度必须保证煤粉气流和热烟气强烈混合。另外，当气流速度太低时，燃烧中心过分接近喷口，将使燃烧器烧坏，并在燃烧器附近结焦。

（5）选择适当的煤粉细度。

煤粉的挥发分越多，着火和燃烧条件也越好，所以同尺寸的煤粉褐煤比烟煤燃烧得快。如果炉膛容积相接近，则挥发分越高，煤粉可越粗些。

（6）在着火区保持高温。

加强气流中高温烟气的卷吸，使在一排火炬之间，或在火焰内部，或在火炬与炉墙之间形成较大的高温烟气涡流区，这是强烈而稳定的着火热源。火炬从这个涡流区吸入大量的热烟气，能保证稳定着火。当燃烧无烟煤时，得到广泛应用的措施是在燃烧器附近的水冷壁上涂以耐火材料，构成所谓的“卫燃带"。

（7）在强化着火阶段的同时，必须强化燃烧阶段本身。

通常焦炭燃烧速度决定于两个基本因素：温度因素和氧气向炭粒表面的扩散能力。根据具体情况，燃烧速度受其中一个因素的限制，或和两个因素都有关。在燃烧中心，燃烧可能在扩散区进行，而在燃尽区，由于温度降低，燃烧可能在动力区进行。

提示 本节内容适合锅炉本体检修（MU6 LE16），电除尘检修（MU6 LE13）。

第七章

燃烧设备、锅炉炉墙与构架的检修

第一节　燃烧设备的检修

燃烧器常见的缺陷有设备损坏，风管磨损，喷嘴堵塞，挡板卡涩等。在大修中要对燃烧器进行认真的检修，以保证良好的空气动力场。根据 DL/T 838—2017《燃煤火力发电企业设备检修导则》，燃烧设备的标准项目如下：

（1）清理燃烧器周围结焦，修补卫燃带；

（2）检修燃烧器，更换喷嘴，检查、焊补风箱；

（3）检查、更换燃烧器调整机构；

（4）检查、调整风量调节挡板；

（5）燃烧器同步摆动试验；

（6）燃烧器切圆测量，动力场试验；

（7）检查点火设备和三次风嘴；

（8）检查或更换浓淡分离器；

（9）检修或少量更换一次风管道、弯头，风门检修。

燃烧设备的特殊项目如下：

（1）更换燃烧器超过 30%；

（2）更换风量调节挡板超过 60%；

（3）更换一次风管道、弯头超过 20%。

大修时，当炉膛内已清焦完毕，炉膛架子已搭好，或炉膛检修平台已经安装好时，检修人员要对燃烧设备进行仔细检查，并进行有针对性的修理。

一、直流燃烧器的检修

直流燃烧器常见故障有一次风风嘴磨损、烧坏。当采用启停火嘴调整负荷时，停止运行的一次风风喷嘴形成高温区域而结焦，严重时，会使一次风喷嘴堵死，煤粉气流喷不出去。直流燃烧器的调整挡板也存在卡涩现象。

(1) 检查燃烧器一次风喷嘴，如喷口烧损或变形严重，应局部挖补或整体更换。如采用焊接连接，可将烧坏的喷口切除，重新焊一段即可；如果采用螺栓连接，则要拆开各连接螺栓与固定件，取下烧坏的喷嘴，将新的安装上。

(2) 检查燃烧器二次风、三次风喷嘴，如喷口烧损或变形严重，应更换。

(3) 检查一次风喷嘴的扩流椎体和进口煤粉管隔板磨损及固定装置，磨损严重时应更换，隔板位置发生偏离时应复位固定。

(4) 检查各风门挡板与轴固定连接，检查轴封和更换密封材料，润滑挡板使其开关灵活，并进行就地指示开度校验。

同时，还应对各风管、伸缩节进行检修，清除结焦、堵塞。对有船体的多功能燃烧器，还应检查船体的磨损，烧损变形情况，并做相应处理。

直流燃烧器检修的质量标准如下：

(1) 一次风喷口固定牢固，内外光滑，无凸凹，风道磨损部分应补焊严密。

(2) 一、二次风进入炉膛的角度符合图纸要求，以保证切圆直径。

(3) 二次风、三次风喷嘴无变形，所修补的地方焊接牢固。各法兰连接严密，不漏风、粉。

(4) 各喷嘴标高误差不大于 ±5mm；各喷嘴中心线应对齐，左右偏差不大于 2mm。

(5) 当二、三次风喷嘴设计为水平布置时，不水平度不大于 2mm。当设计有下倾角时，角度误差不大于 ±1°。

(6) 摆动式火嘴上下摆动角度应达到图纸要求，且刻度指示正确。

(7) 各风门挡板与连接轴连接牢固，轴封严密，开关灵活，方向正确，指示刻度内外一致。检视孔云母片完整明亮。

二、旋流燃烧器的检修

(一) 本体检修

(1) 检查喷口的外观、磨损和烧损情况，必要时更换，更换喷口时应测量、调整喷嘴位置。

(2) 检查一次风管和防磨内套筒的磨损情况，必要时更换。更换蜗壳时，抽出内套，拆下蜗壳和一次风连接的法兰螺丝、蜗壳和二次风连接的法兰螺丝，将旧蜗壳拆下，更换新蜗壳。更换时与水冷壁保持膨胀间隙。

（3）检查扩流锥和偏流板，必要时更换。

（二）挡板门检修

（1）清理各挡板门的连杆、叶片轴等传动机构，使其能灵活转动。

（2）检查校正叶片外形与动作情况，进行开度定位。

（三）旋流燃烧器检修质量标准

（1）一次风风管及其内套管无裂纹，内外面无凹凸。更换管口时，应满焊或上齐全部螺丝。

（2）内套管口、一次风喷嘴和二次风风碹应同心，不同心偏差不大于 ±5mm，三个端面间的距离应严格符合图纸要求。

（3）所有法兰连接处螺丝应上齐，所有焊缝应严密，运行中不得有漏风漏粉现象。

（4）二次风叶片完整无损，连接牢固。

（5）各挡板与轴连接牢固。轴封严密，开关灵活、正确，指示刻度内外一致。检视孔云母片完整明亮。

（6）各处防磨装置完整无损。二次风碹完整，无损、毁与断裂现象。

（7）各燃烧器中心线保持水平，左右倾斜角度与图纸一致。

三、油枪检修

（1）油枪检修时，主要应检查分流片、旋流片及喷嘴的损坏情况。解体油枪本体，检查旋流片、喷嘴，如有损坏或变形的应更换。

（2）检查油枪的配风器，配风器叶片烧损或变形严重的应更换，叶片焊缝裂纹应补焊。

（3）检查油枪驱动机构外壁及密封，清楚套筒外壁油垢。

（4）检查油枪金属软管，更换软管密封，软管破裂或有缺陷的应更换。

油枪检修质量标准：

（1）油枪雾化片、旋流片应平整光洁。

（2）喷油孔、旋流槽无堵塞或严重磨损。

（3）各接合面密封良好，无渗漏。

（4）金属软管无泄漏，不锈钢编织物无破损或断裂。

（5）配风器外观及叶片应保持完整，无烧损及变形，叶片焊缝无裂纹。

（6）配风器出口无积灰和结焦，截面保持畅通。

（7）更换后的配风器中心与油枪中心误差应小于 2%。

（8）油枪进退灵活无卡涩，能达到设计要求的工作位置和退出位置。

第二节　炉墙与构架的检修

根据 DL/T 838—2017《燃煤火力发电企业设备检修导则》，炉墙与构架检修的标准项目如下：

（1）检修看火门、人孔门、防爆门、膨胀节，消除漏风；

（2）检查、修补冷灰斗、水冷壁保温及炉顶密封；

（3）局部钢架防腐；

（4）疏通及修理横梁的冷却通风装置；

（5）检查钢梁、横梁的下沉、弯曲情况。

炉墙与构架检修的特殊项目如下：

（1）校正钢架；

（2）拆修保温层超过 20%；

（3）炉顶罩壳和钢架全面防腐；

（4）重做炉顶密封。

一、炉墙结构

大型锅炉的炉墙多采用敷管式炉墙。敷管式炉墙是将耐火材料和绝热材料直接敷设在锅炉受热面管子上，和受热面一起构成组合件，并和受热面一起进行组合安装。

（一）燃烧室炉墙

当受热面由光管组成时，管间有火焰、烟气流过，敷管式炉墙由三层组成，即耐热混凝土层、绝热材料层、绝热灰浆抹面层或金属罩壳。受热面为膜式水冷壁或是光管，但背面用钢板全密封时，因管间无烟气流过，炉墙结构取消了耐热混凝土层，而直接敷上保温制品和金属护板。

耐热混凝土层是以通过点焊在管面或鳍片上的方格铁丝网作骨架而固定住的，绝热层是通过点焊在受热面管子上或鳍片上的带有压板和螺帽的钩钉固定在管排上的，钩钉既起承托作用，又起牵连作用。图 7－1 所示为燃烧室炉墙的两种结构。

（二）炉顶及烟道竖井炉墙

由于烟道上部的四周及炉顶布置了密排的包墙管屏及顶棚管，且多是光管，管间尚有几毫米的间隙，所以包墙管及顶棚管外侧都需敷设耐热混凝土层。为了在浇注混凝土时不致从管隙中漏掉，同时为了加强管子的传热与密封，保护炉墙，在两管之间点焊 Φ6～8 的圆钢。圆钢每段

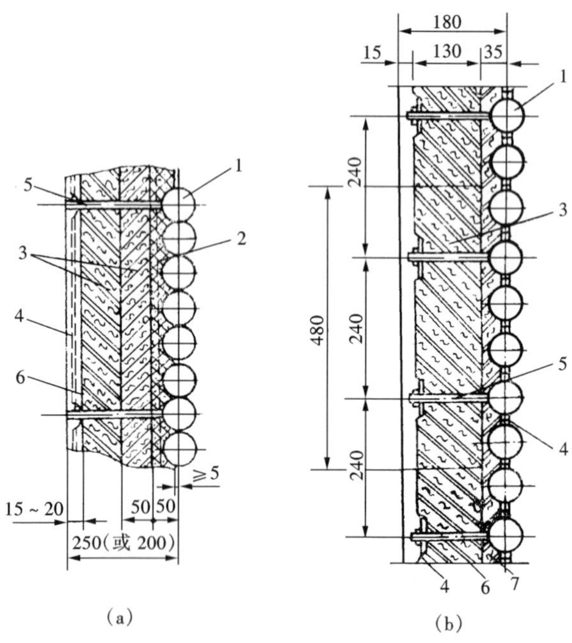

图 7－1　燃烧室炉墙结构

（a）带有耐热层的炉墙；（b）不带耐热层的炉墙

1—水冷壁管；2—耐热混凝土；3—保温层；4—抹面；

5—保温钩板；6—铁丝网；7—超细玻璃棉

长 500～1000mm，两根圆钢的接头处留有 1～3mm 的间隙，以补偿管子与圆钢间的胀差，其他结构同燃烧室炉墙，只是燃烧室炉墙比包墙炉墙厚些。

（三）省煤器、预热器炉墙

省煤器部位或者管式空气预热器的烟道由于四周没有包墙管屏，故采用轻型框架式炉墙。见图 7－2。

二、炉顶密封

由于锅炉部件在热状态下的膨胀值很大，在结构上又有复杂的管束交叉穿插、各面炉墙的并靠，使得敷管式炉墙在结构上形成许多接头和孔缝，往往造成漏风。因此锅炉在结构上要采取各种密封措施，以减少漏风。以下介绍的密封结构仅是其中的几种。

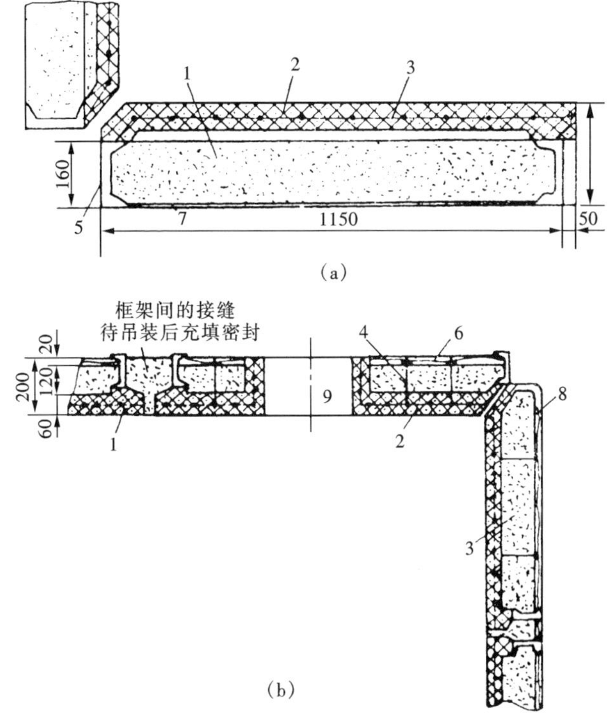

图 7-2　省煤器框架炉墙

(a) 采用护板；(b) 采用抹面

1—耐热混凝土；2—不锈钢网格；3—保温层；4—保温钩；5—框架；6—铁丝网；7—薄铁皮；8—抹面层；9—门孔

（一）炉顶转角处（水平与垂直接头处）密封结构

为了保证顶棚管的自由膨胀，在顶棚管与水冷壁管屏间要预留一定的膨胀间隙 A，同时又要使间隙 A 处不致成为炉膛内外的泄漏通道，因此在间隙处采取了图 7-3 所示的密封结构。

（二）管子穿墙处密封结构

管子穿墙处的密封结构有多种形式。图 7-4 所示为管子穿炉顶处的密封，管子穿墙部位的盆状砖附在管子上，可与炉墙做相对滑动，滑缝间隙填以石棉板。在盆状砖中充填轻质石棉泥，石棉板和石棉泥都起密封作用。

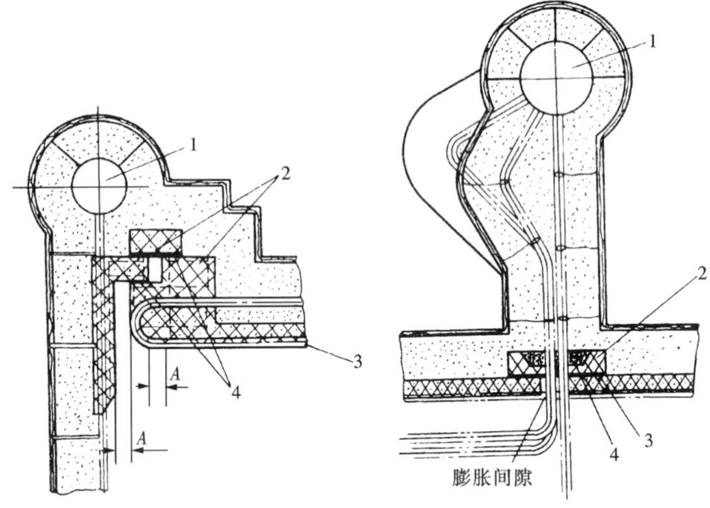

图 7－3 炉顶转角处炉墙密封结构

1—上联箱；2—不锈钢筋网格；

3—顶棚管；4—石棉板

图 7－4 管子穿炉顶处密封结构

1—联箱；2—盆状砖；

3—石棉板；4—石棉泥

数排管束穿过炉顶的密封结构还可使用图 7－5 所示的密封盒结构和图 7－6 所示的船形密封板结构，水平管束的穿墙结构如图 7－7 所示。

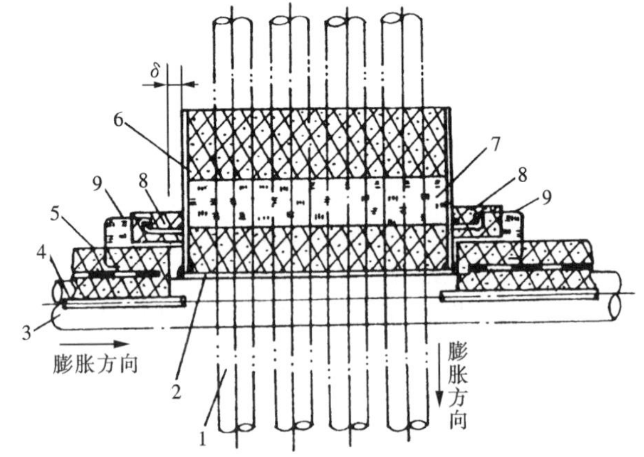

图 7－5 垂直管束穿墙处炉顶结构

1—穿墙管；2—托板；3—顶棚管；4—密封圆钢；5—耐热混凝土；6—密封罩壳；7—高级绝热纤维；8—压缝用耐热混凝土；9—小密封盒

另外，有的“Π”形布置的锅炉还在炉顶设置了金属大罩壳，作为进一步的密封措施。炉顶大罩壳将炉顶所有的联箱和连接管道全部密封在内，外面仅留有集汽联箱和安全门。罩壳上开有门孔，供检修时出入。塔式布置的锅炉将锅炉大部分联箱及穿墙管装入联箱房，即一个几十米高的大密封箱里（预留检修人员出入的门），作为二次密封措施。

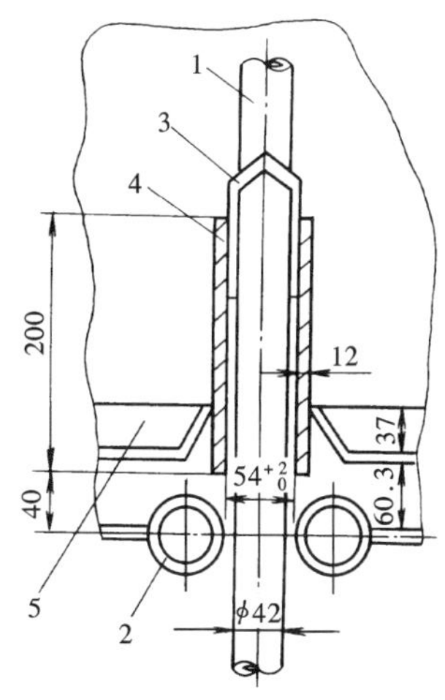

图7－6　穿墙处船形密封板结构

1—穿墙管；2—顶棚管；3—梳形弯板；4—顶板；5—船形密封板

三、炉墙的检修

（一）一般规定

敷管式炉墙在正常运行情况下，检修工作量并不大，常常是由于检修受热面拆除了部分炉墙，在受热面检修完毕后，应按原结构恢复炉墙。恢复时先将固定炉墙的钩钉焊好，把炉墙穿孔四周清理干净。若原炉墙保温材料为保温混凝土，则应在新旧

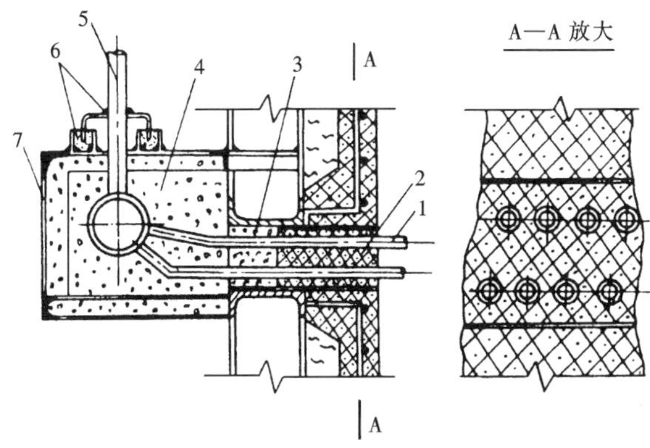

图7－7　耐火混凝土炉墙水平管束穿墙处结构及密封

（上下框架组件中托架及拉钩未画出）

1—穿墙管束；2—耐火混凝土；3—绝热混凝土；4—散状颗粒绝热材料；5—联箱进出管；6—砂封装置；7—密封箱壳

结合面处洒上水，将配好并搅拌均匀的保温混凝土用力压实在水冷壁管上，待其稍干后铺上铁丝网，与原铁丝网连接，用螺帽或压板固定，最后抹密封面。若原炉墙为矿渣棉或硅酸铝纤维毡，则应注意结合面的搭接和压实。如拆除的炉墙处有刚性梁，则应将刚性梁按原结构恢复，再恢复炉墙。

在轻型框架式炉墙部分更换时，要注意在炉墙耐热层中铺好不锈钢网格后，要在浇灌混凝土之前，先在钢筋上涂 1～2mm 厚的沥青，以便高温时烧去沥青，在钢筋和混凝土之间形成一定间隙，以补偿钢筋和耐热混凝土的不同膨胀。同时沥青还有防锈作用，可减少因钢筋氧化后生成的铁锈体积增大，而使耐火层产生裂纹。

检修时，还应检查检视孔、吹灰孔、人孔等炉墙的附件。门盖与门框结合面须严密，间隙不得大于 0.5mm。门盖上的绝热材料或反射板必须完整，以免炉门盖被烧坏。所有炉门必须有牢固的栓扣，检视门的云母片应完整明亮，门框与炉应结合面严密。如检查中发现上述附件有损坏，或不符合以上要求时，则应更换。

大修时，还要注意检查炉墙各处密封装置是否完好，并通过本体漏风试验，找出漏风的地方，进行修补。

（二）炉墙检修的质量标准

（1）炉墙表面应清洁干净，无灰尘、杂物。

（2）保温钉应焊接在鳍片上且焊接牢固，不允许焊接在受热面管上。每平方米不少于 6 个保温钉。瓦棱铁托架焊接应牢固，所有托架应在同一平面上。

（3）同层保温材料粘贴应平整、牢固；分层时，上下两层错缝应在 150mm 左右，中间不允许有间隙。

（4）铁丝网应连为一体，并且要拉平不应有起鼓的地方。压板或压片应压紧，铁丝网与保温钉连接要牢固。

四、构架检修

支撑汽包、各个受热面、联箱、炉墙质量的钢结构或钢筋混凝土结构称为锅炉构架，锅炉的质量通过构架传递给锅炉基础或整个厂房基础。构架包括立柱、横梁平台、梯子。大型锅炉基本上都采用悬吊结构，立柱可采用钢筋混凝土，也可用型钢制作，而炉顶部分的大梁、次梁及过度梁则基本上都是用各种型钢及钢板组合而成的。构架在锅炉正常检修时检修工作量很小，但在检修时应注意对现场的立柱、横梁梯子、平台不得随便切割、挖洞、延长或缩短。若更换受热面时，确需割掉部分平台梯子及护栏，则应经安全、技术部门审批，并做好相应的安全措施，检修工作结束后立即恢复。

大修时应检查构件是否有弯曲、凹陷、下沉等缺陷，如有缺陷，应找出原因并消除。构件上有附件的焊接、铆接和螺栓连接之处均应完好无损。构架表面上的防腐如有锈蚀、斑驳脱落现象，应将锈蚀打磨掉，重新刷漆。

提示 本节内容适合锅炉本体检修（MU7 LE19）。

第八章

汽水系统设备的检修

第一节　受热面管子的清理

一、受热面的结焦与积灰

在煤粉炉中、熔融的灰渣黏结在受热面管子上的现象称为结焦。

运行中的煤粉炉炉膛中心温度高达1500～1600℃，煤中的灰分大多为液态或呈软化状态。处于软化状态的灰粒，随烟气流动碰到水冷壁管上，就会黏结在壁面上形成焦渣。

受热面的积灰主要指高温对流过热器上的高温黏结灰及对流受热面上积聚的松灰，灰分中的氧化钠、氧化钾升华后凝结在管壁上，与烟气中的氧化硫、灰中氧化铁反应生成液态复合硫酸盐，作为黏结剂捕捉飞灰，形成高温黏结灰。

灰粒依靠分子引力或静电引力吸附在管壁上，在管子的背风面旋涡形成松灰。

锅炉本体受热面管子的外壁结焦、积灰直接影响受热面的传热效果，使锅炉的出力降低。为保证锅炉的热效率，便于检修中对受热面管子外壁的检查，且保证炉内检修工作的安全，在停炉检修时，要首先将燃烧室的结焦和受热面管外壁积聚的浮灰或硬质的灰垢清除干净。

二、受热面管子积灰的清扫

受热面的清扫在温度较高时效果较好、若温度太低，灰粘在管子上、会影响清扫效果。故停炉后当炉内温度降到50℃左右时，就应及时清扫积灰。受热面的清扫，一般是用压缩空气吹掉浮灰和脆性的硬灰壳，而对粘在受热面管上吹不掉的灰垢，则用刮刀、钢丝刷、钢丝布及锅炉清洗机等工具来清除。

清扫受热面应掌握以下要点：

（1）清扫顺序应正确。应从水冷壁开始顺烟气流动方向清扫，一直到除尘器，此时送风机应处于运行状态，以便将扬起的灰吹走。

（2）先清扫浮灰，后清除硬灰垢。

(3) 在清扫过程中发现铁块等杂物时要捡出来，以免这些杂物影响烟气流动，使烟气产生涡流而磨损管子。

(4) 在清扫中如发现有发亮或磨损的管子，应做好记号，以便测量和检修。

清扫后的受热面应达到以下要求：

(1) 管子个别处的浮灰积垢厚度不超过0.3mm，通常用手锤敲打管子，不落灰即为合格。

(2) 对不便清扫的个别管子外壁，其硬质灰垢面积不应超过总面积的1/5。

清扫受热面时要注意以下事项：

(1) 需启动引风机时，工作人员必须先离开烟道，再开启引风机。待烟道内的灰尘减少并经清扫组长检查认为可以工作时，方可允许工作人员戴上防护眼镜和口罩进入烟道内工作。

(2) 清扫烟道时应特别小心，应先检查烟道内有无尚未完全燃烧的燃料堆积在死角等处，如有这种情况须立即除掉。含有大量可燃物的细灰在猛烈拨动时，可能燃烧起来。

(3) 进入烟道时，一般应用梯子上下。不能使用梯子的地方，可使用牢固的绳梯。放置绳梯的地点应注意不会被热灰将绳梯烧坏。

(4) 清扫烟道时，应有一人站在外边靠近人孔门的地方，经常与烟道内工作人员保持联系。

(5) 清扫烟道工作应在上风位置顺通风方向进行，清扫时不可有人在下风道内停留。

(6) 清扫完毕后，清扫组长必须亲自清点人数和工具，检查是否有人和工具留在烟道内。

三、燃烧室的清焦

燃烧室的清焦是煤粉炉，尤其是液态排渣炉经常性的工作。停炉后，将燃烧室的人孔门及检查孔适当打开，使炉内通风。在冷炉过程中，可先将人孔门处炉管上的焦渣用撬棍捅掉。当炉温降至70℃时，可用射水枪喷水，将水冷壁上的浮灰冲掉，并使管子上的硬质灰壳、焦块在水冲击下发生崩裂。

燃烧室内清焦一般只允许用风镐、大锤等工具去捶打。若结焦严重时，也可用少量炸药进行爆炸。

燃烧室清焦应把握以下要点：

(1) 清焦时先将有掉下来危险的焦块捅掉，从上向下清除。对于炉壁四周的大焦块，可用大锤、钎子将其打碎，以免大焦块坠落时打伤下面的水冷壁。

（2）清除高处的结焦时，可用结实的梯子，也可采用吊篮，还可利用炉膛架子进行。

（3）清除结焦时，对管缝中的小块焦体也应清除干净，否则运行中很可能以此为基础再次结焦。

（4）在清焦过程中，要同时检查水冷壁管子和挂钩有无缺陷或断裂，对发现的缺陷和损伤应做好记号，以便进行处理。

（5）清焦时照明应充足。

燃烧室清焦应注意以下事项：

（1）清理燃烧室之前，应先将锅炉底部渣坑积灰、积渣清除。清理燃烧室时，应停止渣坑出灰，待燃烧室清理完毕，再从渣坑放灰。

（2）清除炉墙或水冷壁焦渣时，应从上部开始，逐步向下进行，不应先从下部开始。

（3）清焦时搭设的脚手架必须牢固，即使大块焦渣落下，也不致损坏。

（4）固态排渣炉除完焦后，应检查冷灰斗是否有打坏的水冷壁管，如有，要及时处理。若液态排渣锅炉在使用铁镐除焦时，要注意不能挖坏水冷壁管。

（5）在燃烧室上部有人进行工作时，下部不允许有人同时进行清理工作。

四、受热面高压水冲洗

为了保证锅炉检修和四管防磨防爆工作能够有效展开，有必要对全炉受热面进行高压水冲洗，经过高压水冲洗后的锅炉提高了锅炉的燃烧效率，也更好地保证了防磨防爆检查工作的质量。

第二节 受热面的检修

一、水冷壁的检修

（一）水冷壁检修项目

在运行中，水冷壁常见的缺陷有高温腐蚀、结焦、磨损、管子内部结垢、疲劳、机械损伤、焊口缺陷等，光管水冷壁还存在拉钩损坏、变形、过热、胀粗、爆管泄漏等。根据 DL/ T 838—2017《燃煤火力发电企业设备检修导则》，水冷壁检修的标准项目如下：

（1）清理管子外壁焦渣和积灰；

（2）检查管子磨损、腐蚀、弯曲、变形、裂纹、疲劳、胀粗、过热、鼓包、蠕变等情况，并测温。

（3）检查管子焊缝、鳍片及炉墙变形情况；

（4）更换缺陷管；

（5）割管检查腐蚀结垢情况，并留影像资料。

水冷壁检修的特殊项目如下：

（1）更换水冷壁管超过5%；

（2）水冷壁管化学清洗。

（二）水冷壁检修

（1）磨损检修。由于灰粒、煤粉气流漏风或吹灰器工作不正常时发生的冲刷及直流喷燃器切圆偏斜均会导致水冷壁的磨损。水冷壁管子的磨损常发生在燃烧器口、三次风口、观察孔、炉膛出口处的对流管、冷灰斗斜坡处的管子，因此对于这些地方周围的管子，要采取适当的防磨措施。此外，炉墙水冷壁密封的漏风，吹灰器的不正常工作也会对水冷壁管子造成磨损。常用的方法是在容易磨损的管子上贴焊短钢筋，加装防磨护铁，补焊漏风水冷壁密封，有些电厂还采用电弧喷涂防磨涂料等措施。

在检修中应仔细检查上述各处的磨损情况，检查防磨钢筋、护铁是否被烧坏，如有损坏要修复。若检查水冷壁管子磨损严重，要查出原因，予以消除，当磨损超过管子的1/3时，应更换新管。

（2）胀粗、变形检查。由于运行中超负荷、局部热负荷过高或水冷壁内壁结垢，造成水循环不良、局部过热，会使水冷壁管胀粗、变形、鼓包。检查时可先用眼睛宏观检查，看有无胀大、隆起之处，对有异常的管子可用测量工具，如卡尺、样板来测量，胀粗超标的管子及鼓包的管子应更换，同时还要查胀粗的原因，并从根本上消除。

如水冷壁发生弯曲变形，有可能是正常的膨胀受到阻碍，管子拉钩、挂钩损坏，管子过热等原因。修复方法可分为炉内校直和炉外校直。如果管子弯曲不大，数量也不多，可采取局部加热校直的方法，在炉内就地进行。如弯曲值较大且处于冷灰斗斜坡处的管子，也可在炉内校直，方法是一边将弯曲的管子加热，一边用倒链在垂直于管子轴向的方向上施加拉力，使之校直。

如果有弯曲变形的管子较多，且弯曲值又很大，则应将它们先割下来，在炉外校直，再装回原位焊接。对所割的管子要编号，回装时要对号入座。如弯曲变形的管子属于超温变形，必然会伴随着胀粗，则必须更换。

（3）水冷壁吊挂、挂钩及拉固装置的检修。在检修时要详细检查非悬吊结构的水冷壁挂钩有无拉断、焊口开裂及螺帽脱扣等缺陷；拉固装置的波形板有无开焊、变形，拉钩有无损坏，膨胀间隙有无杂物，膨胀是否受阻；直流锅炉的悬挂是否损坏、螺丝松动等缺陷。每次停炉前后要做好膨胀记录，判断膨胀是否正常。如果发现异常，要及时检查原因。通过检修要保证水冷壁的各种固定装置要完好无损，并能自由膨胀。

（4）割管检查。为了了解掌握水冷壁和联箱的腐蚀结垢情况，在大修时要进行水冷壁的割管检查和联箱割手孔检查。水冷壁割管一般选在热负荷较高的位置，割取400～500mm长的管段两处，送交化学人员检查结垢量。

水冷壁联箱割开以后，用内窥镜对联箱内部的腐蚀结垢情况进行检查和清理，联箱内部应无严重的腐蚀结垢。如发现腐蚀严重，则应查明原因予以消除。

（5）水冷壁换管。当水冷壁蠕胀、磨损、腐蚀、外部损伤产生超标缺陷或运行中发生泄漏时，均需更换水冷壁管。

一般更换步骤如下：

（1）确定水冷壁管的泄漏位置，并检查周围的管子有无泄漏造成的损伤。

（2）根据泄漏位置拆除炉墙外部保温，并根据需要搭设脚手架、检修用升降平台或吊篮。

（3）在管子上划好锯割线，把管子锯下来。膜式水冷壁先用割的方法把需要更换的管子两边鳍片焊缝割开，再把管子锯下来。

（4）领出质量合格的管子，按测量好的尺寸下料，分别割制好两端坡口，对口间隙保持在2mm左右。

（5）配好管子后，用管卡子把焊口卡好即可焊接。焊接时先把两头焊口点焊，拆去管卡子后再焊接。

（6）管子焊完以后，恢复鳍片，接头位置要严格要求，不可留空洞或锯齿，以免影响寿命。

（7）焊完后可用射线检查焊口质量，合格后上水打压。如大小修时换管，则随炉进行水压试验。合格后恢复保温。

在水冷壁换管过程中，必须十分注意，防止铁渣或工具掉进水冷壁管子里面。一旦掉进去，应及时汇报有关领导，采取相应措施，设法将东西取出来，避免运行中发生爆管。

（三）水冷壁检修验收质量标准：

（1）水冷壁管子胀粗不得超过原管径3.5%，管排不平整度不大于5mm，管子局部损伤深度不大于壁厚10%，最深处不超过管子厚度三分之一。

（2）焊缝应无裂纹、咬边、气孔及腐蚀等现象。

水冷壁检修割管质量标准：

（1）切割管子时切割点距弯头起弧点、联箱外壁、支架边缘应大于70mm，两焊口间距不得小于150mm，割水冷壁密封鳍片时切勿割伤管子，还应防止熔渣掉入管内。

（2）管子破口30°~35°，钝边1~1.5mm，对口间隙2mm，管子焊端面倾斜小于0.55mm。

水冷壁检修焊接质量标准：

（1）新管子应用90%的管子内径钢球做通球通过实验，对口管子内壁应平整，错口不大于管子厚度的1%，且不大于0.5mm，焊接角变形不超过1mm。

（2）焊缝应做100%射线检测，焊缝应圆滑过渡，不得有裂纹、未焊透、气孔、夹渣现象。

（3）焊缝两边咬边应不大于焊缝全长的10%，且不大于40mm，焊缝加强高度为1.5~2.5mm，焊缝宽度比破口宽2~6mm，一侧增宽1~4mm。

二、省煤器的检修

（一）省煤器的检修项目

省煤器为锅炉低温受热面，在运行中最常见的损坏形式有磨损、胀粗、管壁内部腐蚀和结垢、变形等。

省煤器在A级检修中的标准项目如下：

（1）清扫管子外壁积灰。

（2）检查管子磨损、变形、腐蚀等情况，更换不合格的管子及弯头。

（3）检修支吊架、管卡及防磨装置。

（4）检查、调整联箱支吊架。

（5）打开手孔，检查腐蚀结垢，清理内部。

（6）校正管排。

（7）测量管子蠕胀。

省煤器在A级检修中的特殊项目如下：

（1）处理大量有缺陷的蛇形管焊口或更换管子超过5%以上。

（2）省煤器酸洗。

（3）整组更换省煤器。

（4）更换联箱。

（5）增、减省煤器受热面超过10%。

（二）省煤器检修

（1）省煤器的磨损。省煤器的磨损有两种，一是均匀磨损，对设备的危害较轻；一种是局部磨损，危害较重，严重时只需几个月，甚至几周就会导致省煤器泄漏。

影响省煤器磨损的因素很多，如飞灰浓度，灰粒的物理、化学性质，受热面的布置与结构方式，运行工况，烟气流速等。一般来讲飞灰浓度大，烟气流速高，磨损严重；如果燃料中硬性物质多，灰粒粗大而有棱角，再加之省煤器处温度低，灰粒变硬，则灰粒的磨损性加大，省煤器的磨损就加剧。但是造成省煤器的局部磨损完全是由于烟气流速和灰粒浓度分布不均匀，而这又与锅炉的结构和运行工况有直接关系。

位于两侧墙附近的省煤器管弯头和穿墙管磨损严重，是由于烟气通过管束的阻力大，而通过一边是管子，一边是平直炉墙的间隙处阻力小，因此在此处形成“烟气走廊”。局部烟气流速很大，磨损是与烟气流速的三次方成正比的，所以在这个地方产生严重的局部磨损。如果省煤器管排之间留有较大的空挡，则在空挡两边的管子容易磨损。

锅炉运行不正常，如受热面堵灰、结焦而使部分烟气通道堵塞，使未堵的部分通道烟气流速很大，也会造成严重的局部磨损。锅炉漏风的增加，负荷增加，均会增加烟气流速，加剧磨损。因此，在锅炉设计、安装和检修中，都要注意设法减小烟气分配不均匀性，减小磨损程度。

（2）省煤器的防磨措施。为了减少磨损，在锅炉的设计、安装中采取了许多防磨措施。

实践证明，顺列布置比错列布置、纵向冲刷比横向冲刷磨损轻一些。因此国外对燃用多灰劣质燃料的锅炉有布置成N形的，这样的第二烟道（即下降烟道）中，受热面布置成纵向冲刷的屏式受热面，减轻了磨损。而在进入第三烟道之前，烟气直转向上流动时，由于惯性作用，一部分大灰粒掉落在下部灰斗中，不随烟气上升，这样也减轻了第三烟道中受热面的磨损程度，第三烟道中可以布置横向冲刷的省煤器。另外对于塔形布置的锅炉，烟气由炉膛出口垂直上升经过各对流受热面，不做转弯，也可以减轻磨损程度。

在锅炉结构中，要想完全避免局部烟气流速过高和局部区域飞灰浓度过高也是不容易的，所以要在易磨损部位加防磨装置或采取其他防磨措施。常用的防磨装置或防磨措施如下：

1）防磨护铁，用圆弧形铁板扣在省煤器管子和管子弯头处，一端点焊在管子上，另一端使用抱卡，能保证其自由膨胀。有时为了使其牢固地贴在管子上，还用耐热钢丝将其缚扎住。装防磨装置时，要注意防磨罩不得超过管子圆周 180°，一般以 120° ~160°为宜；两个罩之间不允许有间隙，应将两个罩搭在一起，或在上面加一短防磨罩，所有的易磨弯头处均应加防磨罩，如图 8 -1 所示。

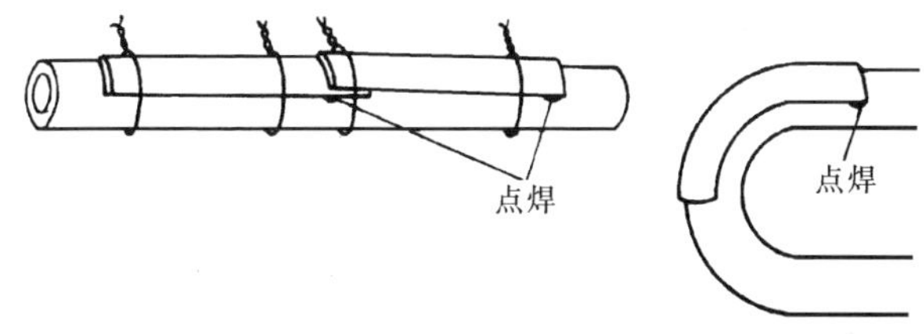

图 8 -1　省煤器防磨罩图

防磨护铁的安装位置要准确，且还应固定牢固，否则不但起不到防磨作用还能促成磨损，如图 8 -2 所示。

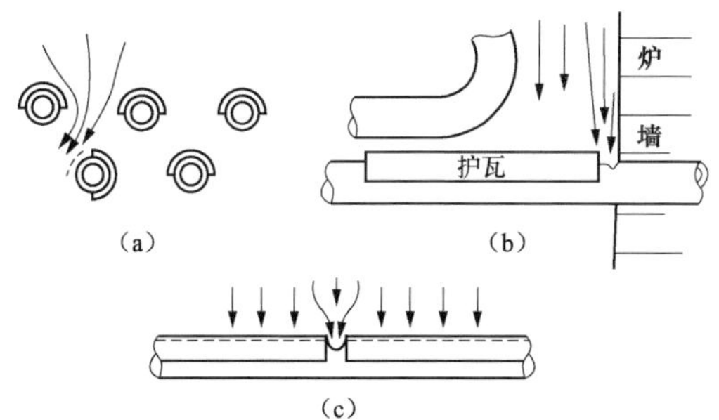

图 8 -2　防磨护铁安装不合适引起局部磨损
（a）防磨护铁偏置；（b）穿墙部位防磨护铁未压入炉墙；（c）防磨护铁接口未衔接

2）保护板或阻流板，在“烟气走廊”的入口和中部，装一层或多层的长条护板，如图 8 -3 所示，以增加对烟气的阻力，防止局部

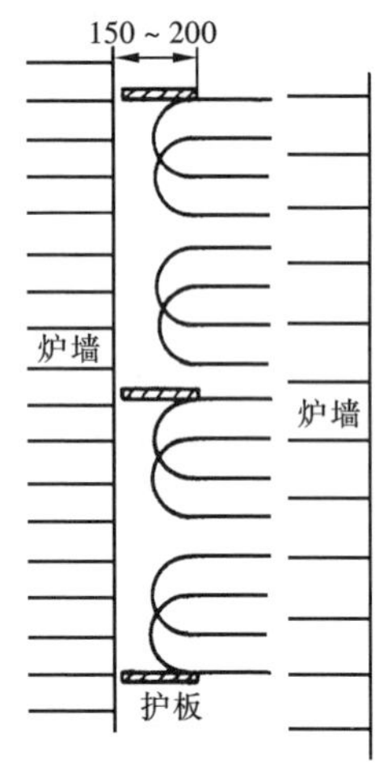

图 8－3　保护板或阻流板

烟气流速过高。护板的宽度以 150 ~ 200mm 为宜，太窄起不到作用，太宽遮蔽流通截面过多，又会引起附近烟速和飞灰浓度增高。

3）护帘，如图 8－4 所示，在“烟气走廊”处将整排直管或整片弯头保护起来，可防止烟气转折时由于离心力的作用，浓缩的粗灰粒对弯头的磨损。但是采用护帘保护弯头时蛇形管排的弯头必须平齐，否则会在护帘后面形成新的“烟气走廊”。

4）其他防磨措施，用耐火材料把省煤器弯头全部浇注起来，或者用水玻璃加石英粉涂在管子磨损最严重的管子表面。还可在管子磨损最严重处焊防磨圆钢，这种方法用料少，对传热影响小，对防磨很有效，如图 8－5 所示。另外近几年来，各电厂还广泛采用防磨喷涂技术，就是将管子表面打磨干净，然后在其表面喷涂一层防磨涂料。这种方法施工容易，且管子与涂料结合紧密，适用于各个部位的防磨，效果非常明显。

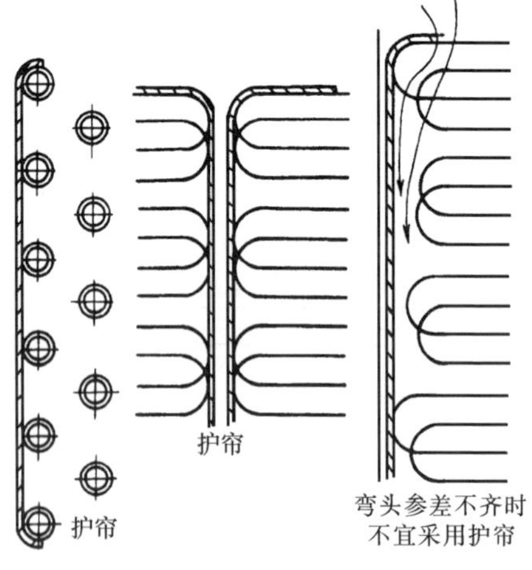

图 8－4　省煤器护帘

5）改善省煤器结构，选用大管径管子，管子管径越大飞灰磨损撞击概率越低，飞灰磨损也越轻。采用顺列布置管束的磨损比采用错列管束要轻。采用膜式省煤器或者肋片式省煤器，均可有效减轻磨损概率。

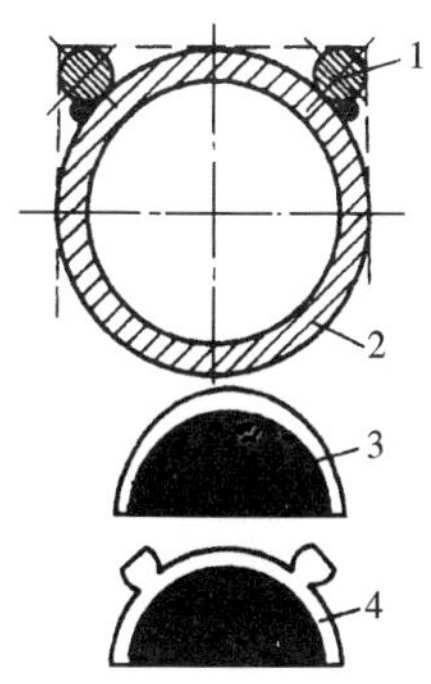

图 8－5　防磨圆钢及效果

（3）省煤器的磨损检修。大小修时要重点检查管排的磨损情况，主要是检查支吊架和管子接触处，弯头和靠近墙边的地方，出入口穿墙，每个管圈的一、二、三层容易发生磨损的部位。

磨损严重的管子从外观看光滑发亮，迎风面的正中间有一道脊棱，两侧被磨成平面或凹沟。如果刚刚发现有磨损现象，则可以加装防磨装置，以阻止管子的继续磨损。如果磨损超过管壁厚度的 1/3，局部磨损面积大于 2cm^2，则应更换新管。

检查时还应检查支吊架有无断裂、不正或影响管子膨胀的地方。如果支吊架移动或歪斜，则会使管排散乱、变形、间隙不均，从而形成严重的“烟气走廊”，在检修时要调整校正。

在检查时还应该重点检查放磨装置，各防磨装置应无脱落、损坏，若防磨装置脱落、破损、烧坏，则应及时修理或更换。在检修时还应捡出的所有杂物，以避免在这些物件旁边烟气流速增大，产生涡流或偏斜，加速局部磨损。

（4）省煤器的腐蚀检修。当锅炉给水除氧设备运行不好时，给水中含有溶解氧，从而使给水管道和省煤器发生氧腐蚀。当腐蚀严重时，会使管子穿孔泄漏。因此，大修时，应根据化学监督的要求，在省煤器的高温段或低温段割管检查，掌握管子内部的腐蚀结垢情况，判断管子的健康状况。如果管子腐蚀严重，腐蚀速度不正常，则应查明原因，采取对策。减少腐蚀的方法主要有提高除氧器的除氧效果，减少炉水中的氧含量，加强炉水的循环。当管子的腐蚀坑数量多，深度较深，且管子壁厚减薄 1/3 ~ 2/3 时，为避免管子在运行中频繁泄漏，造成临修，应更换这些管子。

（5）省煤器管子的更换。当局部更换磨损、腐蚀严重的省煤器管子时，应根据现场位置、支吊架情况，确定更换位置，焊口位置应利于切割、打坡口和焊接等操作。

为了节省检修费用，充分利用管排钢材的使用价值，还可以采用一种管排“翻身”的做法，即将省煤器蛇形管整排拆出，经过详细检查，再翻身装回去，使已磨损的半个圆周处于烟气流的背面，而未经磨损基本完整的半圆周处于烟气流的正面，承受磨损。这样翻身后的管子可使用相当于未翻身前使用周期60%～80%的时间，既保证了设备的健康水平，又节约了钢材。

在更换新管或翻身后，要及时在易部位加装防磨护铁。

在省煤器换管过程中应注意：

1）选取割管位置时充分利用现场条件，利于切割、打破口、焊接最有利的位置。

2）要防止杂物掉入管子内部，最好现场用水溶纸封闭暂不焊接管口，焊接时清理铁屑。

3）换管后要保证管子自由膨胀，管卡、支架等不能有膨胀方向受阻现象。

（6）其他项目的检修。在大型锅炉中，为了减少省煤器蛇形管穿过炉墙造成的漏风，省煤器的进出口联箱多放置在烟道内，外包绝热材料和烟气隔绝。固定悬吊受热面的吊梁也位于烟道内，受烟气冲刷，为防止过热，支吊架的外面也用绝热材料包裹。因此，检修时还应注意检查支吊架和联箱的绝热层有无损坏、脱落。如有损坏，应予以恢复。

（三）省煤器检修质量验收标准

（1）省煤器管外观验收标准。

1）管子表面应光洁，无异常或存在磨损痕迹。

2）管子磨损量不大于管壁厚度三分之一，否则予以更换。

3）管排横向间距应一致。

4）管排平整，无出列管及变形管。

5）管排内无杂物。

6）管排吊架，管夹无脱落，焊接牢固。

（2）管子更换验收标准。

1）管子切割点开口应平整，与管子轴线垂直。

2）悬吊管承重侧管子不应发生下坠现象。

3）悬吊管更换后应垂直，管排应水平。

4）管子割开后应保证无杂物铁屑掉入管子内部。

5）现场切割管子应按照DL 612—2017《电力行业锅炉压力容器安全监督规程》的标准。

（3）防磨装置验收标准。

1）易磨部位防磨护铁应完整，无严重磨损，当磨损量超过50%时应给予更换。

2）防磨护铁及防磨装置无位移、脱焊及变形现象。

3）防磨护铁与防磨装置应与管子能做相应自由膨胀。

三、过热器和再热器的检修

（一）过热器和再热器的检修项目

在大型锅炉中，随着蒸汽参数的提高及中间再热系统的采用，蒸汽过热和再热的吸热量大大增加。过热器和再热器受热面在锅炉总受热面中占了很大的比例，必须布置在高温区域，其工作条件也是锅炉受热面中最恶劣的，受热面管壁温度接近于钢材的允许极限温度。因此过热器、再热器常见的损坏形式多为超温过热、蠕胀爆管及磨损。

在大修中要对过热器、再热器进行全面的检修，标准检修项目如下。

（1）清扫管子外壁积灰。

（2）检查管子磨损、胀粗、弯曲、腐蚀、变形情况，测量壁厚及蠕胀。

（3）检查、修理管子支吊架、管卡、防磨装置等。

（4）检查、调整联箱支吊架。

（5）打开手孔或割下封头，检查腐蚀，清理结垢。

（6）测量在450℃以上蒸汽联箱管段的蠕胀，检查联箱管座焊口。

（7）割管取样。

（8）更换少量管子。

（9）校正管排。

（10）检查出口导汽管弯头、集汽联箱焊缝。

特殊检修项目如下：

（1）更换管子超过5%，或处理大量焊口。

（2）挖补或更换联箱。

（3）更换管子支架及管卡超过25%。

（4）增加受热面10%以上。

（5）过热器、再热器酸洗。

（二）过热器、再热器的检修

（1）管排蠕胀检查与测量。管子的胀粗一般发生在过热器、再热器的高温烟气区的排管上（特别是进烟气的头几排上），并以管内蒸汽冷却不足者为最严重。

并列工作的过热器、再热器管子因管内蒸汽流动阻力不同（管程长短不同或弯头结构尺寸不同），或因管子外部结渣和内部结垢的程度不同都可引起管壁温度的显著差别。当个别管段传热恶化后，管壁温度会超过该金属材料所允许的限值，长时间的过热并在管内介质压力的作用下将引起金属蠕胀而使管径变粗。受热面管子最易发生胀粗的部位布置在炉膛上方及炉膛出口的屏式过热器，布置在炉膛出口及水平烟道的立式受热面，尤其是布置在炉膛出口的对流过热器管子壁温最高区域，最易发生胀粗，降低受热面管子的壁温能有效防止管子发生胀粗，一般防止胀粗的主要措施有：降低锅炉负荷，调整好燃烧，防止过热器、再热器管壁的温度超过最高许可使用温度，严格禁止超温运行，此外在过热器、再热器管壁温度最高区域更换耐热温度更好的管子。

对于每台锅炉过热器、再热器管子的最高温段一般都有固定检查点，每次检修应重点检查，测量这些易蠕胀区域的胀粗情况。测量管子的胀粗一般用游标卡尺，选择有代表性的管段（热负荷大的向火侧），从而判断管材的过热变形程度。也可用一种特制的外径卡规（图 8－6 所示）来测量，从而提高测量工效。

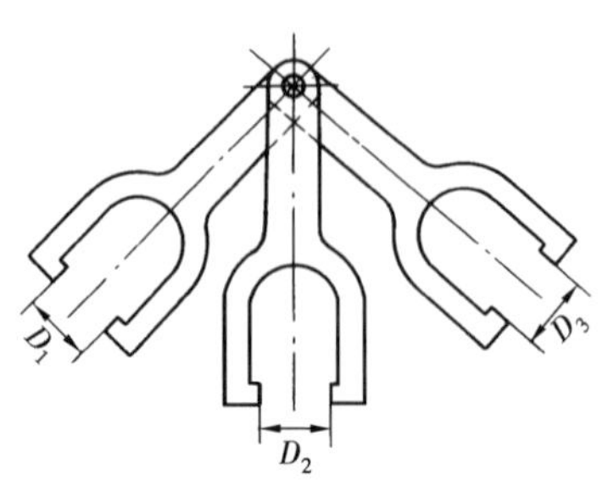

图 8－6　特制的外径卡规

这个卡规每三个为一套，分为 1 号、2 号、3 号卡规。

1 号：D_1 = d（d 为管子公称外径）

2 号：D_2 = 1.01d

3 号：D_3 = 1.02d

测量时 3 号卡规不能通过的为胀粗超标应予以更换。

过热器、再热器胀粗检查标准为：

1）合金钢管管材胀粗不能大于原有管径的 2.5%。

2）碳钢管管材胀粗不能大于原有管径的 3.5%。

3）每次检修胀粗测量数据应做好记录，建立档案，将测量结果记录并保存，以便观察管子的蠕胀情况。

（2）管排的磨损检查与修理。锅炉燃料燃烧时产生的烟气中带有大量灰粒，灰粒随烟气流过受热面管子时会对过热器、再热器造成磨损，尤其使屏式过热器下端和折焰角紧贴的部分，水平烟道的过热器两侧及底部，烟道转弯处的下部，水平烟道流通面积缩小后的第一排垂直管段，管子处于梳形卡接触的部分（见图8－7）磨损特别严重。这是由于这些地方有“烟气走廊”，烟气流速特别高，有时可以比平均流速大3～4倍，因此磨损就增大几十倍。另外过热器、再热器穿墙管处、吹灰器通道也是磨损严重的部位。所以在检修中应着重检查以上管子的磨损部位不均匀的，当气流横向冲刷管束时，第一排管子磨损最严重处是偏离管子沿气流方向的中心线30°～40°的地方，如图8－8所示。检查管子的磨损应重点放在磨损严重的区域，必须逐根检查，特别注意管子弯头部位，顺列布置的管束要注意烟气入口第3～5排管子，错列布置时为烟气入口第1～3排管子。

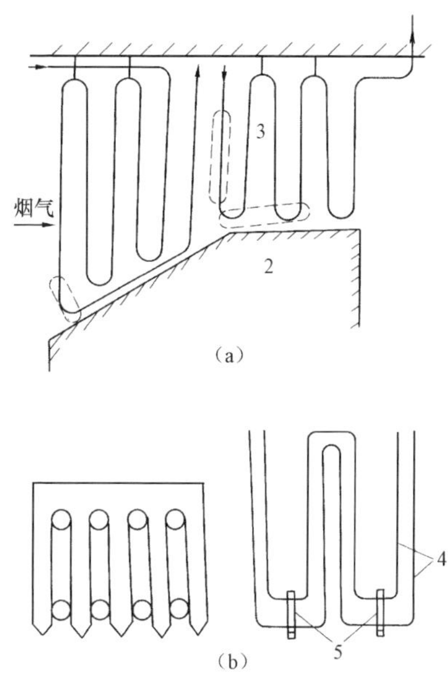

图8－7　过热器易磨损部位

（a）对流过热器飞灰磨损部位；（b）过热器梳形卡子及安装部位

1—烟道转弯处下部；2—水平烟道的下部；3—水平烟道流通面积缩小后的第一排垂直管段；4—管子；5—卡子

磨损检查时眼观、用手摸的方式检查。磨损严重的部位有磨损的平面及形成的棱角，这时应测量管子剩下的壁厚。若局部磨损大于2cm²，磨损厚度超过管壁厚度的30%或计算剩余寿命小于一个大修间隔期时，应更换新管。

为了减少磨损，在易磨损的部位，常采用防磨措施，如加防磨护铁或防磨板（如图 8－9 所示）。加装防磨的管子要检查防磨装置是否完整，有无变形、磨破情况，吹灰器附近的管段也要检查防磨护板是否完好，有无吹薄现象，被飞灰磨损、吹灰器吹坏或脱落的防磨罩应更换。个别局部磨损严重，但尚不需要更换的管段要加装防磨罩，为了使防磨护罩得到较好的冷却，延长使用寿命，应使防磨护铁与管子尽量紧贴，此处防磨护铁应采用耐高温材质做成。

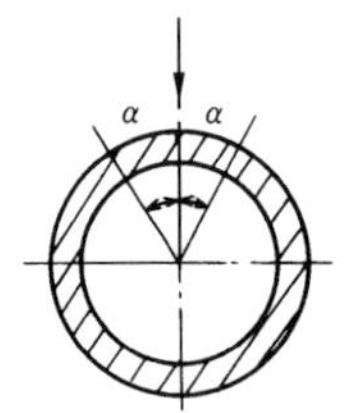

图 8－8　对流管热面管束第一排管子的磨损部位（$\alpha=30°\sim40°$）

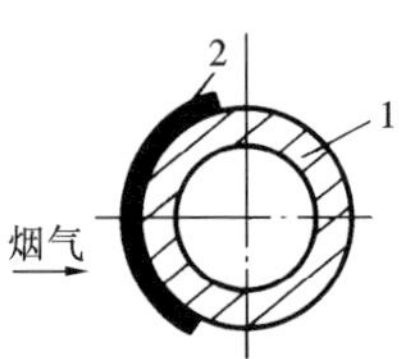

图 8－9　防磨护铁

1—管子；2—管形护铁

减少防磨的方法有：减少烟气流速、燃用优质煤种、降低锅炉烟气中飞灰含量，管束错列布置改为顺列布置，清楚烟道结渣及积灰、增加烟气通流截面，消除炉膛漏风、加装阻流板等。

（3）高温腐蚀的检查与防范。锅炉的高温过热器和高温再热器受热面，以及管排的固定件和支吊架等的运行工况温度高，烟气和飞灰中有害成分会随着管子金属发生化学反应，使管子管壁变薄，管材强度降低。燃煤锅炉高温腐蚀主要发生在金属壁温高于 540℃ 的迎风面，当金属壁温 650～700℃ 时，腐蚀速率最高。

防止高温腐蚀的措施；

1）主蒸汽及介质温度不易过高，主蒸汽温度降至 650℃ 以下，540℃ 左右，可显著减轻腐蚀现象的发生。

2）控制炉膛出口烟温，火焰温度低时受热面壁温也低。

3）管排采用顺流布置，加大管排间距。

4）采用抗腐蚀材料或喷涂保护涂层。

5）管子表面渗铬或渗铝。

6）定期吹灰器吹扫，提高吹灰效率，降低燃烧。

（4）割管检查。大修时应有化学监督人员、金属检验人员、锅炉检修人员共同确定高温、低温段过热器、再热器的割管位置，割 1 ~ 2 个蛇形管弯头，以检查管子内部的腐蚀情况。割管长度可以从弯管算起，取 400 ~ 500mm。最好用锯割开，割开后先用眼睛检查内部，如没有腐蚀和结垢情况，可以再把这段管子焊上。如果腐蚀、结垢严重，就应把这段管子全部割开，进行详细检查，并检查合金钢的金属组织变化情况。对于所锯管段，应表明它的地点和部位，并进行记录。在管子割掉后，若不能立即焊接，应加管子堵头，以防杂物掉入管内。

为了作好过热器、再热器的金属监督工作，掌握其金属变化的规律和现状，在过热器和再热器温度最高处要设置监督管理段，每次大修时割管检查金相组织和机械性能的变化情况。割管时检修人员和金属监督人员应共同参加，用电锯割管，不要采用割炬切割的方法，割下的管子交金相人员检验，并将检验的结果登记在台账上，以便比较、鉴别、查实。

（5）支吊架、管卡及管排变形的检查与修理。在运行中由于管卡烧损，过热器和再热器会发生变形。如屏式过热器的管子有个别管段会因卡子烧坏而伸长变形，跳出管屏外面；对流过热器也经常出现管排散乱，个别管子甩出、弯曲等缺陷。若管排发生变形，很容易发生过热、爆管、磨损加剧等故障。因此，在检修中要认真检查过热器、再热器的支吊架、梳形卡、夹板等零件。在检查时可用小锤敲打，根据声音来判断这些零件的完好情况。一般声音响亮的没有烧坏，声音沙哑或变了样的，往往是已烧坏或有了损伤。对于已经烧坏或有损伤的零件要进行更换，换上新的零件以后，调整好位置和间隙，并要注意能使管子自由膨胀。同时要对散乱变形的管排整理恢复，将变形的管子校正归位。若变形的管子蠕胀或磨损超标，则应更换新管。

在过热器、再热器全部修好后，要查看管子间隙是否均匀一致，对不均匀的要进行调整归位。校正的方法是调整梳形卡子。有时因管子变形、梳形卡的间隙不够而装不上去，为了把蛇形管束固定又不影响膨胀，可用电焊将梳形卡子切割合适后，再装上去。若蛇形管弯头不齐时，可以调整吊架螺丝。

（6）过热器、再热器管子的更换。在大型锅炉上，过热器和再热器一般都选用合金钢。根据工作温度的不同，各级过热器也选用多种钢种，必须根据不同钢种的焊接特性及热处理的特点，采用相应的正确的焊接和热处理工艺。领取新管后要打光谱，严防错用钢材。

更换新管时，要用机械的方法切割，切后用直角尺校验端面是否与中心垂直，其偏斜值 Δf 不大于管子外径的 1%，且不超过 2mm，如图 8 - 10

所示。管子里的毛刺需用锉刀锉去。焊接管子时应用专用的管夹对准两个需要焊接的管头，管子对口偏折度可用直角尺检查，在距离焊口200mm处应小于1mm，如图8－11所示。管头应用专用的坡口机加工出(30±2) mm的坡口，钝边（1±0.5）mm，对口间隙（1.5±2.0）mm，距管口10～15mm内外的管子外表面氧化皮除去，漏出金属光泽。焊接工作注意避免穿堂风，防止焊口冷却过快，发生蒸汽淬火脆性或产生裂纹。

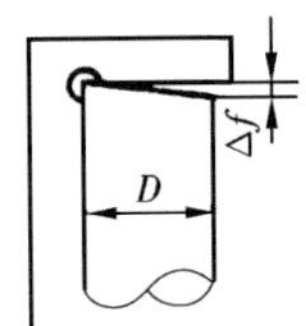

图8－10 管口端面倾斜示意图

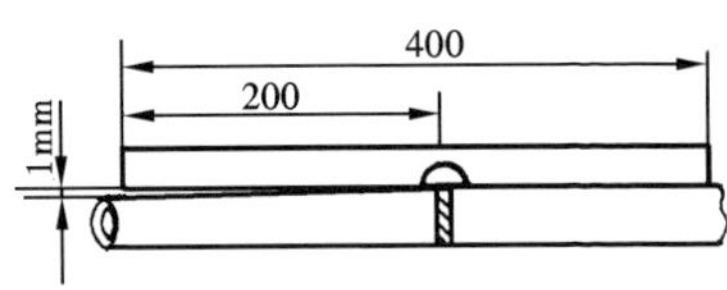

图8－11 管子对口偏折度示意图

(7) 联箱的检查与修理。每次停炉前要核对膨胀指示器，做好标记；待停炉冷却后再核对一次，以判断联箱管子有无妨碍自由伸缩的地方，检修完后定出基准点。投入运行后再去核定，如不能自由膨胀，必须找出原因，加以处理。

检修时应详细检查联箱各支托架、吊架是否完整牢固，焊口有无裂纹，有无妨碍联箱膨胀的地方。如发现问题，应设法消除。

大修中还应根据金属监督工作的安排，对高温段过热器出口联箱，减温器联箱、集汽联箱进行仔细检查，特别注意检查表面裂纹和管孔周围处有无裂纹，必要时进行无损探伤。若发现裂纹，则要进行返修处理。

大型锅炉联箱检查孔一般采用焊接结构，通常并不一定每次大修进行联箱内部的检查。但在运行多年后，应有计划地割开手孔堵头检查联箱内部是否清洁，有无杂物或氧化堆积物，联箱内部腐蚀是否严重，疏水管是否畅通。同时还要测量联箱的弯曲度，联箱的允许弯曲度一般在3/1000以下。若发现联箱弯曲变形严重，则要查找出原因并消除。

(8) 减温器的检修。由于单喷头式减温器、旋涡式减温器、多孔喷管式减温器的喷嘴均为悬臂布置，在减温器中受高速汽流冲刷，发生振动，运行中易发生断裂。旋涡式喷嘴减温器还会产生卡门涡流，发生共振，产生断裂。喷嘴断裂后，减温水不是以细小的水流喷出，而是以大股水喷出。当这股水正溅到减温器内壁时，使壁温突然下降，停止喷水时，壁温又回升，使得壁温反复变化，极易造成减温器联箱内壁疲劳裂纹。水室式减温器也会由于温差应力产生裂纹。

减温器在运行中还会发生内套断裂、变形，隔板倾倒，支架螺栓断裂等缺陷。内套断裂后，被汽流推向里边，会堵死几根过热器管子的入口，阻止蒸汽的流通，造成几根过热器管子或再热器管子超温爆管，支架螺栓断裂、隔板倾倒也会产生类似缺陷。内套筒断裂还会由于未经雾化的减温水直接接触减温器联箱内壁，引起疲劳裂纹。

减温器一般在大修中是不解体的，只有在运行中发生过几次重复性的事故，经过分析，认为设备存在问题时，才解体检查。解体时可根据具体结构形式，检查来水管、手孔盖或端盖，找出问题，对症处理。由于减温器的喷头、隔板、螺栓、内套筒支架等零部件处于极复杂的应力状态，所以在修理、焊接喷嘴、螺栓、内套筒时一定要严格按照有关规定，切不可掉以轻心。有时还可以通过改变材质来避免同一故障的发生。

（三）过热器、再热器检修质量标准：

（1）管子外观验收标准。

1）管子表面和管排之间的烟气通道内无积灰、结渣和杂物。

2）包墙过热器管子表面和鳍片无积灰，完整。

3）管子表面光洁，无异常和严重磨损现象，磨损和腐蚀减薄量在要求值内。

4）碳钢管子胀粗应小于原有管径3.5%，合金钢管子胀粗应小于原有管径2.5%。

5）管子外壁无明显的颜色变化和鼓包，碳钢管子的石墨化不应大于4级，合金钢管子表面球化大于4级时，取样进行金相力学性能试验，做好一定的措施。

6）管子外壁氧化皮厚度应小于0.6mm，管子外壁氧化皮脱落后的管子表面应无裂纹。

7）管子外壁表面腐蚀坑深度应小于管子壁厚的30%。

8）包墙过热器鳍片焊缝应检查无裂纹。

9）穿墙管的顶棚密封焊缝应无裂纹，与顶棚管穿墙处应检查漏风磨损情况。

10）管夹、疏形板和活动链接应完好，无变形，脱焊、材质烧损现象，且与管排固定应良好，保证管子能自由膨胀。

11）流体定位管，间隔管与管屏固定良好，管子与管卡焊接牢固无裂纹。

12）顶棚过热器管无下垂变形现象。

（2）新管检查验收标准。

1）管子及弯管表面无腐蚀、无凹坑、无压扁、无重皮、裂纹、机械硬伤等现象。

2）弯管实测壁厚应大于直管理论计算壁厚。

3）弯管表面无拉伤，其波浪都应符合 DL/T 869—2004《火力发电厂焊接技术规程》的要求。

4）弯管的不圆度应小于6%，通球试验应合格。

5）管子硬度无超标，光谱检测合金成分应正确。

6）管子内部应无杂物、铁锈等。

（3）防磨装置验收质量标准。

1）防磨护铁和防磨板、导流板应完整，无变形、烧损、磨损脱焊的现象。

2）防磨护铁的加装符合要求，与管子能自由膨胀。

（4）减温器检修验收标准。

1）减温器联箱上管座角焊缝和内套筒定位螺栓无裂纹，联箱封头焊缝无裂纹，联箱外壁无腐蚀，无裂纹。

2）减温器内部检查喷嘴保持通畅，无堵塞，且固定良好，喷嘴与进水管的对口焊缝无裂纹，内套筒无移位和转向，内壁无裂纹无严重服饰坑，内套筒和扩散管表面无裂纹。

四、受热面管子的修复

受热面管子损坏以后，修复的方法主要是更换新管及焊补。

（一）更换新管

对于受热面管子的蠕胀、磨损、腐蚀超标、焊口泄漏或管子爆破后，均应更换新管。首先应根据损坏情况确定换管的根数及每根管的长度，割下旧管后在炉外完成管子的配制，然后在炉内完成对口焊接，焊完后进行焊口检验，最后完成热处理工作。

换管的工艺要求与管子的配制基本相同，但在炉内进行换管时，由于管排较密，检修空间受到限制，需采取一些特殊措施，以满足制作管子坡口、对口、焊接、热处理等要求，甚至将一些没有损坏的、但妨碍换管的管子也换掉。

进行炉内焊接时，尽量不要通风，以免焊口急速冷却、淬火；管子两头有口时，最好用东西（如水溶纸）堵起来，以免因穿堂风影响焊接质量。

在紧急处理事故情况下，如来不及配制蛇形管，可采用走短路换管的办法临时处理（见图8－12，虚线表示临时加的管段），即可投入运行，等下次检修时再按正常换管。

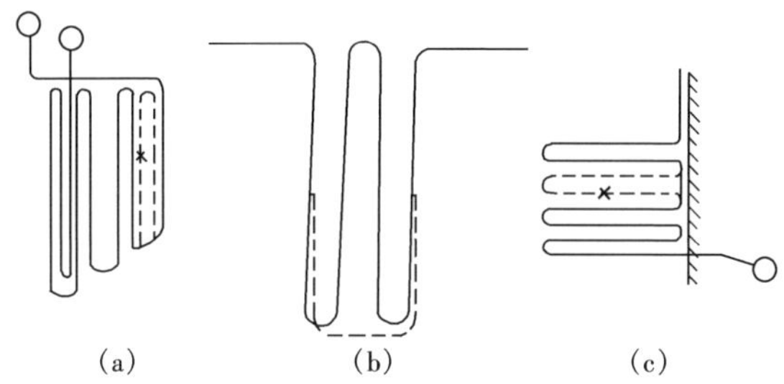

图8－12　紧急处理事故时走短路换管

（a）、（b）过热器；（c）省煤器

（二）焊补

受热面管子焊口泄漏后，一般不允许采用焊补来修复，但在紧急事故情况下使用时，可节省很多时间。

焊补主要用于水冷壁等碳钢管的泄漏。待停炉放水后，用角向磨光机或锉刀将漏的地方修成35°～45°的小坡口，并把漏点周围打磨干净。由合格焊工选用适当的焊条进行焊补，先薄补一层，打磨干净后，再厚补一层，焊补时电流要调好。补完后其补焊部分要高出管壁部分要打磨干净，以消除应力，改善焊缝质量。焊好后应做水压试验。

另外，如水冷壁管段上有局部磨损，其面积小于10cm^2，磨损厚度又没超过管壁厚度的1/3，也可用焊条进行堆焊补强，堆焊后要进行退火热处理。

第三节　汽包的检修

一、汽包的检修项目

汽包在运行中常见的缺陷有汽水分离装置松脱移位，水渣聚集，加药管堵塞，保温脱落等。

汽包在大修中的标准检修项目有：

（1）检修人孔门，检查和清理汽包内部的腐蚀和结垢；

（2）检查内部焊缝和汽水分离装置：

（3）测量汽包倾斜和弯曲度；

（4）检查、清理水位表连通管、压力表管接头、加药管、排污管、事故放水管等内部装置；

(5) 检查、清理支吊架、顶部波形板箱及多孔板等，校准水位指示计；

(6) 拆下汽水分离装置，清洗和部分修理。

特殊检修项目有：

(1) 更换、改进或检修大量汽水分离装置；

(2) 拆卸50%以上保温层；

(3) 汽包补焊、挖补及开孔。

二、汽包的检修

(一) 汽包检修的准备工作

汽包内地方狭小、设备拥挤，是检修工作条件最困难的地方，且进出汽包很不方便，又耽误时间，因此，要求在检修前一定要做好准备工作，准备要用的工具、材料，并做好安全措施。

汽包检修常用的工具有：手锤、钢丝刷、扫帚、锉刀、錾子、刮刀、活扳手、风扇、12V行灯和小橇棍等。常用的材料有：螺丝、黑铅粉、防咬合剂、棉纱、纱布、人孔门垫子和煤油等。常用的其他物品还有开汽包人孔用的专用扳手，吹灰用的胶皮管和盖孔用的胶皮垫。

(二) 汽包检修安全注意事项

(1) 在确定汽包内部已无水后，才允许打开人孔门。汽包内部温度将到40℃以下时才可进去工作，且要有良好的通风。

(2) 进汽包以前，应把所有的汽水连接门关闭，并加锁，如主汽门、给水门、放水门、连续排污总门、加药门、事故放水门等。检查确已与系统割开后，才能进入工作。

(3) 打开汽包人孔时应有人监护。检修人员应戴着手套，小心地把人孔打开，不可把脸靠近，以免被蒸汽烫伤。

(4) 进入汽包后，先用大胶皮垫把下降管管口盖住，以防东西掉进下降管里。

(5) 汽包内有人工作时，外边的监护人员要经常同内部人员取得联系，不得无故走开。

(6) 汽包内用12V行灯照明，但变压器不能放在汽包里。

(7) 拿进汽包里的工具要登记，材料需要多少，拿多少。

(8) 进汽包内的检修人员衣袋内不许带东西，如尺子、钢笔、钥匙等。最好穿没有扣子的衣服，用布条代替扣子，以防东西或口子脱落，掉入下降管内。

(9) 在汽包内进行焊接工作时，人孔口应设有一专门刀闸，可以由监护人员随时拉掉。并注意不能同时进行电、火焊。

(10) 离开汽包时，要用细密的铁丝网盖严，并在四周贴上封条。

(11) 关人孔时要清点人数，仔细查看工具。

(三) 汽包外部的检修

每次大小修停炉前，要检查汽包的膨胀指示器，并做记录，停炉冷却后复查能否自由收缩。如发现不能自由收缩，必须查找原因，并消除。检修完毕且炉子已完全冷却时，需把指针校正到中间位置，在锅炉投入运行时，检查点火启动过程中膨胀是否正常，有无弯曲等现象。

汽包弯曲最大允许值为长度的 2/1000，且全长偏差不大于 6mm。检查弯曲度时可以根据汽包中间的膨胀指示器指示情况判断，如发现异常，则应汇报有关领导，必要时剥去外部绝热保温层或打开人孔，从内部用钢丝绳拉线法来检查汽包的弯曲度。

当汽包采用支撑式构架时，汽包用支座支撑在顶部构架上，支撑支座一个为固定的，另一个为活动的。图 8 - 13 所示为汽包活动支座结构。支座下部装有两排滚柱，上排滚柱可以保证汽包的纵向膨胀，下排滚柱可以保证汽包的横向位移。

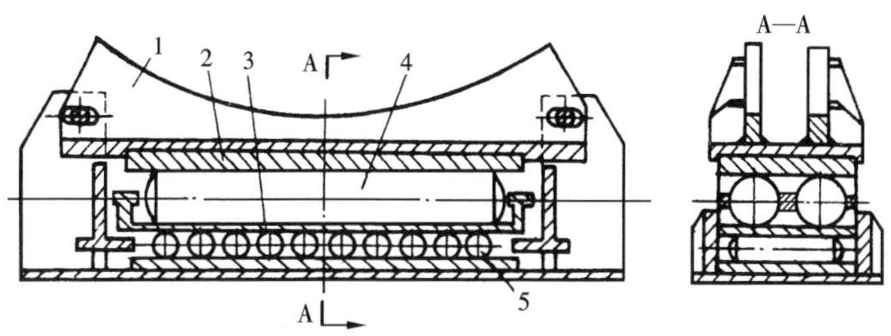

图 8 - 13　汽包活动支座

1—支座；2—板；3—夹板；4—纵向位移滚柱；5—横向位移滚柱

当汽包采用悬吊式构架时，汽包则用两根 U 型吊杆吊在构架梁上如图 8 - 14 所示。

大修时要检查汽包的支撑或悬吊装置。活动支座的滑动滚柱须光滑，不得锈住或被其他杂物卡住，汽包座与滚柱接触要均匀，座的两端须有足够的膨胀间隙。若为悬吊式，则要检查吊杆有无变形，销轴有无松脱，链板有无变形，球面垫圈与球座间是否清洁、润滑，与汽包外壁接触的连板

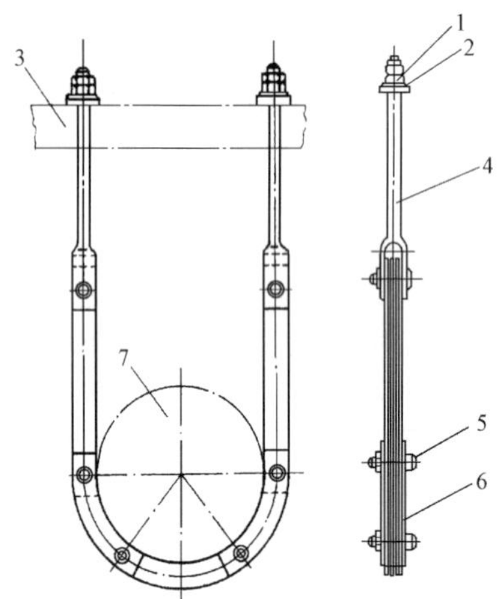

图 8－14　汽包的悬吊装置

1—球面垫圈；2—凹球座；3—大梁；4—吊杆；5—销轴；
6—链板；7—汽包

吻合要良好，间隙要符合要求。如发现异常情况，要查明原因并消除。大修时要检查汽包外部绝热保温材料是否完好，特别是靠燃烧室的部分，绝热层必须完整，避免汽包与烟气的直接接触。如绝热层有损坏的，必须予以修补。

（四）汽包内部的检修

（1）人孔门盖和汽包的接触面应平整。检修时在清理完接触面上的垫子后，抹上一层铅粉，两接触面要有 2/3 以上的面积吻合。接触面上不得有凹槽麻点，特别是横贯结合面的伤痕。如有上述缺陷时，要用研磨膏和刮刀配合，将其研磨平整。

（2）内部清扫和检查。汽包打开后，先请化学检修人员进入，检查采样，同时金属监督人员和检修人员也应做认真的检查。检查工作应在汽包内工作开展前进行。因为放水后原在裂缝中浓缩的盐分会渗出来，流下痕迹，有助于裂纹的发现。检查时应特别注意管孔间、给水管进口、水位线变动界线、焊缝、封头弧形部分等地方。如发现有可疑迹象，则应做进一步的检查判断。

如汽包壁不清洁，则要用钢丝刷或机械清扫水渣，清扫时，不要把汽包壁的黑红色保护膜清扫掉。因为这层水膜是汽包正常运行后形成的，对汽包壁起保护作用。如果把它刷掉，则汽包很快就会长锈。清扫完毕后，要用压缩空气吹干净，再请化学监督人员检查是否合格。清扫时还要注意不要把汽包壁划出小沟槽等伤痕。

（3）汽水分离器检修。检查汽水分离器的螺丝是否完整，有无松动；孔板上的小孔应畅通无阻。因为分离装置多用销钉、螺钉固定，在运行中由于流体的冲击，往往会出现松脱而使设备移位。分离器不一定每次大修都全部拆出，可视设备的具体情况而定。如果需要部分或全部拆下来检修时，则一定要做好记号，避免回装装错或装反。

（4）汽包内部管道检修。由于给水品质不良或其他原因，汽包在运行中会产生许多小渣，造成管子堵塞。检修时要仔细检查汽包内水位计管、加药管、给水管、事故放水管、排污管等有无堵塞现象，如有水渣堵塞，要清扫掉，加药管的笛形小孔也要检查清理。管道的连接支架应完整无损，管子应无断裂现象，各管头焊口完整，无缺陷。

（5）当汽水分离装置拆出后，还应对汽包内壁进行宏观检查，检查汽包内壁的腐蚀情况，焊缝有无缺陷，内壁有无裂纹。如果大修项目中有汽包焊蜂的监督检查，则应配合金相人员打磨焊缝，进行探伤、照相，必要时还需打开汽包外壁保温，以配合探伤。

（6）大修时还要对汽包内的其他装置进行检修，如清洗装置、多孔板、百叶窗、分段蒸发的隔板等，检查这些装置的螺栓有无松动、脱落；隔板连接是否牢固可靠，严密不漏；法兰结合面是否严密；有无蒸汽短路现象；各清洗槽间隙是否均匀，倾斜度是否一样；其金属壁腐蚀情况如何。如有上述缺陷，应消除，以保证这些装置的正常运行。

（7）在汽包所有检修工作完毕之后，应再详细地检查一次，将工具材料清点清楚。确实没有问题后，可请化学人员再看一次，然后再关人孔门，并把现场清理干净。紧好人孔门螺丝后，在点火升压至0.5～1.0MPa时再热紧一次螺丝，此时应把人孔门保温盖装好。

三、汽包检修质量验收标准

汽包检修：

（1）检修准备验收标准。

1）工具，灯具等清点记录齐全。

2）在汽包内使用的电动工具和照明应符合安规要求。

3）汽包临时人孔门及可见管管口的临时封堵装置应牢固。

（2）汽包内部装置及附件的检查和清理验收标准。

1）汽水分离装置应严密完整，无变形。

2）分离器无松动和倾斜现象，接口应保持平整、严密。

3）各管座孔及水位计、压力表的连通管应保持畅通，内壁无污垢堆积、无堵塞。

4）分离器上的销子和紧固螺母无松动，无脱落、变形。

5）溢水门坎水平误差不得超过 0.5mm/m，全长水平误差不得超过 4mm。

6）汽包内壁、内部装置和附件的表面需光洁整洁。

7）清洗孔板和均流孔板的孔眼无堵塞。

8）水位计前后和左右侧水位标准测量误差小于 5mm。

（3）汽包内的部件拆装验收标准。

1）安装位置正确无误。

2）汽水分离器应保持垂直和平整，且接口应严密。

3）清洗孔板和均流孔板保持水平和平整。

4）各类紧固件紧固良好，无松动现象。

（4）内外壁焊缝及汽包壁的表面腐蚀、裂纹检查验收标准。

1）应符合 DL 440—2004《在役电站锅炉汽包的检验及评定规程》中的 2.5、3 和 4 要求。

2）汽包内壁表面应平整光滑，表面无裂纹。

3）表面裂纹和腐蚀凹坑打磨后表面应保持圆滑，不得出现棱角和沟槽。

（5）下降管及其他可见管管座角焊缝检查验收标准。

1）符合 DL 440—2004 的要求。

2）下降管及其他可见管裂纹打磨后的表面应保持圆滑过度，无棱角和沟槽。

（6）内部构件焊缝检查验收标准。

1）所有焊缝无脱焊，无裂纹，无腐蚀。

2）补焊后的焊缝应无气孔，无咬边等缺陷。

（7）活动支座、吊架、膨胀指示器检查验收标准。

1）吊杆受力应均匀。

2）吊杆及支座的紧固件应完整，无松动、脱落等现象。

3）吊环与汽包接触良好。

4）支座与汽包接触良好。

5）活动支座必须留合理的膨胀间隙。

6）膨胀指示器完整，指示牌刻度清晰。

(8) 汽包中心线水平测量及水位计零位校验验收标准。汽包水平偏差一般不大于6mm。

(9) 人孔门检修验收标准。

1) 人孔门结合面应平整光洁，研磨后的平面用专用平板及塞尺沿周向检测12～16点，误差应小于0.2mm，结合面无划痕和拉伤痕迹。

2) 紧固螺栓的螺纹无毛刺或缺陷，螺栓内部应无损伤。

3) 人孔门关闭后，汽包内无任何遗留杂物。

4) 人孔门关闭后，结合面密封良好。

5) 两边紧固螺栓受力应均匀。

第四节　炉水循环泵的检修

炉水循环泵在大容量的强制循环机组中得到广泛的应用。它的作用是在锅炉运行中，下降管中水的密度大于水冷壁中汽水混合物的密度，此密度形成锅炉的流动压头。当水接近临界点时，密度差减少，不足以维持流动压头，于是在汽水循环的下降管中加装炉水循环泵维持足够的流动压头，以保证锅炉水循环的可靠性。

(一) 炉水循环泵常见故障观象、可能原因分析及检查项目：

1. 扬程/流量下降

(1) 检查电机的转动方向是否正确。

(2) 检查吸入及排出管线上的滑阀位置及最小流量管线上阀的位置是否合适。

(3) 检查吸入管线中的过滤器是否异常。

(4) 检查是否达到所需的净正吸入水头值。

(5) 检查泵是否在循环泵的特性曲线以外操作。

(6) 检查叶轮密封的间隙是否正常。

2. 驱动功率明显增加

(1) 电机的转动方向是否正确。

(2) 将规定的负载数据和实际值进行比较。

(3) 检查吸入管线中的过滤器。

(4) 检查是否由于锅炉阻力的变化而使炉水循环泵在超载范围运转。

(5) 检查轴承（径向轴承/力推轴承）的磨损情况。

(6) 检查是否由于轴的不平衡或不稳定，偏心旋转而使叶轮卡住。

3. 电动机温度突然升高

（1）检查低压冷却水系统冷却水量，要求冷却水量至少为额定流量的70%。

（2）检查冷却水的温度，要求进口温度不超过37。

（3）检查低压系统是否泄漏。

（4）检查泵和高压冷却器之间的法兰连接是否存在泄漏。

4. 异常噪声和振动

（1）检查电动机转动方向是否正确。

（2）系统的阀门和其他阀门的位置是否正确。

（3）管线是否正确连接，是否有应力和张力，悬挂零部件安装是否正确。

（4）将规定的循环泵负载数据和检测结果进行比较。

（二）大修内容及检测项目

炉水循环泵大修要求对泵体、泵主叶轮、扩散器、电机定子、转子、定子绕组、引出线接头、导轴承、轴承、热屏组件、内外过滤器、高压冷却器等组件及各零部件进行解体检查和修理。

（1）炉水循环泵解体。

（2）泵体的叶轮、入口管检查、如有磨损超标时应更换。

（3）支撑轴承、推力轴求检查、测量记录、发现超标时应更换。

（4）转子的检查、测量轴弯曲度并记录。

（5）定子绕组检查绝缘。

（6）过滤器及冷却器、滤网解体检查，并应冲洗干净。

（7）出口阀门解体检修。

（8）冷却水系统检查、冲洗检修。

（三）检修的验收标准

1. 炉水循环泵及电动机拆卸验收标准

（1）防止炉水循环泵及电动机拆卸时其接口法兰的结合面、紧固螺栓的螺纹和叶轮等部件发生损伤。

（2）炉水循环泵及电动机在拆卸、吊运、落地过程中应保持垂直和平稳。

（3）所使用的加热棒的各项技术数据需符合制造厂商的要求。

2. 轴承检查中检查轴颈轴承验收标准

（1）轴承摆动块表面平整光洁，无凹痕，不变色。

（2）摆动枢轴表面无剥蚀和变形。

（3）轴承环表面光滑平整。

（4）轴承衬套表面光洁，无破损和裂纹。

（5）轴颈轴承的间隙应符合本型号泵的技术要求。

3. 轴承检查中检查止退与反止退轴承验收标准

（1）止退垫块表面需光洁，厚度一致。

（2）止退杆与反止退头无磨损。

（3）止退垫块与转子端面的游隙应符合本型号泵的技术要求。

（4）止退座与反止退座表面无变形。

（5）止退盘与反止退盘的工作表面应平整。

4. 叶轮检查和污垢清理验收标准

（1）主叶轮和扩散器耐磨环表面无污垢。

（2）叶片焊缝无裂纹、无磨损，叶片磨损超过其本身壁厚的1/3时应予以更换。

（3）叶轮耐磨环硬化表面无裂纹，耐磨环的同心度需符合本型号泵的技术要求。

（4）叶轮耐磨环径向间隙一般为0.8～0.9mm，最大不超过1.3mm。

（5）叶轮无偏心现象。

（6）扩散器柱塞环无裂纹和破损。

5. 转子检查验收标准

（1）转子轴的表面应光洁，无污垢。

（2）转子的偏心度需符合本型号泵的技术要求。

（3）销钉、螺纹和键槽无损坏、无变形。

6. 泵壳体检查验收标准

（1）泵壳内壁应无汽蚀、无裂纹。

（2）防磨圈应无磨损且需固定良好。

（3）接口主法兰平面应光洁平整、无凹痕，与电动机装配后密封需良好。

7. 主法兰紧固螺栓和螺母检查验收标准

（1）螺纹表面光洁、平整，无裂口、缺牙和毛刺。螺杆无变形。

（2）螺栓探伤需符合DL 438—2016《火力发电厂金属技术监督规程》的3.11，3.12和3.14的要求执行。

（3）螺栓与螺母配合合适、无松动。

8. 热交换器检修验收标准

（1）管板表面应无污垢、裂纹现象。

（2）滤网无结垢和破损。

（3）水压试验无泄漏。

9. 试运转验收标准

（1）炉水循环泵动态和静态冲洗后水质需符合要求。

（2）炉水循环泵转向正确。

（3）电动机运转无异音。

（4）轴颈温度需低于本型号炉水循环泵的规定温度。

（5）接口主法兰及相关阀门和管道无泄漏现象。

第五节　锅炉本体受热面管子的配制

管子的配制是锅炉本体检修准备工作的一部分，包括管子配制前的检查、管子的焊接、管子的弯制及蛇形管的组焊。只有把上述环节掌握好，不出问题，才能保证锅炉本体的检修质量。

一、管子配制前的检查

管子在出厂前一般经过检验，但在运输和库存期间，难免会产生锈蚀、腐蚀等缺陷，故在管子弯制前要进行检查。通常的检查项目有：管子材质鉴定、管子外表宏观检查、管子几何尺寸的检验。

（一）管子的材质鉴定

领用管子时必须检查生产厂家填写的管子材质和化学成分检验单，并用光谱仪进行验证，甚至化验其成分，以免用错钢材，造成爆管。

（二）管子外表宏观检查

利用肉眼、灯光及放大镜可直接对管子内、外壁进行宏观检查，管子表面应光滑，无毛刺、刻痕、裂纹、锈蚀、褶皱和斑痕等外伤。

用直径为管内径的80%～85%的钢球做通球试验，以检查管径局部内陷、弯头椭圆、焊口处焊瘤情况及管内有无杂物、垢块等。

（三）管子几何尺寸的检验

管子几何尺寸的检查包括检查管子的几何厚度、管径、椭圆度及弯曲度。

（1）检查管壁厚度。在管子两端面互相垂直的两个直径上，分别量出外径和内径，其两数之差除以2即为管壁厚度。可沿管端选取3～4个点来测量。测量计算后的四个壁厚的平均值和管子公称厚度的差值即厚度公差，其值不能大于公称厚度的1/5～1/6。

（2）检查管子的外径。从管子的全长中选取3～4个位置测量管外径，将测量的四个外径的平均值与公差外径相比，其差值不得大于表

8－1 所列数值。

表 8－1　　管子外径公差允许数值

钢　种	外径（mm）	正公差（%）	负公差（%）
合金钢管	245～426 114～219 51～108	+1.5 +1.25 +1	－1 －1 －1
碳钢管	159 以上 114～159 51～108 51 以下	+1.5 +1 +1 +0.5	－1.5 －1 －1 －0/5

（3）检查管子的椭圆度。量取管子的四个断面相互垂直的两个直径，其平均差值即为管子的椭圆度。其值的允许范围为：直径为 160mm 以下的管子不大于 3mm，管径为 160mm 以上的管子不大于 5mm。

（4）检查管子的弯曲度。管子的弯曲度不得超过表 8－2 所列数值。

表 8－2　　管子弯曲度允许值

管壁厚度	每米管长允许弯曲（mm）
20 以下	1.5
20～30	3
30 以上	5

二、对口的技术要求

管子的焊接包括制作管子坡口、对口、施焊、焊后热处理及焊缝检查。

（一）管子焊接坡口的制作

焊接前对管头坡口型式及对口要求见表 8－3。

坡口表面及附近母材内、外壁的油、漆、垢、锈等必须清理干净，直至发出金属光泽。清理范围规定：手工电弧焊对接焊口，每侧各为 10～15mm；埋弧焊接焊口，每侧各为 20mm 对壁厚大于或等于 20mm 的坡口，应检查是否有裂纹、夹层等缺陷。

对接管口端面应与管子中心线垂直，其偏斜度 Δf 不得超过表 8－4 的规定。

表 8－3　　锅炉受热面管子坡口型式及对口尺寸

坡口型式简图	焊接种类	管壁厚度	对口结构尺寸		
			a（mm）	b（mm）	α（°）
	气焊 电弧焊 氩弧焊≤6	≤6 ≤16 ≤6	1～3 1～3 0～2	0.5～1.5 0.5～2 0.5～3	30～45 30～35 30～45

表 8－4　　管子端面偏差技术要求

图　　例	管子外径（mm）	Δf（mm）
	≤60 >60～159 >159～219 >219	0.5 1 1.5 2

焊件对口时一般应做到内壁齐平，如有错口，其错口值应符合要求：对接单面焊的局部错口值不应超过壁厚的 10%，且不小于 1mm；对接双面焊的局部错口值不应超过焊件厚度的 10%，且不大于 3mm。管子焊接角变形在距接口中心 200mm 处测量，其对口中心线的允许偏差 α 应为：当管子公称直径 DN<100mm 时，$\alpha \leqslant 2$mm；当管子公称直径 DN≥100mm 时，$\alpha \leqslant 3$mm。

管子接口位置应符合下列要求：管子接口距弯管起点不得小于管子外径，且不小于 100mm；管子接口不应布置在支吊架上，接口距支吊架边缘不少于 50mm，对于焊后需作热处理的接头，该距离不小于焊缝宽度的 5 倍，且不小于 100mm；管子两个接口间的距离不得小于管子外径，且不小于 150mm；疏水、放水及仪表管座的开孔位置应避开管道接头，开孔边缘距对接接头不应小于 50mm，且不应小于管子外径。

除设计规定的冷拉口外，其余焊口应禁止用强力对口，更不允许利用热膨胀法对口，以防引起附加应力。

（二）管子焊接时的注意事项

（1）管子的焊接工作必须由经过考试合格后取得资格证书的焊工进行施焊。

（2）两管中心对好后，沿管子圆周点焊 3 ~ 4 点，点焊的长度为壁厚的 2 ~ 3 倍，高度约为 3 ~ 6mm（不超过管壁厚度的 70%）。发现点焊处有裂纹时，应铲除疤痕，重焊。点焊好的管子不准移动或敲打。

（3）因点焊将作为管子焊缝中的一部分而存留，故点焊时的操作工艺、使用的焊条和焊工技术水平应与正式焊接时相同。

（4）一般的焊口要求一次完成，多层焊接时，焊完第一层后，要清除焊渣子，然后再焊第二层。

（5）管子对口时用的对口工具必须在整个焊接完成后可松掉。大管子在焊接时不要滚动、搬运、起吊、施加力或敲打。

（6）施焊过程中不能遭水击，管内应无水或汽，以免焊口急速冷却；冬季在室外焊接时，要根据管材成分、壁厚和环境温度，按表 8 – 5 对所焊接的管子进行预热。

表 8 – 5　　钢管焊接预热温度表

<table>
<tr><th rowspan="2">钢种</th><th rowspan="2">允许焊接的最低环境温度（℃）</th><th colspan="6">管壁厚度（mm）</th></tr>
<tr><th>≤6</th><th>6 ~ 16</th><th colspan="2">16 ~ 26</th><th colspan="2">>26</th></tr>
<tr><td rowspan="2">低碳钢</td><td rowspan="2">– 20</td><td colspan="2" rowspan="2">可不预热</td><td>0℃以上</td><td>0℃以下</td><td>0℃以上</td><td>0℃以下</td></tr>
<tr><td>可不预热</td><td>100 ~ 300℃</td><td>100 ~ 200℃</td><td>100 ~ 300℃</td></tr>
<tr><td rowspan="2">低合金钢</td><td rowspan="2">– 10</td><td>0℃以上</td><td>0℃以下</td><td colspan="4" rowspan="2">200 ~ 450℃</td></tr>
<tr><td>可不预热</td><td>150 ~ 300℃</td></tr>
<tr><td>中、高合金钢（不包括奥氏体钢）</td><td>0</td><td colspan="6">200 ~ 450℃</td></tr>
</table>

注 1. 低合金钢指合金元素含量在 5% 以下者，中合金钢指合金元素含量在 5% ~ 10% 者，高合金钢指合金元素含量在 10% 以上者。
2. 氧弧焊打底时不要求预热。
3. 表中温度均指环境温度。

（三）管子的焊后热处理

对于高合金钢管或壁厚大于36mm的低碳钢管的对接焊缝应进行焊后热处理，以改善焊口的质量。热处理的目的在于：

（1）消除焊口残余应力，防止产生裂纹。

（2）改善焊口和热影响区金属的机械性能，使金属增加韧性。

（3）改善焊口和热影响区管壁的金属组织。

热处理的过程即把焊接接头均匀地加热到一定温度，先保温，然后冷却。其加热最高温度及冷却方式、冷却速度与钢种、焊口采用火焊或电焊有关，最高温度的保持时间与管壁厚度有关。

焊缝的热处理最好是在焊接后就紧接着进行，如无条件，应用石棉保温制品将焊口包好。热处理工序应由专职人员进行操作。

（四）焊缝检查

焊缝在热处理前应先进行外观检查及修整。先将焊缝及其两侧（20mm内）管子表面上的焊渣、飞溅物清理干净，可用低倍放大镜观察。检查发现的缺陷及其修正方法见表8－6。

表8－6　焊缝缺陷状况及其修正方法

缺陷状况	修正方法
焊缝尺寸不符合标准	焊缝高、宽不够要补焊，多余的应铲除
焊瘤	铲除
咬边深度大于0.5mm，宽度大于40mm	清理后，进行补焊
焊缝表面弧坑，夹渣和气孔	铲除缺陷，进行补焊
焊缝及热影响区表面裂纹	割除焊口，重新对口焊接
对口错开或弯折超过允许值	割除焊口，重新对口焊接

焊缝在热处理后，要进行机械性能试验、金相检查、Y射线透视或超声波探伤。热处理后，焊缝与原材料的硬度差应在20%以内。热处理后焊缝的硬度，一般不超过母材布氏硬度加100，且不超过下列规定：

合金总含量小于3%时　　HB≤270

合金总含量小于3%～10%时　　HB≤300

合金总含量大于10时　　HB≤350

硬度检查的数量是：锅炉受热面管子焊口5%；Ⅰ、Ⅱ类管道焊口 100%。

三、管子的弯制

管子弯制前需制作弯曲形状的样板，其制作方法为：按图纸尺寸以 1:1 的比例放实样图，用细圆钢按实样图的中心线弯好。若是管径较大的管子，可用细钢管做样板，并焊上拉筋，以防样板变形。由于热弯管在冷却时会产生伸直的变化，故热弯样板要多弯 3°～5°。

（一）冷弯管工艺

管子的冷弯制即是在常温下，管子不装砂子和加热，通常用手动弯管器、电动弯管机或手动液压弯管机弯制。常用于弯制管子直径小于 100mm、规格相同且数量很多的场合，这样弯制的管子质量较好，且效率也高。

管子冷弯时，弯曲半径不小于管子外径的 4 倍。用弯管机冷弯，其弯曲半径不小于管子外径的 2 倍，要弯制不同弯曲半径或不同直径的管子时，只要更换适于不同弯曲半径或不同直径的胎轮就可以了。

在弯管过程中，管子除产生塑性变形外，还存在着一定的弹性变形，所以，当外力撤除后，弯头将弹回一角度。弹回角的大小与管子材料、壁厚以及弯曲半径有关，一般约为 3°～5°。因此，除设计动胎轮时使其半径较管子的弯曲半径小 3～5mm 外，弯管时还要过弯 3°～5°以补偿回弹量。

为了防止弯管时产生过大的椭圆变形，常采用管内加芯棒的办法（多用于直径大于 60mm 的管子），芯棒直径比管子内径小 1～1.5mm，放在管子开始弯曲面的稍前方，芯棒的圆锥部分过渡为圆柱部分的交界线，要放到管子的开始弯曲面上。如果芯棒位置过于向前，管子将产生不应有的变形甚至破裂；如果芯棒位置过于向后，又会使管子产生过大的椭圆度。芯棒的正确位置可用试验的方法获得。为了减少管壁与芯棒的摩擦，弯管前除对管内进行清扫外，还应涂以少许机油。

另一种防止椭圆度过大的办法是在设计定胎轮时，使轮槽与管子外径尺寸一致，让其紧密接合。设计动胎轮时，应使其弯管轮槽垂直方向直径与管子直径相等，而水平方向半径较管子半径略大 1～2mm，使轮槽成半椭圆形。这样弯管时，管子上、下侧受轮槽限制只能向动胎轮径向变形，呈半椭圆的预变形，动胎轮继续转动，当管子离开动胎轮时，管子则向上下方向变形。但已有的半椭圆预变形可同管子此时要发生的变形抵消一部分，使弯曲后的管子椭圆度较小，这就是所谓“欲圆先扁”的道理。实践证明这种方法是行之有效的。

（二）热弯管工艺

管子的热管即是预先在管子里装好干砂，然后用加热炉或氧－乙炔焰进行加热，待加热到管材的热加工温度（一般碳钢为950～1000℃；合金钢为1000～1050℃）时，再送到弯管台上进行弯制。管子直径在60mm以内的用人力直接扳动弯制。直径在60～100mm的可用绳子滑轮拉动；直径在100～150mm的可用倒链带动；直径在150mm以上的可用卷扬机牵引。一般碳素钢管弯制后不进行热处理，合金钢管弯制后应对其弯曲部位进行热处理。

管子热弯时，弯曲半径不得小于管子外径的3.5倍。弯管的工序为砂粒准备、灌砂振实、均匀加热、弯管、除砂及质量检查。

（1）砂粒准备。管内充填用的砂子应能耐1000℃以上的高温，经过筛分、洗净和烘干，不得含有泥土、铁渣、木屑等杂物，其粒度大小应符合表8－7的规定。

表8－7　　钢管充填砂子的粒度

钢管公称直径（mm）	<80	80～150	>150
砂子粒度（mm）	1～2	3～4	5～6

（2）灌砂震实。灌砂前先将管子的一端用堵头堵住，可用木塞和铁堵。将管子立起，边灌砂子边震实，直至灌满震实为止。充砂工作可利用现场已有的适合高度的平台，亦可在特制的充砂架上进行。为使砂子充得密实，可用手锤敲击管子或电动、风动振荡器来震实，无论采用哪种方法都不要损伤管子表面。经过震动，管中砂子不继续下沉时则可停止震动，封闭管口。最后封口的堵头必须紧靠砂面。封闭管口用的是木塞或钢质堵板。木塞用于公称通径小于100mm的管子，木塞长度为管子直径的1.5～2倍，锥度为1∶25。钢质堵板（图8－15）用于公称通径大于或等于100mm的管子，堵板直径比管子内径小2～3mm。

（3）均匀加热。管子加热前应准备好弯管平台、地炉、鼓风机、起吊工具弯管样板及其他工具，如水壶、钳子、撬棍等。按图纸计算出管子弯头长度，其公式为：

$$L = \Pi \alpha R/180 \approx 0.0175\alpha R \tag{8-1}$$

式中　L——管子弯头长度，mm

α——管子弯曲角度，（°）

R——管子弯曲半径，mm

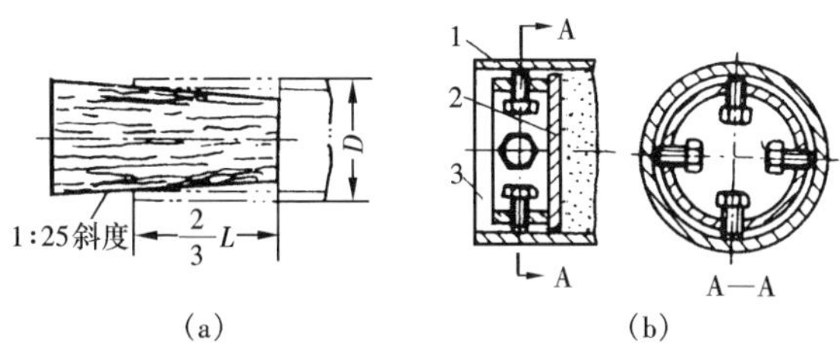

图 8－15　木塞与铁堵

（a）木塞；（b）铁堵

1—管子；2—圆铁板；3—钢管套

将计算好的弯头长度及弯曲起点、加热段用粉笔在管子上标出记号，一般小管径的管子用火焊烤把加热，较大管径的管子用火炉加热。火炉加热时，用木炭和焦炭生火，将管子的待弯段放在炉火上，上面再盖层焦炭，并用铁板铺盖，在加热过程中要翻转管子使其受热均匀。加热温度为：碳钢 950～1000℃，合金钢 1000～1050℃。可用热电偶温度计或光学高温计来测量温度。在要求不高的情况下，亦可按管壁颜色的变化来判断大致的温度（参见表 8－8）。

（4）弯管。将加热好的管子放置在图 8－16 所示的弯管平台上，有缝管的管缝应放置在管子的正上方。用水冷却加热段的两端非弯曲部位（仅限于碳钢管子，对合金钢不能浇水，以免产生裂纹），以提高此部位的刚性，然后弯制。再将样板放在加热段管子的中心线上，均匀施力，使弯曲段沿着样板弧线弯曲。弯制过程中要随时用样板检查其弯曲度，对已弯曲到位的弯曲部位可浇少量水冷却，以防继续弯曲。弯制过程中管子温度逐渐降低，当降为 800℃以下时便不可继续弯制，应重新加热后再继续弯制。若一次未能成性，可二次加热，但次数不宜过多，碳钢管弯好后可放在地上自然冷却。

表 8－8　　钢的加热温度与颜色对照

温度（℃）	500～580	580～650	650～730	730～770	770～800	800～830	830～900	900～1050	1050～1150	1150～1250	1250～1300
颜色	深棕	红棕	深红	深鲜色	鲜红	淡鲜红	淡红	橙黄	深黄	淡黄	白色

（5）除砂。管子稍冷却后即可除砂。加热段的管子在高温作用下，砂粒与管内壁常常烧结在一起，很难清理干净。清理时可用手锤敲打管

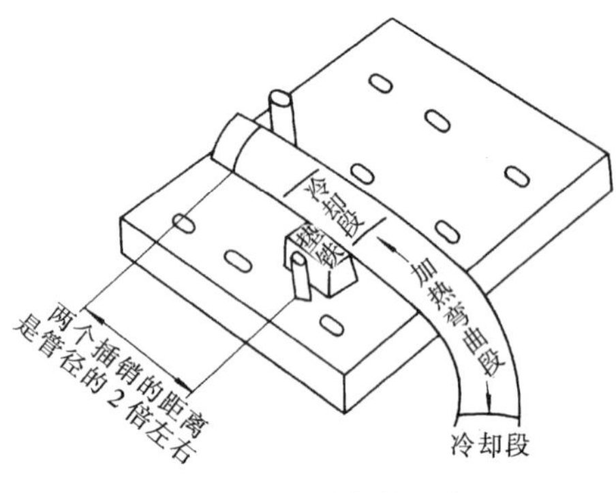

图 8－16　热弯管示意

壁，必要时可用电动钢丝刷进行绞洗，或用喷砂工具冲刷。管子的喷砂冲刷工作要从两头反复进行，直到将管子喷出金属光泽。

（6）质量检查。主要检查弯曲处的椭圆度，椭圆度可用“mm”表示（最大直径—最小直径），也可用百分数表示［（最大直径—最小直径）/原有直径×100%］。表 8－9、表 8－10 给出了弯管椭圆度和壁厚减薄量的允许值，弯管时要控制弯管的椭圆度和壁厚减薄量在标准范围内。制作出的弯头角度要与实样角度进行复核，弯头两端留出的直管段长度不得小于 70mm。此外要求弯曲管段无裂纹、折皱及鼓包等缺陷，且弯曲弧形与弯曲半径符合图纸要求，并抽样锯管或用测厚仪检查弯曲部分的外侧厚度。检查椭圆度可用卡尺或卡钳进行。

碳素钢管弯制后不进行热处理，只有合金钢管弯制后才对其弯曲部位进行热处理。热处理包括正火和回火两个过程，正火和回火的温度、冷却速度和保温时间随管子材质的不同而各异，可查找有关的金工手册。

表 8－9　　弯管椭圆度的允许值

弯曲半径 R	$R \leqslant 1.4$DNW	1.4DNW $< R <$ 2.5DNW	$R \geqslant 2.5$DNW
椭圆度 a	≤14%	≤12%	≤10%

注　$a = (D_{max} - D_{min})/\mathrm{DNW} \times 100\%$，其中 D_{max} 为弯头横断面上最大外径，mm；D_{min} 为弯头横断面上最小外径，mm；DNW 为管子公称外径，mm。

表 8－10　　弯管壁厚减薄量的允许值

弯曲半径 R	$R \leqslant 1.8$DNW	1.8DNW < R < 3.5DNW	$R \geqslant 3.5$DNW
椭圆度 b	≤25%	≤15%	≤10%

注　$b = (S_0 - D_{min})/S_0 \times 100\%$，其中 S_{min} 为弯头横断面上最薄处壁厚，mm；S_0 为管子实际壁厚，mm。

控制冷却速度和保温时间的方法可用自动调节降温速度的热处理炉，亦可用石棉绳（或石棉灰）把正火和回火的部位裹起来这样简易的方法。

合金钢的热弯有其特殊要求：

（1）加热时必须严格控制温度，不得超过 1050℃，不能仅凭颜色推测，还应用热电偶温度计或光学温度仪进行测温，并定时测试、记录。

（2）管子的加热段必须均匀升温，并要求温度一致。

（3）在弯管过程中严禁向管子浇水，否则会使金属组织发生变化和引起管子裂纹。

（4）当温度下降到 750℃以下时，应停止弯管，需重新加热后再弯。

（5）弯好后的管子，必须放在干燥的地方。

（6）对管子的弯曲部位应进行正火或回火热处理，还要做金相或硬度检查。正火热处理即把管子加热到约 930℃，管壁厚度每 1mm 要维持此温度 0.75min，然后在静止空气中冷却到 650℃；回火处理即将管子在 650℃下每 1mm 厚保持 2.5min，然后缓冷至 300℃，冷却速度每分钟不超过 5℃。在实际工作常对 42 以下的管子采用简单的热处理方法，当弯好管子以后正好是 750℃左右，这时可用事先准备好的干石棉灰把管子埋起来，让其缓冷至室温即可。

（三）中频热弯管

中频热弯管是一种在中频弯管机上进行的弯管工艺，尤其适合弯制大口径钢管。中频热弯管采用在管子断面上局部电磁感应加热的工艺。它不像常规方法那样从外壁向内加热，而是在管子断面上自行产生热量加热。中频是指 1000Hz 左右的频率。

弯管机辅以一套传动机械装置，有油压式（液动）或其他机械传动装置施加弯矩力，通过感应器电功率调整和高温计监测温度和自动记录，能准确地达到所要求的弯管温度。对于合金弯管，另配备一套热处理装置。

为使厚壁管的温差梯度减小，施以很小的推进速度，而薄壁管则选用较高的推进速度。这种弯管工艺能保证钢材材质不受损伤（温控可靠），且弯管的形体尺寸准确，更重要的是对弯管的椭圆度和壁厚减薄率两大质量指标可达到满意程度。

弯管的过程为：把钢管穿过中频感应圈，再放置在弯管机的倒向滚筒之间，用管卡将钢管的端部固定在转臂上。随后启动中频电源，使在感应圈内部宽约 20～30mm 的一段钢管受感应发热。当钢管的受感应部位温度升到 1000℃时，启动弯管机电机，减速轴带动转臂旋转，拖动钢管前移，同时使已红热的钢管产生弯曲变形。管子前移、加热、弯曲，是一个连续同步的过程，直到弯到所需的角度。

此弯管机由于管子加热只在一小圈的管段上，故加热快，散热也快，不需要类似冷弯机的大轮。改变弯曲半径，只需调整管卡在转臂上的位置（改变旋转半径）和倒向滚筒的位置即可。

四、蛇形管的组焊

锅炉本体受热面管子，如过热器、再热器、省煤器等均为立式或卧式布置的蛇形管管组，在运行中，这些管子会因磨损、蠕胀、腐蚀等多种原因造成损坏，须整组或部分更换蛇形管。

（一）放大样

由于各组管子损坏面积不同，需更换的长度也不一样，一般的方法是先将要更换的部分用钢锯锯下或用气割割下，然后按原样平放在工作台板上，放蛇形管“大样”（也叫放实样）。工作台板可由一块平整的大铁板代用，也可由宽敞的水泥地板代用。

放“大样”就是把要组焊的蛇形管按原样大小（制图比例为 1:1）画在工作台板上，并在边缘线上打上印痕（錾冲眼），以防在工作中擦掉（如图 8－17 所示）。

画大样图时，应先画中心线，再画弯管部分的边缘线，后连接直线。图中 R、l_1、l_2、l_3 等尺寸必须严格保证。

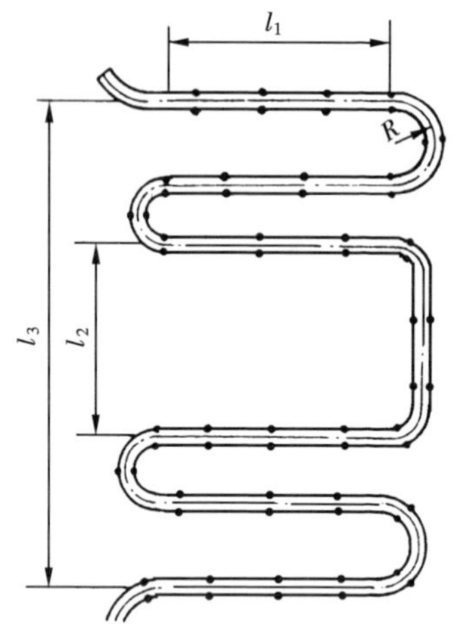

图 8－17　蛇形管大样

（二）组焊

大批蛇形管的组焊是以“大样”为准进行的，故组焊成的蛇形管尺寸与更换的管组一致，形状正确，便于安装。

将弯制好的管子与直管依“大样”进行管排组合，然后制好各管子头的坡口，编上号以便进行焊接。焊接可在特制的组合架子上进行，如图 8－18 所示。这样可省去翻转管子，还可以多人同时进行焊接。

组焊完毕的管排应放在实样上面进行检查，其外形与实样线的偏移应满足以下要求。

1）单根蛇形管偏移值规定如图 8－19 和图 8－20 所示。

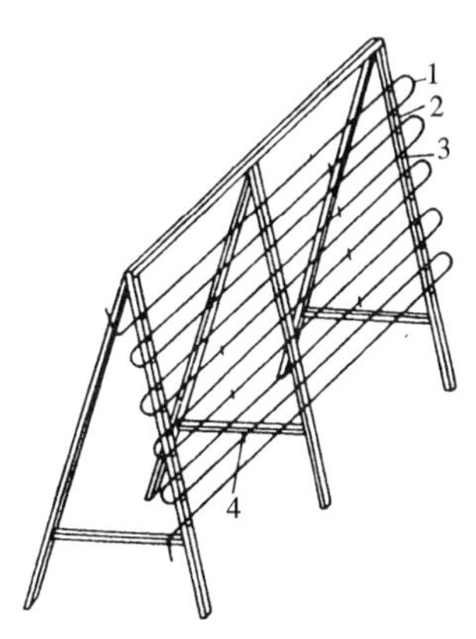

图 8－18　蛇形管排组合焊接

1—弯头；2—组合架子；3—限位角钢；4—焊口

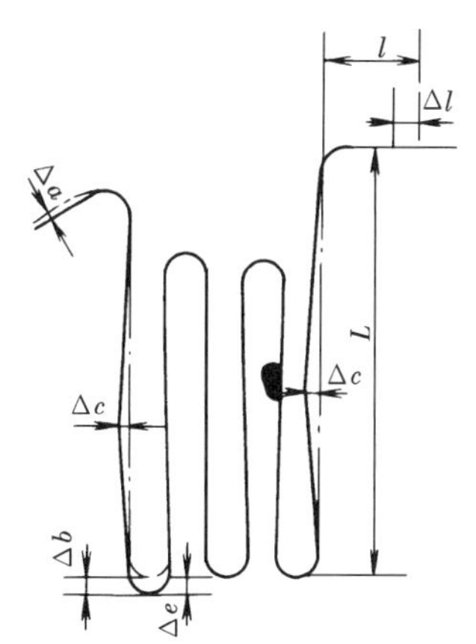

图 8－19　单根蛇形管偏移（Ⅰ）

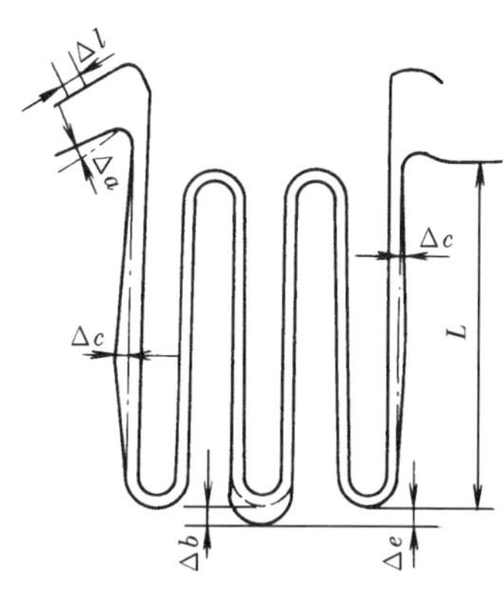

图 8－20　单根蛇形管偏移（Ⅱ）

管端偏移 Δa，当 L 不大于 400mm 时，Δa 小于或等于 2mm；L 大于

400mm 时，Δa 小于或等于 $L/200$。管端长度偏移 Δl 不得超过 +4 -2mm。最外边管子的管段沿宽度方向偏移 Δc 不大于 5mm，相邻弯头沿长度方向偏移 Δe 不大于 Dw/4，弯头沿长度方向偏移 Δb 应符合表 8-11 的规定。

表 8-11　　弯头沿长度方向偏差的允许量（mm）

蛇形管长度 L	$L \leqslant 6000$	$6000 < L \leqslant 8000$	>8000
弯头偏移 Δb	≤6	≤8	≤10

2）多根套蛇形管偏移值规定如图 8-21 所示。除按单根蛇形管规定进行检查外，还需检查管子间的间隙，应不小于 1mm。

平面蛇形管的个别管圈和蛇形管总的平面之差 Δc［见图 8-21（a)］，及装上管夹后平面蛇形管的平面度 Δc［见图 8-21（b)］，应不大于 6mm。

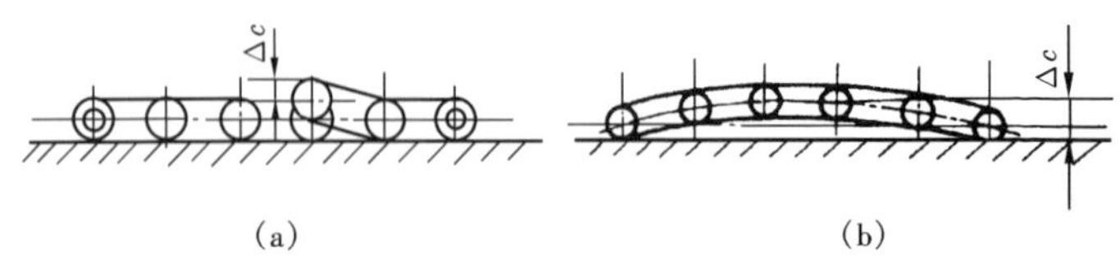

图 8-21　多根蛇形管偏差

（三）水压试验

蛇形管组合焊接后，由于焊口很多，为检查管子焊接质量，需进行 1.25 倍工作压力的水压试验。常用的是内塞式和外夹式两种水压试验工具，如图 8-22 所示。蛇形管水压试验系统图如图 8-23 所示。

水压试验时，先将管排内充满水，待水溢出空气门时将空气门关严，缓慢升压，当压力升至工作压力时停止升压，检查各焊口有无漏泄。若未发现问题，可继续升压至试验压力，保持 5min。如压力没有下降，再将压力降至工作压力，仔细检查各焊口。

水压试验合格后，放尽管内水，用直径按表 8-12 选取小木球，以压缩空气吹动，做过球试验。对于通球检查不合格的部位要进行换管。管排通球试验合格后，两端管口要做好可靠的封闭措施，保管好待用。

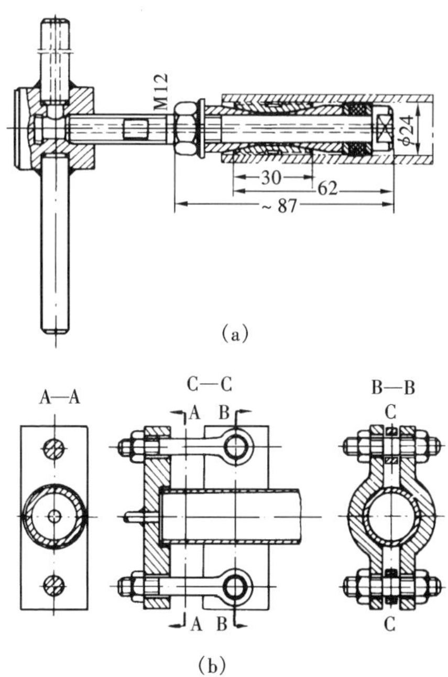

图 8-22　常用单管水压试验工具
（a）内塞式；（b）外夹式

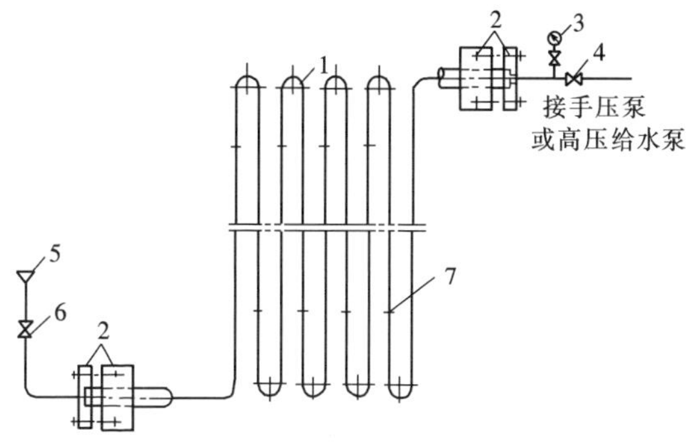

图 8-23　蛇形管水压试验系统
1—蛇形管；2—外夹式水压试验工具；3—压力表；4—阀门；
5—漏斗；6—空气门；7—管子焊口

表 8-12　通球试验的球径

弯曲半径 \ 管子外径	$D_1 \geq 60$	$32 < D_1 < 60$	$D_1 \leq 32$
$R \geq 3.5D_1$	$0.90D_0$	$0.85D_0$	$0.75D_0$
$2.5 < R < 3.5D_1$	$0.90D_0$	$0.85D_0$	$0.75D_0$
$1.8D_1 \leq R < 2.5D_1$	$0.80D_0$	$0.80D_0$	$0.75D_0$
$1.4D_1 \leq R < 1.8D_1$	$0.75D_0$	$0.75D_0$	$0.75D_0$
$R < 1.4D_1$	$0.70D_0$	$0.70D_0$	$0.75D_0$

注　D_0—管子内径；D_1—管子外径；R—弯曲半径。

如是合金钢管的组焊，则要求对组成蛇形管的每一段都打光谱，以鉴定材质，进行检验，确保不发生错用钢材事件。

检验合格的蛇形管组，两头装以木塞，平整地放好待用。

第六节　受热面管排和集箱的更换

一、管排的更换

在更换受热面管排时首先要确定好新旧管排的起吊、运输方案，设置临时起吊设备。管排可从炉顶、炉侧开孔或从炉底部进出炉膛。

在割除旧管排时要注意保护好管座、悬吊管、管卡等。旧管排拆除完毕后，要对连接管排的联箱内外部进行仔细检查和清理，对准备与新管排连接管头进行仔细的尺寸校核和坡口加工。

安装新管排可从一侧到另一侧，或从中间向两侧进行。先装的1、2排为标准管排，标准管排要力求装得准确，其他各排应以标准管排为准。以先装的标准管排为基准，陆续装上几排后，要进行尺寸复查，确认无误后把所有的管排顺序装上。焊口全部焊完后，即可进行管排的校正及合金钢焊口的热处理和检验工作。防磨装置和固定卡等要按原设计装好。

有的锅炉受热面管排由悬吊管支吊，两根悬吊管中间夹一排受热面管排，且悬吊管同时支吊多种受热面。这样更换时，整排拆装就很困难。在这种情况下可采取在现场安装散件的方法，即在新管排的准备工作中只进行管排的局部组焊或不组焊，组焊工作在现场进行。同样旧管排的拆除也得割成散件进行。过热器、再热器管排的组合安装允许误差见表8-13。省煤器管排的组合安装允许误差见表8-14。

表 8－13　过热器、再热器管排的组合安装允许误差（mm）

序号	检查项目	允许偏差
1	蛇形管自由端	±10
2	管排间距	±5
3	个别管不平整度	≤20
4	边缘管与炉墙间隙	符合图纸

表 8－14　省煤器管排的组合安装允许误差（mm）

序号	检查项目	允许偏差
1	组件宽度	±5
2	组件对角线差	≤10
3	联箱中心距蛇形管弯头端部长度	±10
4	组件边排管不垂直度	±5
5	边缘管与炉墙间隙	符合图纸

二、集箱的更换

（一）新集箱的检查及画线

对集箱进行外观检查，有无表面缺陷，对其直径、壁厚、弯曲度和椭圆度也要检查，检查弯曲度的方法是拉线法。检查联箱管接头（或管孔）中心距离，其误差应符合表 8－15 规定。

表 8－15　联箱管接头（或管孔）中心距离的允许偏差（mm）

管接头（或管孔）中心距离	允许偏差	管接头（或管孔）中心距离	允许偏差
≤260	±1.5	1001～3150	±3.0
261～500	±2.0	3151～6300	±4.0
501～1000	±2.5	>6300	±5.0

集箱画线的程序和方法如下：

（1）沿多数管接头（或管孔）两侧拉两条线，做这两条线间距离的中心线，此即是沿联箱纵向的管接头中心线（见图 8－24）。

（2）以做出的这条线中点为基点，沿集箱纵向量取相等距离得两端基准点（一般都在边管外一段距离），过这两点用划规作管接头纵向中心

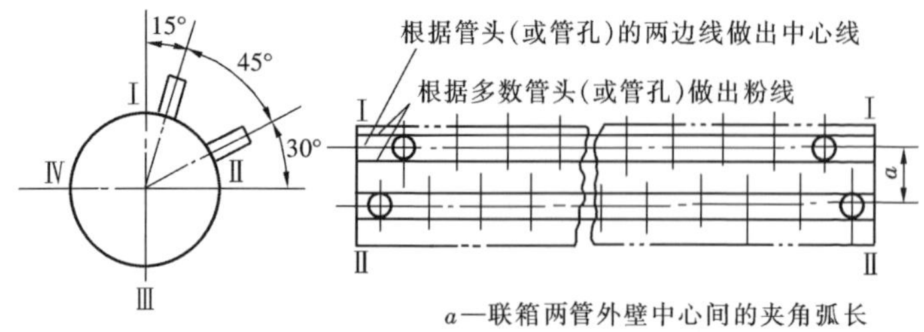

图 8－24　集箱画线示意

线的垂线，并将垂线延长，则得围绕集箱圆周的两个圆。

（3）根据图纸上规定的管接头轴线到集箱水平面的夹角；算出集箱外壁处所对应的弧长，并用钢卷尺从管接头中心线起沿圆圈周量取该段弧长，则得出集箱水平点。从这点开始可把集圆周四等分，得四等分点（集箱的上，下和前，后水平点）。

（4）将集箱垫平，用 U 型管水平仪测量集箱两端四个水平点是否水平。其目的是为了检查集箱有无扭曲，如有扭曲，则应向扭曲相反的方向移动四点的位置（移动距离为扭曲值的 1/2），重新定出四等分点。再用弹粉线的办法将集箱两端对应点连接起来，则得集箱的四等分线。

（5）根据集箱四等分线便可画出集箱支座位置的十字线或吊环位置线。并把安装找正时需要测量的各基准点准确地打上清晰的冲痕，用白铅油作出明显标记备查，用手捶把无用的冲痕打平。

（二）集箱的更换

更换集箱需要把与集箱连接的所有管道和受热面管排在管座焊口处割开，有时需要更换集箱处的部分连接管。在拆除旧集箱前要在支撑钢架上做好原始位置的标记，尤其是标高和中心。将旧集箱的原始位置做好标记，与其连接的管子全部割开后，即可拆开其支持托架或吊架，把旧集箱拆除吊走。对割开的管道和管排要进行坡口加工，准备与新集箱焊接。对支持托架或吊架要进行仔细检查和清理。将画好线的新集箱吊运至现场，按原始标高和中心就位、找正，标高和水平可用 U 型管水平仪测量。找正调整完毕，要将集箱固定好，然后进行与其连接的管道和管排的焊接工作。更换后的集箱应符合下列要求：

（1）集箱的支座和吊环在接触角 90°内，圆弧应吻合，接触应良好，个别间隙不大于 2mm。

（2）支座与横梁接触应平整严密。支座的预留膨胀间隙应足够，方向应正确。

（3）吊挂装置的吊耳、吊杆、吊板和销轴等的连接应牢固，焊接工艺应符合设计要求。吊杆紧固时应注意负荷分配均匀。

（4）膨胀指示器应安装牢固，布置合理，指示正确。

（5）集箱的安装允许误差为：标高 ±5mm，水平 3mm，相互距离 ±5mm。

第三篇

锅炉辅机及附属设备检修

第九章

锅炉辅机设备及系统概述

第一节　制粉系统及设备概述

一、锅炉的制粉系统

磨煤机、给煤机、煤粉分离器、煤仓及煤粉管道组成的煤粉制备系统称为锅炉的制粉系统。制粉系统的任务是将煤仓中的煤块通过给煤机均匀地送入磨煤机，煤块在磨煤机中磨成粉状，经煤粉分离器分离出合格的颗粒后，由热风通过煤粉管道送入炉膛，参加燃烧。制粉系统分为直吹式和仓储式两大类（见图9-1）。

在直吹式制粉系统中，由磨煤机磨出的煤粉直接吹入炉膛燃烧，而仓储式制粉系统中磨出的煤粉先储存在煤粉仓里，然后再根据锅炉的需要，从煤粉仓送入炉膛。600MW机组锅炉应用的主要是直吹式制粉系统，直吹式制粉系统根据磨煤机所处的压力分为正压系统和负压系统，制粉系统一般布置在炉后，也可布置在炉前。

二、磨煤机

磨煤机是制粉系统中的主要设备，其作用是把给煤机送入的煤块通过撞击、挤压和研磨，磨制成煤粉，并由热风携带走。

磨煤机按其工作原理可分为低速磨、中速磨及高速磨三种类型。低速磨煤机常用于仓储式制粉系统，中速磨煤机与高速磨煤机常用于直吹式制粉系统。

（一）低速磨煤机

1. 低速磨煤机的分类及优缺点

低速磨煤机又叫钢球磨煤机，按外壳形状分为筒型球磨机和锥型球磨机。大型锅炉常采用引进的双进双出球磨机。低速磨煤机的最大优点是能磨各种不同的煤，包括劣质硬煤，且磨出的煤粉可达到很高的细度；结构可靠性强，能安全可靠地长期连续工作。缺点是设备庞大笨重，金属消耗量多，占地面积大，投资较大，运行耗电率高，运行时噪声大。

2. 低速磨煤机的构造及工作原理

低速磨煤机通常是指筒式钢球磨煤机。筒式钢球磨煤机转速一般在

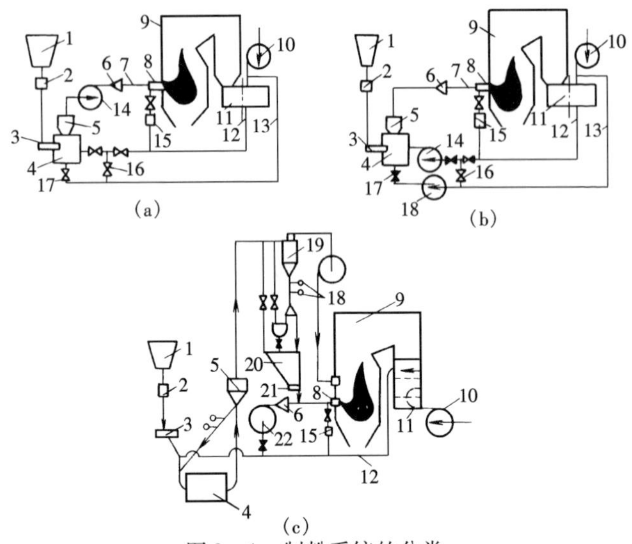

图 9-1 制粉系统的分类

（a）负压式直吹系统；（b）正压式直吹系统；（c）仓储式制粉系统

1—原煤仓；2—自动磅秤；3—给煤机；4—磨煤机；5—粗粉分离器；6——次风箱；7—去燃烧器的煤粉管道；8—燃烧器；9—锅炉；10—送风机；11—空气预热器；12—热风管道；13—冷风管道；14—排粉机；15—二次风箱；16—冷风门（调温）；17—冷风门（磨煤机密封）；18—密封风机；19—旋风分离器；20—煤粉仓；21—给粉机；22—排粉机

16～25r/min。磨煤机的型号一般采用三组字码，例如：DTM350/600 型钢球磨煤机，DTM 表示磨煤机型式为低速筒式磨煤机，350 表示筒体有效直径为 3500mm，600 表示筒体有效长度为 6000mm。

DTM350/600 型钢球磨煤机的结构如图 9-2 所示。

低速磨煤机的工作原理是在转动筒体内，装有一定数量的钢球，筒壁上装有波浪形护甲。当原煤由进料口落入旋转的筒体内部时，在离心力和摩擦力的作用下将钢球和煤沿筒体提到一定高度，在重力的作用下钢球落下，撞击煤块。煤在筒体中一方面受到钢球的撞击，一方面也受到钢球间的挤压和研磨，被粉碎成煤粉。在此过程中，热风将不断地对原煤和煤粉进行干燥，并把磨制的煤粉从出料口带出。低速磨煤机的最佳转速与筒体的直径有关。

双进双出钢球磨煤机一般用于正压直吹式制粉系统。此种磨煤机的工作原理与低速筒式钢球磨煤机基本相同，但在结构和工作方式上与前者有所差别，如图 9-3 所示。

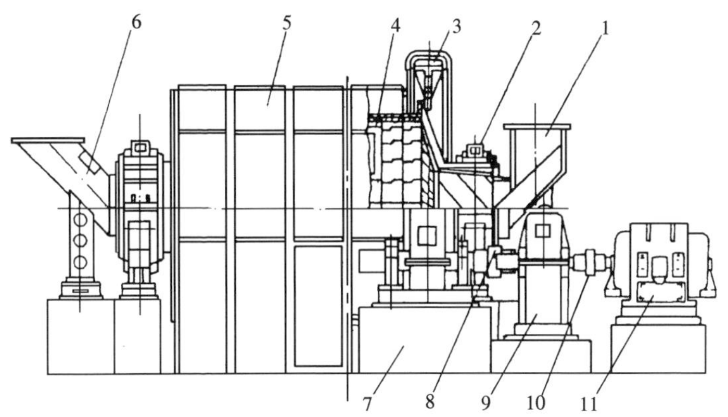

图9－2　DTM350/600 型钢球磨煤机结构示意

1—进料口；2—主轴承；3—传动机构；4—筒体；5—隔音罩；6—出料口；7—基础；8、10—联轴器；9—减速机；11—电动机

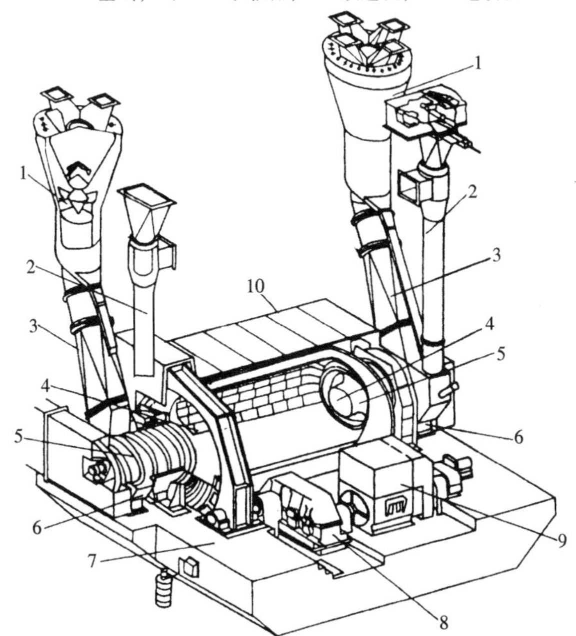

图9－3　双进双出钢球磨煤机构造

1—分离器；2—下煤管；3—出粉管；4—出粉口；5—下煤螺旋槽；6—主轴承；7—基础；8—减速器；9—电动机；10—隔音罩

双进双出球磨煤的结构特点是包括两个对称的研磨回路。其工作方式是煤从给煤机的出口落入混料箱内，经过旁路热风干燥后，靠螺旋槽使煤进入磨煤机内，然后通过旋转筒体内部的钢球运动对煤进行研磨。

一次风通过中空轴内的中心管进到磨煤机内，把煤干燥之后，按原煤进入磨煤机的相反方向，通过中心管与中空轴之间的环形通道把煤粉带出磨煤机。图9-4为风、煤流程图。

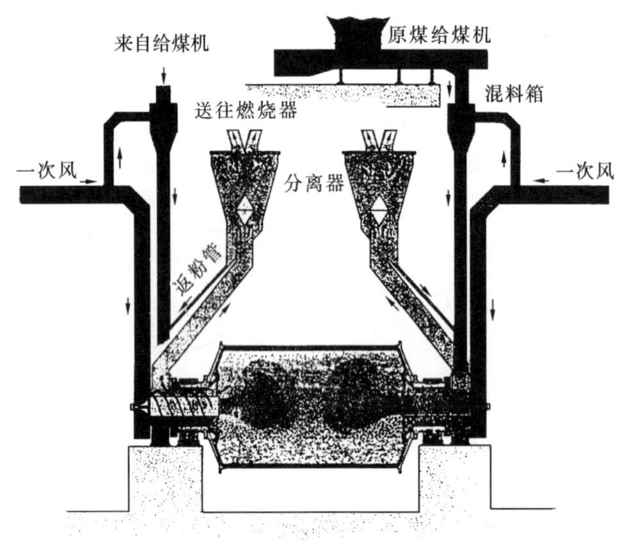

图9-4　风、煤流程

（二）中速磨煤机

1. 中速磨煤机的分类及优缺点

中速磨煤机常见的有球式和辊式两种。其优点是单位耗电量少，设备结构紧凑，金属消耗量少，占地小，噪声较低，运行经济性高，调节较灵敏。缺点是结构较复杂，对煤种的适应性窄，定期维修频繁。目前，600MW火电机组的锅炉大多采用中速磨煤机。

2. 中速磨煤机的结构

中速磨煤机转速在50～300r/min之间。所有中速磨煤机共同点是：碾磨部件都是由相对运动着的碾磨盘和磨辊或磨球碾压物料，进行研磨。它们的主要差别在于碾磨部件的结构不同，常见的有以下几种：

（1）辊与盘式磨煤机，简称平盘磨。碾磨件由圆形平盘和辊子组成，如图9－5所示。

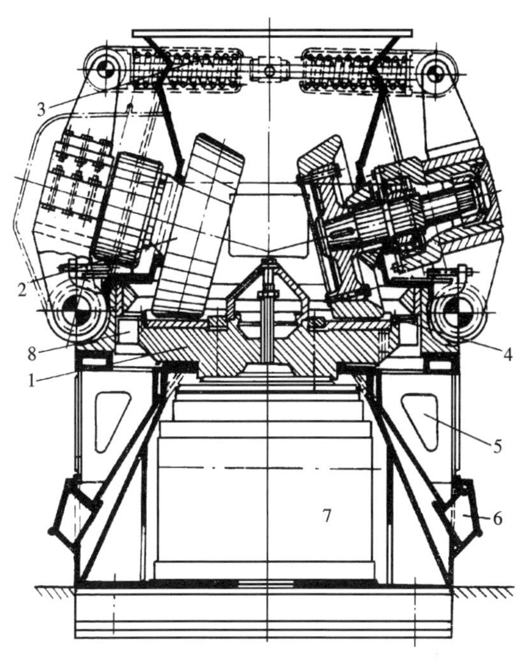

图9－5　平盘磨煤机

1—转盘；2—辊子；3—弹簧；4—挡环；5—风室；6—矸石箱；7—减速箱；8—环形风道

（2）辊与碗式磨煤机，简称碗式磨。碾磨件由碗形磨盘和辊子组成，如图9－6所示。

（3）球与环式磨煤机，简称E型中速磨。碾磨件由上、下磨环和处在中间的滚动钢球组成，如图9－7所示。

（4）辊与环式磨煤机，简称MPS磨。碾磨件由磨环和近于轮胎形的磨辊组成，如图9－8所示。

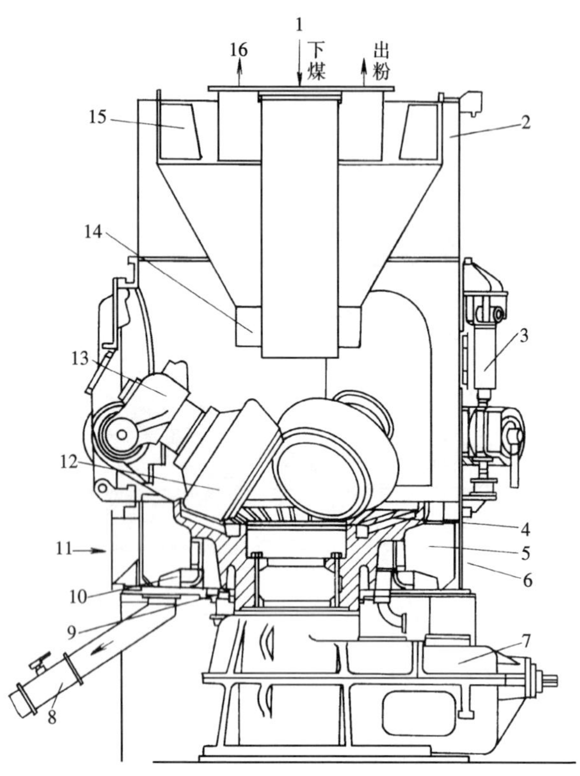

图 9－6　RP 型碗式磨煤机

1—煤进口；2—分离器；3—加压系统；4—磨盘衬板；5—进风导流叶片；6—磨室底部；7—传动装置；8—排矸石门；9—密封；10—矸石刮板；11—热风入口；12—磨辊；13—辊套；14—粗粉返回管；15—分离器调节门；16—煤粉出口

3. 中速磨煤机的工作原理

原煤从磨煤机上面的落煤管进入旋转的磨盘，在相对运动的磨辊与磨盘之间受到挤压和研磨，而被粉碎。与此同时，进入磨煤机的热风将煤干燥，并将粉碎的煤粉送到分离器中，粗粉返回重复研磨，合格的细粉由热风送至锅炉燃烧室。

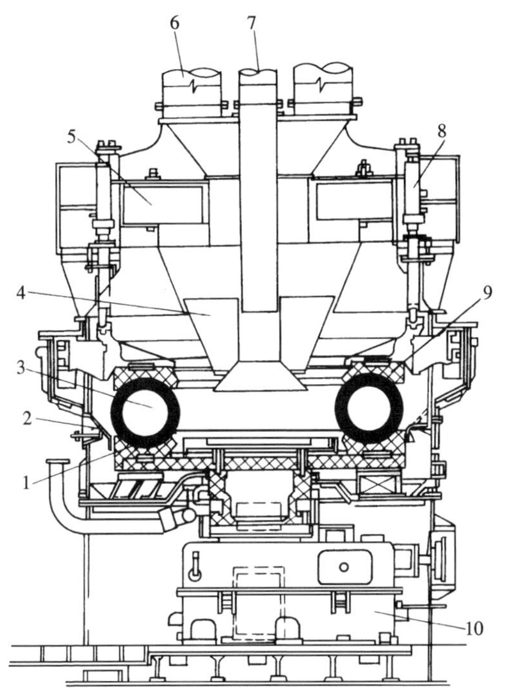

图 9－7　E 型磨煤机

1—下磨环；2—磨室；3—空心钢球；4—防磨套；5—粗粉回粉斗；
6—出粉管；7—下料管；8—加压缸；9—上磨环；10—减速箱

（三）高速磨煤机

1. 高速磨煤机的优缺点

高速磨煤机又称锤击式或风扇磨煤机，其主要优点是磨煤机直接与锅炉配合，不要很多附属设备，金属消耗量少，投资很低，单位耗电率少。缺点是极易磨损，对煤的适应性更窄。高速风扇磨煤机的结构如图 9－9 所示。

2. 高速磨煤机的结构及工作原理

高速磨煤机的转速为 500～1500r/min，但现代大型风扇磨的转速已降低至 300～500r/min。

风扇磨的工作原理是原煤由热空气吹进磨煤机，叶轮高速旋转时打击煤块，并使之与壳体之间强烈撞击，完成研磨过程。

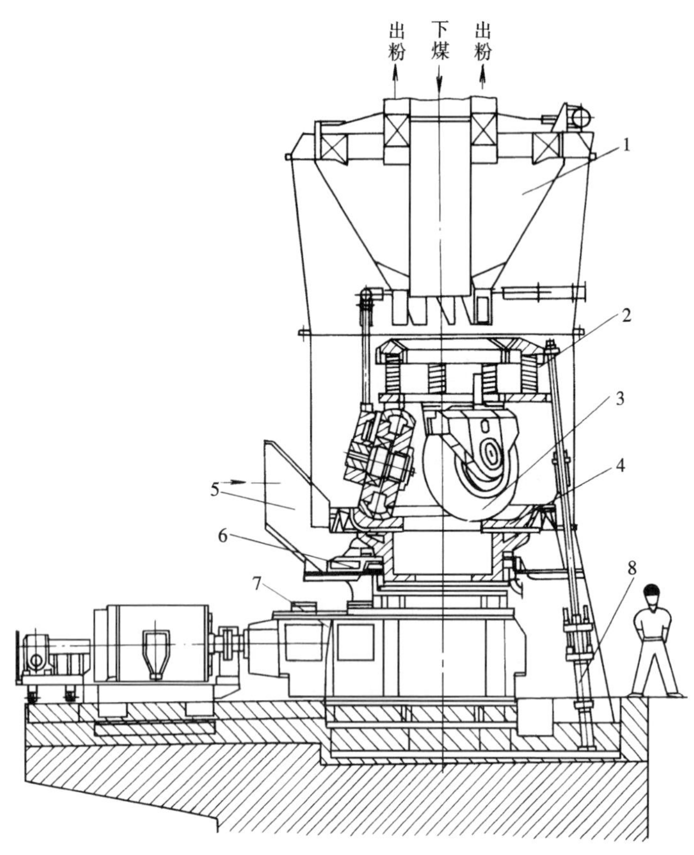

图 9－8　MPS 型中速磨

1—分离器；2—弹簧；3—磨辊；4—磨盘；5—热风入口；
6—矸石刮板；7—减速机；8—加压油缸

三、煤粉分离器

煤粉分离器分为粗粉分离器与细粉分离器。煤粉分离器的作用是将不合格的粗粉分离出来，送回磨煤机重新磨制。细粉分离器又叫旋风分离器，其作用是将风粉混合物中的煤粉分离出来，储存在煤粉仓中。粗粉分离器有离心挡板式和回转式两种形式。

锅炉制粉系统所用的煤粉分离器有两种。对于直吹系统，均采用磨煤机、分离器一体的结构，图 9－10 所示为 RP－1043XS 型磨煤机分离器结构示意图。

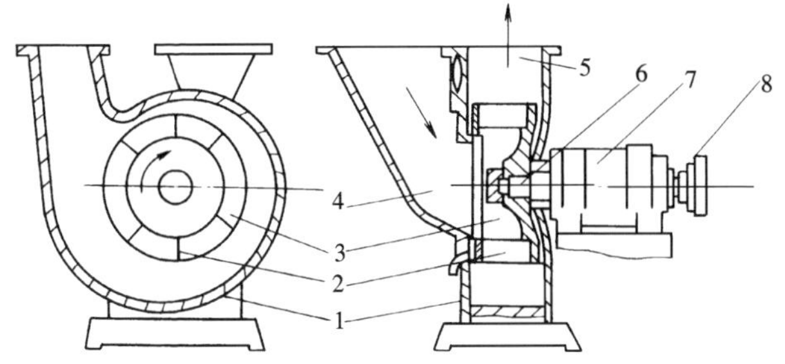

图 9－9 风扇式磨煤机

1—外壳；2—冲击板；3—叶轮；4—风、煤进口；
5—煤粉出口；6—轴；7—轴承箱；8—联轴节

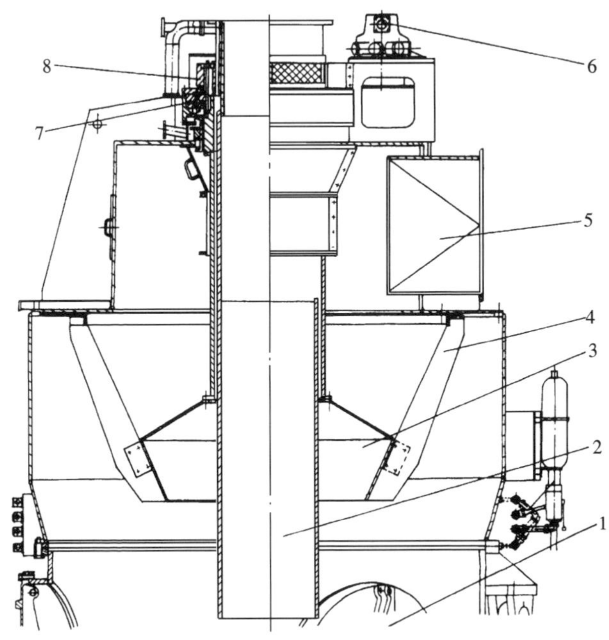

图 9－10 RP－1043XS 型磨煤机分离器

1—研磨室；2—落煤管；3—分离器本体；4—分离器叶片；5—出粉管；
6—分离器液压马达；7—分离器轴承；8—分离器齿形传动皮带

此种分离器构造复杂。整个装置由一盘大直径的轴承吊在磨煤机上部，落煤管由轴承中间穿过，伸到研磨室。外形为圆锥形，中间有三个腔室，是旋转离心式分离器，调整液压马达的转速即可调整出粉细度与出力。

对于中间储仓式系统，采用粗粉分离器和细粉分离器。煤粉分离器多用轴向型，其构造如图9－11所示。

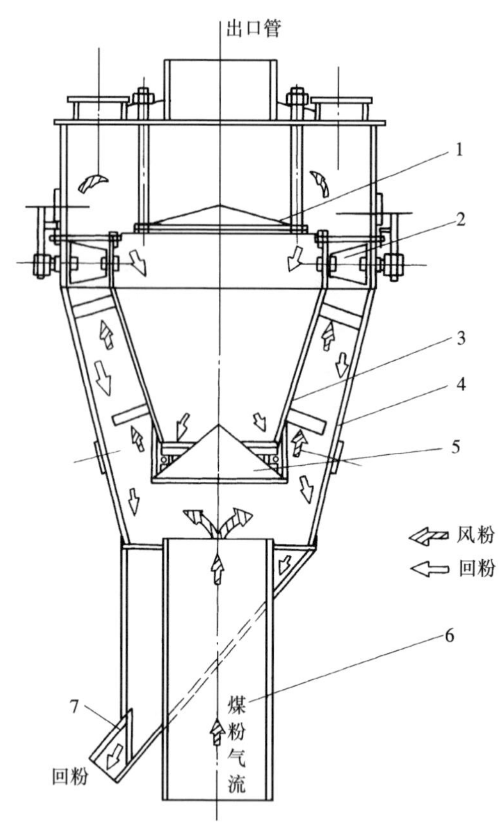

图9－11　轴向型粗粉分离器

1—可调锥形帽；2—折向门；3—内圆锥体；4—外圆锥体；5—锁气器；6—进口管；7—回粉管

细粉分离器与粗粉分离器结构基本相同，但煤粉为径向进入，轴向输出，其构造如图 9－12 所示。

粗、细粉分离器的工作原理相同，是依靠煤粉气流旋转产生的离心力进行分离的。但细粉分离器要求气粉混合物进入分离器的速度较高，在外圆筒与中心管之间高速旋转，产生较大离心力，很快使煤粉气流中的煤粉分离出来。

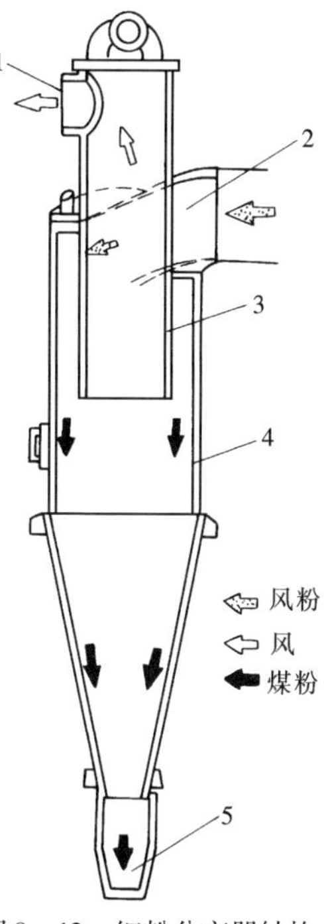

图 9－12　细粉分离器结构

1—空气出口；2—风粉进口；3—中心管；4—外壳；5—煤粉出口

四、给煤机、给粉机及输粉机

（一）给煤机

给煤机的作用是将原煤斗的原煤按要求数量均匀地送入磨煤机。按工作原理，给煤机分为圆盘式、电磁振动式、刮板式和皮带式四种类型。目前圆盘式给煤机已淘汰，电磁振动式给煤机已很少采用。现代大型机组常用的是刮板式给煤机和皮带式给煤机。

（1）刮板式给煤机。刮板式给煤机又分单链条和双链条两种，可通过调节板的高度改变煤层厚度或通过无级变速装置改变链轮转速来进行煤量调节。其优点是不易堵煤，较严密，有利于电厂布置；缺点是当煤块过大或煤中有杂物时，易卡死。

埋刮板式给煤机的构造如图 9－13 所示。

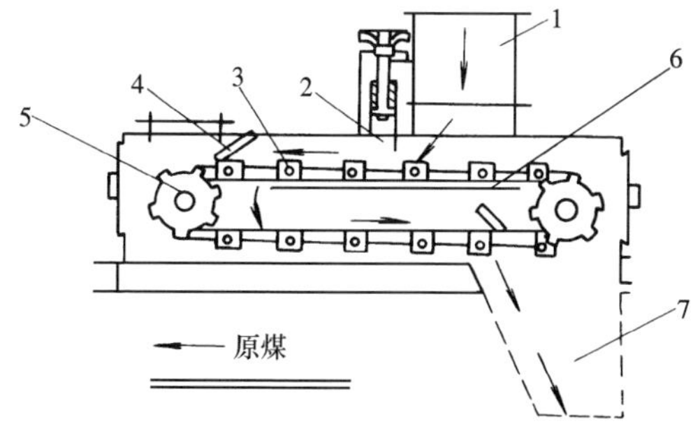

图 9－13　埋刮板式给煤机简图

1—进煤管；2—煤层厚度调节板；3—刮板链条；4—导向板；5—链轮；6—止链导轨；7—出口

（2）皮带式给煤机。国内外600MW及以上机组锅炉的给煤机多采用耐压式计量皮带给煤机，如图9－14所示。与计量称配套的电子重力式皮带给煤机，可通过改变皮带上面的煤闸门开度或改变皮带速度来调节给煤量。其优点是可适用于各种煤，不易堵，并可准确地测定送到磨煤机的煤量；其缺点是装置不严密，漏风较大。

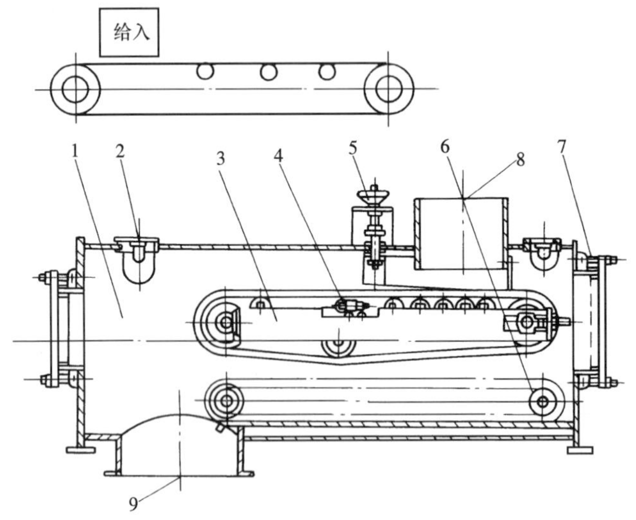

图9－14　耐压式计量皮带给煤机

1—耐压壳体；2—照明灯；3—输送机构；4—计量装置；5—煤层调节器；6—清扫刮板；7—检修门；8—进料口；9—出料口

（3）电磁振动式给煤机。这种给煤机主要由进煤斗、给煤槽、电磁振动器、给煤管、消振器五部分组成，如图9－15所示。

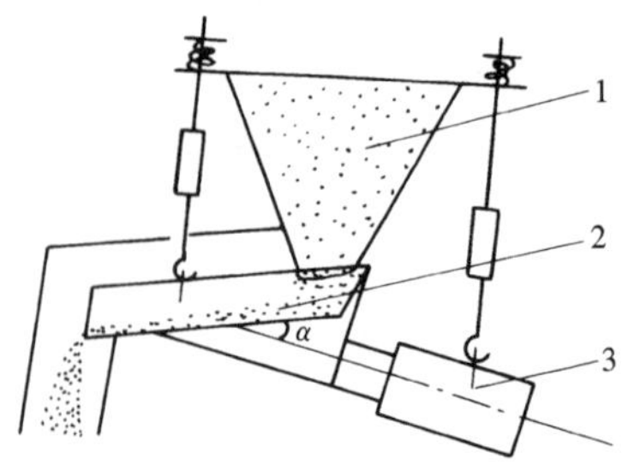

图9－15　振动式给煤机

1—煤斗；2—给煤槽；3—电磁振动器

原煤由煤斗进入给煤槽，在振动器作用下，给煤槽以每秒50次频率振动。振动器与给煤槽平面之间的夹角为α，所以煤槽中的煤就以α角呈抛物线向前跳动，并均匀地下滑到落煤管中。

（二）给粉机

给粉机的作用是将煤粉仓中的煤粉按照锅炉负荷的需要均匀地送至一次风管，送入炉膛。常用的给粉机是叶轮式给粉机。

叶轮式给粉机给粉量的调节可通过改变叶轮的转速来实现。这种给粉机的优点是供粉较均匀，不易发生煤粉自流，并可防止一次风冲入粉仓。缺点是结构复杂，易被煤粉中的木屑杂物堵塞，电耗也较大。

给粉机的构造如图9－16所示（GF系列），主要由轴、上叶轮、下叶轮、刮板、减速机、外壳、上孔板、下孔板等组成。其工作过程为当开启上部体闸板后，煤粉进入刮板处，刮板将煤粉由壳体处的缺口送到测量叶轮处，再由测量叶轮将煤粉通过出粉管送到一次风管内。煤粉在给粉机

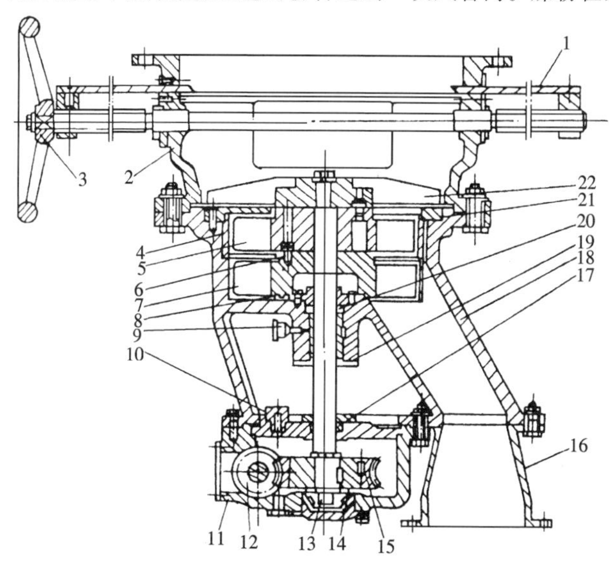

图9－16　给粉机的构造

1—闸板；2—上部体；3—手轮；4—供给叶轮壳；5—供给叶轮；6—传动销；7—测量叶轮；8—圆盘；9—黄干油杯；10—放气塞；11—蜗轮壳；12—蜗杆；13—主轴；14—圆锥滚子轴承；15—蜗轮；16—出粉管；17—蜗轮减速机上盖；18—下部体；19—压紧帽；20—油封；21—衬板；22—刮板图

内走了一个 Ω 型，这样既可以连续、均匀地输送煤粉，还可以防止停机时煤粉的自流现象。

（三）输粉机

输粉机的作用是将细粉分离器落下来的煤粉送入邻炉煤粉仓，或将邻炉经细粉分离器分离的煤粉送入本炉煤粉仓，以达到各炉煤粉互相支援的目的。输粉机有链式输粉机、螺旋输粉机等类型。

链式输粉机的工作原理。煤粉各微粒之间存在着相互的内摩擦力和内压力，在机槽内受到输送链带来的与运动方向相同的拉力作用，使煤粉间的内摩擦力、内压力增大。当内摩擦力大于煤粉与机槽的摩擦力后，煤粉在输送链的带动下向前移动，而增大了的内压力，保证了煤层之间的稳定状态，形成整体连续流动。

螺旋输粉机的是由螺旋输粉机由外壳、装于外壳内的螺旋杆、固定于外壳上的轴承、端部支座、推力轴承及进粉管等构成，如图 9－17 所示。其工作原理是由带有螺旋片的转动轴在一封闭的料槽内旋转，使装入料槽的煤粉由于本身的重力及其对料槽的摩擦力的作用，而不与螺旋片一起旋转，只沿料槽向前运送，形成连续流动。

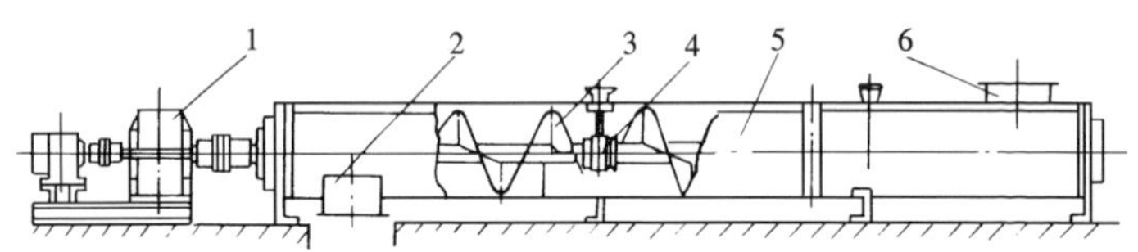

图 9－17　螺旋输送机结构示意

1—驱动装置；2—出料口；3—旋转螺旋轴；4—中间吊挂轴承；5—壳体；6—进料口

五、煤粉管道及其附件

煤粉管道是制粉系统输送煤粉－空气（风－粉）混合物的通道，由于煤粉的冲刷能力较强，且泄漏后易对环境造成污染，故管道的严密性和管件耐磨性是衡量其质量的重要指标。

煤粉管道弯头是使风粉混合物转折变向的部件，弯头外侧是承受冲刷的主要部位，目前常采用弯头外侧厚壁铸造及涂抹贴补耐磨材料来延长弯头的更换周期。

煤粉分配器布置在磨煤机的出口，可将磨煤机来的风－粉混合物由一条管道均匀地分配到四角喷布置的四条管路中去，保证四管中的煤粉浓度大致相等。

节流孔板布置在煤粉管道通往燃烧器的入口处，其作用是均衡四根煤粉管道中风－粉混合物的流量，四根管的孔板直径大小不同，孔径的大小与管道的长短有关。

插板位于节流孔板附近，其作用是在锅炉运行时，保证与该插板对应的磨煤机等设备检修安全，以防锅炉正压时火焰喷入磨煤机。

提示 本节内容适合锅炉本体检修（MU12 LE39），锅炉辅机检修（MU5 LE10）、（MU6 LE14）、（MU7 LE18）、（MU8 LE20）。

第二节 风烟系统及设备概述

一、锅炉的风烟系统

引、送（排）风机及风道、烟道、烟囱组成的通风系统称为锅炉的风烟系统。

风烟系统的作用在于通过送风机克服风流程（包括空气预热器、风道、挡板等）的阻力，并将空气预热器预热的空气送至炉膛，以满足燃料燃烧的需要。通过引风机克服烟气流程（包括受热面、除尘器、烟道、脱硫设备、挡板等）的阻力，将燃料燃烧后的烟气送入烟火囱，排入大气。

风烟系统主要布置于炉后，典型流程如图 9－18 所示。

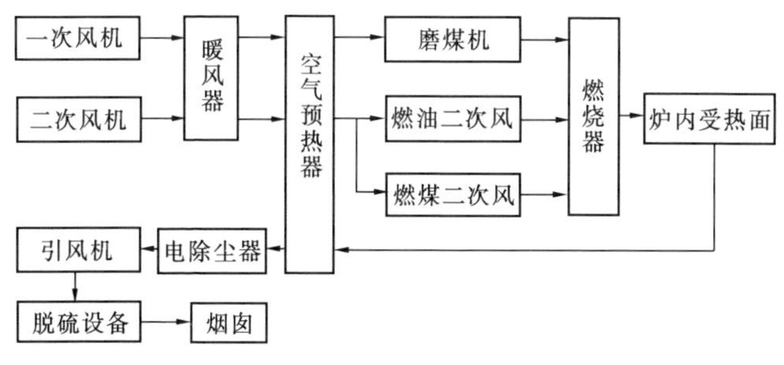

图 9－18 风烟系统

二、风机

风机是锅炉的主要辅助设备，根据用途不同，有送风机、引风机和排粉风机等。

（一）风机的作用

送风机用于保证供给锅炉燃烧时需要的空气量。由于所输送的介质为冷风，且其中含有的飞灰很少，故对送风机结构无特殊要求，只要风机出力能满足锅炉负荷需求即可。

引风机用来将炉膛中燃料燃烧所产生的烟气吸出，通过烟囱排入大气。由于通过引风机高温（150~200℃）和具有灰粒等杂质的烟气，故应采取叶片、壳体防磨和轴承冷却的措施，并要具有良好的严密性。

排粉风机是把磨制好的煤粉输送至煤粉仓或直接送入炉膛燃烧。因为流经排粉风机的是煤粉、空气混合物，风机叶轮、防磨衬板、外壳、铆钉极易磨损，所以必须采用耐磨或磨损后易更换的部件。

（二）风机的类型、构造及工作原理

风机的型号一般有九组字码组成，例如：G4 - 73 - 1　1NO20D 右 90°，G 表示锅炉通风机，4 表示压力系数 0.4 左右，73 表示比转数为 73，1 表示单吸，1 表示第一次设计，NO20 表示叶轮外径为 2000mm，D 表示单吸、单支架、悬臂支撑、联轴器传动，右表示由电机端看为顺时针转向。90°表示出风口为竖直方向。

风机按其工作特点有离心式和轴流式两大类。离心式风机按吸风口的数目可分为单吸或双吸两种型式。轴流式风机按叶片开度的调整方式分为静叶调整式和动叶调整式两种。

（1）离心式风机的构造及工作原理。风机主要由叶轮、外壳、进风箱、集流器、调节门、轴及轴承组成，如图 9 - 19 所示（G4 - 73 型）。

叶轮由 12 片后倾机翼斜切的叶片焊接于弧锥形的前盘与平板形的后盘中间。由于采用了机翼形叶片，保证了风机高效率、低噪声、高强度，同时叶轮又经过动、静平衡校正，因此运转平稳。

机壳是用普通钢板焊接而成的蜗形体。单、双吸入风机的机壳作成三种不同形式，即：整体结构、两开式、三开式。对于引风机，蜗形板进行了加厚，以防磨损。

进风口为收敛式流线型整体结构，用螺栓固定在风机入口侧。

调节门轴向安装在进风口前面，由花瓣形叶片组成。调节范围由 90°（全闭）到 0°（全开）。

传动轴由优质碳素钢制成，采用滚动轴承。轴承座上装有温度计和油位指示器。

离心式风机中，叶片对气体沿圆周切线方向做功来提高气体能量。图 9 - 20 则为我们展示了离心式风机连续工作的原理：在叶轮内充满流体，

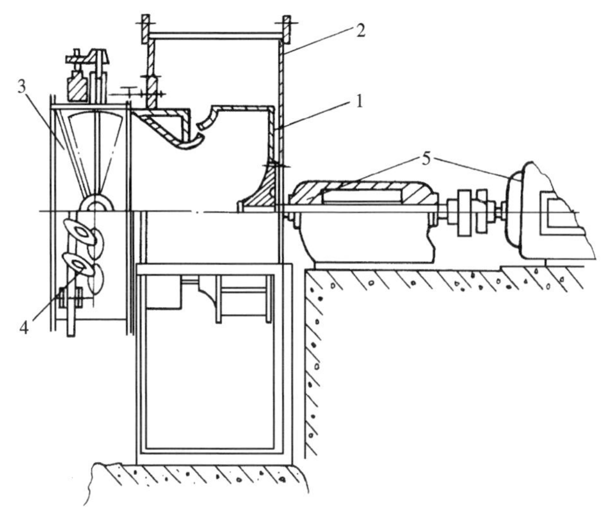

图 9－19 离心式风机结构简图（G4－73 型）

1—叶轮；2—机壳；3—进风口；4—调节门；5—传动部件

分不同方向取 A，B，C，…，H 几块流体。当叶轮旋转时，各块流体也被叶轮带动，一起旋转。这样每块流体将受到一个离心力作用，而从叶轮的中心向外缘甩去，于是叶轮入口中心 O 处形成真空，外界流体在大气压力的作用下从 O 处进行补充。由于叶轮的连续旋转，气体也就连续地排出、吸入，形成风机的连续工作。

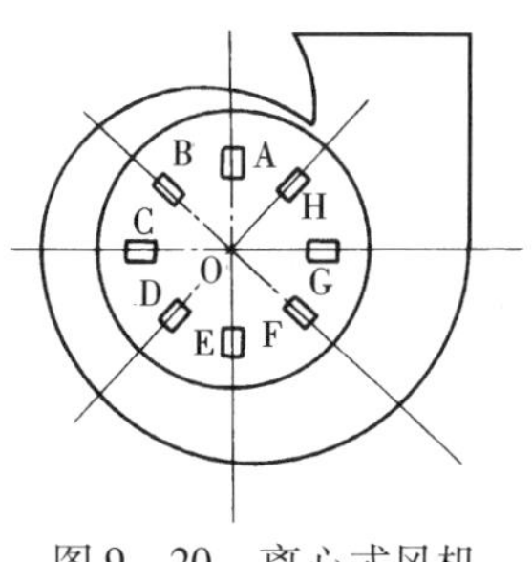

图 9－20 离心式风机连续工作原理示意

（2）轴流式风机的构造及工作原理。轴流式风机主要由外壳、轴承进气室、叶轮、主轴、调节机构、密封装置等组成，如图 9－21 所示（AN 型）。

肘形弯管入风口的作用是使空气介质气流改为沿风机轴线进入风机，如图 9－22 所示。

管状导流器是为了更好地将通过其中的气流引向转子叶片，改变通风截面，使流速增加。管状导流器为平截头圆锥体，它由薄钢板卷焊而成。

可调式导向装置如图 9－23 所示。

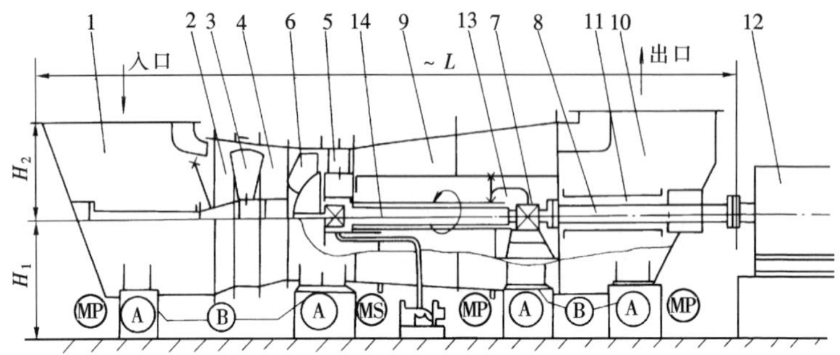

图 9－21　轴流式风机结构（AN 型）

1—肘形弯管入口；2、4—管状导流器；3—可调式导向板；5—插入式导向叶片；6—转子叶轮；7—主轴承；8—带中间轴的联轴节；9—扩压器；10—肘形弯管出口；11—轴套；12—驱动电动机；13—主轴承的润滑系统；14—主轴承的冷却系统

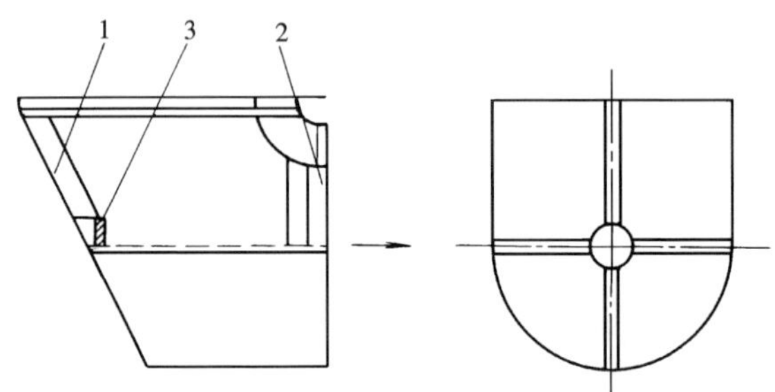

图 9－22　风机肘形进风口

1—使介质气流导向的拼合式钢板；2—紧固螺栓固定处；3—薄筒

转子叶轮用螺栓固定在衬套上，衬套与轴是焊成一体的，轴由无缝钢管制成。主轴承固定在扩压段内中心筒中的基座上，中间轴用钢板卷焊而成，两头为齿形联轴节。扩压段壳为钢板卷制成的圆锥形筒状结构。

轴流式风机是按叶栅理论中升力原理进行工作的，如图 9－24 所示。

当叶轮受力旋转时，气体沿轴向进入叶轮，在流道中受到叶片的推挤

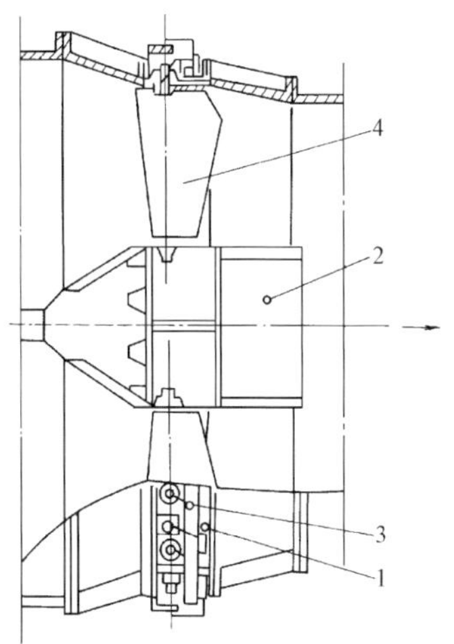

图 9－23　可调式导向板装置
1—机壳；2—中心部件；3—调整装置；4—插入式叶片

作用而获得能量，压力分别由叶轮和导向叶片产生，然后经导流叶片由轴向压出。

（3）风机叶轮的静平衡。风机叶轮由叶片和轮毂组成，由于叶片制造不良或运行中磨损、磨蚀不均，会使叶轮转子质量不平衡。在静止时，叶轮不能在任意位置保持稳定，这一现象称为叶轮的静不平衡。静不平衡的叶轮在转动中会产生不平衡的离心力，会造成风机的振动，故风机叶轮在安装前应找静平衡。

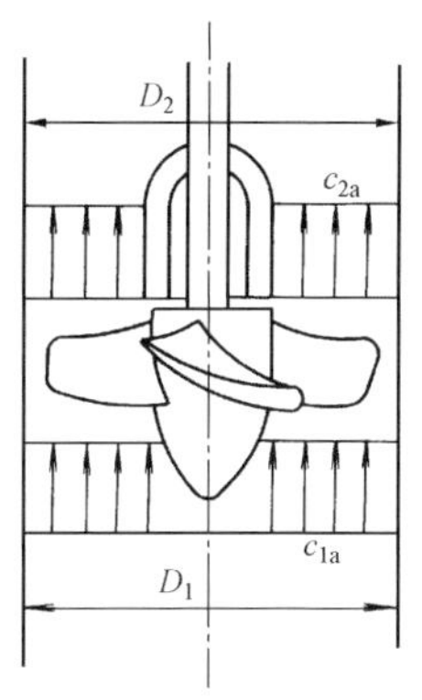

图 9－24　轴流式风机的工作原理

三、回转式空气预热器

（一）回转式空气预热器的分类及优缺点

回转式空气预热器按旋转部件的不同可分为受热面旋转和风罩旋转两类。回转式空气预热器烟气风道与受热面相对旋转，有特殊的密封要求。密封装置分为三种，即径向密封、环向密封（中心轴环向密封和转子围板环向密封）及轴向密封。

回转式空气预热器与表面式空气预热器比较，结构紧凑，体积小，金属消耗量小，传热元件的腐蚀、磨损小，但缺点是漏风量大，结构复杂，运行维护工作量大。

（二）回转式空气预热器的构造及工作原理

（1）受热面旋转式空气预热器的结构及工作原理。

受热面空气预热器为三分仓式结构，如图 9－25 所示，由圆筒形转子、固定外壳及传动装置等部件组成。转子由径向和切向隔板分隔为许多扇形仓格，仓格内装满波浪形蓄热板，作为传热元件。外壳的扇形板把转子流通截面分为三个部分，即烟气流通部分、空气流通部分和密封区。转子的烟气流通部分与外壳上、下部烟气道相通，转子的空气流通部分则与外壳上、下部空气道相通。这样转子的一部分通空气，另一部分通烟气，还有一段为烟、风截面的密封区。转子转动一圈就完成了一次热交换循环。蓄热板转到烟气流通部分，吸收烟气流中的热量，而当这部分蓄热板转到空气流通部分时，再把热量放出来加热空气。

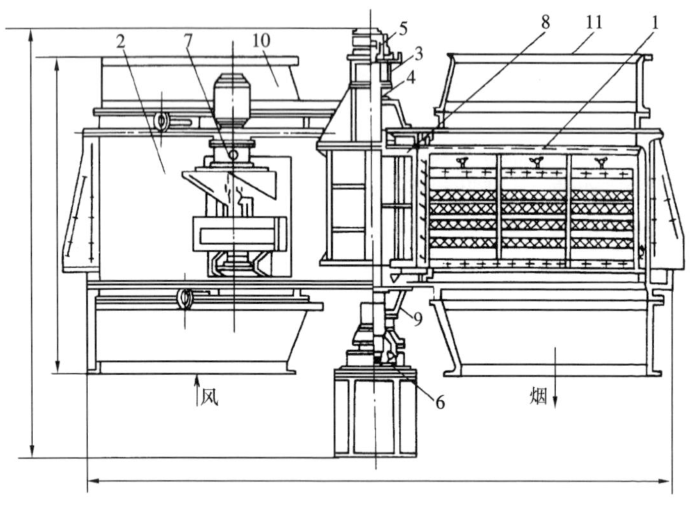

图 9－25 受热面旋转式空气预热器

1—转子；2—外壳；3—支承结构；4—主轴；5—上轴承座；6—下轴承座；7—传动装置；8—上端板；9—下端板；10—风道；11—烟道接口处框架

（2）风罩旋转式空气预热器的构造及工作原理。

风罩旋转式空气预热器也称风道回转式空气预热器，如图 9－26 所示。空气预热器中装蓄热板的圆柱体不转动，称为静子，旋转的是空气风道或称上、下风罩。上、下风罩是盖在烟气通道里的，空气由穿过烟道的风道引入引出风罩。上、下风罩与蓄热板的静子相联处均有密封装置，上、下风罩由穿过静子中心的主轴联接，以同步转动。风罩由外围上装的环形齿条所带动，而齿条由减速机上的小齿轮带动。

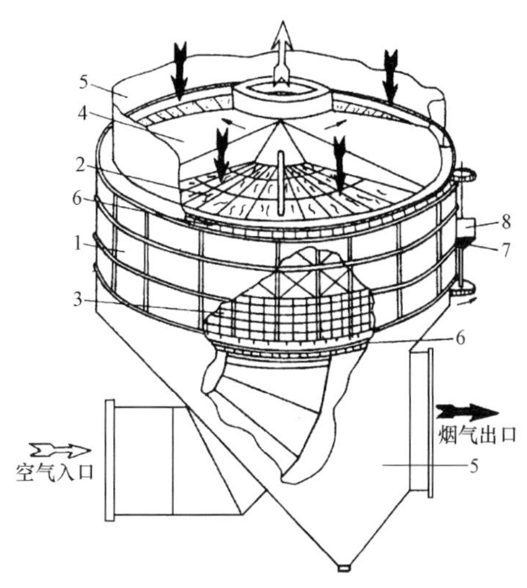

图 9 – 26　风罩旋转式空气预热器

1—预热器外壳；2—静子上部的传热元件；3—静子下部的传热元件；4—风罩；5—烟道；6—风罩外圈上的环形传动齿带；7—传动小齿轮；8—减速传动装置

风罩式空气预热器与受热面旋转式空气预热器原理一样，都是蓄热式。从烟气侧吸热，在空气侧放热。由于上、下风罩与静止端面呈“8”字形接触，因此转子旋转一圈，受热面就进行了二次加热和放热过程。

四、风、烟道及其附件

风道、烟道是风烟系统的重要组成部分，是保证空气、烟气顺利流通的通道。严密性是衡量风烟道质量的重要指标。风道的漏风会影响锅炉运行的经济性，甚至影响制粉系统的正常运行；烟道的漏风会增大引风量，迫使引风机低效率运行。

挡板门按用途可分关断挡板和调整挡板两类，按结构分翻板门和插板门两种。关断挡板用来隔离系统通道，多用插板门。调整挡板通过改变通道的流通面积来整定风的流量，多用翻板门。

支吊架及伸缩节是保证风烟道可靠运行的关键附件，必须合理布置，保持完好。锅炉运行时，热风道及烟道内的介质温度可达 300 ~ 380℃，风烟道长达近百米，其热膨胀是较复杂的。不合理的支吊会造成风烟道异常伸缩，最终导致伸缩节的严重破损。

第十章

辅机基础检修工艺

第一节　锅炉辅机一般检修工艺

一、螺纹连接拆装

螺栓连接主要用于被连接件都不太厚并能从连接件两边进行装配的场合，螺纹按用途可分为连接螺纹和传动螺纹。

（一）螺纹连接的拧紧

1. 螺纹的紧固

螺栓的紧固必须适当。拧得过紧会使螺杆拉长、滑牙（滑丝），甚至断裂，还会使连接的零件产生变形。如没有一定的紧力，则起不到应有的紧固作用，还会因受振而自动放松。

现场工作时主要根据经验来紧螺栓。表 10－1 列出了 M30 以下的普通碳钢螺栓的允许力矩。

表 10－1　　普通碳钢螺栓允许力矩

螺纹直径（mm）	允许力矩（N·m）	举例		螺纹直径（mm）	允许力矩（N·m）	举例	
		扳手长度（mm）	用力（N）			扳手长度（mm）	用力（N）
M4	2	100	20（2kgf）	M14	87	250	350（35kgf）
M6	7	100	70（7kgf）	M16	130	300	430（43kgf）
M8	16	150	110（11kgf）	M20	260	500	500（50kgf）
M10	32	200	160（16kgf）	M24	440	1000	440（44kgf）
M12	55	250	220（22kgf）	M30	850	2000	430（43kgf）

2. 成组螺栓的拧紧

在拧成组螺栓时不能一次拧得过紧，应分三次或多次逐步拧紧，这样才能使各螺栓的紧度一致。同时被连接的零件也不会变形，长方形及圆形布置的成组螺栓的拧紧顺序如图 10－1 所示。

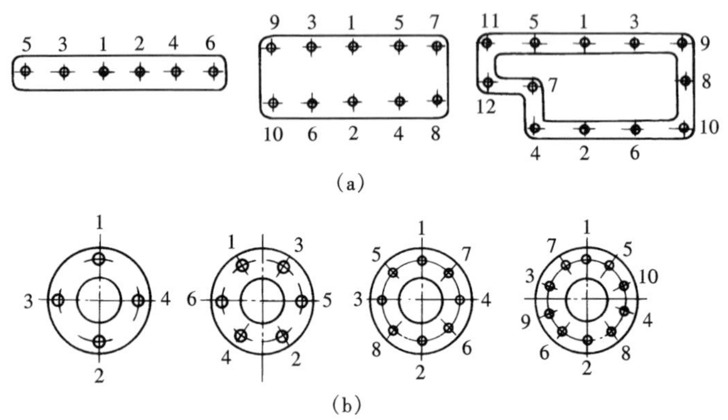

图 10－1　成组螺栓的拧紧顺序

（a）方形布置；（b）圆形布置

3. 螺纹连接的防松装置

（1）锁紧螺帽，也称并紧螺帽。其防松原理是靠两个螺帽的并紧作用，先装的主螺帽拧紧后，再将后装的副螺帽相对于主螺帽拧紧。

（2）弹簧垫圈。通常用 65Mn 钢制成，经淬火后富有弹性。结构简单，使用方便。

（3）开口销。只能使用一次，不能用铁钉或铁丝代替。

（4）串联铁丝。用一根铁丝连续穿过各螺钉上的小孔，并将铁丝两头拧在一起。

（5）止退垫圈。此装置只能防止螺帽转动，不宜重复使用。

（6）圆螺母止退垫圈。垫圈内耳揿入螺杆槽中，外耳扳弯卡入螺帽槽中，可将螺帽与螺杆锁成一体。螺纹连接的防松装置示意见图 10－2。

（二）螺纹连接的拆卸及组装注意事项

1. 螺纹连接的拆卸

在拆卸螺纹连接件时，常遇到螺纹锈蚀、卡死、螺杆断裂及连接段滑牙等情况，因而不能按正常方法进行拆卸。对于一般锈蚀的螺纹连接件，可先用煤油或螺栓松动剂将螺纹部分浸透，待铁锈松软后再拆卸。若锈得

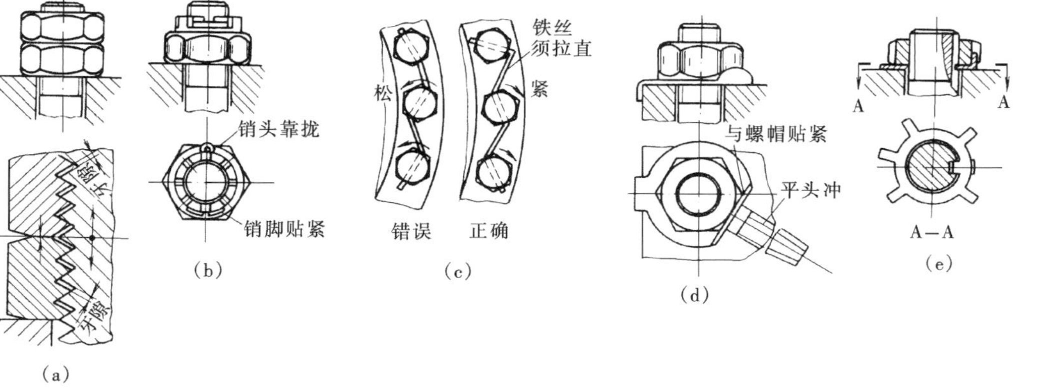

图 10-2　螺纹连接的防松装置

(a)并紧螺帽;(b)开口销;(c)串联铁丝;(d)止退垫圈;(e)圆螺帽止退垫圈

过死，可用手锤敲打螺帽的六角面，振动后再拆。当上述方法均无效时，可根据具体情况选用下列方法进行拆卸（见图 10－3）。

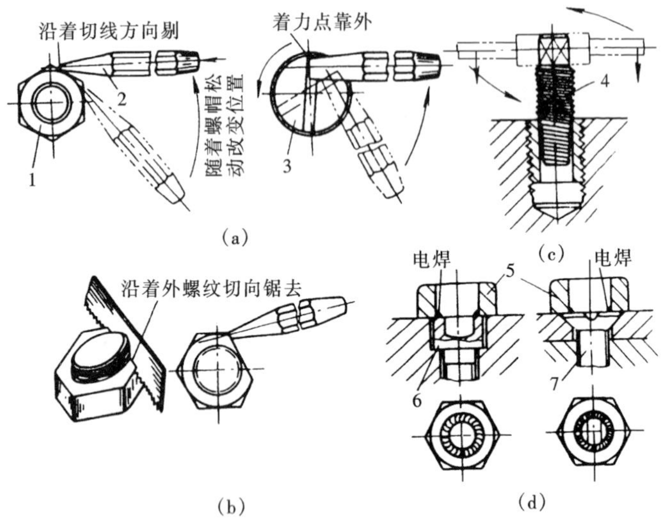

图 10－3　螺纹连接件锈死后的拆卸

(a) 用平口錾錾剔；(b) 锯后再剔；(c) 用反牙丝攻；(d) 焊六角螺帽

1—六角螺钉或螺帽；2—平口錾；3—圆基螺钉；4—反牙丝攻；

5—六角螺帽；6—内六角螺钉；7—平基螺钉

(1) 螺帽用喷灯或乙炔加热，边加热边用手锤敲打螺帽，加热要迅速，并不得烧伤螺杆螺纹。待螺帽热松后，立即拧下。若螺杆已无使用价值，可用气割或电焊将其割掉。

(2) 用平口錾子剔螺帽。此法用于扳手已无法拆卸的情况，被剔下的螺帽不许再使用。

(3) 用钢锯沿外螺纹切向将螺帽锯开后，再剔除。

(4) 对于已断掉的螺栓，可在断掉部分的中心钻一适当直径的孔，再用反牙粗齿丝攻取出。

(5) 对于内六角已被扳圆的螺钉或平基、圆基螺丝刀口已被拧滑的螺钉，可在螺钉上焊一六角螺帽进行拆卸。

(6) 对于小螺钉，可用电钻钻去拧入部分，再重新攻丝。

2. 螺纹组装注意事项

(1) 在组装前应对螺纹部位进行认真的刷洗，清除牙隙中的锈垢，有缺牙、滑牙、裂纹及弯曲的螺纹连接件不许再继续使用。

（2）螺纹配合的松紧应以用手能拧动为准，过紧容易咬死，过松容易滑牙。重要的螺纹连接件应用螺纹千分尺检查螺纹直径，以保证螺纹的配合间隙。

（3）组装时为了防止螺纹咬死或锈蚀，对一般的螺纹连接件在螺纹部分应抹上油铅粉（机油与黑铅粉的混合物），重要的螺纹连接件则应采用铜石墨润滑剂或二硫化钼润滑剂。

（4）设备内部有油部位的螺纹连接件在组装时不要用铅粉之类的防锈剂。

（5）室外设备或经常与水接触的螺纹连接件最好用镀锌制品。

（6）锅炉辅机安装中地脚螺栓的不垂度不得大于其长度的1/100。

二、键、销连接的装配与取出

键连接主要用于轴与轴上旋转零件（齿轮、联轴器等）之间的周向固定。

（一）键连接的装配与取出

（1）平键的装配。键在轴上的键槽中必须与槽底接触，与键槽两侧有紧力。装键时用软材料垫在键上，将其轻轻打入镇定键槽中。键与轴孔键槽两侧为滑动配合，并要求受力一方紧靠，无间隙，键的顶部与轴孔键槽间隙为0.1～0.2mm。

（2）半圆键（月牙键）的装配。半圆键是松键的一种。键在键槽中可以滑动，能自动适应轴孔键槽的斜度。取键方法如图10－4所示。

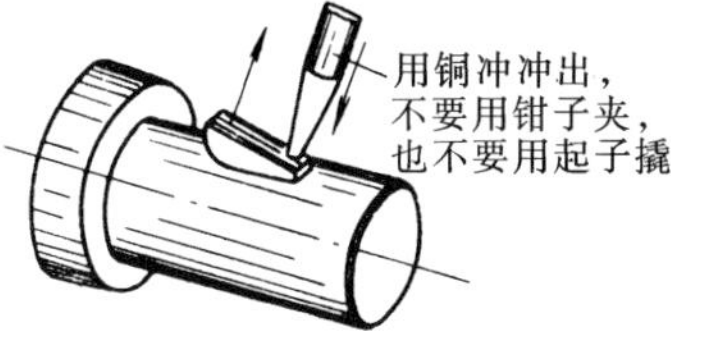

图10－4 半圆键的取出

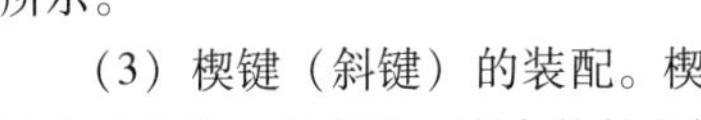

（3）楔键（斜键）的装配。楔键通常是装在轴端头。当套装件在轴上并使键槽对正后，将楔键抹上机油敲入键槽中。在装入前应检查键与孔槽的斜度是否一致，不符合要求时必须修整。拆法如图10－5所示。

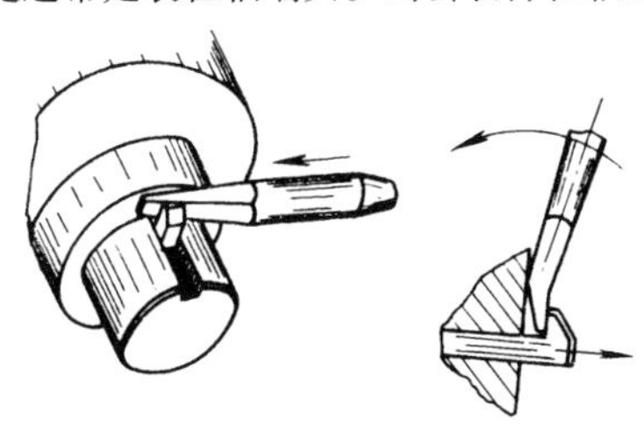

图10－5 楔键的取出

（4）花键与滑键的装配。这两类键多用于套装件可以在轴上滑动的结构上，装配前应将拉毛处磨光。键上的埋头螺钉只起压紧作用，而不能承受剪切应力。装配后，用手晃动套装件不应有明显的松动，沿轴向滑动的松紧度应一致。

（二）销连接的装配与取出

销有圆柱形和圆锥形两种。销与孔的配合必须有一定的紧力，销的配合段用红丹粉检查时，其接触面不得少于 80%。销孔必须用铰刀铰制，孔的表面粗糙度不得大于 1.6。

（1）销连接的装配。应在零件上的紧固螺栓未拧紧前将销装上。装时先将零件上的销孔对准，再把销子抹上机油后装入。不许利用销子的下装力量使零件达到对位的目的，因这样会使销子与下销孔发生啃伤。锥销的装配紧力不宜过大，一般只需用手锤木把敲几下即可。打得过紧不仅取销困难，而且会使销孔口边胀大，影响零件配合的精度。

（2）销连接的取出。取销的方法如图 10－6 所示。

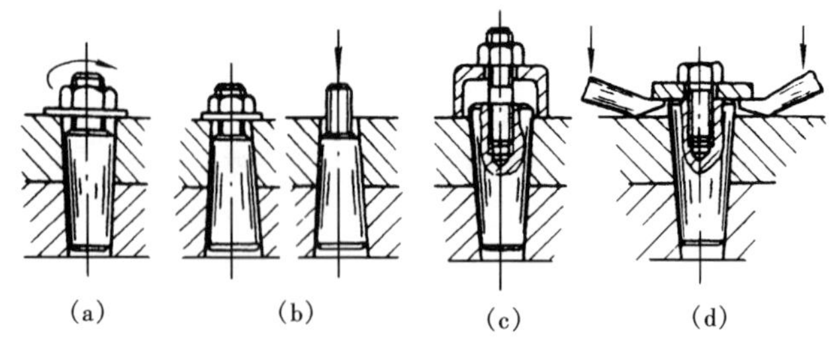

图 10－6　销子的取出

（a）拧螺帽拔取；（b）取下紧固螺帽后，用木锤打出；（c）用丝对拔取；（d）撬取

三、垫的制作及密封的拆装

（一）垫的制作

密封垫的制作方法如图 10－7 所示。

在制作中应注意以下几点：

（1）垫的内孔必须略大于工件的内孔。

（2）带止口的法兰垫应能在凹口内转动，不允许卡死，以防产生卷边，影响密封。

（3）对重要工件用的垫不允许用手锤头敲打做垫，以防损伤工件。

（4）垫的螺孔不宜做得过大，以防垫在安放时发生过大的位移。

（5）做垫时应注意节约，尽量从垫料的边缘起线，并将大垫的内孔、边角料留作小垫用。

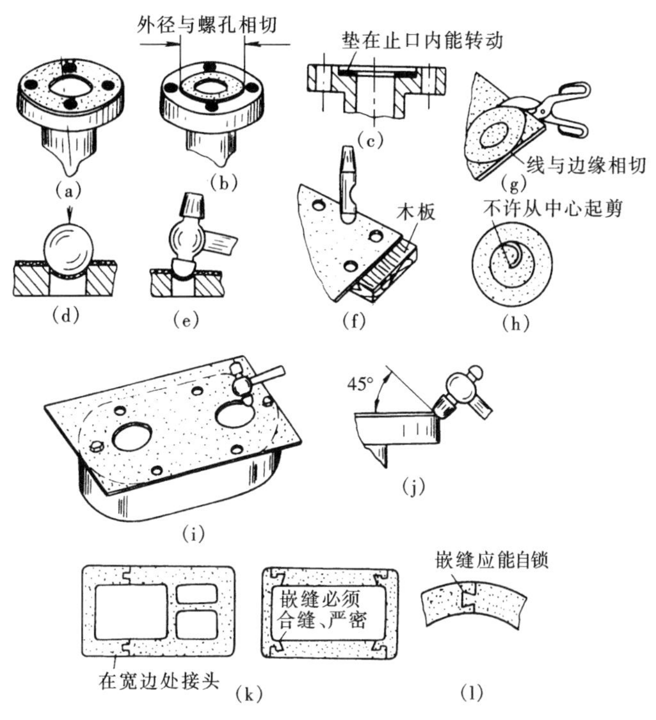

图 10－7　密封垫的制作

(a) 带螺孔的法兰垫；(b) 不带螺孔的法兰垫；(c) 止口法兰垫；(d) 用滚珠冲孔；(e) 用手锤敲打孔；(f) 用空心冲冲孔；(g) 用剪刀剪垫；(h) 剪内孔的错误作法；(i) 用手锤敲打内孔；(j) 用手锤敲打外缘；(k) 方框形垫的镶嵌方法；(l) 圆形垫的镶嵌方法

(二) 密封的拆装

辅机的密封有静密封和动密封。齿轮箱上下盖结合面的密封、油箱人孔的密封及液压系统管接头的密封属静密封，轴承箱的轴封属动密封。

齿轮箱上下盖结合面的密封一般采用耐油胶皮垫或密封胶。结合面的粗糙度较高时，选用较厚的垫子；粗糙度较低时，选用较薄的垫子或只用密封胶。垫子厚度一般为 0.5～5mm 不等。

做好的垫子应将其上下表面清理干净，安放密封时要将上下盖结合面清理干净，扣盖后螺丝紧力要适当、均匀，以防垫没压紧或局部过紧。

液压系统管接头的密封有刚性密封和 O 型密封。刚性密封要注意密封面不得有损伤，紧力要适当；O 型密封安装时 O 型圈不得有损伤。规格要适当，富有弹性。

常见的轴封有毛毡式轴封、皮碗式轴封、油沟式轴封、迷宫式轴封及迷宫—毛毡式轴封，如图 10－8 所示。除此之外，较常用的轴封还有填料密封、机械端面密封。

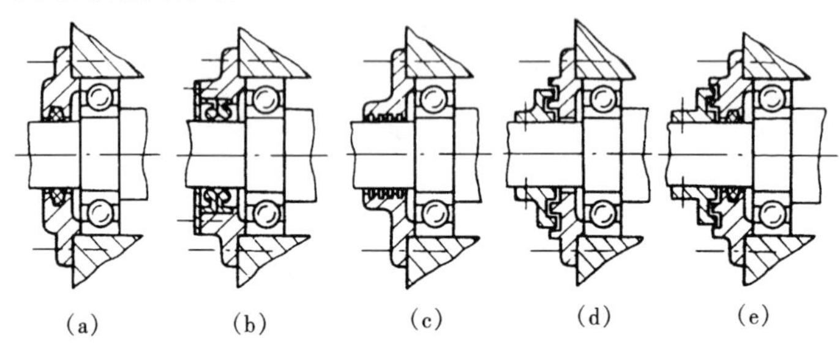

图 10－8 常见的轴封

(a) 毛毡式轴封；(b) 皮碗式轴封；(c) 油沟式轴封；(d) 迷宫式轴封；(e) 迷宫—毛毡式轴封

毛毡是以两半式安装，新的毛毡应在更换前泡在热油里，或者泡在黏度比轴承中使用油稍高一点的润滑剂里，或是泡在机油与动物油成 2:1 比例、温度 80～90℃的混合油里。捞出后将多余的油甩掉，安装后要确定毛毡无间隙，刚好轻绕轴径，并无受到挤压。

皮碗式轴封是国家标准件，有各式规格，安装时使用专用工具。

迷宫—毛毡式轴封密封性能很好。组装时在迷宫中应填润滑脂。

填料密封填加时要求填料规格要合适，性能要与工作液体相适应。填料的接头要斜切 45°，每圈填料接口要错开 90°～180°，注意每一圈填料装入填料箱中都是一个整圆，不能短缺。遇到填料箱为椭圆时，应在较大一边多加一些填料，否则容易造成渗漏。施加填料时要特别注意填料环（水封环）要对准来水口，以免漏水或烧坏盘根。压兰盖四周的缝隙要相等，压兰盖与轴之间的间隙不可过小，以防压盖与轴相摩擦。

四、联轴器的检修

联轴器是用来传递扭矩的部件，主要用来使两轴相互联接，并能一起回转而传递扭矩和转速。

（一）维护检修项目

在日常维护中，对于弹性柱销联轴器及木销、尼龙柱销联轴器，应注意检查柱销及弹性圈不应有缺损，销孔不应磨损，弹性圈与销孔间应有一定的间隙。对于齿轮联轴器，应注意联轴器螺栓不应松动、缺损，并要经常加油润滑。

联轴器应着重进行下列项目的检修：

（1）用探伤仪检查半联轴器，不应有疲劳裂纹，如发现裂纹应及时更换新件。也可用小锤敲击，根据敲击声和油的浸润来判断裂纹。

（2）两半联轴器的联接螺栓孔或柱销孔磨损严重时，通常采用加工孔的方法，再配上合适的螺栓；也可以补焊孔，再重新加工。

（3）对于齿轮联轴器应检查齿形，用卡尺、公法线千分尺或样板来检查齿形。齿厚磨损超过原齿厚的15%～30%时要更新。

（4）对于齿轮联轴器还应检查密封装置、挡圈、涨圈、弹簧等有无损坏、老化，如有，应及时更新。

（5）对于半联轴器以及齿轮联轴器的轴套与轴的配合，如不符合图纸要求，或由于键的松动，轴上有较大的划伤要及时检修。修理时一般只修理半联轴器或轴套，不修轴，以防止发生断轴事故。

（二）联轴器的拆装

（1）从轴上拆卸联轴器应使用专用工具进行，必要时可用火焰加热到250℃左右（齿轮联轴器应用矿物油加热到90～100℃）。

（2）检查联轴器有无变形和毛刺，新联轴器应检查各处尺寸是否符合图纸要求。

（3）用细锉刀将轴头、轴肩等处的毛刺清除掉，用0号砂布将轴与联轴器内孔的配合面打磨光滑。

（4）测量轴颈和联轴器内孔、键与键槽的配合尺寸，符合质量标准后，方可进行装配。

（5）为便于装配，在装配时轴颈和联轴器内孔配合面上涂上少量的润滑油。

（6）装联轴器时不准直接使用大锤或手锤敲击，应当垫上木板等软质材料进行。紧力过大时，应采用压入法或温差法进行装配。

（7）重要场合联轴器的轴颈与轴孔配合过松时，不准使用打样冲眼、垫铜皮的方法解决，应当采用焊补、镀铬、喷涂、刷镀和联轴器内孔镶套等方法解决。

（8）拆前应在对轮上做好装配记号，以便在配螺丝时，螺丝孔不错乱，保证装配质量。拆下的螺丝和螺母应配装在一起，以便装配螺丝时不错乱。

（三）常用联轴器的技术要求

（1）刚性联轴器。刚性联轴器按结构形式分平面的和止口的两种。有止口的刚性联轴器两对轮借助于止口相互嵌合，对准中心。止口处按H7/h6配合车制，螺栓孔用铰刀加工，螺栓按H7/h6配制。螺栓只需与一边对轮配准即可，另一边可留0.10～0.20mm的间隙［如图10－9（a）所示］。刚性联轴器可分为套筒联轴器和凸缘联轴器。

（2）弹性柱销联轴器。弹性柱销联轴器的结构如图10－9（b）所示。在装配时应注意以下几点：

1）螺栓与对轮的装配有直孔和锥孔两种。直孔按H7/h6配制，锥孔要求铰制并与螺栓的锥度一致，螺栓的紧固螺帽必须配制防松垫圈。

2）弹性皮圈的内孔要略小于螺栓直径，装配后不应松动。皮圈的外径应小于销孔直径，其间隙值约为孔径的2%～3%（径向间隙）。装于同一柱销上的皮圈，其外径之差不应大于皮圈外径偏差的一半。

3）在组装时两对轮之间不允许紧靠，应留有一定间隙，其值小型设备为2～4mm，中型设备为4～5mm，大型设备为4～8mm，具体数值可查阅有关规范。

（3）波形联轴器。波形联轴器是半挠性联轴器的一种，其结构如图10－9（c）所示。波形节与两边对轮的连接螺栓的要求与刚性联轴器相同，利用螺栓的精密配合保证两对轮和波形节的同心度。

（4）蛇形弹簧联轴器。蛇形弹簧联轴器属挠性联轴器［见图10－9（d）］。必须由邻近的轴瓦供给润滑油，通过联轴器上的小孔在离心力的作用下送到牙齿和弹簧上。检修时应用压缩空气将所有的油孔吹通。

组装时拧紧双头螺栓的力要适当，以外罩不产生变形为准，若过紧会使螺栓内部应力过大，运行中易断裂。

（5）CL型和CLZ型齿轮联轴器。

1）为了保证联轴器的正确装配，在联接两个内齿圈及半联轴器（CLZ型联轴器）上，加工时要有定位线或定位孔，装配或拆卸时，定位线或定位孔必须重合，以保证其精确性。见图10－9（e）。

2）当两轴中心线无径向位移时，在工作过程中因两联轴器的不同轴度所引起的每一外齿轴套线对内齿圈轴线的歪斜不应大于30′。

3）当两轴中心线无倾斜时，CL型联轴器允许径向位移y值见表10－2。

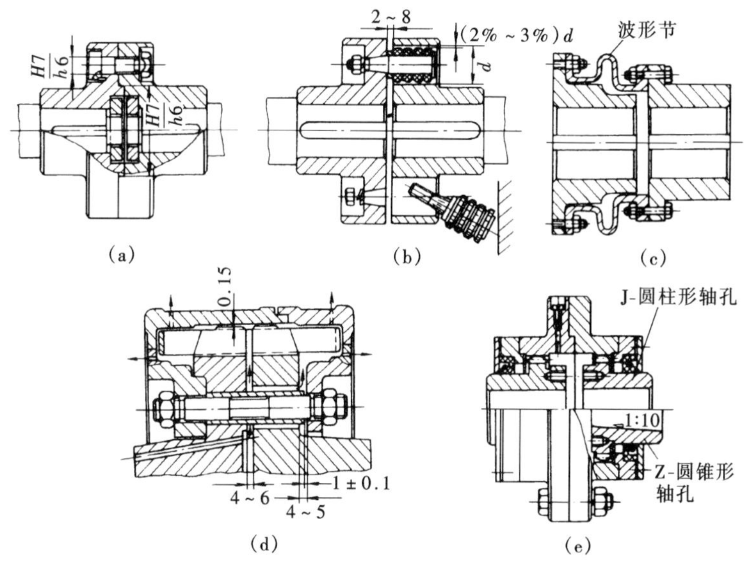

图 10－9　联轴器的类型

(a) 刚性联轴器；(b) 弹性柱销联轴器；(c) 波形联轴器；(d) 蛇形弹簧联轴器；(e) 齿式联轴器

表 10－2　　CL 型联轴器的允许径向位移数值　　mm

编号	1	2	3	4	5	6	7	8	9	10
径向位移 y	0.40	0.65	0.8	1.0	1.25	1.35	1.6	1.8	1.9	2.1

编号	11	12	13	14	15	16	17	18	19
径向位移 y	2.4	3.0	3.2	3.5	4.5	4.6	5.4	6.1	6.3

五、对轮找中心

联轴器找中心是泵、风机、磨煤机等辅机设备检修的一项重要工作，转动设备轴的中心若找得不准，必然要引起机械的超常振动。

(一) 找中心的目的及原理

找中心的目的是使一转子轴的中心线与另一转子轴中心线重合，即要使联轴器两对轮的中心线重合。具体要求：

(1) 使两对轮的外圆面重合。

(2) 使两个对轮的结合面（端面）平行。

测量时先在一转子的对轮外圆面上装一工具（通称桥规），供测外圆面偏差之用（见图10－10）。转动转子，每隔90°测记一次，测出上、下、左、右四处的外圆间隙b和端面间隙a，将结果记录在图10－10所示的方格内。

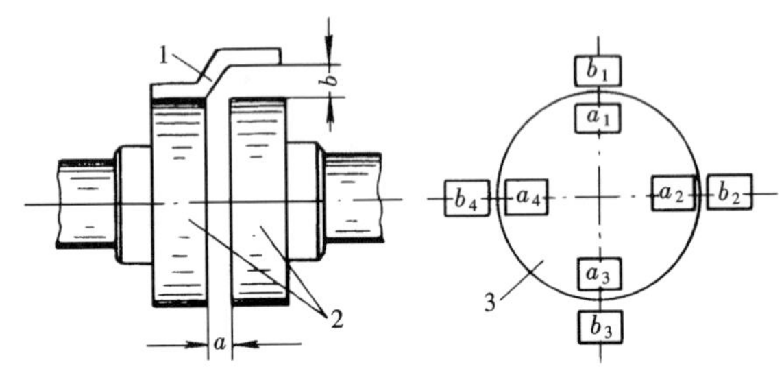

图10－10　对轮找中心的原理

1—桥规；2—联轴器对轮；3—中心记录图

在测得的数值中，若$a_1=a_2=a_3=a_4$，则表明两对轮的端面平行；若$b_1=b_2=b_3=b_4$，则表明两对轮同心。若同时满足上述两个条件，则说明两轴的中心线重合；若所测得的数值不等，则需对两轴进行调整。

找中心的任务为：一是测量两对轮的外圆面和端面的偏差情况；二是根据测量的偏差数值，对轴承（或机器）作相应的调整，使两对轮中心同心、端面平行。

（二）找中心的方法及步骤

1. 找中心前的准备工作

（1）准备找正用的量具和工具：钢板尺、塞尺、千分尺、百分表、找正卡或桥规、专用扳手、撬棍、千斤顶、皮老虎、扳手。

（2）检查轴承座、台板及轴承紧固螺丝，松动者应紧固。

（3）将电动机地脚与基础台板的结合面清理干净，并把垫片清理干净。

（4）将电动机就位，进行初步调整，用塞尺检查电动机座的接触情况。如一处或几处有间隙时，应用铜片或钢片加垫来消除。

（5）将对轮端部及外圆处的毛刺、油垢、锈斑去掉，以使读数准确。

（6）准备桥规时，既要有利于测量，又有足够的刚度。

2. 校正中心

（1）用钢板尺将对轮初步找正，将对轮轴向间隙调整到5～8mm。

（2）将两个对轮按记号用两条螺丝连住。

（3）初步找正后安装找正用的卡子或桥规。

（4）将卡子的轴向、径向间隙调整到0.5mm左右。

（5）将找正卡子转至上部，作为测量起点。

（6）按转子正转方向依次转90°、180°、270°，测量径向、轴向间隙值 a、b，记入图10－10中（测轴向间隙时应用撬棍消除电动机窜动，防止造成测量误差）。

（7）转动对轮360°至原始位置，与原始状态测量记录对比，若相差很大，应找出原因。

（8）应转动两圈，对比测量结果，取得较正确的值。

（9）调整间隙时，电动机地脚或轴瓦移动量的计算（图10－11）为：

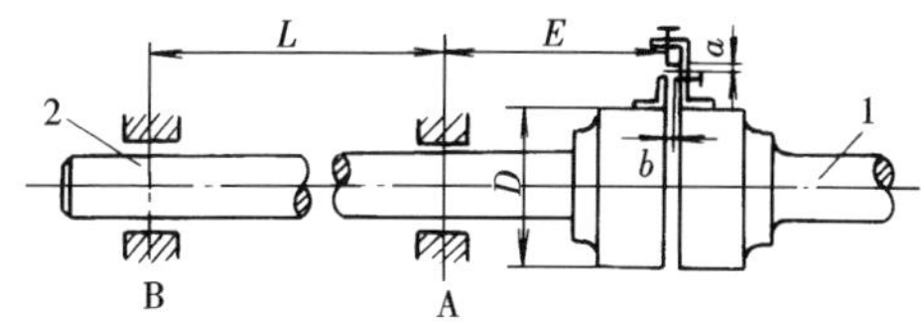

图10－11　电动机找正计算移动量的有关尺寸示意

1—找正依据的轴；2—需要找正的轴

1）A点左右移动量XA为

$$XA = (b_2 - b_4)E/D + (a_2 - a_4)/2 \qquad (10-1)$$

2）B点左右移动量XB

$$XB = (b_2 - b_4)(E + L)/D + (a_2 - a_4)/2 \qquad (10-2)$$

3）A点升降量YA

$$YA = (b_1 - b_3)E/D + (a_1 - a_3)/2 \qquad (10-3)$$

4）B点升降量YB

$$YB = (b_1 - b_3)(E + L)/D + (a_1 - a_3)/2 \qquad (10-4)$$

（10）电动机左右移动靠顶丝，升降靠加减垫。

3. 找中心的质量要求

（1）对轮间隙。吸、送、排粉机风机为4～6mm，磨煤机为5～7mm，大、中型泵为4～6mm，小型泵为2～4mm。

（2）找正误差（轴向、径向）。回转设备对找正误差的要求与设备转速、联轴器连接方式有关，具体要求见表10－3。

（3）一般回转设备对振动值的要求转速有关，具体要求见表10－4。

表 10－3　　联轴器找中心偏差范围　　mm

转速（r/min）	刚性连接	弹性连接	转速（r/min）	刚性连接	弹性连接
≥3000	≤0.02	≤0.04	<750	≤0.08	≤0.10
<3000	≤0.04	≤0.06	<500	≤0.10	≤0.15
<1500	≤0.06	≤0.08			

表 10－4　　回转设备振动范围

转速（r/min）	≤3000	≤1500	≤1000	≤750
振幅（mm）	≤0.05	≤0.085	≤0.10	≤0.12

4. 注意事项

（1）测量时数据因桥规的固定端不同而有变动，而实际上中心状态是不变的。

（2）测端面间隙时桥规的测位不同，所测的数值也不同。

（3）用百分表测量与用塞尺测量相比，其数值往往相反。

（4）若用百分表测量，要固定牢固，但要保证测量杆活动自如。测量外圆值的百分表测量杆要垂直轴线，其中心要通过轴心；测量端面值的两个百分表应在同一直径上，并且离中心的距离要相等。装好后试转一圈，并转回到起始位置，此时测量外圆在值的百分表读数应复原。为了测记方便，将百分表的小指针调到量程的中间，大针对到零。

（5）若使用塞尺测量，在调整桥规上的测位间隙时，在保证有间隙可塞的前提下，尽量将测量间隙调小，塞入力不应过大。桥规结构见图 10－12。

（6）先进行上、下偏差的调整，根据计算的调整量垫高或降低轴瓦，再测量联轴器的偏差值，如上、下偏差符合要求后，即可进行左、右差的调整，直到联轴器的上、下、左、右偏差落在允许的范围之内。

（7）记录图及中心状态图中左、右的划分必须以测记时的视向为准，而且在整个找正过程中视向不变。

（8）每次测量间隙前都要把联轴器推向一边（即将两个半联轴器紧靠到最小距离），再进行测量。

（9）电动机的移动不应用大锤敲打。

（10）调整加垫时，厚的在下边，薄的在中间，较薄的在上边，加垫数量不允许超过 3 片。

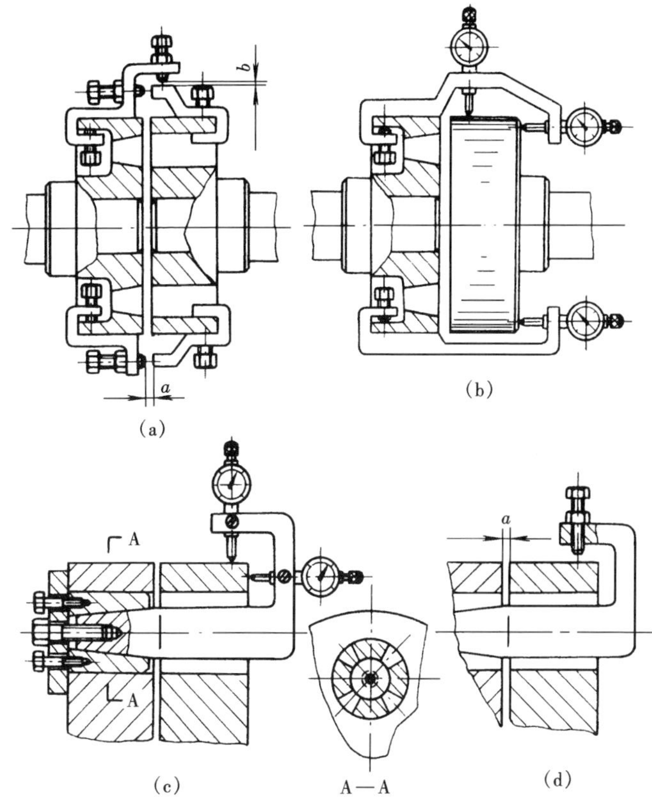

图 10－12　桥规结构

(a)、(d) 用塞尺测量的桥规；(b)、(c) 用百分表测量的桥规

提示　本节内容适合锅炉本体检修，锅炉辅机检修，锅炉管阀检修 (MU4　LE9)、电除尘设备检修、除灰设备检修。

第二节　轴承的检修

轴承是辅机设备的重要组成部件，它承受来自回转机械转子的径向、轴向负荷，直接影响回转机械的稳定运行。轴承检修就是要对轴承进行检查，找出缺陷，分析出其损坏的原因，修复并进行正确的装配，提高轴承的使用寿命。

一、滚动轴承的检修

（一）滚动轴承的损坏及原因

滚动轴承的常见损坏形式有锈蚀、磨损、脱皮剥落、过热变色、裂纹和破碎等。

锈蚀是由轴承长期裸露于潮湿的空间所致，故轴承需上油脂防护。

磨损则是由于灰、煤粉和铁锈等颗粒进入运转的轴承，引起滚动体与滚道相互研磨而产生。磨损会使轴承间隙过大，产生振动和噪声。

脱皮剥落是指轴承内、外圈的滚道和滚动体表面金属成片状或颗粒状碎屑脱落。其原因主要是内圈与外圈在运转中不同心，轴承调心时产生反复变化的接触应力而引起。另外振动过剧、润滑不良或制造质量不好也会造成轴承的脱皮剥落。

过热变色是指轴承工作温度超过了170°，轴承钢失效变色。过热的主要原因是轴承缺油或断油、供油温度过高和装配间隙不当等。

轴承的内外圈、滚动体、隔离圈破裂属恶性损坏，是轴承发生一般损坏时，如磨损、脱皮剥落、过热变色等未及时处理引起的。此时轴承温度升高，振动剧烈，并发出刺耳的噪声。

温度、振动和噪声是滚动轴承运转情况的监测因素，滚动轴承的早期故障识别借助轴承故障检测仪来完成。

（二）滚动轴承

滚动轴承的使用温度不应超过70℃，如果发现轴承温度超过允许值，可检查轴承的润滑情况，轴承内是否有杂质，安装是否正确。

滚动轴承正常运转的声音应是轻微均匀的。当听到断续的哑声，则说明轴承内部有杂质；有研磨声，则说明滚动体或保持架有损坏。

一般滚动轴承检修时应检查下列各项：

（1）内、外圈和滚动体表面质量，如发现裂纹疲劳剥落的小坑和碎落现象，应及时更换新轴承。

（2）因磨损轴向间隙超过允许值可以重新调整，重新调整达不到要求应更换轴承。

（3）对于向心推力轴承，径向间隙和轴向间隙有一定的几何关系，所以径向间隙和轴向间隙检查一项即可。

（4）对于单列向心球轴承间隙测量，可只测量径向间隙。测量时可把被测的轴承平放在平板上，把内圈固定，用力向一侧推轴承的外圈，在另一侧用塞尺测量外圈与滚动体的间隙，即为径向间隙。

（5）检查密封是否老化、损坏，如失效时应及时更新，新毡圈式密封装置，在安装前要在溶化的润滑脂内浸润 30～40min，然后再安装。

（6）轴承应始终保持良好的润滑状态。重新涂油之前，应当用汽油洗净，控制涂油量为轴承空隙的三分之二。

（7）轴承中滚动体数量不够时，应更换新轴承。

（三）滚动轴承的拆装

1. 拆卸

（1）拆卸轴承需要专用工具，以防损坏轴承。为了便于拆卸轴承，内圈在轴肩上应露出足够的高度，以便拆卸工具的钩头能够伸入到轴承内圈与轴肩处，轴肩的高度一般为轴承内圈厚度的 1/2～2/3。如果轴承内圈与轴颈配合很紧时，为了不损坏配合面，可先用 100℃的热油浇在轴承的内圈上，使内圈膨胀后再行拆卸。

绝对禁止用手锤直接敲击轴承外圈来拆卸轴承。使用套筒法，施力应四周均匀。如果用这些专用工具还拆不下来时，就要用压力机进行拆卸。

（2）拆卸时施力部位要正确，从轴上拆下轴承时要在内圈施力，从轴承室取出轴承时要在外圈施力。施力时应尽可能平稳、缓慢。

2. 安装

（1）安装前的准备。①按照所安装的轴承，准备好所需要的量具和工具。②在轴承安装前应按照图纸的要求检查与轴承相配合的零件，如：轴、外壳、端盖、衬套、密封圈等的加工质量（包括尺寸精度、形状精度和表面光洁度）。不合要求的零件不允许装配。与轴承相配合的表面不应有凹陷、毛刺、锈蚀和固体微粒。③用汽油或煤油清洗与轴承配合的零件，所有润滑油路都应清洗、检查清除污垢。

（2）安装。最简单的安装轴承方法是用手锤和金属套管，把轴承打入轴颈上。锤击套筒的力作用在轴承的内圈上，使轴承慢慢在轴颈上就位。安装时，禁止用手锤直接敲击内圈，更不能敲击外圈。

热装时，可先把轴承放在 80～100℃的热油中加热或置于蒸箱中（蒸汽温度 100℃）加热及采用感应电预热 15～20min。用油箱加热时，使轴承膨胀后再安装，应将轴承悬在油中，避免轴承与箱底直接接触而产生过热退火。

轴承内套与轴是紧配合、外套与壳体为较松配合时，可将轴承先装在轴上，然后将轴连同轴承一起装入壳体中。轴承外套与壳体孔为紧配合、内圈与轴为较松配合时，可将轴承先装入壳体中再装轴。

（四）滚动轴承的间隙调整

滚动轴承的滚动体和内外圈间要有一定的间隙。间隙过大，轴承在运动中容易发生振动，轴承发出噪声；间隙过小，滚动体容易卡住，轴承要剧烈的发热和磨损。这两种情况都会缩短轴承的使用寿命。

对于向心轴承，内部间隙已由轴承制造厂确定好了，用户安装时无需调整。对于向心推力轴承和推力轴承，内部间隙要由用户在安装时加以调整。表 10－5 是向心推力轴承在正常工作时所需要的轴向间隙。表中 I 型是指一个轴承座中安装两个轴承的数据，如图 10－13 所示，Ⅱ型是指一个轴承座中只安装一个轴承的数据，如图 10－14 所示。表 10－6 是圆锥滚子轴承轴向间隙表。

表 10－5　　向心推力轴承的轴向间隙

轴承内径（mm）	允许轴向间隙的范围 M（μm）						Ⅱ型轴承允许的间距
	α＝12°			α＝26°及 α＝36° I			
	I 型		Ⅱ型		I 型		
	最小	最大	最小	最大	最小	最大	
≤30	20	40	30	50	10	20	8d
＞30～50	30	50	40	70	15	30	7d
＞50～80	40	70	50	100	20	40	6d
＞80～120	50	100	60	150	30	50	5d
＞120～180	80	150	100	200	40	70	4d
＞180～260	120	200	150	250	50	100	（2～3）d

注　*d* 为轴的直径。

表 10－6　　圆锥滚子轴承轴向间隙轴承内径

轴承内径（mm）	允许轴向间隙的范围 M（μm）						Ⅱ型轴承允许的间距
	α＝10°～16°			α＝25°～29° I			
	I 型		Ⅱ型		I 型		
	最小	最大	最小	最大	最小	最大	
≤30	20	40	40	70	—	—	14d
＞30～50	40	70	50	100	20	40	12d
＞50～80	50	100	80	150	30	50	11d
＞80～120	80	150	120	200	40	70	10d
＞120～180	120	200	200	300	50	100	9d

续表

轴承内径（mm）	允许轴向间隙的范围 M（μm）						Ⅱ型轴承允许的间距
	α=10°~16°				α=25°~29° Ⅰ		
	Ⅰ型		Ⅱ型		Ⅰ型		
	最小	最大	最小	最大	最小	最大	
>180~260	160	250	250	350	80	150	6.5d
>260~360	200	300					
>360~400	250	350					

注 *d* 为轴的直径。

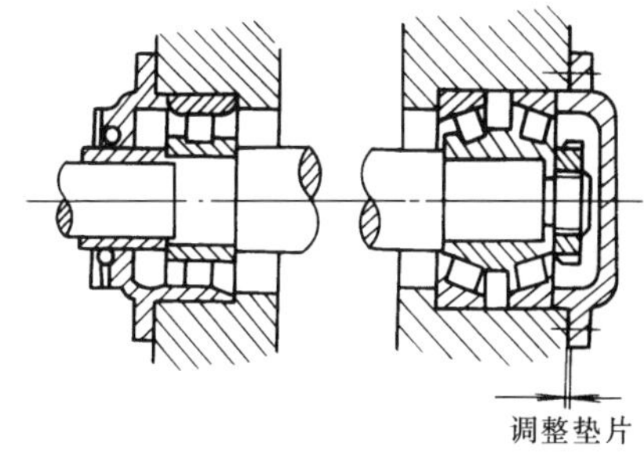

图 10－13 Ⅰ型安装图

1. 轴向间隙的调整

轴承内部的轴向间隙可以借助移动外圈的轴向位置来实现。

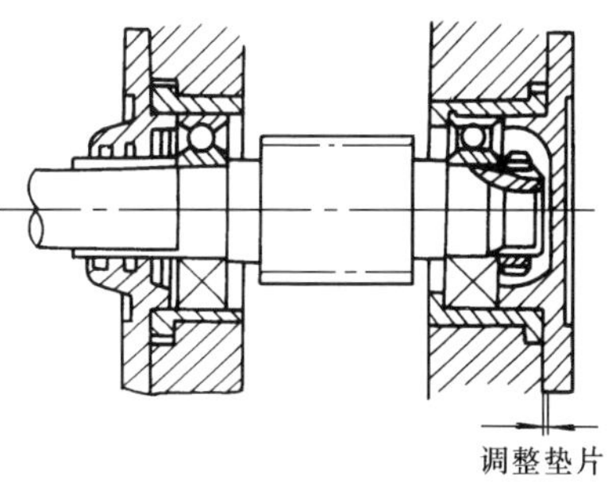

图 10－14 Ⅱ型安装图

（1）调整垫片法。这种方法在轴承端盖与轴承座端面之间填放一组软材料边（软钢片或弹性纸）垫片，调整时先不放垫片装上轴承端盖。一边均匀地拧紧轴承端盖上的螺钉，一边用手转动轴，直到轴承滚动体与外圈接触而轴承内部没有间隙为止。这时测量轴承端盖与轴承座端面之间的间隙，再加上轴承在正常工作时所需的轴向间隙（表 10－5 或表 10－6），这就是所需填放垫片的总厚度。然后把准备好的垫片填放在轴承端盖与轴承座端面之间，最后拧紧螺钉。

（2）调整螺栓法。这种方法是把压圈压在轴承的外圈上，用调整螺栓加压。在加压调整之前，首先要测量调整螺栓的螺距，然后把调整螺栓慢慢旋紧，直到轴承内部没有间隙为止。这时根据表 10－5 或表 10－6 中允许的数值算出调整螺栓相应的旋转角。例如螺距为 1.5mm，轴承正常运转所需要的间隙为 0.15mm，那么调整螺栓所需旋转角为 360°×0.15/1.5＝36°。这时把调整螺栓反转 36°，轴承就获得 0.15mm 的轴向间隙，然后用止动垫片加以固定即可。

2. 滚动轴承的游隙

由于轴在温度升高时，会引起轴的伸长，这就不可避免地使轴承内圈与外圈沿轴向相对移动。为了防止轴承滚动体卡死，必须在结构上采取措施，其方法是：

（1）对于内部间隙不能调整的各种向心轴承，在安装时，通常一端轴承固定，另一端的轴承是可移动的，用轴承盖来实现轴承外圈的轴向固定。在轴承盖与轴承外圈间，留出一定的间隙，一般是 0.25～0.5mm。当轴较长、温度较高时，轴向间隙可在 0.5～1mm。

（2）对于向心推力轴承和推力轴承，可适当调整轴承内部间隙来补偿轴的伸长量。

（3）对于多支点结构的轴，可采用一个轴承固定，其余轴承都可以游动的措施。

（五）质量标准及验收

（1）滚动轴承上标有轴承型号的端面应装在可见的部位，以便将来更换。

（2）装配时施力要均匀适当，力的大小、方向和位置应符合装配方法的要求，以免轴承滚动体、滚道、隔离圈等变形损坏。

（3）应保证轴承装在轴承座孔中，没有歪斜和卡住现象。

（4）为了保证轴承工作时有一定的热胀余地，在同轴的两个轴承中，必须有一个的外套可以在热胀时产生轴向移动，以免轴或轴承没有这个余地而产生附加应力，以致急剧发热而被烧毁。

（5）轴承内必须清洁，严格避免钢、铁屑及杂物进入轴承内部。

（6）装配后的轴承外套不得松动转圈，当与轴套式轴承座配合时，应视其直径大小有 0.01～0.03mm 的紧力。内套配合标准，一般为 0.02～0.05mm，具体可根据表 10－7 和表 10－8 选取。轴承外套与轴承座的配合可参考表 10－9，一般为 0.05～0.1mm，大型轴流式风机的轴承外圈倾斜度不能大于0.03～0.05mm。

表10－7　　　轴承内圈与轴的配合公差

向心轴承	短圆柱滚子轴承	双列球面滚子轴承	配合等级	
轴承内径（mm）			新标准	旧标准
≤18～100 >100～200	≤40 >40～140 >140～200	≤40 >40～100 >100～200	mb kb jsb	gb gc gb

表10－8　　　内圈与轴的配合　　　μm

公称直径（mm）	轴的极限偏差					
	gb（mb）①		gc（kb）①		gd（jsb）①	
≤18～30	+23	+8	+17	+2	+7	－7
>30～50	+27	+9	+20	+3	+8	－8
>50～80	+30	+10	+23	+3	+10	－10
>80～120	+35	+12	+26	+3	+12	－12
>120～180	+40	+13	+30	+4	+14	－14

①　括号内为新的配合标准符号。

表10－9　　　轴承外圈与外壳的配合

公称直径（mm）	壳体孔径极限偏差（μm）	公称直径（μm）	壳体孔径极限偏差（μm）
≤30～50 >50～80 >80～120 >120～180	+18～－8 +20～－10 +23～－12 +27～－14	180～260 260～360 360～500	+30～－16 +35～－18 +40～－20

（7）装配后，轴承运转应灵活，无噪声，工作时的温度不应超过70℃。

（8）轴承各部隙应符合要求。

滚动轴承原始游隙见表10－10。

二、滑动轴承的检修

滑动轴承俗称轴瓦，广泛用于锅炉辅机中的钢球磨煤机，离心式引、送风机，排粉机，液力耦合器及变速齿轮箱等。

表 10-10　　滚动轴承原始游隙

与轴承装配的轴径（mm）	新轴承在与轴装配前滚动体与座圈的游隙（mm）	
	滚珠轴承	滚柱轴承
50～80	0.013～0.025	0.025～0.070
80～100	0.013～0.029	0.035～0.080
100～120	0.015～0.034	0.040～0.090
120～140	0.017～0.040	0.045～0.100
140～180	0.018～0.045	0.060～0.125
180～225	0.021～0.055	0.065～0.150
225～280	0.025～0.065	0.090～0.180

（一）滑动轴承的损坏及原因

滑动轴承的损坏形式主要是烧瓦和脱胎。

烧瓦即轴瓦乌金剥落、局部或全部熔化，此时轴瓦温度及出口润滑油温度升高，严重时熔化的乌金流出瓦端，轴头下沉，轴与瓦端盖摩擦，划出火星。烧瓦的主要原因是缺油或断油，装配时工作面间隙过小或落入杂物也是烧瓦的一个原因。

脱胎是指轴瓦乌金与瓦壳分离，此时轴瓦振动加剧，轴瓦温度升高。轴瓦浇铸质量不好或装配时工作面间隙过大是造成脱胎的重要原因。

温度升高和振动加剧是滑动轴承在运行时发生损坏的征兆，因此在巡回检查时发现两者超标时应立即汇报，采取措施。滑动轴承有关振动和温度的规定见表 10-11。

表 10-11　　滑动轴承的振动、温度标准

转速（r/min）	振动值不允许超过（mm）	温度不允许超过（℃）	
		滑动轴承	滚动轴承
3000	0.06	60	70
1500	0.10	60	70
1000	0.12	65	70
750	0.15	85	70

（二）滑动轴承的检修内容

（1）检修油道是否畅通，润滑是否良好。

（2）检查滑动轴承的磨损情况，磨损超过标准时应更换。

（三）滑动轴承缺陷的检查

轴承解体后，用煤油、毛刷和破布将轴瓦表面清洗干净，然后对轴瓦表面做外观检查，看乌金层有无裂纹、砂眼、重皮和乌金剥落等缺陷。

将手指放到乌金与瓦壳结合处，用小锤轻轻敲打轴瓦，如结合处无振颤感觉且敲打声清脆无杂音，则表明乌金与瓦壳无分离。还可用渗油法进行检查，即将轴瓦浸于煤油中 3 ~ 5min，取出擦干后在乌金与瓦衬结合缝处涂上粉笔末，过一会儿观察粉末处是否有渗出的油线。如无，则表明结合良好，乌金与瓦壳没有分离。

（四）滑动轴承的检修工艺

滑动轴承分整体式（轴套）和剖分式（轴瓦）两种。

1. 整体式滑动轴承的拆卸与组装

滑动轴承的磨损超过标准时，应进行更换。先将要换下的轴承从机体上拆下，然后按下列程序进行装配。

（1）清理机体内孔，疏通油道，检查尺寸。

（2）压入轴承。根据轴承套的尺寸和结合的过盈大小，可以用压入法、温差法或手锤加垫板将轴承敲入。压入时必须加油，以防发生轴套外圈拉毛或咬死等现象。

（3）轴承定位。在压入之后，对负荷较重的滑动轴承、轴套还应固定，以防轴套在机体内转动。

（4）轴套孔的修整。对于整体式的薄壁轴套，在压入后，内孔易发生变形，如内径缩小或成为椭圆形、圆锥形等，必须修整轴套内孔的形状和尺寸，使与轴配合时符合要求。修整轴套可采用铰削、刮研、研磨等方法。

2. 剖分式滑动轴承的拆卸与组装

（1）拆卸。

1）拆除轴承盖螺栓，卸下轴承盖。

2）将轴吊出。

3）卸下上瓦盖与下瓦座内的轴瓦。

（2）组装前。组装前应仔细检查各部尺寸是否合适，油路是否畅通，油槽是否合适。

（3）轴瓦与轴颈的组装。

1）圆形孔。上、下轴瓦分别和轴颈配刮，以达到规定的间隙。要求轴瓦全长接触良好。剖分面上可装垫片以调整上瓦与轴颈的间隙。

2）近似于圆形孔（其水平直径大于垂直直径）。轴承经加工后，抽去剖分面上的垫片，以保证上瓦及两侧间隙。如不符合要求，可继续配刮直至符合要求为止。

3）成形油楔面由加工保证，一般在组装时不宜修刮。组装时应注意油楔方向与主轴转动方向一致。

4）薄壁轴瓦，不宜修刮。

5）主轴外伸长度较大时，考虑到主轴由于自身质量产生的变形，应把前轴承下瓦在主轴外伸端刮得低些，否则主轴可能会“咬死”。

（4）轴瓦与轴承座的组装。要求轴瓦背与座孔接触良好而均匀，不符合要求时，厚壁轴瓦以座孔为基准修刮轴瓦背部，薄壁轴瓦不修刮，需进行选配，其过盈量应仔细检测。各部配合间隙达到要求后，将上瓦、下瓦分别装入上盖和下座内，并将上瓦盖、下瓦座与轴组装在一起。

3. 轴瓦的配刮

轴瓦的配刮就是根据轴瓦与轴颈的配合要求来对轴瓦表面进行刮研加工。重新浇铸乌金的轴瓦在车削之后、使用前要进行刮研，机加工后的刮削余量不宜太大，一般为0.1～0.4mm。

（1）准备好三角刮刀、红丹粉和机油等必用的工具、量具和材料。测量出滑动轴承与轴的间隙，确定刮削余量、部位和刮削的方式。

（2）检查轴瓦与轴颈的配合情况。将轴瓦内表面和轴颈擦干净，在轴颈上涂薄薄一层红油（红丹与机油的混合物），然后把轴瓦扣放在轴颈处，用手压住轴瓦。同时周向对轴颈做往复滑动，往复数次后将轴瓦取下。

（3）查看瓦面。此时瓦表面有的地方有红油点，有的地方有黑点，有的地方呈亮光。无红油处表明轴瓦与轴颈没有接触，间隙较大；红点表明二者虽无接触，但间隙较小；黑点表明它比红点高，轴瓦与轴略有接触；而亮点表明接触最重，亦即最高点，经往复研磨，发出了金属光泽。

（4）根据配合情况，将滑动轴承放稳进行刮削。现场多用手工方法对轴瓦进行刮削，使用工具为柳叶刮刀或三角刮刀。刮削是针对瓦面上的亮点、黑点及红点，无红油瓦无需刮削。对亮点下刀要重而不僵，刮下的乌金厚且呈片状；对黑点下刀要轻，刮下的乌金片薄且细长；对红点轻轻刮挑，挑下的乌金薄且小。刮刀的刀痕下一遍要与上一遍呈交叉状态，形成网状，使轴承运行时润滑油的流动不致倾向一方。

（5）刮削时采用刮刀前角等于零，如图10－15（a）所示，刮削的切屑较厚，容易产生凹痕，能消除表面较大缺陷，适用于粗刮。有较小的负前角，如图10－15（b）所示，刮削的切屑较薄，能把点子很好地刮去，把表面集中的点子改变成均匀的点子。有较大的负前角，如图10－15（c）所示，刮削的切屑极薄，不会产生凹痕，使刮削表面很光滑。

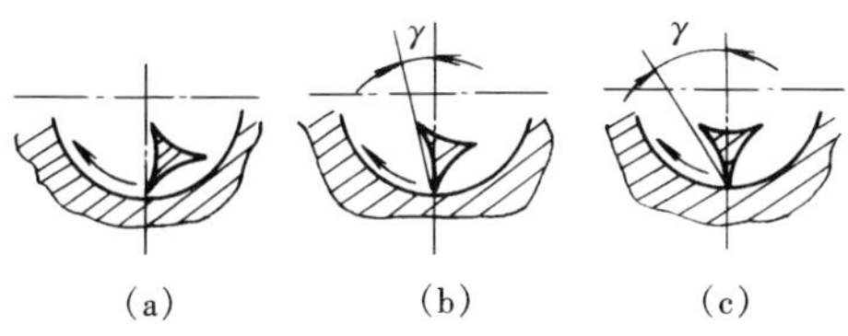

图10－15　三角刮刀的位置

（6）最大最亮的重点全部刮去，中等的点子在中间刮去一小片，小的点子留下不刮。经第二次用显示剂研磨后，小点子会变大，中等点子分成两个点子，大点子则分为几个点，原来没有点子的地方会出现新点子，这样经过几次反复，点子就会越来越多。

（7）重复上述过程，直到轴承的瓦面符合配合要求。

（8）在刮削过程中，应随时注意测量轴承与间隙。刮削后，滑动轴承中间一段的接触点刮稀一些，两端的接触点刮密一些，这样可使轴承中间间隙略大些，两端配合较紧密些，有利于润滑。

（9）滑动轴承刮好后，应用煤油进行清理。

4. 轴瓦瓦面的要求

（1）在接触角范围内的接触面上，轴瓦与轴颈必须贴合良好，要求接触点不少于2点/cm^2（见图10－16）。

（2）接触角60°～90°，两侧要加工出舌形油槽，小型轴承凿出油沟即可，以利于油的流动。

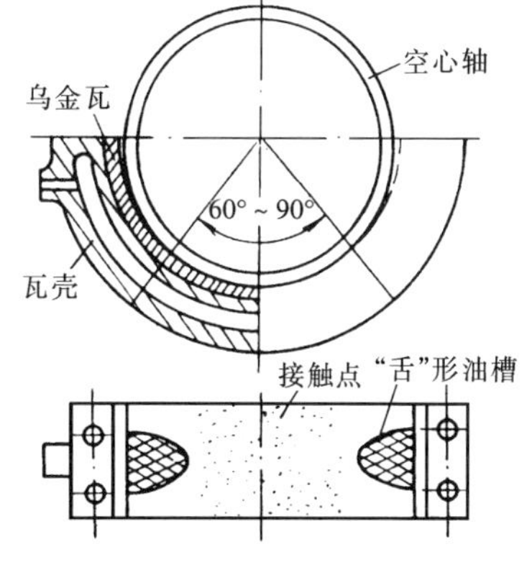

图10－16　轴瓦瓦面的要求

5. 滑动轴承的配合

（1）轴瓦与轴颈的配合。因为轴要在轴瓦里面旋转，配合偏松一些好。实践证明，一般情况宜取旧标准的四级精度基孔制的第三种动配合，即D4/dc4，或进行简单的计算。其计算方法如下：

$$侧间隙\ a = d/1000 - 0.02\ (\mathrm{mm}) \quad (10-5)$$

或　　　　　$a \approx d/1000\ (\text{mm}) \sim 3d/1000\ (\text{mm})$　　　　(10－6)

式中　d——轴颈的直径，mm。

顶间隙 $b = 2a\ (\text{mm})$　　　　(10－7)

承力轴承中的轴向间隙 f 是为了在运行中保证轴的自由膨胀，可用下式计算，即

膨胀间隙 $= 1.2\ (t + 50)\ L/100\text{mm}$　　　　(10－8)

式中　t——通过转子的介质温度,℃；

L——两轴的颈中心距，m；

50——考虑到受热面不洁的附加值。

轴向间隙 f 也可以从表 10－12 中查出。

表 10－12　　　轴受热伸长量

温度（℃）	0～100	100～200	200～300
延伸量 f（mm/m）	1.2	2.51	3.92

(2) 径向间隙。径向间隙的检查可用塞尺直接测量或用压铅丝的方法测量。若是整体式轴承，可用内、外径千分尺分别测量轴瓦内径和轴颈直径，二者之差即是顶间隙 b。压铅丝时，对铅丝的要求是：长度为 10～20mm，直径约为顶部间隙的 1.5～2 倍，如图 10－17 所示。

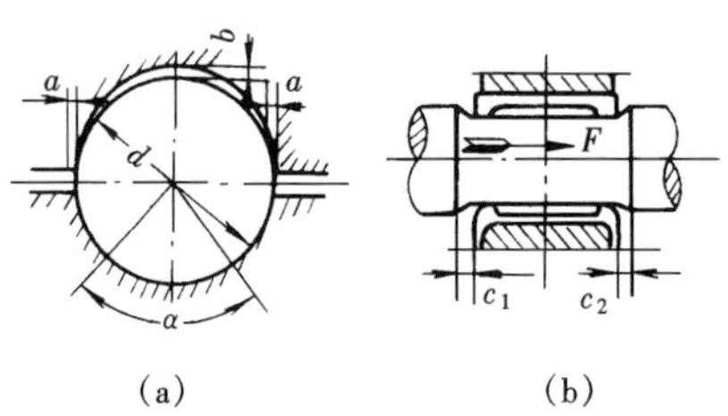

图 10－17　轴瓦与轴颈的径向间隙

a—瓦口间隙；b—瓦顶间隙；$c_1 + c_2$—侧间隙

当测出的径向间隙小于所要求的规定值时，可通过瓦口加垫片来调整瓦顶间隙，但要注意瓦口的密封。垫片只能加一片，厚度为要求值与测量值之差，加垫后要再测一次间隙值。如不合适，需重垫，直到间隙值落在要求范围之内。

(3) 轴向间隙。轴瓦端面与轴肩留有间隙，称轴向间隙，分为推力间隙和膨胀间隙（见图 10－18）。推力间隙是为保证推力轴承形成压力润

滑油膜而必须有的间隙，而膨胀间隙是承力轴承为保证转轴自由而留的间隙。

轴向间隙的测量可用塞尺或百分表进行。轴向间隙可通过推力瓦块的调整螺丝或车削推力面的方法来调整。

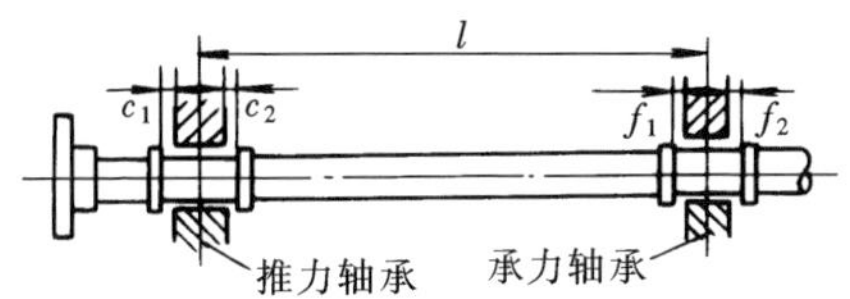

图 10－18　轴瓦的轴向间隙

c_1+c_2—推力侧间隙；f_1+f_2—承力侧间隙

（4）轴瓦与瓦座的配合。

1）轴瓦外壳的缺陷检查及修补。在轴承解体检查中，如轴瓦外壳（一般是铸铁件）在不重要的位置有轻微裂纹、断口、凹陷等缺陷时，可用电焊或气焊焊补损坏处，焊后用煤油检查外壳的严密性。如轴承座或上盖在重要地点有较大裂纹或其他缺陷时，则必须更换。

2）轴瓦与瓦座的配合及调整。轴瓦与瓦座的结合面为球面形或柱面形，前者可实现轴心位置的自动调整。当轴瓦经过重浇乌金或焊补乌金后及更换轴承时，结合面必须予以检查并重新研磨合格，要求不少于2点/cm^2。禁止在结合面上放置垫片。

轴瓦与其座孔（瓦座与上盖合成的内孔）之间以0.02～0.04mm的紧度配合最为适宜，但球形轴瓦应为±0.03mm。紧力过大会使轴瓦产生变形，球形轴瓦推动失去自动调心作用；配合过松轴瓦就会在轴承座内发生颤动。

测量轴瓦与其座孔配合紧度的方法采用压铅丝法，铅丝分别放在轴背结合面上的轴承壳的上下部分的水平结合面上。

若结合面间隙过大，可采用对轴瓦背面喷镀金属层或用堆焊方法处理，不能修复时更换新瓦。若紧力过大，可采用在瓦座与上盖结合面上加合适的垫片来调整。

（五）轴瓦的装配及注意事项

整个轴承经解体、检查和修理后，须重新把它装配起来，就是把轴承的各组成部分，如轴瓦、瓦座（轴承下部壳体）、上盖（上部壳体）、油环、填料轴封、剖分面上下连接螺丝等都按原先的位置装配起来，并达到配合的要求。

轴瓦在装配中应注意以下几点：

（1）轴承在设备上的位置必须重新找正。

（2）带油环不允许有磨痕、碰伤及砂眼，装好后应为精确的圆形。

（3）填料油封的压紧力要适当，窝槽两边的金属孔边缘同转轴之间间隙应保证1.5～2mm。

（4）壳内冷却器应水压检查，校正凹处小于5mm，并用压缩空气吹扫。

提示 本节内容适合锅炉辅机检修、除灰设备检修。

第三节 锅炉辅机特殊检修工艺

一、转子热套

要求传递很大的力矩，在运行时又不能松动的转体，与轴配合时由于其过盈量大，故在装配时均需采用热套的方法。

1. 热套前的检查

仔细检查、清除干净装配部位的毛刺、伤痕及锈斑，并检查、磨去边缘的尖角。新换的零件，各部尺寸应与原件一致，尤其是要精确测量零件的孔径与轴套装配部位的直径要符合热套的要求。如过盈值过小，就达不到紧配合的要求；过盈值过大，在热套冷却后零件的轮毂收缩应力可能增大而使其破裂。还需检查键槽与键的配合要符合要求，若是新零件或新开制的键槽，应检查键槽与零件（或轴）中心的平行偏差。

2. 热源选择

套装件上加热可根据零件的结构与要求，选用氧乙炔焰加热、工频感应加热、电炉加热及热油加热等，其中以氧乙炔焰加热最为普遍。对于直径很大与质量很重的工件，最好采用柴油加热。柴油加热效率高，一个柴油加热火嘴，可代替三个氧乙炔焰火嘴。无论采用哪种方法加热，都必须满足：套装件受热、升温、膨胀要均匀，不许发生变形；加热时间要短，配合面不允许产生氧化皮。

套装件在加热前，应规定对加热的要求，包括：加热姿势（便于加热、起吊、又不会变形）；用几个多少号的火嘴，每个火嘴的移动路线，分几个加热区等。如套筒、联轴器等，一般将工件竖放（孔的中心垂直于地平面）。加热时用几个火嘴沿筒形体的圆周、上下及顶部同时加热。为使加热均匀和减轻劳动程度，可将筒件放在能旋转的台架上，让筒件转动，这样火嘴只需上下移动，如图 10－19（a）所示。对于一般小件，只需将工件放在型钢上用一两个火嘴进行加热，如图 10－19（b）所示。

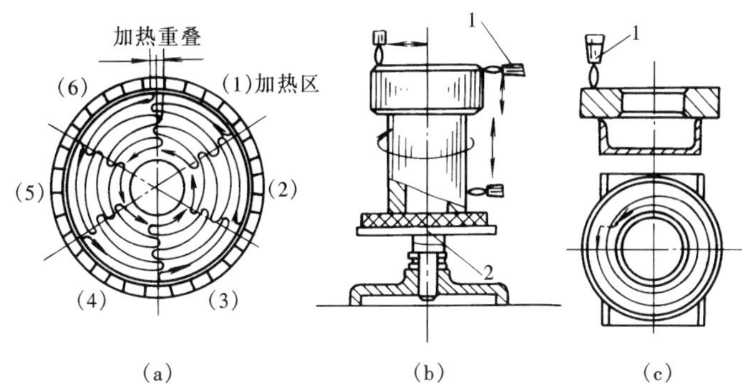

图 10－19　套装件的加热方法

（a）盘形件加热法；（b）筒形件加热法；（c）小件加热法

1—火嘴；2—旋转工作台

为保证加热均匀，防止局部变形，各火嘴与套装件表面的距离及火嘴的移动速度应一致，各加热区间应重叠一部分，并要避免白色火焰触及工件表面。

3. 热套方法

根据套装件的形状、大小及质量，套装方法可分为：套装件水平固定，轴竖立套装，见图 10－20（a）；轴竖直固定，套装件向轴上套装，见图 10－20（b）；轴横放套装，见图 10－20（c）。

热套应注意以下几点。

1）必须认真检查轴和套装件的垂直与水平。

2）将键按记号装入键槽，并在轴的套装面上抹上油脂。

3）用事先做好的样板或校棒检查加热后的孔径。

4）加热结束后，应立即将孔与轴的中心对准，迅速套装。有轴肩的套装件应紧靠轴肩。若无轴肩或需要与轴肩留有一定间隙，应事先做好样板或卡具，精确定出套装部位。

5）套装时起吊应平稳，不要晃荡，尽量做到套装件不要与轴摩擦。套装过程中如发生卡涩，应停止套装，立即将套装件取出，查明原因后再重新加热套装。

6）套装结束后，应测量套装件的瓢偏与晃动。如测量值超过允许

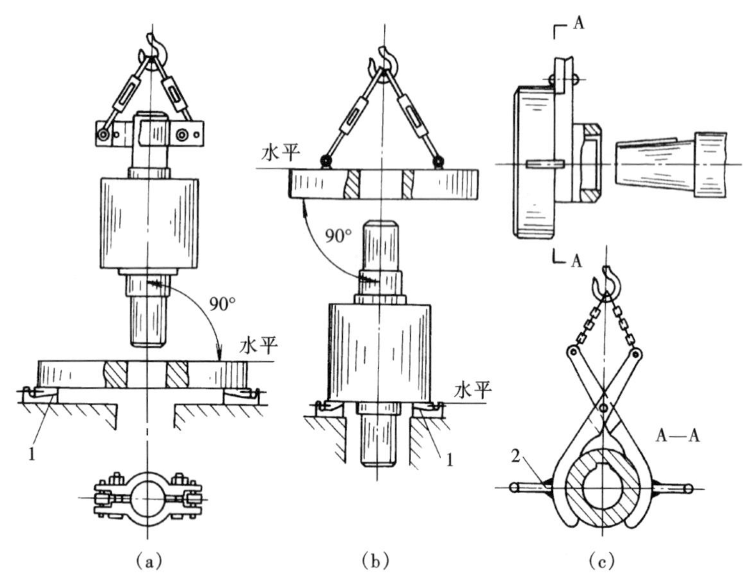

图 10－20　热套方法

(a) 套装件水平固定；(b) 轴竖直固定；(c) 轴横放套装

1—可调垫铁；2—夹具把手

值，须查明原因，若是套装工作引起的差错，则应拆下重新热套。

二、晃动与瓢偏测量

旋转零件对轴心线的径向跳动，即径向晃动，一般称晃动。晃动程度的大小称为晃动度，旋转零件端面与轴线的不垂直度，即轴向晃动，称为瓢偏，瓢偏程度的大小称为瓢偏度。

1. 晃动测量

将所测转体的圆周分成八等份，并编上序号。固定百分表架，将表的测量杆安在被测转体的上部，并过轴心，如图 10－21 所示。被测处的圆周表面必须是经过精加工的。

把百分表的测杆对准图 10－21 (a) 的位置“1”，先试转一圈。若无问题，即可按序号转动转体，依次对准各点进行测量，并记录下读数，如图 10－21 (b) 所示。

根据测量记录，计算出最大晃动值。图 10－21 (b) 所示的测量记录，最大晃动位置为 1－5 方向，最大晃动值为 0. 58－0. 50＝0. 08mm。

在测量工作中应注意：

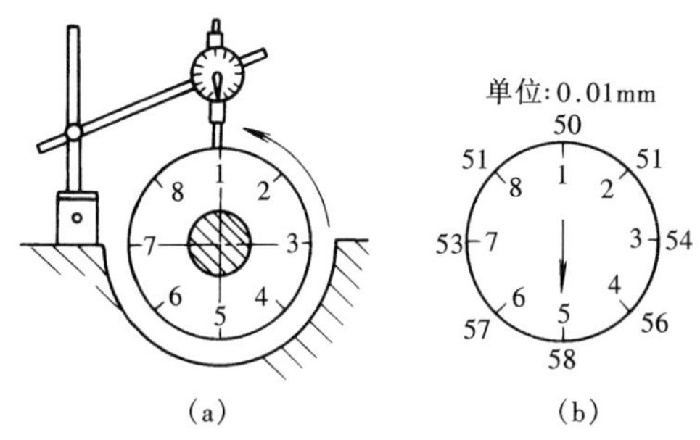

图 10－21　测量晃动的方法

（a）百分表的安置；（b）晃动记录

1）在转子上编序号时，按习惯以转体的逆转方向顺序编号。

2）晃动的最大值不一定正好在序号上，所以应记下晃动的最大值及其具体位置，并在转体上打上明显记号，以便检修时查对。

2. 瓢偏测量

测量瓢偏必须安装两只百分表，因为测件在转动时可能与轴一起沿轴向移动，用两只百分表，可以把这移动的数值（窜动值）在计算时消除。装表时，将两表分别装在同一直径相对的两个方向上，如图 10－22 所示。

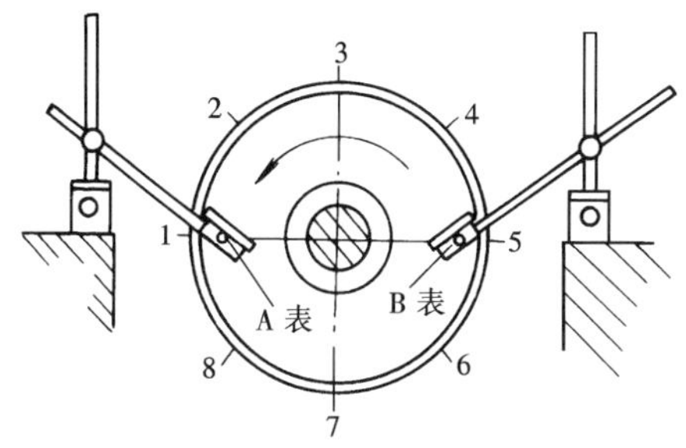

图 10－22　瓢偏测量方法图

将表的测量杆对准位置 1 点和 5 点，两表与边缘的距离应相等。表计经调整并证实无误后，即可转动转体，按序号依次测量，并把两只百分表的各点测量读数记录在各表记录图上，如图 10－23（a）所示。

计算时，先算出两表同一位置的平均数，见图 10－23（b），然后求出同一直径上两数之差，即为该直径上的瓢偏度，如图 10－23（c）所示。其中最大值为最大瓢偏度，从图 10 - 23（c）可看出最大瓢偏位置为 5 - 1 方向，最大瓢偏度是 0.08mm。该转体的瓢偏状态如图 10 - 23（d）所示。

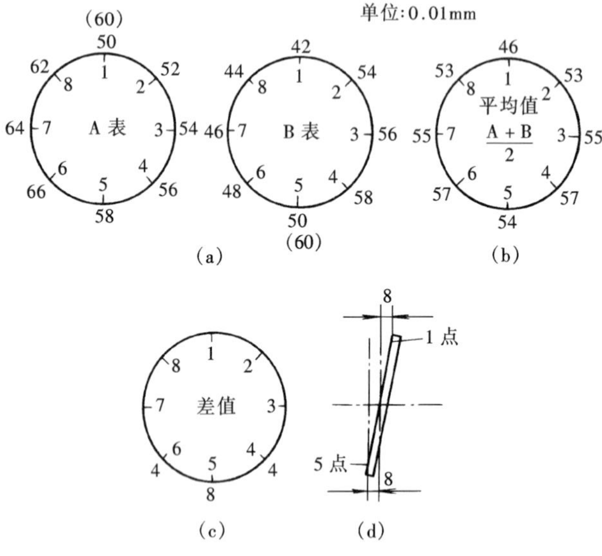

图 10 - 23　瓢偏测量记录

（a）记录；（b）两表的平均值；（c）相对点差值；（d）瓢偏状态

求瓢偏度除用图记录外，也可用表格来记录和计算，见表 10 - 13。

表 10 - 13　　瓢偏测量记录及计算举例　　1/100mm

位置编号		A 表	B 表	A - B	瓢　偏　度
A 表	B 表				
1 - 5		50	50	0	
2 - 6		52	48	4	
3 - 7		54	46	8	
4 - 8		56	44	12	瓢偏度 =【最大的（A - B）- 最小的（A - B）】÷2 =（16 - 0）÷2 = 8
5 - 1		58	42	16	
6 - 2		66	54	12	
7 - 3		64	56	8	
8 - 4		62	58	4	
1 - 5		60	60	0	

三、轴的校直

辅机设备如磨煤机、风机、水泵等的转子轴在使用前应进行详细的检查测量，如轴的弯曲值超过允许范围，就要进行校直。

（一）轴的弯曲测量

测量应在室温下进行。在平板或平整的水泥地上，将轴颈两端支撑在滚珠架或V形铁上，轴的窜动限制在0.10mm以内。测量步骤为：

（1）将轴沿轴向等分，应选择整圆没有磨损和毛刺的光滑轴段进行测量。

（2）将轴的端面八等分，并作永久性记号。

（3）在各测量段都装一个千分表，测量杆垂直轴线并通过轴心。将表的大针调到“50”处，小针调到量程中间，缓缓盘动轴一圈，表针应回到始点。

（4）将轴按同一方向缓慢盘动，依次测出各点读数并做记录。测量时应测两次，以便校对。每次转动的角度应一致，读数误差应小于0.005mm。

（5）根据记录计算出各断面的弯曲值。取同一断面内相对两点差值的一半，绘制相位图，如图10－24所示。

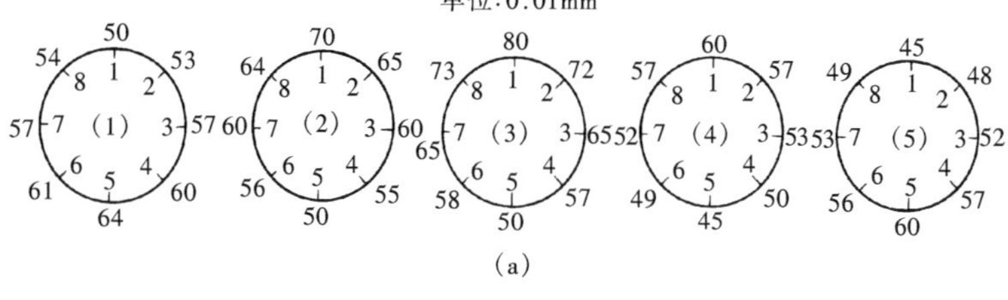

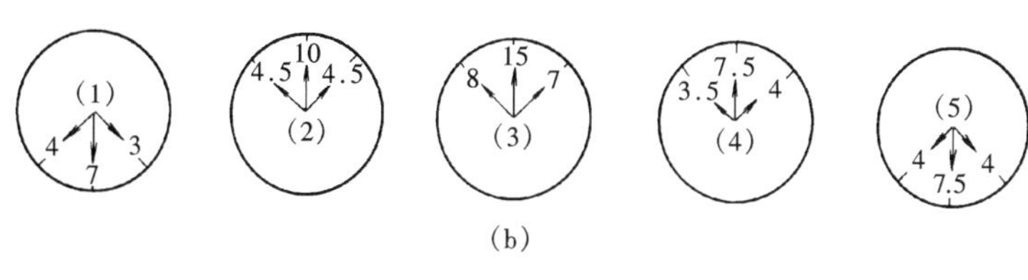

图10－24 测量记录与相位图

（a）测量记录；（b）相位

（6）将同一轴向断面的弯曲值，列入直角坐标系。纵坐标为弯曲值，横坐标为轴全长和各测量断面间的距离。由相位图的弯曲值可连成两条直线，两直线的交点为近似最大弯曲点，然后在该两边多测几点，将测得各点连成平滑曲线与两直线相切，构成轴的弯曲曲线，如图 10－25 所示。

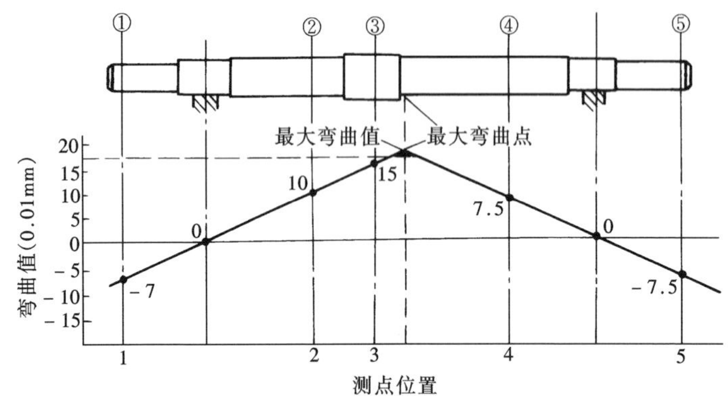

图 10－25　轴的弯曲曲线

如轴是单弯，那么自两支点与各点的连线应是两条相交的直线。若不是两条相交的直线，则有两个可能：在测量上有差错或轴有几个弯。经复测证实测量无误时，应重新测其他断面的弯曲图，求出该轴有几个弯、弯曲方向及弯曲值。

（二）直轴前的准备

（1）检查最大弯曲点区域是否有裂纹。轴上的裂纹必须在直轴前消除，否则在直轴时会延伸扩大。如裂纹太深，则考虑该轴是否报废。

（2）如弯曲是因摩擦引起，则应测量、比较摩擦较严重部位和正常部位的表面硬度。若摩擦部位金属已淬硬，在直轴前应进行退火处理。

（3）如轴的材料不能确定，应取样分析。取样应从轴头处钻取，质量不小于 50g，注意不能损伤轴的中心孔。

（三）直轴的方法

1. 局部加热法直轴

对于弯曲不大的碳钢或低合金钢轴，可用局部加热法直轴。

将轴的凸起部位向上放置，不受热的部位用保温制品隔绝，加热段用石棉布包起来，下部用水浸湿，上部留有椭圆形或长方形的加热孔。加热要迅速均匀，应从加热孔中心开始，逐渐扩展至边缘，再回到中心。当温度达到 600～700℃时停止加热，并立即用石棉布将加热孔盖上。待轴冷却到室温时，测量轴的弯曲情况，可重复再直一次。最后的轴校直状态，要求过直值 0.05～0.075mm。此过直值在轴退火后将自行消失。轴校直后，应在加热处进行全周退火或整轴退火。局部加热法直轴示意见图 10－26。

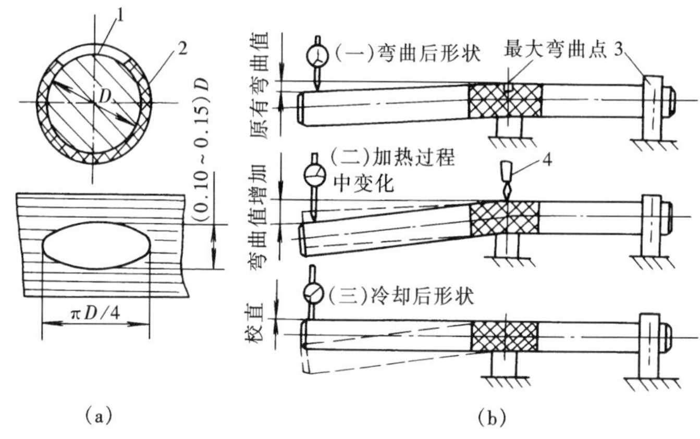

图 10－26　局部加热法直轴

(a) 加热孔尺寸；(b) 加热前后轴的变化

1—加热孔；2—石棉布；3—固定架；4—火嘴

2. 内应力松弛法直轴

将轴最大弯曲处的整个圆周加热到低于回火温度 30～50℃，在轴的凸起部位加压，使其产生一定的弹性变形，并在高温作用下逐渐转变为塑性变形，将轴较直。用此法校直后的轴具有良好的稳定性，尤其适合高合金钢锻造焊接轴的校直，其总体布置如图 10－27 所示。

直轴步骤为：

（1）设置加压装置、测量装置及加热设备。

加压装置由拉杆、横梁、压块及千斤顶组成，测量装置由百分表及吸附架组成，加热设备采用工频感应加热装置最好，也可用氧乙炔加热装置，但只限于小容量转子轴。

（2）计算加力。

实际操作中通过监测轴的挠度来验证外加力是否恰当。计算时把轴当作一个双点的横梁，公式为

$$加力\ p=\sigma WL/ab\ (\mathrm{N}) \qquad (10-9)$$

$$轴挠度\ f=Pa^2b^2/3EJL\ (\mathrm{mm}) \qquad (10-10)$$

式中　L、a、b——支点间和支点至最大弯曲点的距离，mm；

W——轴的抗弯矩（断面模数），$W=0.01d^3$，mm^3；

I——轴的惯性矩，$I=0.05d^4$，mm^4；

σ——直轴时所采用的应力，$\sigma=50\sim70MPa$，MPa；

E——弹性模量（弹性系数），$E=15\times10^4MPa$，MPa 。

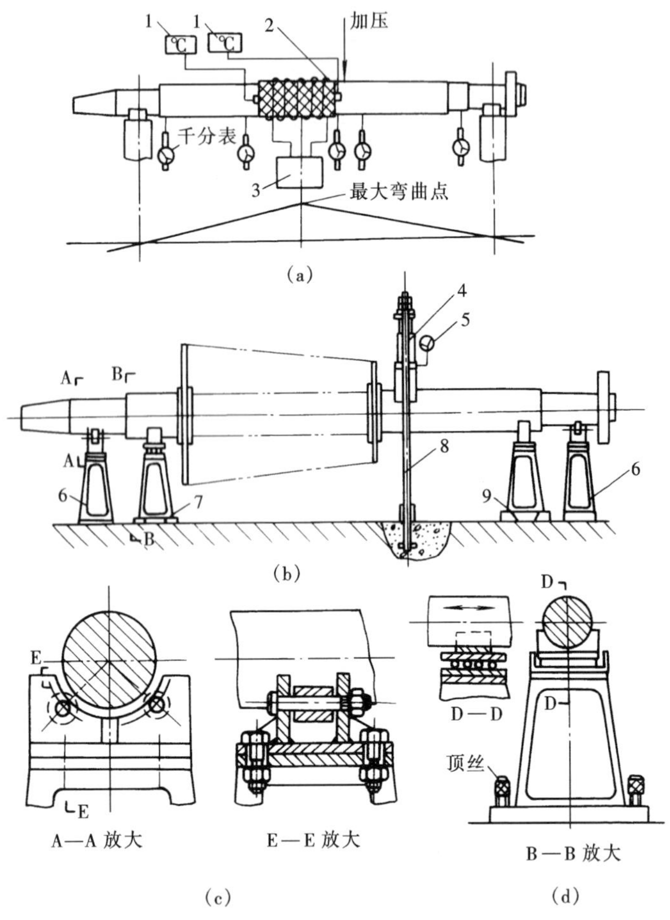

图 10－27　内应力松弛法直轴

(a) 总体布置；(b) 支承与加压装置；(c) 滚动支架；(d) 承压支架（膨胀端）

1—热电偶温度表；2—感应线圈；3—调压器；4—千斤顶；5—油压表；

6—滚动支架；7—承压支架（活动）；8—拉杆；9—承压支架（固定）

（3）直轴。用顶丝将承压支架顶起，使轴颈离开滚动支架 2mm，以

80～100℃/h 的速度升温至650℃左右恒温，用油压千斤顶压轴的最大弯曲点并加力，到预定压力后恒压。当轴的挠度变化极其缓慢或不变时，停止加压，松开千斤顶和顶丝，使轴落在滚动支架上，缓慢地将轴转动，待上下温度均匀后，再测轴弯曲。如需再次校直，应在允许范围内适当提高加热温度或压力，否则效果不好。最后轴应过直0.04～0.06mm，进行稳定的热处理，其温度要控制在比轴运行状态下的温度高75～100℃。

（4）直轴后的检查。直轴后应检查加压、加热部位表面是否有裂纹，还应测量加压、加热部位表面的硬度是否有明显下降。因直轴后的剩余弯曲值及方向与轴弯曲有差异，故应对转子进行低速动平衡试验或找静平衡。

3. 锤击法

用手锤敲打弯曲的凹下部分，使锤打处轴表面金属产生塑性变形而伸长，从而达到直轴的目的。此法仅用于轴颈较细、弯曲较小的轴上。

四、喷涂与喷焊

采用喷涂或喷焊工艺，按所喷材料的不同，可以获得耐磨、耐腐蚀、耐热、抗氧化等各种性能的表面层，以修复在各种不同条件下工作的零件。在普通基体材料上喷上耐磨合金，可以使零件的使用寿命成倍增长。

各种喷涂或喷焊工艺各具特点，具有不同的适用对象，所用的设备和工具也有差异，但原理和工艺过程大致相近。由于所用设备简单及各种复合合金粉末生产技术的发展，使用氧乙炔焰合金粉末喷涂、喷焊工艺在旧件修理中得到越来越广泛的使用。

（一）金属线材冷喷涂

1. 原理

利用金属喷涂枪，把用电弧或氧乙炔火焰高热熔化的金属线材，在0.6～0.7MPa的压缩空气吹动下雾化，以140～300m/s的速度喷到零件磨损或损伤的表面。这样连续不断地喷射、铺展和堆积起来就成为涂层。

2. 工艺特点和适用对象

金属线材喷涂属于一种冷喷涂工艺。因此喷涂时工件温度较低（仅70～80℃），不会引起基体金属组织改变和零件变形，所以适合细长轴和截面悬殊的零件的修复。铸铁或铝合金的零件也都可以喷涂。

（二）等离子喷焊、喷涂

1. 原理

等离子喷涂是依靠非转移弧的等离子射流进行的，如图10-28所示。

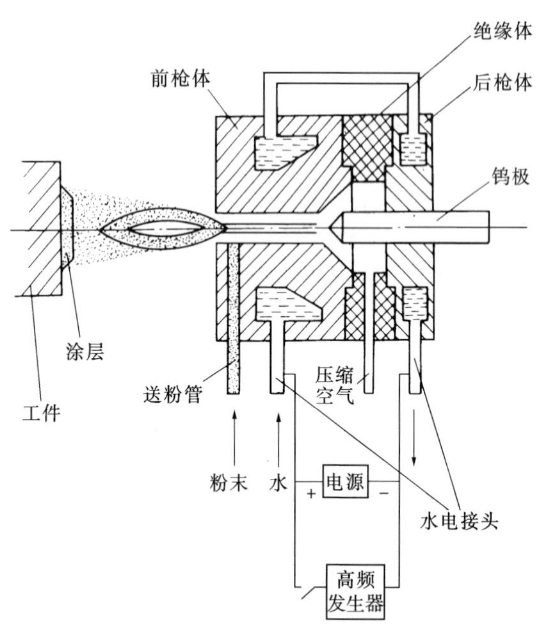

图 10－28　等离子喷涂原理

合金粉末进入此高温射流区后，立即溶化并随同射流调整喷射到工件表面，炽热的熔珠立即产生剧烈的塑性变形并迅速冷却，形成牢固结合的等离子喷涂层。等离子射流具有温度高、流速快和能量集中等特点，有利于获得质量良好的涂层。等离子喷焊也称等离子粉末堆焊。

这种工艺除在喷枪中形成等离子弧（非转移弧）外，在喷枪与零件间同时存在着另一个电弧（转移弧），此弧使零件局部熔化，并使送入喷枪等离子束中的粉末与基体冶金结合，形成所需性能的堆焊层。

2. 等离子喷焊、喷涂的工艺特点和适用对象

等离子喷焊工艺的堆焊层与金属基体间为冶金结合，有较低的合金稀释度（指材料温升后组织中合金成分的丧失程度，可限制在5%之内），堆焊层成分均匀、组织均匀、成形而平整。可以根据需要选择合金粉末以满足各种特殊需要，喷焊层厚度可控制在0.25～6mm之间。堆焊层与基体间的结合强度很高，喷焊层具有致密的组织，适于受高冲击、高负荷（如点接触或线接触）零件表面的修复。

（三）氧乙炔焰金属粉末喷焊、喷涂

1. 氧乙炔焰金属粉末喷焊、喷涂原理

（1）喷焊原理。氧乙炔焰金属粉末喷焊，是利用特制的喷枪，将具有较高结合强度的复合粉末高速喷射到经过严格处理的零件表面。依靠金属复合粉末的物理化学反应，在基体金属表面产生一定的原子扩散，形成结构致密、表面光滑的冶金结合层（俗称打底层）。并在此层基础上再喷射具有各种特性的工作层，来满足零件在各种工作情况下的性能要求。

（2）喷涂原理。氧乙炔金属粉末喷涂，是使粉状材料在高速氧气流的带动下由喷嘴射出，穿过氧乙炔焰时被加热到熔化或接近熔化的高塑性状态，高速撞击在已准备好的零件表面上，沉积为喷涂层。喷涂微粒与基体金属之间，以及喷涂微粒之间通常是依靠“物理－化学”连接和由相互镶嵌作用构成的机械连接。

2. 工艺特点和应用场合

氧乙炔焰金属粉末喷焊工艺修复的零件，喷焊层与基体结合牢固。它不仅可以经受机械上摩擦副之间的切力作用，而且可以承受较大的冲击负荷。由于基体金属在喷焊过程中不会熔化，因而喷焊合金不会被基体金属稀释，有利于喷焊合金性能的发挥。喷焊层的厚度易于控制，少则0.05mm，多则可达2.5mm，而且表面成形好，加工余量小。但零件受热影响区较大（约与手工电弧焊相当），易使零件热变形。

氧乙炔焰金属粉末喷焊工艺适于修复各种轴颈、凸轮、非渗碳齿轮、轮键轴等机械零件，但不适于维修一些结构复杂的薄壁件及长杆件。

（四）各种喷涂与喷焊的一般工艺过程

几种喷涂与喷焊的工艺过程都要经过被喷零件表面预处理→喷涂（如喷焊）金属或合金粉末→喷后机加工修整等步骤。

1. 零件表面的预处理

零件表面在喷前应作必要的处理，以保证结合强度和得到合理厚度的涂（焊）层。如轴类零件，喷涂前需将轴头的几何形状做一些处理，见图10－29。

当待喷表面有键槽时，可以用软钢、铜或铝等材料做一个假键装入，如图10－30（a），并锤成向外铺展的形状，如图10－30（b）。这样在喷涂后［见图10－30（c）］，在装配带轮或齿轮时，键的侧面不会与喷涂层接触，避免破坏键槽涂层的边口，见图10－30（d）。

当遇到表面上有油孔时，可用碳棒、木塞或石膏等堵塞，并使堵塞块

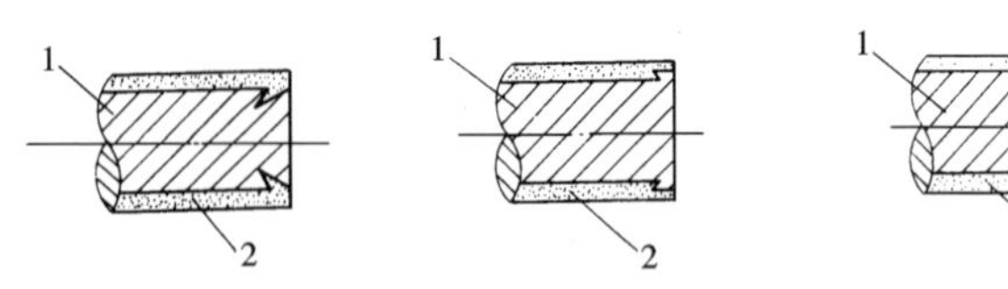

图 10 - 29　喷涂前轴头的处理

1—工件；2—喷涂层；3—电焊圈

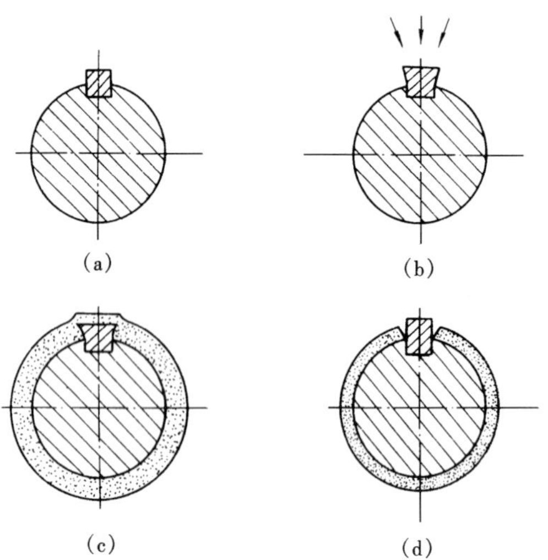

图 10 - 30　键槽的处理

高出欲喷涂层的厚度。喷涂磨光后除去堵塞块，然后用尖头砂轮、锉刀或油石修去锐边毛刺。

待喷表面应根据所需最合理的涂（焊）层厚度，经机械加工预先切除一层。有的甚至还要经过拉毛、喷砂或车出螺纹，来增加涂层与基体间的接触面和结合强度，然后依靠喷涂（焊）补偿到需要的尺寸。

经机械方法处理后的表面必须彻底除油，非喷涂表面要做妥当的保护。

2. 喷涂（焊）金属或金属合金粉末

根据各种工艺本身所需要的参数进行喷涂或喷焊。其中氧乙炔焰喷涂（焊）工艺要先喷结合层粉（打底层），再喷工作层粉。几种氧乙炔焰喷涂粉末的性能及用途见表 10 - 14。

表 10－14　氧乙炔焰喷涂粉末的性能及用途

类别	牌号	合金类型	硬度（HB）	熔点（℃）	特性及应用场合
工作层粉	粉 111	镍基	130～170	1400	专用轴承设计的，加工性能良好。用于水压机活塞套，各类泵的套、轴承座、轴类、填料箱表面
	粉 112	镍基	200～250	1400	专为化学、造纸工业中泵类、轴设计的，耐蚀性好。还可用于填料箱表面、轴承表面、电枢、勾具
	粉 113	镍基	250～300	1100	硬度高、耐磨性好。专用于水压面活塞，还可用于机床主轴、曲轴轴颈、偏心轮、填料箱表面等
	粉 313 粉 314	镍基 铁基	250～350 200～300	1250 1250	镀层坚实、致密。专用于轴类的保护涂层，还可用于压缩机活塞、柱塞表面、机壳等
	粉 411	铜基	120～150	1050	专为受压力缸体的内表面喷涂用；也可喷修铸铁模型，机床导轨止推轴瓦等。硬度高，易加工
	粉 412	铜基	80～120	1000	
结合层粉	镍包铝 铝包镍	镍 80 铝 20	137	粉末650℃左右放热反应、镀层1650℃熔化	喷镀过程中镍和铝发生放热反应，使得涂层与基体间形成冶金结合，故常作为结合层使用，也可作为抗高温氧化镀层单独使用。耐磨性相当于 ZGB 钢，铝包镍喷涂时，冒烟少，结合强度高
		镍 90 铝 10			

注　工作层粉粒度为 150～320 目，结合层粉粒度为 140～235 目。

第十一章

制粉系统设备检修

第一节　钢球磨煤机检修

一、钢球磨煤机检修项目

钢球磨煤机 A 级检修的标准项目：

（1）检修大小齿轮、对轮及其传动、防尘装置。

（2）检查筒体及焊缝，检修钢瓦、衬板、螺栓等，选补钢球。

（3）检修润滑系统、冷却系统、进出口料斗螺旋管及其他磨损部件。

（4）检查轴承、油泵站、各部螺栓等。

（5）检修变速箱装置。

（6）检查空心轴及端盖等。

钢球磨煤机 A 级检修的特殊项目：

（1）检修、修理基础。

（2）修理滑动轴承球面、乌金或更换损坏的滚动轴承。

（3）更换球磨机大齿轮或大齿轮翻身，更换整组衬瓦、大型轴承或减速箱齿轮。

二、钢球磨煤机检修

（一）大、小齿轮检修

（1）检查大、小齿轮，发现掉齿或裂纹时必须更换。

（2）用色印法检查大、小齿轮的啮合程度，沿齿宽方向啮合面应大于60%，沿齿高方向啮合面应大于50%，分布位置应近于齿面中部，齿顶和两端部棱边不允许接触，啮合面达不到要求的进行调整，直到到达要求为止。

（3）大、小齿轮的工作面不得有重皮、裂纹、毛刺、斑痕及凹凸不平现象，用齿轮卡尺或样规检查大小齿轮的磨损程度，大齿轮节圆上的齿弦厚度磨损超过 5mm 时，应调换使用工作面，已经调换过的应补焊或更换；小齿轮节圆上的齿弦厚度磨损超过 3mm 时，应调换使用工作面，已经调换过的应补焊或更换。

（4）用塞尺测量大、小齿轮啮合的各部分间隙，齿顶间隙为（6.5±0.5）mm，齿侧间隙沿齿宽两侧偏差应小于0.15mm，其齿侧间隙应符合表11－1。测量齿轮咬合时，最少沿大齿环等分测8点，大小齿轮在节圆相切情况下测量。间隙超过标准时应进行调节或修整，直至合格。

表11－1　　齿侧间隙表

齿侧间隙 \ 中心距离	800～1250	1250～2000	2000～3150	3150～5000
最小	0.85	1.06	1.40	1.70
最大	1.42	1.80	2.18	2.45

（5）检查大齿轮与筒体法兰接合面紧固螺栓应完整，无松动现象；大齿轮接合面局部用0.05mm塞尺塞入深度小于20mm。

（6）检查小齿轮轴，发现裂纹时应更换，检查轴颈有无磨损或过热现象。

（7）检查大、小齿轮硬度，小齿轮齿面硬度为HB350～HB450，大齿轮齿面硬度为HB280～HB300，低于标准时应采取表面淬火处理。

（8）测量小齿轮轴颈弯曲度、圆柱度及轴颈圆度，小齿轮轴的弯曲度不大于0.1mm，圆柱度不大于0.01mm，轴颈圆度不大于0.05mm。

（9）测量大齿轮椭圆度和瓢偏度，大齿轮椭圆度不超过0.4mm，瓢偏度不超过0.4mm。

（二）大齿轮更换工艺

当大齿轮的磨损量超标时，应更换新的大齿轮。这项工作工艺复杂，劳动强度大，且往往受检修场地、起吊设备的限制，所以在开工之前应制定出完整、正确的技术措施和安全措施，以确保施工的安全与检修质量。

1. 准备工作

（1）对新齿轮进行尺寸校对并做好质量检查工作。备好所用螺栓、销钉等。

（2）检查、备好起吊及转动大罐的工具。

（3）做好必要的记号或编号。

（4）拆除所有妨碍工作的零部件。

（5）清理大齿轮。

2. 大齿轮吊装

（1）将大齿轮对口转到水平位置，拆除法兰的销钉和螺丝（留好保安螺丝）。

（2）拆除对口销钉和螺丝，并吊出上半个齿轮。

（3）将大齿轮转动180°，按如上方法吊出另一半大齿轮。

（4）吊上一半新齿轮，对好销孔后装好法兰螺丝，并进行初紧。

（5）将大齿轮转动180°，用上方法装好另半个新齿轮。

（6）将对口销钉打牢，紧固好对口螺丝。

（7）紧固好全部法兰螺丝，扩孔、绞孔、配销并打牢。

（8）对大齿轮进行轴、径向摆动，检查、调整。

3. 质量要求

（1）各部螺丝、销钉应装齐并均匀紧固。

（2）对口结合良好，0.10mm 塞片塞入深度（沿结合面）小于100mm。

（3）大齿轮轴向摆动误差不大于0.85mm，径向摆动误差不大于0.7mm。

（4）调整轴、径向摆动的垫片必须使用不锈钢片，且不得多于2片。

（5）销孔应绞制光滑，无阶梯、无拉痕。销钉应贯穿全部销孔且不松动，使用手锤用力敲打而入。

4. 注意事项

（1）起吊工作必须由专人指挥。

（2）大齿轮拆除一半后，或新齿轮安装一半后转动时，一定要做好防止因不平衡而自转的措施。

（3）大齿轮进行轴、径向摆动的检查工作最好与大小齿轮调整咬合间隙结合在一起进行。

（4）当旧齿轮全部吊出后，应进行筒体与端盖法兰结合面的检查。如有杂物，应进行清理，否则影响大齿轮的安装质量（焊接端盖除外）。

（5）多片组合齿环的更换步骤与此基本相同。

（三）筒体衬瓦、端部衬瓦检修

筒体衬瓦、端部衬瓦是钢球磨煤机的易损件，大小修时要认真对待。

（1）检查筒体衬瓦、端部衬瓦是否有脱落、破损或磨损严重的现象，测量磨损严重的衬瓦厚度，厚度磨损超过1/2的衬瓦应更换。

（2）筒体衬瓦、端部衬瓦的紧固螺栓，特别是端部衬瓦，要逐个检查，对松动的螺栓要进行紧固，损坏的进行更换。

新换的衬瓦应与原有的衬瓦接触平滑，不要高出原有衬瓦，否则运行中新衬瓦容易被砸坏。

（四）空心轴及螺旋推进器检修

（1）检查连接螺栓有无断裂、脱落或松动情况。当连接螺栓有上述情况时，应检查空心轴与空心轴套配合情况、空心轴套与轴瓦的膨胀间隙及两个空心轴之间的水平度。空心轴与轴瓦的膨胀间隙不小于5mm，两个空心轴之间的水平偏差小于0.5mm。

（2）检查固定侧及自由侧空心轴与主轴承间隙分布（至少4点），固定侧径向间隙（0.5±0.2）mm，轴向间隙（0.5±0.2）mm；自由侧径向间隙（10±1）mm，轴向间隙（25±1）mm。

（3）检查中空管应完好，中空管与空心轴配合尺寸及螺栓位置应符合要求。

（4）检查螺旋推进器内部耐磨衬板磨损情况，磨损严重的应更换。检查中空管内部耐磨钢板磨损情况，根据情况进行补焊或更换。

（五）主减速机检修

（1）将主减速机内的油放尽，拆卸减速机与主电机联轴器，拆卸减速机与小齿轮联轴器。

（2）拆卸轴承盖、减速机上盖螺栓，将减速机上盖吊出，置于指定地点。

（3）检查齿轮，齿面应平整光滑，不得有裂纹、沙眼、毛刺等缺陷，节圆处齿轮磨损超过原厚度20%时，需更换齿轮。

（4）测量高、中、低速齿齿顶与齿侧间隙，齿顶间隙一般应为2~5mm，两端的测量之差不大于0.15mm。

（5）用色印法检查齿面的啮合情况，轮齿啮合在长度及高度方向不得小于75%。

（6）检查轴承滚动体、保持架、内外圈有无裂纹、麻点、起皮等缺陷，快速盘动轴承检查转动声音有无异常。检查轴承内圈和轴颈的配合紧力，配合紧力应为0.03~0.07mm。测量轴承的游隙和顶隙，轴承游隙一般为轴径的1/1000。

（7）回装齿轮时，应按低速轴、中速轴、高速轴的先后顺序安装，用压铅丝或塞尺测量齿轮啮合的顶隙及齿侧间隙，符合要求后，恢复减速机上盖和轴承端盖。减速机端盖和轴承上盖回装时应注意法兰结合面密封，四周应均匀接触，用0.03mm塞尺检查，塞进的长度不超过总宽度的1/3。

（六）主轴瓦检修

（1）主轴的推力间隙对于新瓦应在0.8~1.2mm间，如系旧瓦，应小于3mm。

（2）主轴的承力瓦的膨胀间隙为15～20mm。

（3）空心轴的轴颈面不得有麻面、伤痕及锈斑等，表面光滑，轴面不平度及圆锥度不超过0.08mm，椭圆度不超过0.05mm。

（4）空心轴与大瓦接触角一般为60°～90°。且轴与瓦接触均匀，用色印检查，不少于3点/cm^2。轴瓦两侧瓦口间隙总和应为轴径的1.5/1000～2/1000，并开有舌形下油间隙。

（5）轴瓦乌金面应完好无缺，不应有裂纹、损伤脱胎，表面呈银乳色。如在接触角度内25%的面积有脱胎或其他严重缺陷，必须焊补修理，或重新浇铸新瓦。

三、钢球磨煤机常见故障、原因分析及处理方法

钢球磨煤机常见故障原因分析及处理方法见表11－2。

表11－2　钢球磨煤机常见故障原因分析及处理方法

故障现象	原 因 分 析	处 理 方 法
磨煤机发出变化的噪声及振动	（1）轴承损坏或地脚螺栓松动； （2）联轴器松动或有断齿现象； （3）钢球磨煤机大小齿顶隙不正常或啮合面不在要求的范围内	（1）更换轴承，拧紧地脚螺栓； （2）检查联轴器有无断齿或配合松动情况，断齿数超过标准或配合过松应更换； （3）调整大小齿顶隙，打磨啮合不好的齿面
煤粉细度不合格	（1）钢球配比不对； （2）一次风量过大； （3）挡板开度不对	（1）重新加入钢球，调整钢球配比； （2）调节一次风量； （3）调整挡板开度
磨煤机堵塞	（1）通风量过小，给煤量太多； （2）原煤煤质差，水分多； （3）分离器挡板开度小	（1）调整通风量与给煤量相适应； （2）调整入炉煤质； （3）合理调整煤粉细度
气泵工作但出力降低	（1）滤网堵塞； （2）管路泄漏	（1）清理或更换滤网； （2）更换泄漏管道或接头密封

续表

故障现象	原因分析	处理方法
主减速机异常发热	（1）高、中、低速轴轴承损坏； （2）减速机冷却有管路堵塞	（1）用电子轴承听诊器检查轴承是否损坏，若损坏则更换； （2）打开减速机上部检查孔，检查冷却油的喷淋情况
辅助风门卡涩	（1）气压低； （2）温度高，橡胶膨胀； （3）挡板门轴积灰	（1）调整气压； （2）降温，喷少许松动剂，活动门杆； （3）清理门轴附近积灰

提示 本节内容适合锅炉辅机检修（MU5 LE11、LE12）。

第二节 中速磨煤机的检修

一、中速磨煤机的A级检修项目

（一）标准项目

（1）检查本体，更换磨损的磨环、磨盘、磨碗、衬板、导流板、磨辊、磨辊套、喷嘴环等，检修传动装置。

（2）检修煤矸石排放阀、风环及主轴密封装置。

（3）调整加载装置，校正中心。

（4）检查、清理润滑系统及冷却系统，检修液压系统。

（5）检查、修理密封电动机，检查进出口挡板、一次风室，校正风室衬板，更换刮板。

（二）特殊项目

（1）检修、修理基础。

（2）修理滑动轴承球面、乌金或更换损坏的滚动轴承。

（3）更换中速磨煤机传动蜗轮、伞形齿轮或主轴。

二、中速磨煤机检修

（一）RP型中速磨煤机检修

1. 磨辊检修

（1）注意轴与轴承的装配，当轴承采用铜衬时，要保持轴与铜衬之间具有合适的间隙。间隙过小，易发生粘着磨损或抱轴损坏；间隙过大，则不利于油循环，并可能引起振动。

（2）采用滚动轴承时，必须充分注意到轴承的工作环境，按照可能达到的上升温度，确定配合尺寸。

（3）密封装置应良好严密，以防止辊筒内润滑油被抽吸流失或煤粉窜入其中，应确保密封装置工况良好，如大气平衡孔畅通。密封涨圈应具有良好的弹性。

（4）安装时必须注意到磨套的紧固防护螺帽与辊筒螺帽要全面吃实，紧力足够，将止推螺丝等防松动的零件装配牢固、齐全。

（5）将碾磨间隙整定到预定值（RP 为 5 ~ 15mm，平盘磨为 3mm），盘动磨辊，应转动灵活。

2. 衬板检修

（1）新的碾磨衬板和垫片在安装前应测量锥度等尺寸，必须保证其锥度与钢碗相同。

（2）在地面进行模拟组合，并标上连接顺序数字，安装时按顺序进行。

（3）将新衬板压紧在固定环上，施加一定的压力，保证装配严密，但压力太大可能造成衬板损坏。

（4）新的碾磨衬板装好后，衬板之间的间隙应填充 RTV732 或“Gun - Gun”密封填料。

（5）磨辊加载压下后，辊套与碾磨衬板的间隙应为 5 ~ 15mm，与喷嘴环的间隙至少为 5mm，如图 11 - 1 所示。

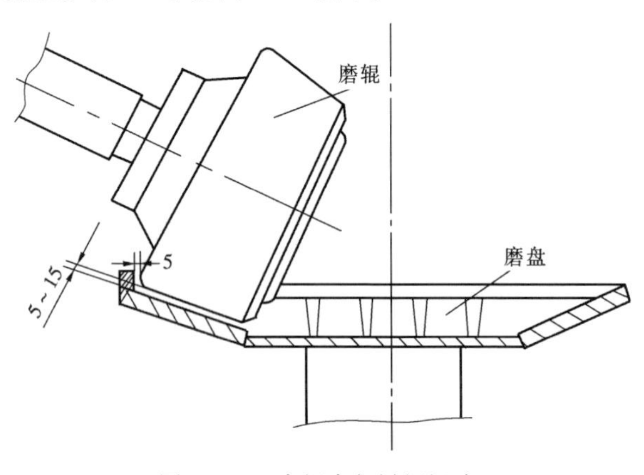

图 11 - 1　磨辊套与衬板间隙

（二）MPS 磨煤机检修

1. 磨辊卸压及检修

检查磨辊胎，应无裂纹。当磨损一侧的磨损量小于 50mm 时，可将磨辊翻面使用。若磨损量大于 50mm 时，则应更换。磨辊毂轴封应严密、不漏油，如发现渗漏或轴封老化，应更换轴封。密封室及通道应通畅，无堵塞、积粉、积灰及杂物。辊胎及各部位连接应牢固、无松动，如松动或更换时，应使用力矩扳手，按要求紧固。需要拆除磨辊时，应用固定卡将磨辊固定在筒壁上，拆除下压环与磨辊之间的连接板，吊出下压环，将磨辊吊住并充分吃紧后，拆去固定卡，然后吊出磨辊。更换辊胎时要将磨辊吊住，转动磨辊，使放油丝堵处于最低位置，打开丝堵，将油放净，磨辊探油孔朝上放置。拆除辊胎固定环，用专用拉拔装置拉出辊胎，如直接拔不出，可加热 65 ℃左右后，即可拔出，但严禁用烤把加热。将新辊胎吊起找平后，加热至温度小于或等于 65℃时，即可回装。

2. 上下压环、弹簧检修

测量上下压环的切向间隙，上压环应为 3 ± 0.5mm，下压环为 5 ± 1mm。检查弹簧变形、磨损情况，弹簧磨损应不大于 3mm，应定期调换磨损面。更换弹簧时，应拆除液压拉杆的螺母，依次吊出上压环及各个弹簧，放在指定地点。弹簧安装后，应承力均匀，即上下压环间隙均匀，误差小于或等于 3mm。

3. 磨盘检修

用样板检查磨盘衬瓦磨损情况，衬瓦磨损应不大于 50mm，若超过 50mm，应更换。衬瓦还应固定牢固，无裂纹、无破碎现象。检查磨盘毂，如磨盘毂外缘磨损大于 3mm，应更换。局部磨损时可补焊，但补焊后应打磨平整。拆除支架与推力盘连接螺栓，拆除磨盘支架上的杂物刮板，测量迷宫密封环与支架间隙，迷宫密封间隙应均匀，数值为 6 ± 0.2mm，两点误差不大于 0.1mm。吊出磨盘支架，更换迷宫密封的碳精石墨环。回装时注意保持杂物刮板间隙为 6 ~ 8mm。更换衬瓦时，先拆去衬瓦压环，将磨盘放平，拆除楔头螺栓，用顶丝顶出第一块衬瓦。由于长期挤压，衬瓦可能较难拆下，可用大锤振打，使其松动，然后用专用三爪分别吊出。装上新衬瓦后，应按检修工艺规程要求固定好。

4. 喷嘴环检修

拆除扇形护板，分段拆出上喷嘴环，拆除磨辊磨损测量装置及切向支架，吊出下喷嘴环。喷嘴环是易磨损部件，应仔细检查其磨损情况，磨损超过 1/2 厚度时应更换。对于上喷嘴环与磨盘间隙，径向为 5mm，轴向也是5mm。喷嘴环与筒壁间隙应充填耐高温密封料，以防漏风磨损。下喷嘴环安装时应放置水平，并用楔子紧后固定。当下喷嘴环如有局部磨损时，可补焊，补焊前应均匀加热，以防脆裂。

5. 减速箱检修

减速箱检修时应在专用检修间中进行，以保证良好的检修环境，避免灰尘、杂物进入。推力瓦表面应无拉痕、毛刺、裂纹、局部熔化等现象，与推力盘接触良好，接触点应达到3～5cm^2，接触面应达到75%以上。齿轮啮合要良好，齿长应有60%、齿宽应有40%的接触面。

（三）E型中速磨煤机检修

1. 碾磨装置

为了检查碾磨件的磨损速度，必须做好碾磨元件的原始记录（尺寸、硬度），从磨煤机一投入运行时，定期测量磨环与钢球的磨损量。尤其在运行初期，测量间隙间隔尽可能缩短，一般每隔300h左右测量一次。由于在煤种一定，磨煤压力近于不变的情况下，球环的磨损量与运行时间几乎呈线性关系，初期若干次测量结果可作为掌握碾磨元件的磨损率，并因此确定检修时间隔的参考资料。以后的测量工作可以结合磨煤机检修进行，并列为检修常规项目。测量时用一般量具或特制样板来进行，测出钢球的最大、最小直径，取其平均值记录于专用记录表中。对于磨环，可在滚道弧形面上分取4～6点或用样板取几点测量圆弧形状及最薄处尺寸，一并记入。与此同时测量出上磨环的下降尺寸，该尺寸实际上是磨环、钢球磨损量的总和。对于弹簧加载的装置，在两次压紧弹簧的间隔中，下降量即为弹簧松弛高度，也是需要压缩的数值。

整理出上述测量结果，即可绘制出磨损曲线，用以推算更换钢球的时间。

几种型号E型磨的有关数据如表11－3所示。

表11－3　各种型号E型磨参数表

序号	项　目	单位	E－44	EM－70	8.5E	10E
1	钢球原始直径	mm	Φ261	Φ530	Φ654	Φ768
2	空心钢球壁厚	mm	—	75	89	100
3	初装钢球数量	只	12	9	10	10
4	填充钢球直径	mm	Φ240或Φ250	Φ480	Φ584	Φ698

续表

序号	项　　目	单位	E－44	EM－70	8.5E	10E
5	钢球更换时直径	mm	Φ220	Φ445	Φ550	Φ610
6	钢球允许磨损量	mm	41	85	104	158
7	磨环滚道最小厚度	mm		128(上环)/115（下环）	127	127
8	磨环容许剩余厚度	mm	50	40	50	60
9	上磨环容许的下降量	mm		230	230～250	250～290

由表中所列数据可以看出，E 型磨在容量增大时，其磨环和钢球允许的磨耗量均相应增大。

为尽量延长球、环的使用寿命，填充球直径应稍小于初装球直径，否则既会造成碾磨装置不能有效、平稳地工作，又会加剧填充球的磨损。一般应选择填充球直径比滚道中已有钢球直径小 1～5mm 为宜。若原钢球直径彼此不一样，钢球在磨环滚道上的顺序应这样安排：最大的球编为 1 号，置于中间；其次为 2 号，置于其右侧；再次为 3 号，置于左侧；第 4 号在右侧，第 5 号在左侧，依此类推，如图 11－2 所示。

球径从最大的 1 号球逐渐向右或向左减小，因此最小的球就在最大球的对面。若顺序排错，有的球就接触不到磨环，会造成不规则的磨损，磨煤出力将会下降。

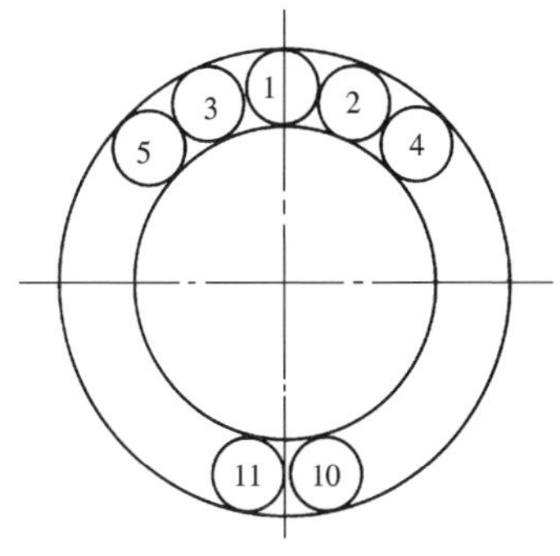

图 11－2　钢球排列示意

2. 转盘

1）检查转盘与下磨环的接合面是否平整，转盘与下磨环结合面的圆柱镗孔应完整，如镗孔成椭圆，必须另行加工。

2）转盘刮板磨损至刮板高度的 2/3 时，应进行修补。

3）转盘晃动度不大于 0.20mm。

4）转盘与风室间隙为 3～5mm，超过标准应锉内环。

5）迷宫顶部的间隙为 2～3 mm。

3. 上下磨环与压盖

1）新加钢球后，上下磨环间隙不小于 50mm，下磨环的圆弧深度为钢球直径的 1/3，大于 1/3 的下磨环应当割去，钢球的总间隙不小于 80mm，否则钢球运行中要轧刹。

2）上磨环圆柱销孔与圆柱销应紧配合。

3）上磨环与压盖的结合面装复后不得有间隙，上磨环与压环的连接螺栓应打紧，并把螺栓与螺帽用电焊点焊，防止在运动中松动。

4）上下磨环圆弧面上磨出凹凸不平或发生波形纹路时应更新。

5）上下磨环使用到钢球增加到 16 只时应调新。

6）上下磨环的吊装螺丝孔应用石棉等保温材料塞紧，以便下次拆装时不损坏螺丝牙齿。

4. 风环

1）风环上的活页小门应灵活，小门两边应有 2mm 的间隙，活页小门轴磨损到 2/3 时必须调新，防止脱落。

2）风环与上、下磨环的间隙为 8～12mm，超过 12mm，应进行封堵。

3）风环不得有裂纹，四周间隙一致。风环应紧密地贴在磨煤机外壳上，与下磨环的中心应保持一致。

5. 压紧弹簧

弹簧应完整无裂纹，压力根据钢球的数量及燃料可磨性系数而定。检修时弹簧压紧螺丝拧紧后，全长弯曲不应超过 0.5mm，丝扣应完整，并进行防松处理。

三、中速磨煤机的日常维护

（1）定期检查贮油器的预先充氮气压力，在运行后的头两个月，每个星期检查一次，以后每个星期检查一次，保持压力在规定范围内。

（2）每日检查堵塞指示仪是否在正常运行范围内，并且清理一次过滤器。

（3）经常检查压力设备，如阀门、液压缸、液压马达及管路系统的温度（运行温度应在 40～50℃之间）。如超过限度，应找出缺陷，并修理。

（4）每日检查油箱油位，油往下降时，应补加。

（5）经常检查油泵、液压缸及管路系统运行是否有不正常噪声、振动等情况。

（6）检查阀门、油泵、管道软管接头是否泄漏。

（7）经常测量磨辊出入口处的油温、油压，及时发现磨辊油路是否堵塞。

(8) 检查油箱的油是否正常，要定期换油。如油为黑褐色，是由于煤粉的污染所致；如果油起乳白色泡沫，则油里有一定的空气；油无光泽并出现粘状，说明油里含水，应检查冷油器是否泄漏。

(9) 压力检查。把所有的压力值与标准值进行比较（指减压阀、截止阀、流量调节阀和节流/止回阀）。检查压力继电器的预定值和功能是否正常。

(10) 液压油和润滑油对于磨煤机的可靠性是至关重要的，因此应按规定牌号使用各种液压油和经常检查油的质量。一般运行 500h（或半年）后，必须检查油的纯度。简单滴定分析可以在现场进行，把一个干净的棒插入油中，然后滴几滴在干净的吸干纸上，通过油滴的渗展就可以判断油是否干净。若渗展后颜色不均匀，且含有煤粉尘粒（中心发暗），这就说明油必须更换。这只是临时检验措施，准确的断定要通过化验室的检定。

四、中速磨煤机常见故障、原因分析及处理

排除故障前，首先要停止该磨煤机运行，冷却后再进行。表 11－4 为中速磨煤机常见的故障、原因及处理方法。

表 11－4　　中速磨煤机常见的故障及处理

故障	原　　因	处　　理
磨煤机发出变化的噪声及振动	1. 废铁块与煤一起进入磨煤机； 2. 套筒式磨盘衬板损坏； 3. 进煤量不均匀； 4. 磨辊轴承损坏； 5. 磨辊加载压力不正常； 6. RP 型磨煤机旋转式分离器驱动装置运行不正常； 7. 分离器转子失去平衡	1. 检查输煤除铁器，使其可靠运行； 2. 更换损坏的部件； 3. 调整给煤机闸板门； 4. 修理、更换； 5. 调整加载压力； 6. 调整检查液压马达及分离器转速； 7. 重找平衡
磨煤机出力降低，煤矸石增多	1. 通风量不足； 2. 加载系统压力太低； 3. 磨煤机出口后的煤粉管道不畅通； 4. 煤质不正常，风环磨损，排矸机不正常	1. 检查磨煤机通风机及风机挡板开度； 2. 加载到规定值； 3. 检查分配器及管道，使其畅通； 4. 更换风环，修理排矸系统

续表

故障	原　　因	处　　理
煤粉细度不合格	1. 分离器叶片磨损； 2. 分离器挡板开度不对； 3. 对于旋转式分离器，转速调定不合适	1. 挖补、更换磨损叶片； 2. 调整挡板开度； 3. 重新调定转速
磨煤机堵塞（不出粉）	1. 磨辊和磨盘衬板的间隙不合适； 2. 碾磨件严重磨损、失真； 3. 个别磨辊不转（轴承内进入煤粉，卡涩，严重时损坏）； 4. 磨煤机通风量不足； 5. 下煤量过多	1. 调整偏心套筒，调整制动器位移量； 2. 更换； 3. 更换密封或清洗轴承，更换损坏的轴承； 4. 检查风机、风道或调整喷嘴环挡板； 5. 减少给煤量
磨煤机马达耗电量增加	1. 磨煤系统异常； 2. 减速器异常； 3. 磨煤机过负荷	1. 检查； 2. 检查； 3. 检查通风系统、分离器、进煤量、控制系统
磨煤机漏煤粉	1. 密封件螺丝松动； 2. 密封填料不足或磨损； 3. 密封风和磨煤机通风的压差调整不当	1. 紧固； 2. 填加密封材料或更换； 3. 调整压差或密封风机挡板

第三节　高速磨煤机的检修

高速磨煤机分为风扇式磨煤机、锤击式磨煤机两大类，现以1600/400型风扇磨来说明其检修内容。

一、风扇式磨煤机的A级检修项目

1. 标准项目

（1）补焊或更换轮锤、锤杆、衬板、叶轮等磨损部件。

（2）检修轴承及冷却装置、主轴密封、冷却装置。

（3）检修膨胀节。

（4）校正中心。

2. 特殊项目

（1）检修、修理基础。

（2）修理滑动轴承球面、乌金，或更换损坏的滚动轴承。

（3）更换高速磨的外壳或全部衬板。

二、叶轮检修

（1）检查叶轮所有铆钉、防磨板螺丝磨损情况，正常时无严重磨损，所有撑筋板与旁板的焊缝应无脱焊、裂纹。

（2）叶轮冲击片磨损 2/3 时，应更换。

（3）冲击片若磨损不均匀，运行中振动超过 0. 10mm，应拆下重校平衡。

（4）旁板表面磨损不超过 10mm，边缘磨损不超过 15mm，超过的应镶环，且必须焊牢。

（5）防磨板磨损 1/2 应更换。

三、磨煤机本体检修

（1）大护甲标准厚度为 140mm，随叶轮一起更换。

（2）中护甲标准厚度为 140mm，磨损 1/2 以上时应更换。

（3）小护甲标准厚度为 80mm，磨损 2/3 以上时应更换，中护甲及中护甲后 15 ~20 块小护甲随叶轮一起更换。

（4）出口衬板、机壳衬板、大门衬板甲板磨损 2/3 以上时必须更换，衬板装复后应平稳，无凹凸现象，平面误差不超过 1mm，接缝之间的间隙最大不超过 3mm。

（5）护甲装复后应平整，无阶梯形，护甲搁在搁板上不少于 10mm。

（6）叶轮装复后，叶轮后筋与机壳衬板间隙为 3 ~8mm，转动时无碰壳声。

（7）叶轮与大护甲的间隙为 25 ~40mm。

（8）轴的锥度与叶轮的锥度一致，接触应在 75% 以上。

四、分离器检修

（1）折向门必有必须灵活，开度应一致，关闭时应留有 40mm 间隙。

（2）粗细筒厚度磨损 2/3 时应更换，不得磨穿。否则将影响煤粉细度。

（3）分离器内胆易磨损，装有 20mm 厚的防磨衬板，当衬板磨损 2/3 以上时，必须更换，衬板装复牢固。衬板的缝隙不 2 ~3mm ，衬板表面平整，圆弧一致。

五、轴承箱

风扇磨悬臂式叶轮的转轴支承在轴承箱上，起支持风轮重量与推力的作用，见图 11－3。

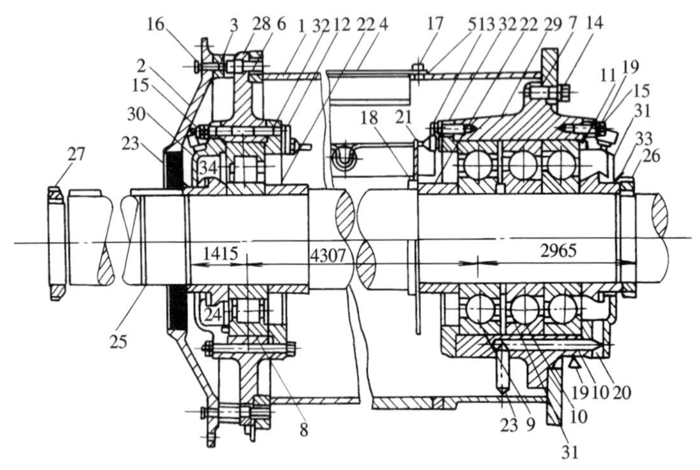

图 11－3　轴承箱

1—轴承箱体；2—迷宫轴封；3—迷宫轴承支撑；4—箱体检查孔盖；5—检查孔盖密封垫片；6、7—轴承箱与轴承壳的密封垫片；8—滚柱轴承；9—滚珠轴承；10—止推滚珠轴承；11—压力弹簧；12～18—螺钉；19—振动脉冲波测定计的接头；20—1/2″塞子；21—甩油板；22—定位圈；23—密封件；24—螺钉；25—主轴；26、27—并帽；28—滚柱轴承外壳；29—轴承外壳；30、31—轴承外端盖；32—轴承内端盖；33—溅油圈；34—挡油板

(1) 测量 113634 型轴承间隙，新轴承应为 0.10～0.15mm，用过的轴承最大间隙不能超过 0.30mm，隔离圈无油垢，且内外圈应无裂纹、剥皮、锈蚀，个别麻点深度小于 0.50mm，直径小于 2mm。

(2) 轴承四周间隙应均匀，最大误差不超过 0.02mm。

(3) 轴承座与外壳配合间隙适当，最大不超过 0.20mm。

(4) 轴承与轴承座配合松紧适当，用专用工具压入，不准用手锤敲打。

(5) 启动后，轴承箱振动不超过 0.10mm。

提示　本节内容适合锅炉辅机检修（MU6　LE15、LE16）。

第四节　给煤机的检修

一、皮带式给煤机检修

（1）机架检查，无外力碰撞变形，焊接良好，无锈蚀。

（2）皮带无大面积脱胶，无老化、断裂。

（3）各清扫器、逆止器零部件完好，安全有效。

（4）各部滚筒、托辊组轴承完好，转动灵活，修理清洗后将油脂加足。

（5）张紧装置应灵活、有效，修后应加油脂。

（6）减速器应完好，各轴承符合技术要求，齿轮及联轴器完好并符合安装技术要求，箱内更换符合要求的新油，各部轴封及箱体结合面应无漏油。

（7）下料口挡板应灵活有效。

（8）机体各部位螺栓紧固，严密不漏。

（9）检修后的给煤机应运行平稳，无撞击声和摩擦声，胶带紧力适中，不跑偏打滑。

（10）检修后的给煤机还要进行电控部分的试验和称重部分的校验工作。

二、刮板式给煤机检修

（1）刮板应平整，刮板与下部底板的间隙应符合技术要求，运行应无卡磨现象。

（2）链条轨道应平直，两轨道间应平行，距离偏差不大于2mm，水平偏差不大于长度的2‰。

（3）链轴的后轴承应能顺利滑动，调整链条紧度的丝杆不得弯曲，并带有锁紧螺母，检修后应留有2/3的调节余量。

（4）调整煤层厚度的闸板应升降灵活。

（5）如采用保险销的对轮，不得随意加粗保险销的直径或更换材质，采用弹簧保险的对轮，应按图纸调整压紧长度。

（6）驱动装置应按要求检修后，更换合格的新油，联轴器找中心时应符合技术要求。

（7）各种易磨损件都应进行检查，超过磨损要求的更换或修补。

（8）各部位螺丝应按规定紧固。

（9）修后设备试运时应运行平稳，不得有卡涩及跳链现象。

（10）电控部分应按规定进行试验检修工作。

三、给煤机的日常维护

1. 维护内容

（1）检查设备出力是否正常。

（2）检查驱动部分运行工况，应无碰撞、摩擦等杂音，驱动电动机外壳温度、机械振动值、运行电流正常。

（3）进出料斗、机本体、挡板、闸门、法兰等不得漏煤。

（4）对各传动部分定期加油。

（5）按规定检查各部螺栓是否松动。

（6）定期检查胶带、链条、刮板及各部分保护装置。

（7）定期对称重系统进行校验。

2. 常见故障及处理

（1）出力不足。振动式给煤机应检查给煤槽的角度，检查板簧、铁芯、衔铁。皮带式给煤机检查张紧力（是否慢转），入口闸板是否卡涩，是否跑偏撒煤。刮板式给煤机应检查刮板是否脱落，入口闸板是否卡涩，煤层间板是否合适。另外无论哪种给煤机，如原煤斗蓬煤，都会造成出力不足或断煤。

（2）连接法兰漏或煤筒外壳漏。先放松法兰，加密封材料后再紧固，挖补或采取暂时措施堵漏，停机后再处理。

（3）皮带跑偏。调整拉紧器，调整托辊组支架；调整落煤点位置（针对性处理）。

（4）链条有卡涩现象或有跳动及碰撞声。调整链条的平行度和松紧度。若是新链轮或新链，可考虑有无不“合槽”之处，如有，应打磨或加工链轮，使之“合槽”。

（5）入口挡板开关不灵活。在框架无变形的情况下，应考虑以下几点：轴承损坏或油质干枯后有煤粉卡涩；锁紧螺母调整不当；操作传动杆卡涩；执行电动机损坏等，根据情况针对性处理。

（6）振动给煤机吊杆断。应进行更换。如情况不允许，需进行暂时性焊接时，不得对杆焊接，应在接口处最少加上150mm的同径钢材加固（双侧加固更好），焊后应进行热处理，消除焊接应力。

（7）整机振动。检查地脚螺丝是否松动；地脚垫铁是否松动腾空；传动部分是否正常，这些情况有时可能同时发生。

提示 本节内容适合锅炉辅机检修（MU7 LE19）、（MU8 LE21）。

第十二章

通风系统设备检修

风机大修的标准检修项目：

(1) 检查、修补磨损的外壳、衬板、叶片、叶轮及轴承保护套；

(2) 检修进出口挡板、叶片及传动装置；

(3) 检修转子、轴承、轴承箱及冷却装置；

(4) 检查、修理润滑油系统及检查风机、电动机油站等；

(5) 检查、修理液力耦合器或变频装置；

(6) 检查、调整调节驱动装置；

(7) 风机叶轮校平衡。

风机大修的特殊检修项目：

(1) 更换整组风机叶片、衬板或叶轮、外壳；

(2) 滑动轴承重浇乌金。

第一节　离心式风机的检修

一、叶轮的检修

检修叶轮时，用卡尺、测厚规等测量工具检查其磨损情况，若叶片局部磨损超过原厚度的 1/3 时，应进行焊补或挖补叶片；若超过原厚度的 1/2 时，则要更换新叶轮。叶轮焊口如有裂纹，需要将该处焊口铲除，重新焊接，焊接不允许有裂纹、咬边、夹渣、凹凸及未焊透等缺陷，所用焊条性能与叶轮钢材应适应。各部位尺寸、角度、形状应符合图纸要求，叶轮应经过静平衡校正。

二、叶轮与轮毂

检查叶轮与轮毂的结合情况，小型离心式风机叶轮与轮毂是铆钉连接的，若磨损 1/3，应更换新铆钉。大型风机的轴和轮毂形成了整体，其轮毂已被热装套在轴上。新风机叶轮和轮毂组装后，轮毂的轴向、径向晃动不应超过 0.15mm。

三、机轴

机轴的弯曲度不得大于 0.10mm，全轴不得大于 0.2mm。超过时必须调直或更换。机轴的水平度用精密水平仪检测，要求小于或等于 0.1mm。轴不得有裂纹，如发现，必须更换（检修时做探伤试验）。

四、轴瓦与轴径

用塞尺检查轴瓦与轴径的配合间隙，径向间隙一般为轴径直径的 1% ~3%。或按厂家规定值选用，无规定时参照表 12 -1。

表 12 -1　　滑动轴承轴瓦间隙表

轴径直径（mm）	50 ~80	80 ~120	120 ~180	180 ~250	250 ~360
轴瓦的每一侧之侧方向间隙（mm）	0.08 ~0.15	0.1 ~0.2	0.12 ~0.25	0.15 ~0.25	0.2 ~0.3
轴瓦内轴与上轴瓦的间隙（mm）	0.1 ~0.2	0.2 ~0.28	0.2 ~0.35	0.3 ~0.45	0.35 ~0.67

轴瓦与轴颈肩要留有一定的轴向间隙。推力轴承的推力间隙一般为 0.3 ~0.4mm，承力轴承的膨胀间隙按式（10 -8）计算。用色印检验轴颈和轴瓦接触面、接触角。接触面为轴瓦表面积的 80%，且每平方厘米不少于一点，接触角度为 60° ~75°。

五、可调式导向器（挡板）

可调式导向器装置应开关灵活，指示清楚，并要有限制开、关过头的限位器。特别注意导向板开启时的方向应能使气流的旋转方向与叶轮的旋转方向一致。挡板磨损超过原厚度的 2/3 时，必须更换；挡板轴磨损超过原直径的 1/3 时，必须更换，导向器挡板之间的间隙为 2 ~3mm，挡板与外壳的径向间隙 2 ~5mm。拐臂与外圆小轴是可拆联接，不得焊死。各法兰联接处严密不漏。

六、风壳

内护板磨损超过原厚度的 2/3 时须更换。护板螺栓要完整牢固，机壳和转子各处间隙应符合设备要求，一般叶轮前轮盘与风壳间隙为 40 ~50mm，风壳与轴间隙为 2 ~3mm。风机外壳是由普通钢板焊接而成的，因此钢板应保证化学成分和冷弯性。

提示　本节内容适合锅炉辅机检修（MU9　LE23、LE24）。

第二节　轴流式风机的检修

一、静叶调整式轴流风机的检修

由于各个电厂使用的轴流风机性能参数有所不同，检修方法也不尽相同。现以波兰制造 BP1025 锅炉所配 AN30e6 型静叶可调式轴流风机（结构见图 9－21）为例，简述其检修方法与质量标准。

（一）转子叶轮的检修

先从管状导流器旁把转子套管上的保温层去掉。拆除转子套的上半部分及管状导流器的半边，从可调节导向轮中心筒体的开口处拆开，准备安装起吊工具。从衬套上拧松转子叶轮，用转子叶轮的顶出螺栓将叶轮从衬套中顶出，通过管状导流器的开口端抽出转子叶轮。用检测工具检查转子叶轮磨损、腐蚀情况，焊缝是否出现裂痕等缺陷。当叶片磨损超过原厚度的 1/2 时，一般需要换新的风轮。安装顺序与拆卸相反进行。紧固风轮用 12 条 M30 × 80 的螺栓，须用 300N · m 的扭矩扳手拧紧，并要上齐弹簧垫圈。转子与转子中心轴套之间的轴向间隙，如图 12－1所示。

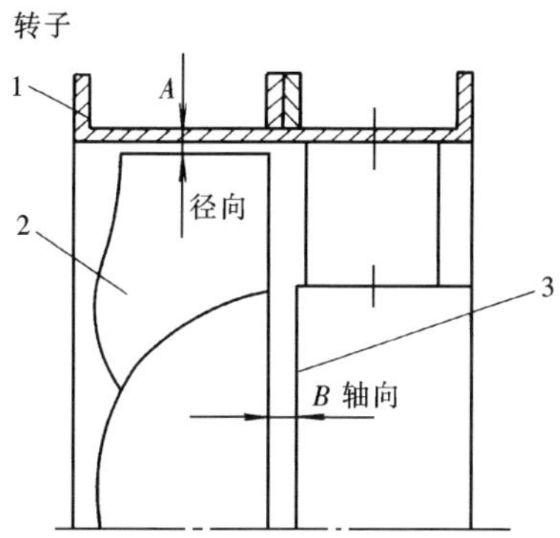

图 12－1　转子叶轮的径向、轴向间隙

1—外壳；2—转子叶片；3—中心轴套

A 径向＝8.5mm；B 轴向＝12mm

（二）轴及主轴承检修

轴由无缝轧制钢管和另外焊接的轴径组成，须进行整体的平衡试验。在风机运行时，主轴承是由冷却风机吹入的空气进行冷却的，因此，冷却风机的作用很重要，尤其是入口进风道要选在阴凉的地方。轴承上装有感应式温度传感器，监测主轴轴承温度，每次检修时要查其是否完好。轴承内部密封用橡胶圈，外部用毡，检修时要更换密封。轴承加换油时间为1个月一次，主轴承和中间轴的圆筒形防护罩起隔热和防止烟气对轴的腐蚀、冲刷作用。检修时一定要注意修后密封良好，保证不使烟气漏到防护罩内。主轴承内须充满要求的油脂，各部件要紧固，各部位间隙如图12－2所示。

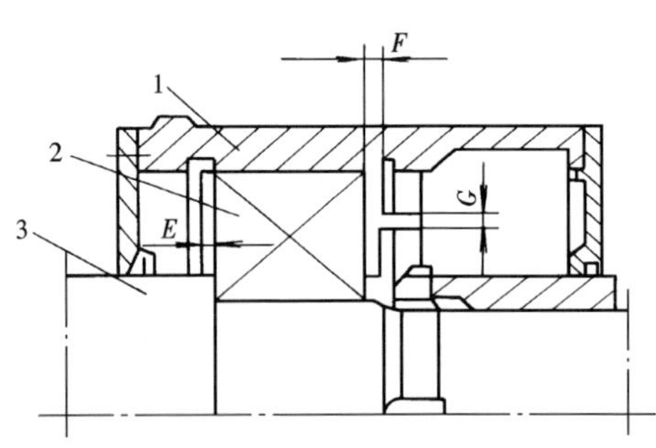

图12－2　主轴承各部位间隙

1—轴承外壳；2—轴承；3—转轴

E = 20mm；F = 8mm；G = 2mm

（三）插入式导向叶片的检修

拆卸插入式导向叶片时，只能同时拆下对应位置的两个叶片。由于叶片较重，要用起吊工具拆装。导向叶片是最易磨损的部件之一，主要是由于运行时烟气不均匀流动所造成。更换磨损的叶片时，要注意先将销轴插入套筒中心的孔中。一般导向叶片每运行600h要检测一次。叶片安装时应编号，并记录更换的叶片磨损情况及位置，以便在检修时可以分辨各不同位置导向叶片的使用差异，有计划地更换叶片。

（四）耦合器的检修

AN型风机采用了有中间传动轴的齿形耦合器，检修时应将所有密封表面清洗干净（不能用煤油）。对于有保持环的耦合器，在内衬套表面的键槽要密封，防止油渗漏。安装时衬套、法兰、键槽保持环等重要部件须采用热装配。现场常用油煮，使其温度均匀上升，油加热温度不能超过200℃，且部件须经过硬化处理。在热装时要把胶圈密封件拆下，防止受热损坏。耦合器装好后应找平，在 E 处允许有 ±0. 5mm 的定位误差（轴向误差 ±0. 5mm），如图 12 – 3 所示。

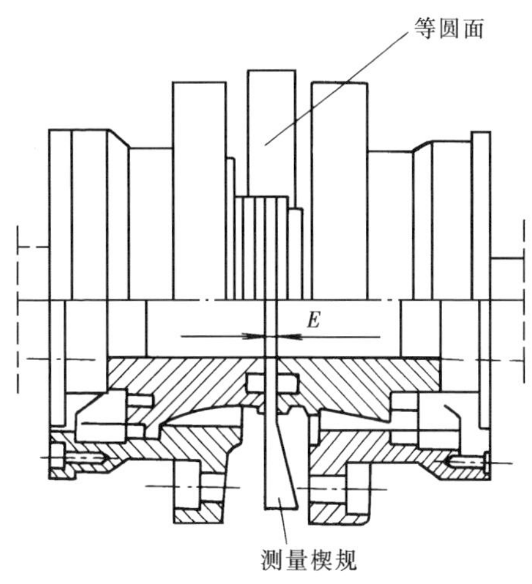

图 12 – 3　*E* 处间隙

当耦合器连续运行 8000h 后，应对其进行检测，主要检查轴向移动位置。检查时要拧开耦合器套筒上的装有 O 型密封圈的盖。若间隙不合格，则要重新找正调整。为了防止损坏密封圈，拆卸时不能用改锥等利器。耦合器中的油脂最多两年就应更换。

（五）可调式导向轮叶角度位置的整定

导向轮叶角度位置的调整由叶片相连的操作杆和中间齿轮机构来完成。适当地调整连接杆的长度和铰链的位置角可改变控制环的环向转动，从而改变叶片的转动角度，达到调整风机负荷要求。此调整必须看着叶片实际的转动角度来进行，调整范围为 0° ~ –75°。

–75°　接近极端位置

0°　导向控制装置定点位置

+45°　最大开启状态，极限位置，如图 12 – 4 所示。

整定时导向叶片转动角度不允许超过 45°，否则会造成将使风机的损坏。因此要重点检查、验收其限位装置是否正确可靠。

（六）静叶可调式风机运行故障及排除方法

首先检查仪表本身是否工作正常，然后按表 12 – 2 检查、排除。

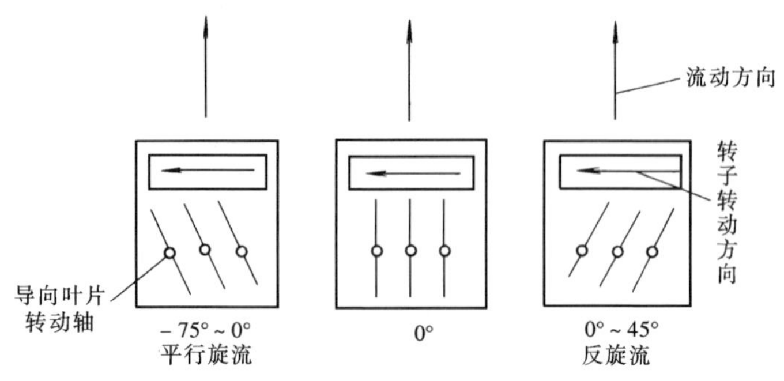

图 12－4　可调导向叶轮的定位示意

表 12－2　　静叶可调式风机故障及排除方法

序号	故　障	原　　因	排除方法
1	轴承温度高	1. 轴承间隙小； 2. 轴承磨损； 3. 缺少润滑油	1. 重新调整间隙； 2. 更换轴承； 3. 填加润滑油
2	运行声音不正常	1. 轴承间隙大； 2. 叶片摩擦转子套筒	1. 检查、更换轴承； 2. 停机检查摩擦原因
3	风机运行中发生周期性不稳定振动	1. 轴承间隙磨损变大； 2. 粉尘进入轴承，破坏润滑，损坏轴承； 3. 地脚或轴承座螺栓松动； 4. 转子系统不平衡所引起的受迫振动或基础共振	1. 更换轴承； 2. 换密封； 3. 紧固各部件螺丝； 4. 在转子系统平衡上找原因
4	风机运行中晃动	1. 转子配重不均衡； 2. 叶片单侧不均衡的腐蚀造成运行时偏心； 3. 找正不准确或基础螺栓松动	1. 重新配重； 2. 更换叶片； 3. 重新找正并紧固螺栓

续表

序号	故　障	原　　因	排除方法
5	并列运行时，风机电流不同	可调式导向叶片位置不同步	调整同步
6	风机负荷不能调整	1. 导向叶片调整装置卡涩或损坏； 2. 伺服机构损坏； 3. 叶片变形	1. 检查摆杆及连杆的绞接处是否松动； 2. 检查控制环的悬吊装置； 3. 更换叶片

二、动叶调整式轴流风机的检修

动叶调整式轴流风机能在运行中改变叶片的角度，从而调节风量，具有良好的调节性能，在大型锅炉上被广泛采用。检修的重点在叶片及液压调节机构上。

（一）动叶片的检修

动叶片结构如图 12－5 所示。

（1）分别拆下支承罩壳、液压缸、轮毂罩壳、支持轴颈和调节盘。

（2）检查滑块与导环间的磨损情况，间隙在 0.1～0.4mm 之间。

（3）检查导向销的固定是否牢固及表面磨损的程度。

（4）拆下叶片叶柄的连续螺钉，取下叶片。对叶片作外观及着色或探伤检查，叶片如有缺口、裂纹、严重磨损及损伤等缺陷，要更换。紧固叶片的螺钉在使用前应作探伤检查，螺纹应正常，长短要一致，只作一次性使用。

（5）松开锁紧垫圈，取下锁帽，分别将垫圈、调节臂、键、衬圈、紧固圈和轴承拆下。检查轴承应无剥皮，无斑点，不变色。

（6）将叶柄拔出轮毂，对叶柄作探伤检查，表面应无损伤，不弯曲。

（7）检查叶柄孔内的衬套，应完整，不结垢，不起毛，不符合要求时要更换。在取出和装入衬套时，要用专制铜棒，不能用铁锤等工具。

（8）检查叶柄孔中的密封环是否老化脱落，如是，重新安装时要全部更换新密封件。

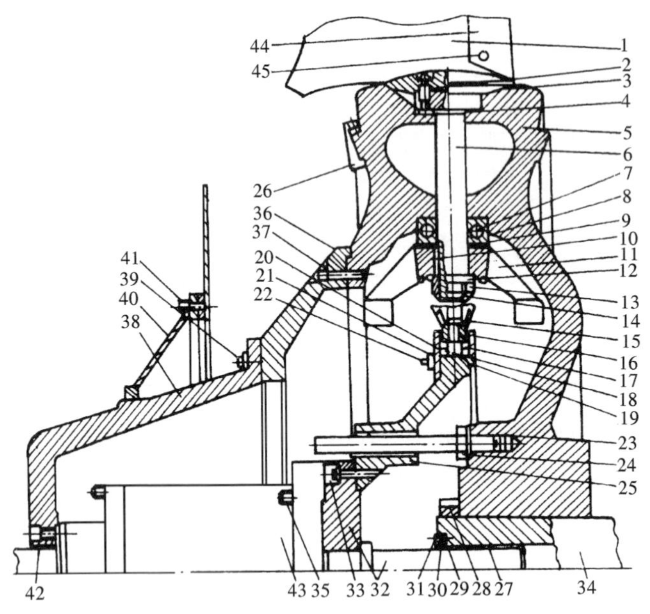

图 12－5　动叶片的结构

1—叶片；2—叶片螺钉；3—密封环；4—衬套；5—轮毂；6—叶柄；7—推力轴承；8—紧圈；9—衬圈；10—键；11—调节臂；12—垫圈；13、15—锁帽；14—锁紧垫圈；16—滑块销钉；17—滑块；18—锁片；19、20—导环；21—螺帽；22—双头螺钉；23—衬套；24—导向销；25—调节盘；26—平衡重块；27—衬套；28—锁帽；29—密封环；30—毡圈；31、33、35、37、39、41、42、45—螺钉；32—支持轴颈；34—主轴；36—轮毂罩壳；38—支承罩壳；40—加固圆盘；43—液压缸；44—叶片防磨层

(9) 叶片组装好后，应保持 1mm 的窜动间隙（由锁帽调整），各片要相同。

(10) 叶片表面应光滑、无缺陷，且各片质量一致。叶柄端面的垂直度不同心度偏差不大于 0.02mm。键槽、螺纹要完好。

(11) 滑块清洗干净后，先放在 100℃ 的二硫化钼油剂中浸泡 2h 左右，待干后再安装使用。

(12) 各点的紧固螺钉都要使用要求的力矩，用扭力扳手进行。扭力扳手力矩值见表 12－3。

表 12-3　　扭力扳手力矩值 N·m

级别[①]	螺钉	4.6	8.8	12.9	12.9
	螺帽	4.6	4.6	4.6	8.8
M6		5.88	8.82	11.8	14.7
M8		14.7	21.6	28.4	37.2
M10		27.4	43.1	53.9	72.5
M12		49	73.5	93.1	122.5
M16		117.6	181.3	230.3	303.8
M20		235.2	352.8	441	588
M24		392	588	735	980

① 级别中数字为与实物一致，仍为工程单位制数据，如 4.6 表示最小抗拉强度 $\sigma_{b,min}=40kgf/mm^2$（400MPa），0.6 表示屈服极限 $\sigma_s=0.6\sigma_{b,min}=24kgf/mm^2$（240MPa）。

（二）叶片与叶轮外壳间隙的调整

叶片与外壳的间隙是指经过机械加工的外壳内径与叶片顶端之间的间隙，调整时先用楔形木块将叶片根部垫足，如图 12-6 所示。

在叶轮外壳内径顺圆周方向等分八点，作为测量点，找出最长和最短的叶片，做好记号。用最长及取短的叶片测量间隙，并作好记录。当达到下列要求时为调整合格：

（1）最长的叶片在外壳内转动到各测量点间隙的最大值与最小值相差不大于 1.4mm。

（2）最短叶片在最小处与最大处的增加值，引风机不超过 1.9mm，送风机不超过 1.5mm。

（3）对于最长和最短叶片在八点的平均间隙，引风机为 6.7mm，送风机为 3.4mm。

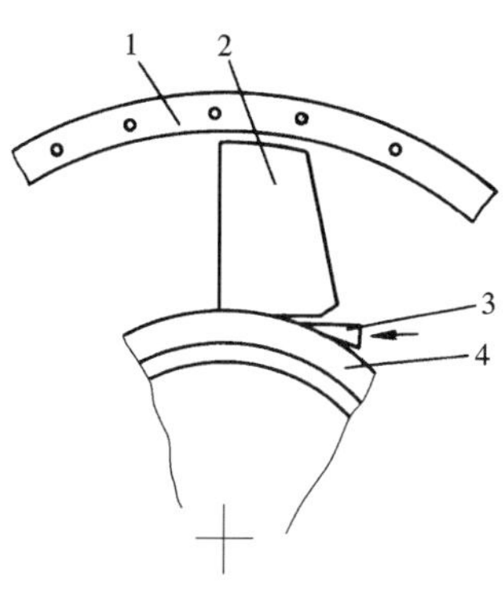

图 12-6　叶片与外壳间隙调整示意

1—叶轮外壳；2—叶片；3—楔形木块；4—轮毂

（4）引风机最小间隙不小 5. 7mm，送风机最小间隙不小于 2. 6mm。

在调整时，为保持叶轮平衡不受影响，必须对每个叶柄的螺帽进行调整。调整时朝轴心方向不应超过 0. 7mm，离轴心方向不超过 0. 8mm。调整结束后，将锁紧垫圈锁住调节螺帽，同时用小螺钉将叶柄键紧固。

（三）动叶片角度的调整

叶片的间隙调整好后，组装好滑块，将调节盘套到导向销上，用螺帽拧紧调节盘及导环，将支持轴颈装入主轴孔中。装好液压缸，接通液压油系统，开动油泵，使液压缸带着动叶片动作。然后根据动叶片角度在 +10° ~ +55 °的范围内变化，依下列步骤调整：

（1）在轮毂上拆除一块叶片，将带刻度的校正指示表装在叶柄上。

（2）转动叶片，使仪表指示在 32. 5°。将调节轴限位螺钉调到离指示销两边相等（即指示销位于中间），调整传动臂至垂直位置，再调节传动臂上的刻度盘，使其上的刻度指示 32. 5°对准指示销。继续转动叶片，使指示表的指针分别对准 10°、55°，此时指示销的指针也分别对准 10°、55°，如有偏差，需移动刻度盘的位置，并把限位螺钉分别在 10°、55°的位置上和指示销相碰，使 10°及 55°刚好是极限。反复几次，如无变化，则可将叶片位置固定。调节机构见图 12 －7。

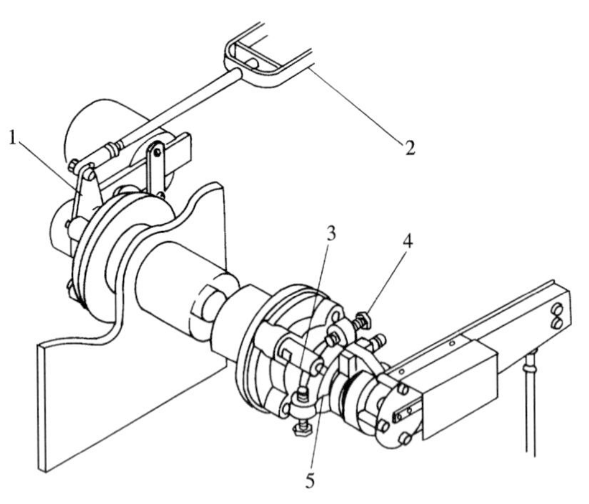

图 12 －7　动叶片调整示意

1—传动臂；2—传动叉；3—指示销；4—限位螺钉；5—刻度盘

（四）风机的日常维护

（1）建立检查、维护记录本，将每台风机的缺陷及处理情况详细记录，每台风机的加油时间及数量一定要准确、详细。

（2）每日检查风机运行中的噪声、振动值、各仪表指示是否正常。

（3）每日检查油系统的工作情况，压力、流量是否正常，并记录滤油器的污染堵塞指示器的数值，以便及时更换滤芯。

（4）每月至少更换清洗一次油过滤器，并做油化验，检查油中是否含水或变质。如发现油中含水或油已变质，应立即将风机停止运行，进行彻底换油，同时要查清带水或变质的原因（是否油冷却器漏水）。这一点对动叶可调式风机尤为重要。

（五）动叶可调式轴流风机的故障及排除方法

首先检查各仪表的工作是否正常，然后按表 12 –4 检查排除。

表 12 –4　动叶可调式轴流风机的故障及排除方法

序号	故　障	原　因	排除方法
1	轴承温度高	1. 油温太高； 2. 油稀薄变质； 3. 轴承间隙太小或损坏； 4. 油量不适当	1. 加冷却水量，停止油箱加热，检查温控开关； 2. 换油； 3. 调整、更换轴承； 4. 重新调整节流阀
2	油系统压力下降	1. 油过滤器脏污； 2. 系统泄漏； 3. 油泵故障； 4. 溢流阀松弛	1. 转换到另一个过滤器，更换脏污滤芯； 2. 排除泄漏； 3. 检修油泵； 4. 换新弹簧并调整，开始时将阀门全部打开，再慢慢旋紧调压螺钉，直到恢复正常
3	油压波动	1. 控制回油管上无孔板； 2. 蓄能器不起作用	1. 在回油管上加节流孔板； 2. 检查氮气压力，重新充氮或更换蓄能器

续表

序号	故　障	原　　因	排除方法
4	油中含水	油冷却器漏水	检修更换并换油
5	液压伺服马达高压软管破损	控制滑阀卡住	更换控制滑阀并检查润滑活塞杆与活塞同心度
6	压力油进入伺服马达后损失	伺服马达密封有缺陷	更换内、外密封，必要时更换密封环
7	风机轴功率不能调整	1. 控制滑阀与驱动装置的连杆断开； 2. 倾角控制机构卡住	1. 检修恢复； 2. 用手动操作控制机构，看其是否转动，重点查叶片的轴承
8	运行中风机有噪声	1. 转子由于积灰而失去平衡； 2. 轴承磨损； 3. 叶片磨损，失去平衡； 4. 地脚螺栓松动	1. 停机清除； 2. 更换轴承； 3. 更换叶片； 4. 重新找正后，紧固螺栓
9	振动大	1. 地脚螺栓松动； 2. 被迫振动或基础共振	1. 紧固； 2. 在转子系统平衡上找原因

在静叶、动叶可调风机的振动大的原因中，都提到是受迫振动还是基础共振。检查的方法是将振动表放在机座上，测量风机的转速对振动的影响。当转速减低时，振动消失，一般是由基础共振产生的。若当转速减低时振动也随之减少，一般为受迫振动。若振动频率是转动频率的两倍，则可能是联轴器找正不对，应重新找正。

提示　本节内容适合锅炉辅机检修（MU10　LE26、LE27）。

第三节　回转式空气预热器的检修

一、回转式空气预热器A级检修项目

（一）标准项目

（1）清除空气预热器各处积灰和堵灰。

（2）检查、修理和调整回转式预热器的各部分密封装置、传动机构、中心支承轴承、传热元件等，检查转子及扇形板，并测量转子晃度。

（3）检查、修理进出口挡板、膨胀节。

（4）检查、修理冷却水系统、润滑油系统。

（5）检查、修理吹灰装置及消防系统。

（6）检查、修理暖风器。

（7）漏风试验。

（二）特殊项目

（1）检查和校正回转式预热器外壳铁板或转子。

（2）更换回转式预热器传热元件超过20%。

（3）翻身或更换回转式预热器转子围带。

（4）更换回转式预热器上下轴承。

二、受热面回转式空气预热器的检修

（一）检修

回转式空气预热器漏风大的主要原因是预热器变形，引起密封间隙过大。装满传热元件的空气预热器的转子或静子热态时由于热端温度高，转子或静子径向膨胀大；转子或静冷端温度低，径向膨胀小。同时由于中心轴向上膨胀，热端相对膨胀得多，中心部上移多，外缘小；再加上自重下垂，形成蘑菇状变形，以致扇形密封板与转子、静子端面密封间隙，热端外缘比冷态增大很多，形成三角形状的漏风区。而冷端则相反，比冷态时减少，如图12－8所示。左侧表示冷态时转子外形，右侧为热态时转子蘑菇状变形。

如转子直径为8.5m、高2.5m的空气预热器，当冷、热端平均温度差为300℃时，其变形值达13mm。为适应热态时转子的这种变形，冷端径向密封面的外侧必须先留有足够间隙，使转子受热面下垂时，此预留间隙正好消失。而热端径向密封面冷态时预留转子转动时的安全间隙即可，热态时转子下垂会使间隙变大。图12－9所示为波兰制BD27/1800型空气预

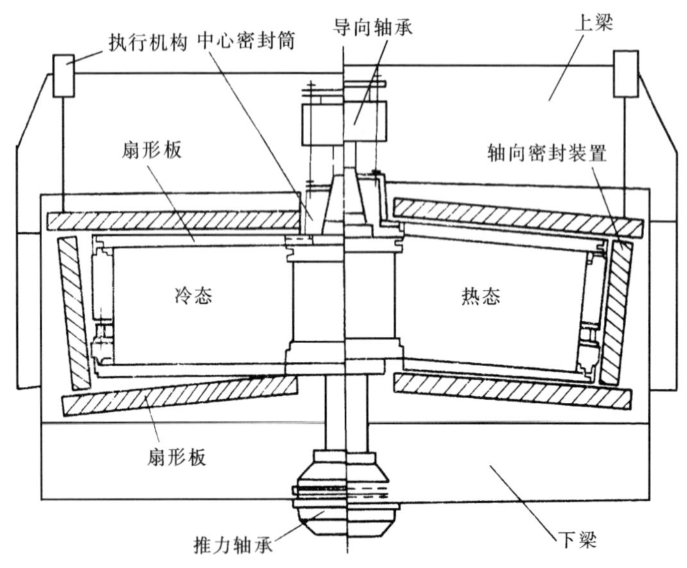

图 12－8　转子受热膨胀变形情况

热器的预留间隙。

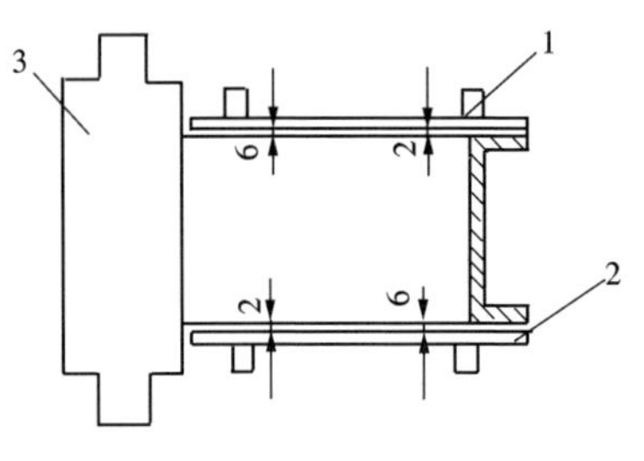

图 12－9　径向密封示意

1—上部密封板；2—下部密封板；3—转子

轴向密封由装在转子外壳侧的轴向密封与装在外壳内侧弧形密封板构成，其作用是防止空气从转子与外壳间的环形通道向烟气侧泄漏，轴向密封片的位置与径向密封片的位置一一对应。弧形密封板的宽度与扇形密封板外侧宽度相等，它们的中线用销轴定位，保证运转时轴向密封正确发挥作用。冷态安装时，在轴向密封片与轴向弧形密封板之间预留一个间隙，间隙值的大小由转子与外壳的径向膨胀量而定，热端大些，冷端小些，使热态时保持理想的密封紧贴状态。由于轴向密封长度由转子高度而定，而不由转子的直径所决定，故它能大大缩短空气与烟气侧的密封长度。

为了补偿热变形，一般在空气预热器轴向密封和径向密封设计时，使轴向和径向密封可以在预热器外壳进行调节。但只要冷态时密封板定位正确，密封间隙符合要求，运行时一般不必要调节。图 12－10 为密封系统简图。

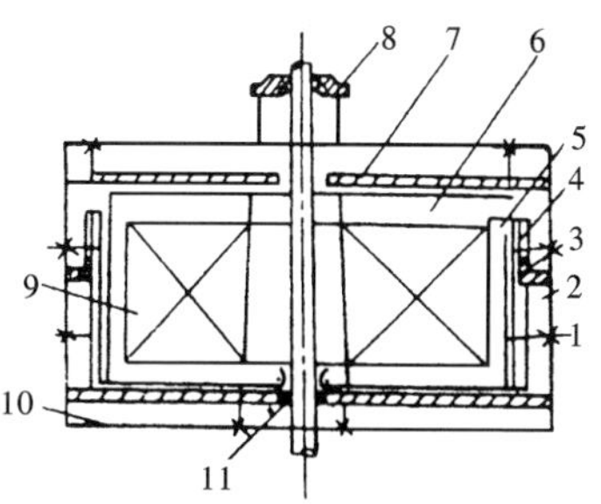

图 12－10 密封系统简图

1—轴向弧形板调节螺栓；2—托架；3—销轴；4—轴向弧形板；5—轴向密封片；6—上部径向密封片；7—上部径向扇形板；8—菱形轴套；9—转子；10—外壳；11—中心密封

（二）验收及质量标准

（1）轮毂轴的垂直度。使用框式水平仪（0.02mm/m），将框式水平仪水平位置于轴的上端面，观察水平仪水平方向读数。取得数据后，再将水平仪转动 180°，再测量一次，看其数值是否一样。然后将水平仪转动 90°（十字形），重复以上测量方法，以检验轮轴是否垂直，是否符合要求。从理论上讲，下轴承座端面到上部轴端测量线所允许的组装偏差如图 12－11 所示。

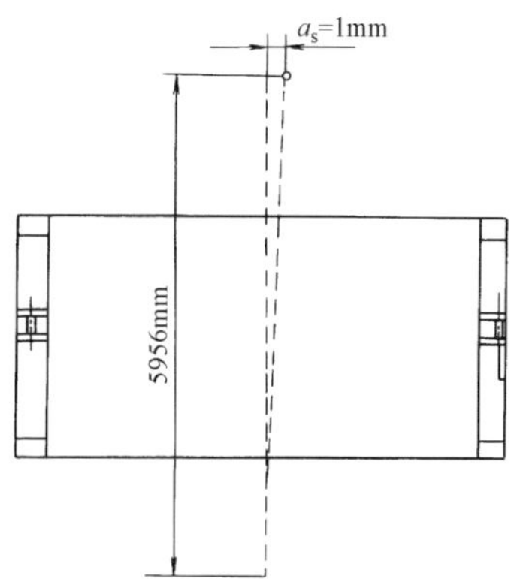

图 12－11 转子轴垂直度（BD27/1800 型）

（2）转子。距回转体切向板和径向板的线性偏差每米不应超过 1mm，整个板的长度不超过 ±2mm，回转体的钻孔的公差对于相邻孔间的节距不应超过 0.5mm，对孔的整个长度不超过 ±1mm。转子的椭圆度应符合下列要求：用百分表测量时，如直径小于或等于 6.5mm，其值不大于 2mm；

当6.5m < 直径 ≤10m 时，不大于 3mm；当 10m < 直径≤15m 时，不大于 4mm。

（3）密封装置。

对任选点的测量平面，对于上、下端板组装的不平整度为 ±1mm。密封装置的调整螺栓应灵活好用，并有足够的调整余量，如图 12 - 12 所示。

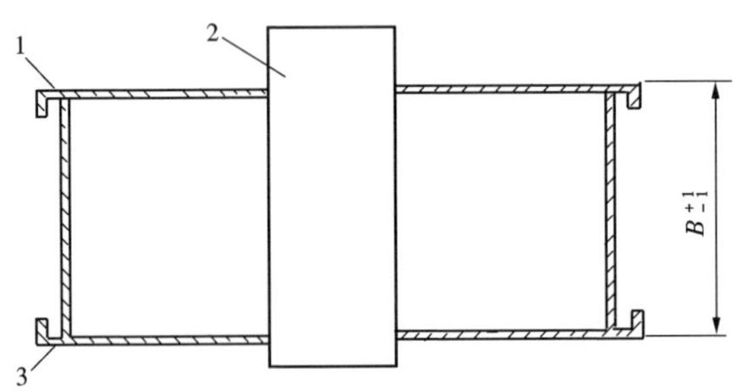

图 12 - 12　经机械加工后的上、下端面允许偏差

1—上端板面；2—转子轴；3—下端板面

（4）外壳。转子安装应垂直，外壳应与转子同心，不同心度不大于 3mm，且圆周间隙应均匀。

（5）驱动装置。传动围带（以销轴为准）的椭圆度不大于 2mm，销轴与传动齿的安装间隙应符合设备技术文件规定，测量时用百分表进行，且表一定要对准销轴。

（6）上、下轴承。轴承在开始安装前，必须仔细检查，不允许有锈蚀、凹坑、凹痕，或用眼看得见的其他缺陷。特别是对珠子和滚道的外表面，确认无损后方能装配。

（7）横梁。上、下梁的不平度不大于 2mm。

（8）紧固体和辅助元件。紧固必须连接可靠，辅助元件如冲洗装置的喷嘴及吹灰器等，必须齐全有效。

（9）传热元件（蓄热板）。传热元件装入扇形仓内不得松动，否则应增插波形板或定位板。转子传热元件安装应在试转合格后进行，施工中应注意转子的整体平衡，并防止传热元件间有杂物堵塞。

三、风罩旋转式空气预热器的检修

（一）检修特点

风罩式旋转空气预热器的检修程序、验收项目及验收方法与受热面旋转式空气预热器基本一样，所不同的是风罩刚性差，当烟、风静压差约为4.9kPa时，作用于风罩及密封板上，产生浮力，使风罩随风压波动而晃动，进而增大密封板与静子端间隙，并影响与其相连的密封框架正常工作。个别预热器上、下风罩不同步，相差约40mm，减小了密封惰性区范围，增大了漏风，如图12－13所示。

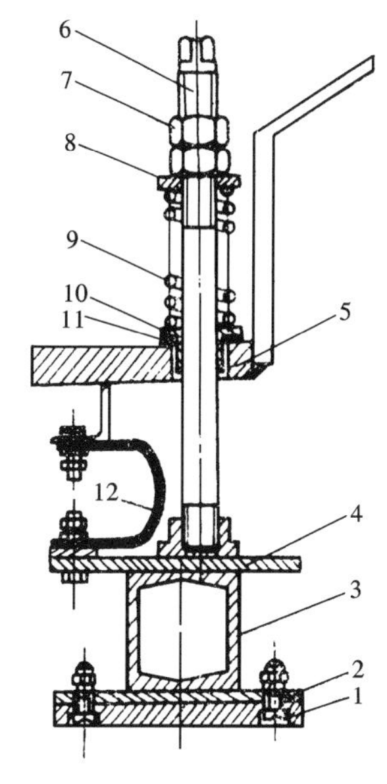

图12－13　风罩与转子间的密封
1—铸铁摩擦板；2、4—钢板；3—密封件；5—8字风道端板；6—吊杆（螺杆）；7—调节螺母；8—压紧簧板；9—弹簧；10—密封套；11—石棉垫板；12—U型密封伸缩节

针对风罩式预热器，常采用以下检修方法：加固风罩、增强刚性，风罩框架由吊簧改为压簧，将U形密封片向烟气侧外移，使密封框架上、下两面均接触空气，实现风力自平衡。运行时密封框架不受风压波动的影响，减少跳动，工作稳定，密封片交接用氩弧焊接，还可采用两种金属自动调节机构，如图12－14所示。

其工作原理是利用两种不同金属材料线膨胀系数的差值产生一个相对位移，然后通过一个机构（传动连杆），将此相对应位移放大至所需要的调整值。然后作用于密封框架上，使之补偿静子蘑菇状变形，达到热态自动调节，再将颈部密封板改成图12－15所示结构。

（二）质量标准

（1）风道框架上伸缩节安装时，应使伸缩连接角钢与密封面的距离均匀一致（见图12－16），其允许误差为：当直径≤6.5m时，a不大于6mm；6.5m＜直径≤10m时，a不大于8mm；10m＜直径≤15m时，a不大于10mm。伸缩节连接角钢距离定于端面b值应符合设计技术要求，一般不大于4mm。

（2）上、下风罩彼此对正后，再固定在轴上，必须保证同步回转，在风罩圆周上测量，误差不大于10mm。

（3）回转风罩外圆与烟道内壁间隙均匀，转动时无摩擦现象。

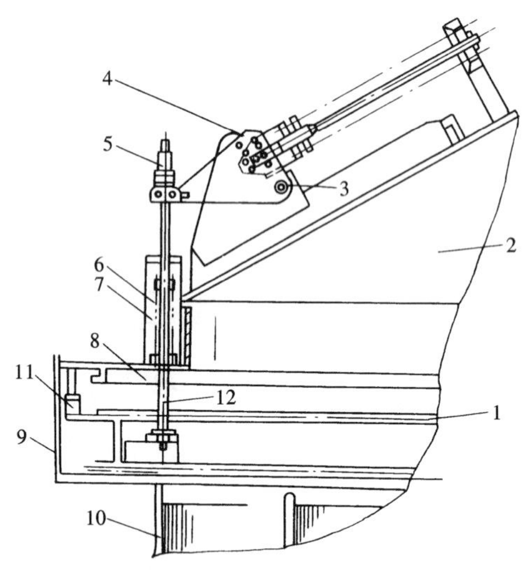

图 12－14　自动调节机构

1—密封框架；2—上风罩；3—转轴；4—热补偿装置；5—弹簧杆；6—弹簧；7—弹簧罩；8—风罩框架；9—外壳；10—静子；11—径向同步装置；12—U 型膨胀节

(4) 风道动、静部分的颈部接口应同心，不同心度不大于 3mm。

(5) 颈部密封装置安装应准确可靠，密封面接触的紧度以刚好接触为宜。

(6) 吹灰及冲洗的动、静接合处应符合设备技术文件规定，并不卡、不漏。

四、回转式空气预热器的日常维护

(一) 维护内容

为确保空气预热器的正常运行和保证机械部件的使用寿命，应按时向轴承减速箱等转动部件更换或添加规定的润滑油脂。更换减速箱内润滑油时，将里面的油排完以后，再用 70℃ 的热油清洗里面的油污，当排出的热油干净后，按规定加入新油。更换上、下轴承和其他点的润滑脂时，应清除旧的油脂，清理干净后再加入规定的新油脂。所有的油塞、润滑油嘴和润滑点均应涂以红色油漆。

一般转子轴承和传动齿轮箱的第一次换油时间应在运行大约 500h 进

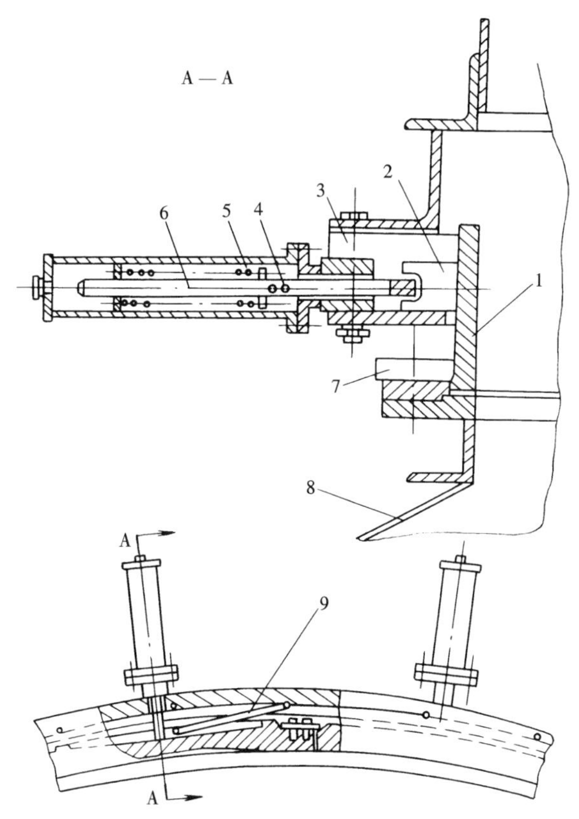

图 12－15　喉口密封结构

1—密封筒；2—弧形铁块；3—盖板；4—开口销；5—弹簧；6—弹簧杆；7—周向连板；8—上风罩；9—拉杆

行，正常投入运行后，轴承的换油时间在 8000h 进行。传动齿轮箱油及电动机轴承润滑油的周期应按其技术要求进行，但各润滑部位的油位应有计划地进行检查。另外，空气预热器运行电流、振动值以及漏风情况也在日常维护检查之列。

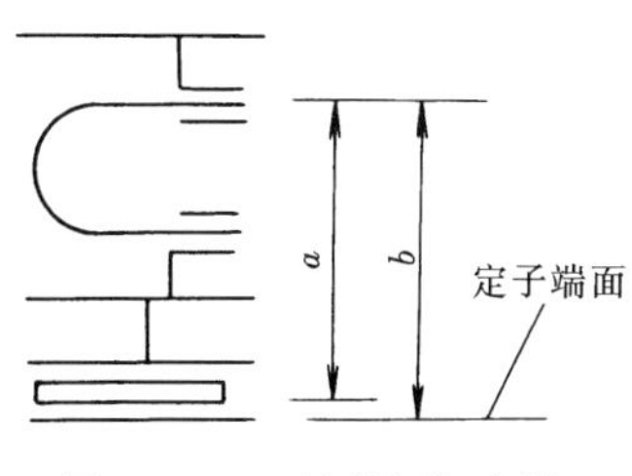

图 12－16　风道框架密封

（二）常见故障的原因分析及处理

（1）空气预热器着火。由于在传热间隙内积聚着大量的可燃物质，会发生着火现象，因此回转式空气预热器装有着火探测系统和信号装置。当空气预热器着火时，不能停止其运行，锅炉要紧急停炉，送、吸风机停运，关闭空气预热器之后的热风挡板，关闭空气预热器之前的烟气挡板，打开空气预热器下面风道上排泄阀，紧急开启消防灭火系统，进行灭火工作。

（2）传动装置断销轴。由于空气预热器轴向、径向的晃动或传动装置找正不合格，经过一段时间运行，会发生传动销轴断裂损坏，听到响声不正常时应检查是否断销轴，以便处理更换。更换时要看销轴围带是否变形。另外，传动轮、减速机等因啮合不良或组装不好也可引起传动系统故障。

（3）风、烟气侧挡板卡涩。因安装调整不当，或长期运行不加润滑油脂，在高温及烟尘影响下，转轴卡涩、开关不灵活或转不动，影响运行。因此，要定期转动下挡板轴，并添加润滑脂。

（4）密封间隙变大。由于密封件摩擦转子部件，长期运行会造成密封间隙变大。必要时要调整径向密封、轴向密封装置。在空气预热器外壳体均有测量间隙装置，用于在运行当中测量轴向、径向密封间隙数值大小。轴向密封翼板可通过弹簧压力系统或找正系统重心位置来调整（杠杆原理），径向板用螺栓调整，一般顺时针旋转螺杆为缩小间隙，反时针为扩大间隙。调整时可通过测量孔监测，使间隙调整到规定的数值。

（5）吹灰器。吹灰器要按规定时间间隔进行吹扫，不能长期不用。若停运时间较长，则应保持本体干净，并定期操作，使吹灰器来回运动几次，以免灰尘污堵、卡涩，在需要启动时不能投运。

提示 本节内容适合锅炉辅机检修（MU11 LE29）。

第十三章

锅炉除渣及空压机系统设备检修

第一节　除渣系统及设备简介

除渣系统的形式一般有水力除渣和机械除渣两种。水力除渣是以水为介质进行灰渣输送的，其系统由排渣、冲渣、碎渣、输送的设备以及输渣管道组成。水力除渣对输送不同的灰渣适应性强，运行比较安全可靠，操作维护简便，并且在输送过程中灰渣不会扬撒。机械除渣是由捞渣机、埋刮板机、斗轮提升机、渣仓和自卸运输汽车等机械设备组成。

一、采用捞渣机方式的除渣系统

（一）捞渣机构造及结构特点

（1）叶轮捞渣机的组成及结构特点。叶轮捞渣机由除渣槽、除渣轮、电动机、减速机等组成。除渣轮在除渣槽内与水平呈45°布置，除渣轮为叶片式，由蜗杆组成的减速装置驱动，轴端还装有安全离合器。运行的除渣槽内要经常保持一定水位，灰渣经过落渣管进入除渣槽的水面以下，经浸湿以后由除渣轮连续不断地捞出。这种捞渣机结构简单，转速低，因而功率消耗小，磨损轻，运行比较可靠，但缺点是不能排除比较大的结焦块。

（2）马丁捞渣机的组成及结构特点。马丁捞渣机由弧形除渣槽、三角形碎渣齿辊、推渣板、传动装置和控制阀门等部件组成。全部设备悬挂在锅炉渣斗下的槽钢架上，除渣槽的上部装有滚轮，检修时可以移动除渣机，离开渣斗出口。从渣斗排出的灰渣，经过三角形齿辊挤碎，再落入弧形的除渣槽内，槽的向上一端有倾斜的出渣口，槽内经常保持一定的水位，作为渣斗出口的水封和排渣的浸湿。推渣板由传动装置和曲柄带动，将槽内的灰渣推至出渣口。该捞渣机由于装有碎渣机构，所以可以将较大的渣块破碎，从而保证推渣板的工作。推渣板的工作速度较低，这种捞渣机每台的出力最大约为1t/h左右，所以只适用于中小型链条炉除渣。

（3）刮板捞渣机的结构组成及特点。刮板捞渣机其刮板连在两根平行的链条之间，链条在改变方向的地方还装有压轮，刮板和链条均浸在水封槽内，渣槽内需加入一定的水封用水。另外受灰段一般置于水平位置，落入槽内的灰渣由槽底移动的刮板经端部的斜坡刮出，在通过斜坡可以得到脱水。刮板的节距一般在 400mm 左右，行进速度较慢，一般不超过 3m/min。渣槽端部斜坡的倾角一般在 30°左右，最大不超过 45°。刮板捞渣机结构简单，体积小，速度慢，但因牵引链条和刮板是直接在槽底滑动的，所以不仅阻力较大，而且磨损也比较严重。另外当锅炉燃烧含硫量较高的煤种时，链条和刮板还要受到腐蚀，所以，刮板和链条要用耐磨、耐腐蚀的材料制造，并要有一定的强度和刚性，以避免有大的渣块落下卡住时被拉弯或扯断。

（二）SZD 型振动筛构造及原理

SZD 型振动筛是利用惯性振动原理设计，由多个筛箱连接组成，每个相邻筛箱之间采用柔性活动连接，这样既可以防止物料掉入，又不影响工作振动。每个筛箱框上对称各安装一台方向相反的振动电机，组成该级振动动力源。按照设计振动筛在远超共振区运行，可以在变化的负荷下连续、稳定地工作。

SZD 型振动筛有以下性能特点：

（1）筛箱由多级串接组成，可根据脱水量的大小和输送距离的远近决定所需要的级数。

（2）可根据系统状况，选配不同孔隙的筛板，分离不同颗粒要求的灰渣。

（3）选用聚氨脂筛板，耐磨，防结垢，不锈蚀。

（4）采用振动电机直接作为振动源，减少了零部件数量，提高了工作可靠性，降低了噪声。

（5）结构简单，质量轻，消耗功率小，易损件少，便于检修维护。

（6）筛板连接固定采用新结构，取消了铁压条，木压条及 T 型螺栓，设计简单，便于筛板拆卸、更换。

（7）电气回路上设计有反接制动保护电路，可有效防止停机时通过共振区的剧烈振动而导致的机械损坏。

（三）冲渣泵（渣浆泵）构造与工作原理

冲灰泵系统一般由离心式渣浆泵、阀门及管路组成。

离心泵的工作原理为当离心泵的叶轮被电机带动旋转时，充满于叶片之间的流体随同叶轮一起转动，在离心力的作用下，流体从叶片间的槽道甩出，并由外壳上的出口排出。而流体的外流造成叶轮入口间形成真空，外界流体在大气压作用下会自动吸进叶轮补充。由于离心泵不停地工作，将流体吸进压出，便形成了流体的连续流动，连续不断地将流体输送出去。

离心泵主要由泵壳、叶轮、轴、轴承装置、密封装置、压水管、压水管、导叶等组成。

离心泵通常在使用时要设计轴封水装置，它的作用是当泵内压力低于大气压力时，从水封环注入高于一个大气压力的轴封水，防止空气漏入；当泵内压力高于大气压力时，注入高于内部压力 0.05 ~ 0.1MPa 的轴封水，以减少泄漏损失，同时还起到冷却和润滑作用。

离心泵平衡轴向力常采用以下方式：

（1）单级离心泵采用双吸式叶轮。

（2）在叶轮的轮盘上开平衡孔。

（3）多级离心泵可采用叶轮对称布置。

（4）采用平衡盘。

（5）平衡鼓设计。

（四）碎渣机组成及结构特点

（1）齿辊式碎渣机的组成及结构特点。在单齿辊式碎渣机的进口处装有倾斜的固定篦子，冲灰水和颗粒较小的渣粒从篦子孔中直接漏下，大颗粒的渣块经过篦子筛出后落入碎渣机内。碎渣机在旋转的齿辊和固定的齿板间受挤压而破碎，下落后即随冲灰水和细碎的灰渣进入渣浆泵。齿辊和齿板之间的间隙，可通过拉杆来调整，从而改变破碎灰渣颗粒的尺寸。碎渣机的运行出力，随破碎颗粒度而变化，破碎颗粒要求越细，其出力越低，通常进料的灰渣最大尺寸不超过 200mm。出料的尺寸不大于 25mm 时，该形式碎渣机的最大出力约为 12t/h，齿辊的工作转速约为 6.1r/min，轴功率为 20kW，电动机通过齿轮减速机或皮带传动。为防止有硬质的大块灰渣或其他物件卡涩而引起电动机过负荷，轴辊上装有安全离合器。齿辊和齿板为易损件，磨损后可定期检修更换。齿辊式碎渣机构造简单，但体积较大，外部的空气比较容易被带入灰渣斗，轴封易漏水，下部易堵塞，所以运行的可靠性较差。

（2）双辊刀式碎渣机的组成及结构特点。双辊刀式碎渣机内装有两排相互平行、旋转方向相对、刀齿相错的齿辊，两辊之间装有击板。进入碎渣机内的灰渣，大颗粒的灰渣被阻留在击板上，由于受到刀齿的撞击而破碎，被击碎的渣块则从刀齿的侧壁落下排至灰渣沟内。齿辊的转速一般约为 15.8 r/min，因转速较低，所以磨损较小，运行也比较安全、可靠。

（3）锤击式碎渣机的组成及结构特点。锤击式碎渣机是一种高速碎渣机，在主轴的轮毂上装有可摆动的锤头，碎渣机的进出口处均装有格栅，渣块进入碎渣机内，被高速旋转的锤头击碎后，穿过格栅排出。锤击式碎渣机比较适合于干渣，这种碎渣机可装在排渣槽竖井的下部。进入该形式碎渣机的渣块最大尺寸不得超过250mm，如果炉膛内有大的渣焦落下，应先机械或人工打碎，再进入碎渣机。

二、采用水力喷射器方式的除渣系统

水力喷射器构造与工作原理见图13－1，水力喷射器的选择匹配及安装有如下要求：

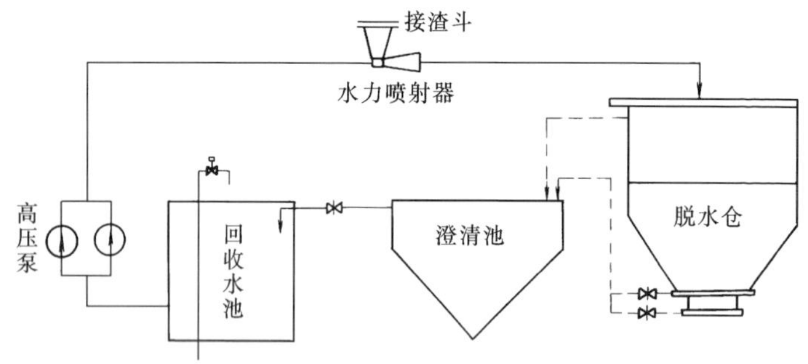

图13－1　除渣系统示意

（1）力喷射器的选择应根据输送管道阻力、灰渣性质及输送量等因素确定。排渣用的水力喷射器宜装在锅炉碎渣机下方，不设备用，其出力应能在1.5～2h内，将锅炉8h的贮存渣量输送到受渣设备内，灰渣管内渣水比，宜控制为1:5。

（2）水力喷射器出口处的灰渣管道应为长度大于5倍管径的直管段。

（3）当水力喷射器布置在沟道内，在安装手孔的上方应设有轻便盖板，供维护和检修用。

（4）当水力喷射器作为公用设备时，每一组水力喷射器应设两头台，其中一台运行，一台备用。

三、采用排渣槽方式除渣系统组成及结构特点

中小型固态排渣煤粉炉一般采用水力排渣槽排渣，排渣槽装在炉膛冷灰斗下部，有单面排渣、两端排渣等形式。排渣槽内部的直壁部分用耐火材料衬砌，槽底则用铸铁块或铸石铺成，为便于冲渣作成倾斜式，倾角一般在45°左右。在槽内的上部，四周装有淋水喷嘴，喷水后成为水母幕使落入槽内的炽热炉渣熄灭、冷却，而不至于在存渣过程中粘成大块。在槽

壁上部装有供检修时进入炉内的人孔门和运行中检查的观察孔，有的还开有将渣块直接除至灰渣车的紧急出渣口，装有蜗轮蜗杆或用活塞装置控制的出渣门，该门要具有良好的严密性，以防止在不除渣时冷风从此处漏入炉膛内。在出渣门相对的一侧槽壁上，还装有与槽底相平行的辅助喷嘴，以便将槽底上的炉渣彻底冲掉。为了保证除渣时的安全，出渣门外装有罩壳。冲灰喷嘴则装在罩壳内出渣门的下口处，该喷嘴由装在罩壳外侧的拉杆操纵，而且在冲渣时能够沿着出渣口的宽度往复摆动，以便在通水或打开出渣门后能将槽底的灰渣较均匀地冲出。在出渣门罩壳内的灰渣沟上口装有格栅，栅孔的尺寸为100mm×100mm，以便将大的渣块分离下来，用人工大碎后再进入灰渣地沟排走。

四、机械除渣系统及设备

（一）系统组成

机械除渣是由捞渣机、埋刮板机、斗轮提升机、渣仓和自卸运输汽车等机械设备组成。

（二）原理及流程

系统流程见图13－2。

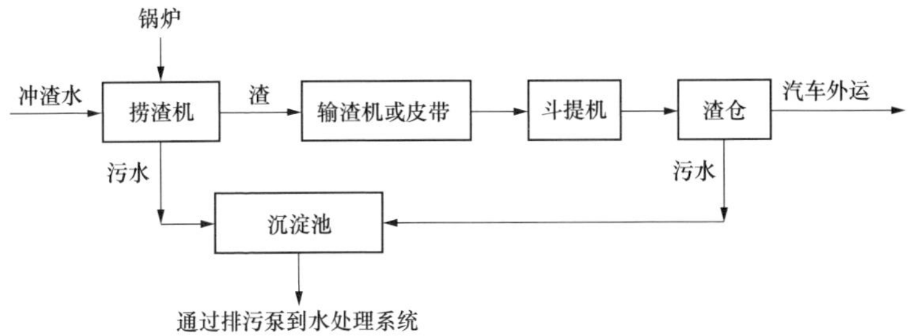

图13－2　机械除渣系统流程

（1）斗提机的组成与工作原理。斗提机即斗式提升机，其主要由机头部分、下料漏斗、链与斗、机尾部分、传动装置、中间节壳体等部分组成。斗提机的工作原理为：

斗提机的上部传动链轮是具有V型凸面的摩擦轮，链条则由具有V型槽的链接头与链板连接而成。斗子的提升是靠链接头与摩擦轮的V型面接触而产生的摩擦力带动的，斗子用螺栓连接在两条并列的链子对应的链接头上。电动机通过减速机将力传动到主轴，使主轴上的链轮旋转，从而借与链接头的摩擦力带动了链与斗。从尾部进料管进入的物料被运动的斗子所舀取，绕经上链轮落入到下料漏斗，经由卸料溜子而后卸出。

由于斗提机自重较大，且两侧质量极为不平衡，极易造成反转造成设备损坏。为防止这一情况的发生，在斗提机输出轴背侧装设滚柱逆止器，其构造及原理为：

斗提机滚柱逆止器主要由外套、挡圈、滚柱、星轮及压簧等组成，外套固定在支架上，支架则与传动底座相固定，是不动体。星轮用键连接在减速机的低速轴上，星轮的外圆与外套的内空为动配合星轮上有6个三角缺口与外套内圆形成6个楔形空间，滚柱两端用当圈挡住，压簧固定在楔形空间的大端面上。当斗提机正常工作时，减速机轴按工作方向旋转，滚柱与外套见产生的摩擦阻力使滚柱压迫压簧，滚柱则处于楔形空间的大端处，不影响轴的旋转。当轴反转时，滚柱与外套间的摩擦阻力将滚柱推向楔形空间的尖部，在星轮与外套之间楔住，从而制止了轴的旋转，是斗提机的链与斗不发生倒转。

（2）渣仓的结构组成及匹配要求。渣仓主要由仓体、渣仓底渣阀门、落渣漏斗、振动器、重锤物料计五部分组成。脱水设备主要有以下匹配要求：

1）渣系统灰渣脱水仓应设两台，一台接受渣浆，一台脱水、卸渣。

2）灰渣脱水仓的溶剂一贯按照锅炉排渣量，运输条件等因素确定。每台脱水仓的溶剂应能满足储存24～36h的系统排渣量。

3）灰渣脱水过程的时间，由灰渣颗粒特性和析水元件结构等因素决定，脱水仓的脱水时间一般宜为6～8h。

4）脱水仓下部一般宜采用气动或液动排渣阀，排渣阀应密封，无泄漏，在寒冷地区，应有防冻措施。

5）脱水仓的排水经过澄清后应循环使用。每套脱水仓应配澄清池或浓缩机，缓冲池各一座，直径可按处理水量而定。

（3）新建渣仓的验收标准：

1）仓壁磨损超过原壁厚的2/3时，应挖补更换。

2）仓体无漏水、漏渣现象。

3）各个支架、支柱、楼梯、平台、栏杆安全可靠。

4）溢流堰缺口水平偏差小于2mm。

（4）埋刮板机的组成及特点。埋刮板输渣机由动力端减速机、机槽、链条、链接头、链轮、张紧装置、进出料管、刮板等组成，结构简单，转速低耐磨损、耐腐蚀，运行可靠稳定。

提示 本节内容适合除灰设备检修（MU4 LE6）。

第二节 水力除渣系统设备的检修

一、捞渣机检修

（一）刮板式捞渣机检修

1. 刮板式捞渣机的一般维护要求

刮板式捞渣机应每班（6~8h）检查一次，尤其要注意对链条的紧力（分配器压力表的压力指示）、注油器的工作情况和溜槽内的水位进行检查、检修工作又可分为运行中检修维护、预防性检修维护和大修。

2. 刮板式捞渣机的运行中检修维护项目

1）处理密封泄漏的溜槽。

2）更换部分有故障的零部件，如液压缸。

3）更换有故障的注油器。

4）处理密封泄漏的液压系统。

5）更换液压系统内有故障的元件。

6）更换变形损坏的刮板。

3. 刮板式捞渣机的预防性检修维护项目

预防性检修维护至少应在设备运行12个月时安排进行一次，不需要将设备解体，项目一般包括：

1）调整辅助传动装置链条的紧力。

2）更换所有磨损或损坏了的零件。

4. 大修项目及标准

（1）刮板式捞渣机大修项目。

设备大修应在设备运行使用3年时进行，将设备解体后，检查校正设备要求的参数设定，对设备全部零件和损坏磨损程度进行详细的检测记录，必要时更换。项目一般包括：

1）设备预防维护修理中的检修维护项目。

2）设备解体检查。

3）检测所有的零部件。

4）更换磨损或损坏的部件。

5）涂刷防锈漆、油。

其中要求防磨板的最小厚度值为10mm时应更换，其他零部件应根据设备的运行维护经验来决定。保养检查应每3个月进行一次，用设定到350~400N·m的扭矩扳手紧固刮板的装配螺栓。

（2）刮板式捞渣机的刮板及圆环链的检修质量标准如下。

1）链条（链板）磨损超过圆钢直径（链板厚度）的1/3时应更换。

2）刮板变形、磨损严重时应更换。

3）柱销磨损超过直径的1/3时应更换。

4）两根链条长度相差值应符合设计要求，超过时应更换。

5）刮板链双侧同步、对称，刮板间距符合设计要求。

（3）刮板式捞渣机检修后或安装完工后的需进行下列检查准备工作。

1）检查整个设备和所有组件是否按安装使用说明书要求进行。

2）检查齿轮传动装置电动机和润滑设备是否具备启动条件。

3）检查润滑油导管应通畅。

4）将润滑脂注入润滑导管和注油器。

5）彻底清洗液压系统管路，启动泵后液压系统内产生16MPa压力时，不应有泄漏。

6）调整适当的链条紧力。拉紧链条时，在拉紧滚轮与导向滚轮之间的中点施加490N（50kgf）的力时，链条的挠度为10～15mm，则认为拉紧力是适当的。

7）溜槽内的水位应适当。

5. 刮板式捞渣机的常见停机故障

一般BP－1025型刮板式捞渣机常发生以下应停机处理的故障。

1）链条缠绕在驱动轴上时。

2）链条脱离了导向滚轮或拉紧滚轮时。

3）导向滚轮或拉紧滚轮损坏时。

4）刮板脱落或弯曲时。

5）链条过度伸长，不能适当拉紧时。

6）液压系统有故障时。

7）注油器不供润滑油超过4h时零件或组件损坏，以至可能使设备发生故障时。

（二）旋转碗式捞渣机本体检修要求

旋转碗式捞渣机本体检修有以下要求：

（1）检查捞渣机转子柱销磨损，测量杆轴与大齿轮的啮合间隙，并作好记录，要求转子柱销的磨损量小于5mm，柱销大齿轮的啮合间隙符合设备设计规范。

（2）检查犁刀磨损，测量间隙，犁刀磨损量应小于5mm。

（3）检查壳体、密封门磨损及密封橡皮，壳体、密封门磨损及密封橡皮应完整、无破损，无漏渣、漏水。

（三）螺旋捞渣机本体检修步骤

（1）螺旋捞渣机本体检修有以下几个步骤：

1）拆卸联轴器、上轴承，进行清理检查。

2）拆卸更换轴瓦。

3）清理检查转子，根据损坏情况进行补焊。

4）转子需要更换时，将上部拉筋、破碎箱、端盖拆除，吊出转子。

5）检修人孔门、放水孔、溢水管。

6）检查灰箱及衬板的磨损腐蚀情况。

7）清洗检查轨道轮，更换润滑脂。

8）灰箱、槽体刷防腐漆。

9）组装转子、轴瓦、上轴承及联轴器。

（2）螺旋捞渣机本体检修质量工艺要求：

1）轴瓦允许最大间隙不大于4mm。

2）转子与筒体允许最小间隙5mm，允许最大间隙25mm。

3）螺旋翼厚度磨损不超过原壁厚1/2的补焊，超过的应更换。

4）灰箱腐蚀磨损不超过原钢板厚度的1/2。

5）衬板磨损量不超过原壁厚的1/2。

二、碎渣机检修

（一）碎渣机的小修项目

碎渣机小修应6~8个月进行一次，小修中应根据实际情况进行检查轴承、加油，疏通轴封水管；减速装置检查、加油、调整链条等工作，必要时更换部分零部件。

（二）大修项目及标准

（1）碎渣机的大修项目。碎渣机大修应2年进行一次，一般根据实际情况，进行轴承的检查、清洗换油，必要时更换，检查或更换轴套；检查、疏通密封水管及水封环，检查碎渣机轧辊，检查轴损坏的情况，减速装置检修，检查紧固基础螺栓等项目。

（2）碎渣机对检修质量有以下要求。

1）轴的晃动值小于0.04mm。

2）轴套表面光滑，磨损沟槽深度超过0.50mm的应更换。

3）齿辊与颚板间隙为15~25mm。

4）齿高磨损小于10mm。

5）钢板腐蚀磨损剩余厚度小于3mm的应补焊。

（3）碎渣机检修工艺主要有：

1）拆卸轴封水管、防护罩及链条。

2）吊住碎渣机本体，拆下出渣口，拆下本体与渣斗的连接螺栓，将本体移至检修场地。

3）将灰渣杂物清理干净，检查设备损坏情况。

4）拆卸链轮、盘根压帽、轴承端盖、轴承座螺栓，将两侧轴承连同轴承座一同拆下，取出转子，拆下轴套。

5）清理轴承座，清洗轴承、轴、轴套，并检查损坏情况。

6）检查齿辊及颚板，必要时更换。

7）箱体下渣口检查补焊。

8）回装顺序与拆卸时相反，调整好齿辊与颚板的间隙，加好盘根。

9）主机就位，安装好出渣口，紧固螺栓。

10）减速机就位，找正，加油，安装链条、防护罩，连接轴封水管。

三、渣浆泵检修

（一）维护项目及标准

常用渣浆泵的轴承组件装配时加注润滑脂的数量要求见表13－1。

表13－1　渣浆泵的轴承组件装配时加注润滑脂数量　g

拖架形式	B	C	D	E	F	G	R、RS	S、ST	T、TU
驱动端	30	50	100	200	500	1150	200	500	1150
泵端	30	50	100	200	500	1150	400	1000	2300

（二）小修项目及周期

（1）检查叶轮、护板和护套磨损情况。

（2）轴承检查、加油。

（3）检查出入口门及逆止门。

（4）更换盘根。

（三）大修项目及标准

（1）灰浆泵的大修项目、工艺及标准见表13－2。

表13－2　灰浆泵的大修项目、工艺及标准

检修项目	检修工艺	质量标准
1. 准备工作	1. 检查设备缺陷记录本，掌握设备缺陷情况； 2. 准备检修工具和备品配件； 3. 办理检修工作票	出入口门关闭严密，冷却水门关闭严密

续表

检修项目	检修工艺	质量标准
2. 泵解体	1. 拆除出入口短节。 2. 拆掉对轮防护罩和对轮螺栓，测量对轮间隙并做好记录。 3. 吊住泵前壳、打紧前护板固定斜铁，调整护套压板。 4. 拆卸泵壳连接螺栓，吊走前壳和前护板。检查叶轮护套、护板磨损情况。 5. 打松前壳斜铁，拆下前护板和密封垫。 6. 吊住护套，松开护套压板，吊出护套。测量叶轮与后护板间隙并记录。 7. 松开拆卸环，用专用工具插进叶轮，转动叶轮（反方向旋转），卸下叶轮，依次拆下后护板及副叶轮。 8. 吊住后泵壳，松开泵壳固定螺栓，吊下后泵壳与副叶轮室。 9. 拆掉轴套及定位套。 10. 检查清理各部件，更换磨损件	1. 前护板固定斜铁要打紧，护套压板压到位。 2. 吊重物时防止碰撞。 3. 叶轮外周磨损超过5mm，厚度磨损超过原尺寸的1/3或大面积磨有沟槽时，应更换。 4. 叶轮、护板和护套断裂或有裂纹时应更换。 5. 护板、护套、副叶轮磨损超过原厚度的1/2或磨有深槽时应更换。 6. 外壳破碎、断裂时应更换。 7. 轴套外周磨损2mm或磨有深槽应更换
3. 轴及轴承拆装	1. 拆除轴承端盖和轴承室上盖螺栓，用专用工具吊走上盖，检查轴承检查轴承间隙和垫厚度。 2. 将轴吊出，放置专用工具上。 3. 更换轴承。 用揪子拆掉对轮，紧力过大时可用烤把对对轮进行加热。 取下轴承端盖，取下轴承。 打磨清理各部件，测量轴的弯曲度、椭圆度。 用机油将轴承加热至100℃左右。将轴承装入轴颈所要求位置上。	1. 轴承室和上盖有裂纹、砂眼时，应补焊或更换。 2. 冷却器无渗漏，畅通无堵塞。 3. 轴承端盖油封完好，回油槽向下。 4. 用揪子拆卸轴承与对轮时，应保持揪子轴心与轴中心线对齐，拉时用力均匀。 5. 用烤把加热对轮时一般不超过5min，温度低于200℃。

续表

检修项目	检修工艺	质量标准
3. 轴及轴承拆装	4. 上紧紧丝圈，带上轴承端盖。 5. 吊起对轮，对准键槽用铜棒对称敲击对轮至轴颈要求位置。必要时可用烤把加热对轮后再装。 6. 拆掉轴承室放油堵头，把油放到油盘内。拆掉冷却器，检查轴承室和冷却器。 7. 用煤油清洗冷却器、冷却室，并安装冷却器和冷却水管。 8. 将轴吊至轴承座上。 9. 吊装轴承室上盖，轴承压间隙并做垫。 10. 用煤油冲洗干净轴承、轴承室并放出清洗油，上紧放油堵头	6. 对轮各项数据见第十章第一节　锅炉辅机一般检修工艺
4. 泵体组装	1. 将水封环装入盘根室，水封环中间正对副叶轮室进水孔。 2. 将盘根压盖装到轴上，副叶轮室装到后泵壳内，上紧固定螺栓。 3. 装上护板密封垫，将前后护板吊装到泵壳上，并打紧斜铁。 4. 用专用工具将后泵壳吊装到托架上，对称上紧固定螺栓。 5. 装叶轮，并调整好与后护板间隙。 6. 吊装护套，调整压板固定住护套。 7. 吊装前护板及前泵壳，带上泵壳连接螺栓。 8. 打掉护套压板及护板斜铁，对称紧泵壳连接螺栓。 9. 安装泵出入口短节。 10. 连接冷却水管、轴承室加油。 11. 加盘根。 12. 检修出入口门、逆止门（见管道阀门）	1. 水封环正中与进水孔偏差正负2mm。 2. 副叶轮与副叶轮室间隙0.8mm。 3. 安装泵壳时，对称紧螺栓并与托架支口卡好。 4. 吊装护套，后护板时要上好压板，打好斜铁。 5. 紧泵壳螺栓时要先松掉护套压板与前护板斜铁。 6. 叶轮与后护板间隙为0.8~2mm。 7. 轴承室加油时油位要到轴承最低滚子的1/3~2/3处。 8. 出入口门开关灵活到位

续表

检修项目	检修工艺	质量标准
5. 找正	1. 对轮找正。 2. 紧对轮螺栓，上好防护罩	对轮允许偏差见第十章第一节锅炉辅机一般检修工艺
6. 试转	1. 试转前盘车，检查转动情况。 2. 泵连续运行4h后测量轴承温度及振动，检查电机电流和泵出口压力。 3. 清理检修现场，结束工作票，整理检修记录	1. 轴承温度小于65℃，最高不超过120℃。 2. 轴承径向窜动不大于0.085mm。 3. 设备铭牌标志齐全。 4. 法兰、阀门各结合面无泄漏，检修场地干净

（2）设备检修后应达到的标准。

1）检修质量达到规定的质量标准。

2）消除设备原存在的缺陷。

3）恢复设备的原有出力，提高效率。

4）消除渗漏现象。

5）安全保护装置和主要自动装置动作可靠，主要仪表、信号及标志正确。

6）设备现场整洁，保温完好。

7）检修技术记录正确齐全。

（3）离心泵的试运行要求。

1）泵转动方向正确，严禁反转。

2）泵体内无摩擦、撞击等异常声音。

3）泵体无异常振动，轴承振动值不超过规定要求。

4）轴承温度不超过80℃。

5）各个结合面无渗漏，轴封密封良好。

6）运行稳定，电流稳定，压力、流量波动小，各个参数均能满足工况要求。

（四）离心泵各种参数的调整

（1）金属内衬灰渣泵的叶轮间隙调整方法。调整叶轮间隙时，首先松开压紧轴承组件的螺栓，拧调整螺栓上的螺母，使轴承组件整体向泵体的入口方向移动，同时转动泵轴按泵转动方向旋转，直到叶轮与前护板摩擦为止。这时只需将前面拧紧的螺栓放松半圈，再将调整螺栓上前面的螺母拧紧，使轴承组件后移，此时叶轮于前护板的间隙在0.8～2.0mm，或者用百分表测量调整间隙到0.8～2.0mm之间也可。间隙调整后，拧紧所有螺栓即可。

（2）橡胶内衬灰渣泵的叶轮间隙调整方法。调整叶轮间隙时，首先松开压紧轴承组件的螺栓，拧调整螺栓上的螺母，使轴承组件整体向泵体的入口方向移动，同时转动泵轴按泵转动方向旋转，直到叶轮与前护套接触。再调整叶轮调整螺栓使轴承组件向后移动，到叶轮与后护套接触，测出轴承组件总的移动量，取此移动量的1/2作为叶轮与前后护套的间隙。再用百分表调整测量，以确保叶轮间隙，间隙调整后，拧紧所有螺栓即可。常用渣浆泵轴承轴向间隙（mm）要求见表13－3。

表13－3　　常用渣浆泵轴承轴向间隙　　mm

拖架形式	A	B	C	D	E	F、G
轴向间隙	0.05～0.15	0.1～0.2	0.15～0.25	0.18～0.28	0.4～0.6	0.5～0.6

（五）故障分析与处理

（1）轴承振动的主要原因。轴承振动的原因主要有地脚螺栓松动，断裂；机械设备不平衡；动静部分摩擦；轴承本身损坏；基础不牢固；联轴器对轮找正不好，对轮松动；滑动轴承油膜不稳；滑动轴承内部有杂物等。

（2）离心泵启动后不及时开出口门的汽化原因。离心泵在出口门关闭下运行时，因水送不出去，高速旋转的叶轮与少量的水摩擦，会使水温迅速升高，硬气泵壳发热。如果时间过长，水泵内的水温超过吸入压力下的饱和温度而发生汽化。

（3）轴承油位过高或过低的危害性。油位过高，会使油环运动阻力增大而打滑或停脱，油分子的相互摩擦会使轴承温度升高，还会增大间隙处的漏油量和油的摩擦功率损失；油位过低时，会使轴承滚珠或油环带不起油来，造成轴承得不到润滑而温度升高，把轴承烧坏。

（4）引起泵轴弯曲的原因。轴套端面与轴的回转中心不垂直，泵的动静部分发生摩擦，轴的材质不良。

（5）轴承箱地脚螺栓断裂的原因。轴承箱长期振动大，地脚螺栓疲劳损坏；传动装置发生严重冲击、拉断；地脚螺栓松动，造成个别地脚螺栓受力过大；地脚螺栓选择太小，强度不足；地脚螺栓材质有缺陷。

（6）泵不吸水的原因及处理办法。

1）泵不吸水的原因为：吸水管道或填料处漏气，转向不对，叶轮损坏，吸入管堵塞。

2）其处理办法为：解决堵塞漏气部分，检查转向，更换叶轮，排除吸入管堵塞。

（7）轴功率过大的原因及解决办法。

1）原因：填料压盖太紧，填料发热；泵内产生摩擦；轴承损坏；驱动装置皮带过紧；泵流量过大，转速过高。

2）解决办法：松填料压盖；消除泵内摩擦；更换叶轮，调整皮带；调节泵的运行工况，调节转速。

（8）轴承寿命短的原因及解决办法。

1）原因：电机轴与泵轴不在同一中心，轴弯曲；泵内有摩擦或叶轮失去平衡；轴承内进入异物或润滑脂（油）量不当；轴承装配不当。

2）解决办法：调整电机轴与泵轴的同心度，更换泵轴或新叶轮，消除泵内摩擦，清洗或重新装配轴承，更换轴承。

（六）车削叶轮时泵性能参数的计算

当系统发生变化需要改变泵的流量、扬程、功率等参数时，可采用车削叶轮的办法。车削叶轮后泵的性能可通过下列公式计算，即

$$Q_1 = QD_1/D \tag{13-1}$$

$$H_1 = H(D_1/D)^2 \tag{13-2}$$

$$P_1 \approx P(D_1/D)^3 \tag{13-3}$$

式中　D_1、D——分别为车削前后的叶轮外径，mm；

Q_1、Q——分别为车削前后的流量，m^3/h；

H_1、H——分别为车削前后的扬程，m；

P_1、P——分别为车削前后的功率，kW。

当车削叶轮过多时，特别是车削叶片形状变化较大的扭曲叶片时，上述公式只作为参考，具体数据应根据实测确定。

泵降低转速的性能参数计算方法：

当系统发生变化需要改变泵的流量、扬程、功率等参数时，可采用降低泵的转速的办法。泵降低转速后性能可通过下列公式计算，即

$$Q_1 = Qn_1/n \tag{13-4}$$

$$H_1 = H(n_1/n)^2 \tag{13-5}$$

$$P_1 \approx P(n_1/n)^3 \tag{13-6}$$

式中　n、n_1——分别为降速前后的转速，r/min；

Q、Q_1——分别为降速前后的流量，m^3/h；

H、H_1——分别为降速前后的扬程，m；

P、P_1——分别为降速前后的功率，kW。

四、振动筛检修

大修项目及标准：

(1) 筛箱、筛框完好，无裂纹，连接部位紧固。筛箱井字架连接牢固，无磨损，不得有弯曲变形。

(2) 筛板结合严密，木楔子紧固，无松动，筛板完好无损坏。

(3) 振动电机完好，转向正确。

(4) 筛簧完好，弹性适中，对称位置水平一致。

(5) 各级筛箱之间的柔性连接完好，无开裂、孔洞。

五、埋刮板输渣机检修

(一) 埋刮板输渣机的小修项目

(1) 检查调整链条张紧装置，必要时拆取部分链条，保持链条的适当紧力。

(2) 检查更换减速机密封、润滑油。

(3) 检查轴承、链条磨损情况。

(4) 检查滚轮磨损情况，滚轮轴承清洗加油。

(5) 检测刮板连接螺栓的磨损情况，必要时更换。

(6) 链条张紧装置涂抹润滑脂。

(二) 埋刮板输渣机的大修主要项目

(1) 全面清理机槽，检查机槽磨损情况，必要时更换。如机槽装有衬板，应检查更换磨损严重或破损的衬板。

(2) 解体检修减速机，检测轴承，清理油箱，更换润滑油及全部密封。

(3) 检修更换链条、链轮、链轮轴承、刮板连接螺栓。

(4) 解体清洗链条张紧装置，涂抹润滑脂。

(5) 检查进、出料管的磨损情况，损坏应及时修复。

(三) 刮板输渣机在安装、检修验收中应注意的事项

(1) 链条紧力适中，张紧装置灵活可靠。

(2) 链轮转动灵活、平稳，无卡涩现象。

(3) 链条能够在链轮上随链轮均匀行进，不发生拖动现象。

(4) 减速机运转平稳，无异常声响，油位适当，温升不超过25℃。

(5) 刮板安装牢固，在运行中无偏移、磕碰现象。

六、管道阀门检修

（一）阀门检修

1. 阀门的检修步骤及工艺要求

（1）阀门的解体。

1）清理阀门外部的污垢。

2）在阀体及阀盖上打记号（防止装配时错位），然后将阀门门杆置于开启位置。

3）将阀门平置于地面上，然后松开阀座与阀盖的连接螺栓，取下阀盖，铲除衬料。

4）将手轮、阀杆、阀盖、阀板一体从阀座上抽出。

5）卸下填料压盖螺母，退出填料压盖，清除填料盒中旧填料。

6）向反方向旋转手轮，旋出阀杆，拆下阀杆卡子，取下阀板，妥善保管。

（2）清洗和检查。

1）清理附在阀盖、阀座内壁及闸板等表面上的污物，清理衬垫及结合面，清理阀杆及填料室内的油污附着物，清理表面。

2）检查阀门损坏情况，阀座及闸板接触面有无裂纹、砂眼等缺陷，有无凸凹、损伤，一般凸凹深度超过 0.05mm 以上，应进行加工并研磨。

3）检查阀杆凸凹不平的腐蚀程度及阀杆端头方块，有缺陷者补焊或更换。阀杆弯曲度不应超过 0.1 ~ 0.25mm，表面深度不应超过 0.1 ~ 0.2mm，阀杆螺纹运动要灵活。

4）填料合与阀杆的间隙要适当，一般为 0.1 ~ 0.2mm。

（3）阀门的组装。

1）将阀杆穿入阀盖旋入阀杆螺母内。

2）将阀门顶心放入阀板中间并用钢丝卡子，卡在阀杆的方块上。

3）将阀盖阀杆一并移入阀座，对正后穿螺栓对称紧固阀盖。

4）按照所做的记号装好阀门。

（4）加盘根。

1）加盘根时应将旧压兰清理干净，门杆与填料箱内无灰垢，压兰螺栓与螺母丝扣完好，并涂上铅粉油。

2）清理填料，底部盘根垫圈放置要正确，垫圈与门杆的间隙应在 0.20 ~ 0.30mm 之间。

（5）阀门的试验。阀门检修后进行水压实验，实验压力为该门设计额定压力的 1.25 倍，稳压时间 3 ~ 5min，检查盘根不漏水，阀体的结合部分不得滴水，阀体无冒汗、滴水现象。

无条件做整体阀门的水压实验时，经投入后检查表面无泄漏、各结合面无渗漏现象。

（6）阀门的研磨。阀门的修理，主要是对阀盘和阀座密封面的研磨。密封面的伤痕等影响严密性的缺陷的，在深度小于0.05～0.1以上者都可以用研磨的方法消除。研磨时所用的凡尔砂按照不同的粒度分为若干号数，以便在研磨时先用粗号研磨，再逐步换为细号的，以提高研磨效率、保证研磨精度。

1）研磨方法。在研磨前，密封面的粗糙度不高于3.2，否则应进行机械加工进行研磨。

研磨时应尽量避免直线移动，而应按照圆弧旋转。在手工加工研磨时，应将工具按照圆弧旋转，并稍做摆动，共旋转6～7次后，应将其倒转并重复其过程，直至合格。

在粗研磨时，研磨工具压在密封面上的力量不大于147kPa（1.5kgf/cm^2），中等的研磨约为98kPa（1.0 kgf/cm^2），精研磨时约为49kPa（0.5kgf/cm^2）。

研磨时，应使微细的划道都成为同心圆，以防止介质的泄漏。在任何情况下，都不准用锉刀或砂纸抹密封面。

2）研磨后的质量要求。先用布将密封面擦净，用软铅笔划满经过中心的辐射线而成同心圆，然后每个表面用检查平板进行检查。检查时将平板放在密封面上，轻轻按住旋转2～3转。然后检查密封面，如所画铅笔线全部擦去，则表示密封面平整。否则密封面则不平。

阀座与阀芯的密封面上涂少许清洁机油，然后上下密封面对合在一起，轻压向左或向右旋转数圈，取下阀芯，擦净密封面，仔细检查。如其光亮全周一致，无个别地方发亮或划痕，表示研磨的质量合格，如果研磨得很好，在往上提阀芯时，有吸引底座的引力。

2. 铸石耐磨球阀的维护

（1）在运行过程中定期打开阀门的排污丝堵，用清水将腔内的沉淀物冲洗干净，然后再拧紧丝堵。

（2）各个传动部位应定期加注润滑脂，以确保转动灵活。

（3）定期检查开、关指示部位是否正确，限位螺栓是否松动，如发现指示不正确，应及时调整。

（4）要保持阀门清洁，指示箭头清楚明显。

（5）严禁节流使用。

3. 铸石耐磨球阀的检修

（1）球阀应每年进行一次检修，分解时应准确记录各个部件的安装位置，以免发生错位。球阀分解后，应清理干净，然后再检查各个部件是否损伤，如发现损伤部件应及时更换。

（2）检修时应仔细检查密封圈与球体接触的密封面是否有损伤或划伤，如发现应及时更换，防止密封不严，发生泄漏。

（3）检修球体时，应将球体表面清洗干净，检查球面是否有划伤或损伤，如有，应及时修复。

（4）检查上下阀杆密封圈是否有损伤，如有损伤，应及时修复或更换。

（5）检查阀杆与衬套回转面是否有磨损、锈蚀，及时清理并添加润滑脂。

（6）检查各个传动部件是否运转灵活，阀门的全开、全关位置的指示箭头是否准确。检查助力装置的限位螺栓是否松动，如发现问题，应及时调整修复。

（二）除灰管检修

灰浆管清垢检查：灰浆泵运行一段时间后应进行割管检查结垢情况。原则上每隔500m割取200mm左右一段管，测量管内结垢厚度和分布情况，并做好记录。

七、排污泵检修

（一）检修周期及检修项目

（1）大修周期及项目。

每1~2年进行一次大修。

1）拆卸吐出管连接螺栓及电机螺栓，吊下电机，拆掉电机架；

2）拆掉泵体与安装板连接螺栓，将泵体吊出；

3）拆掉泵支架，泵体解体，检查泵体、护板叶轮磨损情况。测量轴的弯曲度与各部尺寸；

4）检查密封圈、轴承磨损情况；

5）拆卸轴承，清理轴承体；

6）泵体组装到位；

7）安装电机，调整皮带松紧，试转；

8）出口门、逆止门检修。

（2）小修周期及项目。

每6~8个月进行一次小修。

1）检查上下滤网、叶轮、泵体、后护板磨损情况；
2）轴承检查加油；
3）出口门、逆止门检查；
4）检查皮带松紧力，重新调整；
5）试转。

（二）检修工艺及质量标准

检修工艺及质量标准见表13－4。

表13－4　排污泵检修工艺及质量标准

检修项目	检　修　工　艺	质　量　标　准
1. 准备工作	1. 检查设备缺陷记录本，掌握设备缺陷情况； 2. 准备检修工具和备品配件； 3. 办理检修工作票	出入口门关闭严密，逆止门关闭严密
2. 泵解体	1. 拆除电动机和皮带，将电机及支架连接螺栓松掉，吊下电机及电机架； 2. 拆卸吐出管连接螺栓，拆除吐出管及泵的上下滤网； 3. 拆掉泵体与支架连接螺栓，依次拆卸泵体、叶轮和后护板； 4. 拆掉泵体与安装板连接螺栓，取下安装板，将轴承体与支架吊出放至地面上进行解体； 5. 检查清理各部件，更换磨损件； 6. 检查取下叶轮O型圈及后护板密封垫，重新更换新圈； 7. 拆掉轴套及定位套	1. 拆卸前必须记住轴承体、支架、安装板与泵体之间的相对位置。 2. 吊重物时防止碰撞。 3. 叶轮外周磨损超过5mm，厚度磨损超过原尺寸的1/3或大面积磨有沟槽时，应更换。 4. 叶轮、护板断裂或有裂纹应更换。 5. 护板磨损超过原厚度的1/2或磨有深槽应更换。 6. 外壳破碎、断裂应更换。 7. 拆卸叶轮时注意其旋转方向，并与后护板一起取下
3. 轴及轴承拆装	1. 用揪子拆掉槽轮，紧力过大时可用烤把对对轮进行加热。 2. 更换驱动端轴承（泵端轴承可参照）： 1）松下紧丝圈，取下轴承端盖；	1. 轴承室有裂纹、砂眼时，应补焊或更换。 2. 轴承滚子、内外圈、保持器有脱皮、锈蚀、损伤、裂纹现象应更换。

续表

检修项目	检　修　工　艺	质　量　标　准
3. 轴及轴承拆装	2）取下迷宫环和迷宫套，测量垫厚度及轴承间隙，做好记录； 3）将轴承体与电机侧轴承拉下，再用同样的方法拉下泵端轴承； 4）打磨、清理各部件，测量轴的弯曲度、椭圆度； 5）测量轴承游隙； 6）用机油将轴承加热至100℃左右，将轴承装入轴颈所要求位置上； 7）依次将轴承体、驱动侧轴承、挡套、推顶环、电机侧轴承、端盖、迷宫环、迷宫套装在轴上； 8）上紧紧丝圈，带上轴承端盖，吊起对轮，对准键槽用铜棒对称敲击对轮至轴颈要求位置。必要时可用烤把加热对轮后再装	3. 加油孔应畅通无堵塞，轴承挡套及推顶环、迷宫套端面应平整光滑。 4. 轴承端盖油封完好。 5. 用揪子拆卸轴承与对轮时，应保持揪子轴心与轴中心线对齐，拉时用力均匀。 6. 用烤把加热对轮时一般不超过5min，温度低于200℃
4. 支架安装、泵体组装	1. 将轴承体与支架用螺栓紧密连接； 2. 在支架圆周外装上对开的安装板，用螺栓固定在支架上； 3. 将泵安装就位，将安装板装在基础上，拧紧地脚螺栓； 4. 将后护板套入轴上，然后安装叶轮，正向旋紧； 5. 将泵体安装在支架末端，用螺栓连接紧密； 6. 安装上下滤网及出口短管； 7. 检查出口门与逆止门，将出口管与安装板固定好	
5. 找正	1. 对轮找正； 2. 紧对轮螺栓，上好防护罩	对轮允许偏差见第十章第一节　锅炉辅机一般检修工艺

续表

检修项目	检 修 工 艺	质 量 标 准
6. 试转	1. 试转前盘车，检查转动情况； 2. 泵连续运行4h后测量轴承温度及振动，检查电机电流和泵出口压力； 3. 清理检修现场，结束工作票，整理检修记录	1. 轴承温度小于65℃，最高不超过80℃。 2. 轴承径向窜动不大于0.085mm。 3. 设备铭牌标志齐全。 4. 法兰、阀门各结合面无泄漏，检修场地干净

八、水力喷射器检修

大修项目及标准见表13－5。

表13－5　　水力喷射器检修大修项目及标准

检修项目	检 修 工 艺	质 量 标 准
1. 准备工作	1. 检查设备缺陷记录本，掌握设备缺陷情况； 2. 准备检修工具和备品配件； 3. 办理检修工作票	1. 渣斗高压水总门、冲渣水总门关闭严密，无泄漏； 2. 冷却水泵停止运行
2. 除渣管道检查	1. 检查管道管接套处有无螺栓松弛，各结合面有无泄漏现象； 2. 检查除渣管道有无裂纹、砂眼现象； 3. 泄漏处应查明原因，有裂纹应进行更换，接头处泄漏时应更换密封圈； 4. 固定支架检查加固； 5. 管道下部磨损可旋转180°； 6. 弯头磨偏应旋转180°	1. 除渣管道裂缝或掉块或大面积磨损超过壁厚1/2，应更换新管； 2. 管接套连接紧凑，螺栓应加装弹簧垫片，防止振松； 3. 管子应牢固地固定在支架上，不能有任何移动
3. 水力喷射器检查	1. 吊住水力喷射器的喉部扩散管和尾部扩散管，拆掉水喷射器出口法兰和尾部扩散管与渣管的连管箍；	1. 喷射器内部磨损超过壁厚1/3时应更换； 2. 喉部扩散管和尾部扩散管磨损1/2壁厚时应更换；

续表

检修项目	检修工艺	质量标准
3. 水力喷射器检查	2. 吊起喉部扩散管和尾部扩散管； 3. 检查水力喷射器内部和扩散管磨损情况，检查喷嘴磨损情况，并做好记录； 4. 检查水力喷射器出口端面和底丝损坏情况； 5. 喷射器本体更换； 1）吊住喷射器本体，拆除入口短节和喷射器斜面法兰螺栓，吊走喷射器本体。 2）清理新喷射器斜面法兰和喷嘴安装孔并涂上铅粉，打磨喷嘴外周并涂铅粉，用铜棒对称敲击把喷嘴装到喷射器内部，清理渣斗底部喷射器安装法兰面，安装水力喷射器入口短节和出口扩散管	3. 喷射器出口端面冲刷有深槽或端面丝扣损伤严重，应更换； 4. 扩散管破裂或磨有通孔应更换； 5. 喷嘴与喷射器安装孔的间隙一般不大于0.02mm； 6. 喷射器安装好后，喷嘴轴心与出入口水平段中心线平齐； 7. 各结合面严密无泄漏
4. 出入口门检修	1. 检查出口门与逆止门； 2. 检查各连接法兰	1. 出入口门开关灵活到位； 2. 各连接法兰无泄漏
5. 通水试验	1. 打开渣斗高压水总门，冲渣水总门； 2. 打开水力喷射器出入口门； 3. 启动高压泵，检查除渣管道通水情况和各连接法兰严密情况； 4. 除渣管道运行正常后，清理检查现场，结束工作票	1. 各门开关到位，高压泵运行正常； 2. 除渣管道运行正常，各连接法兰严密无泄漏，固定牢靠

提示 本节内容适合除渣设备检修（MU4）。

第三节　干除渣系统设备的检修

一、斗提机检修

（一）维护项目及标准

斗提机的一般维护一般有以下内容：

（1）检查链子的销轴、链板与链接头有无断裂。

（2）连接螺栓以及上下链轮的轮毂和半摩擦轮之间的螺栓有无松动。

（3）链子的张紧度是否适宜。

（4）检查有无物料堆积在尾部。

（5）检查各个润滑点的润滑情况。

（二）大修项目及标准

斗提机的检修工作主要有销轴、链板、链接头、半摩擦轮、斗子、滚子轴承、滚柱逆止器等易损件的检查更换。其中易损零件的使用周期应根据制造质量和输送物料对零件的磨损性决定；检查销轴卡板的固定螺栓、斗子与链接头的连接螺栓以及上下链轮的轮毂与摩擦轮之间的连接螺栓有无松动、损坏。在更换链子时，要将左右对应的链节同时更换，被换下来的没有损坏的零件经过检测后，可重新组成链节备用。

（三）斗提机验收的规则

（1）斗提机各个零部件、减速机等必须经过制造厂家的有关检验合格后方可使用。

（2）斗提机在检修、安装后需要进行空车试验不小于8h，检查是否符合要求，然后再进行24h带负荷试运行。

（3）在试运行时电机温度不得超过40℃，减速机的温升不得超过25℃，轴承温度不得超过65℃。

（4）检查斗子运转是否正常，如产生过大摆动，甚至磕碰机壳，应及时检修。如检查没有上、下轴及链条间距的安装问题及调整不当的情况时，可检查链板、链接头、斗子是否符合设计要求。

二、渣仓检修

（一）维护项目

（1）每6~8个月进行一次。

（2）气动插板门检查，充气密封圈检查或更换。

（3）冲洗水管阀检查。

（4）析水元件检查清理。

（二）大修项目及标准

大修项目及标准见表 13－6。

表 13－6　　　　　　渣仓检修大修项目及标准

检修项目	检　修　工　艺	质　量　标　准
1. 准备工作	1. 检查设备缺陷记录本，掌握设备缺陷情况； 2. 准备检修工具和备品配件； 3. 办理检修工作票	1. 脱水仓冲洗水门关闭严密，不泄漏； 2. 切断振荡器电源、气动插板门操作电源
2. 脱水仓本体及附属设备检查	1. 检查脱水仓本体有无裂缝现象； 2. 检查各支柱、支架是否坚固牢靠； 3. 检查析水元件并清理，有破损者更换	1. 脱水仓本体坚固，无裂缝泄漏现象； 2. 支柱、支架安全可靠； 3. 析水元件畅通无堵塞或结垢
3. 放渣门检修	1. 汽缸检修参看气力输灰系统。 2. 充气密封圈更换。 1）吊住放渣斗并将其拆卸； 2）打开放渣门，从脱水仓底部拆掉充气密封圈压兰； 3）取下充气密封圈检查； 4）清理门座更换新的充气密封圈； 5）回装压兰及放渣斗，关闭放渣门。 3. 检查门板磨损情况。 4. 门板与门座间隙检查与调整。 1）用塞尺在门板四周测量门板与门座间隙，如果各部间隙不等，则进行调整； 2）门板与门座间隙的调整方法：调整放渣门，四周固定丝杠，将门板上下移位	1. 汽缸密封严密无泄漏现象； 2. 充气密封圈密封压力达到要求； 3. 门板磨损 1/2 厚度应更换； 4. 滚轴轻松灵活，如轴承损坏应进行更换； 5. 门板与门座的间隙四周均匀，且小于 5mm； 6. 放渣斗斗壁磨损，应修补或更换

续表

检修项目	检　修　工　艺	质　量　标　准
4. 冲洗水管阀检修	1. 检查各手动阀门开关灵活性及严密性； 2. 检查手动阀门丝杠、阀座、阀体、手轮有无损坏、破损现象； 3. 检查加固管道支架； 4. 阀门更换盘根	1. 阀门开关灵活到位，各结合面无泄漏； 2. 管道畅通无堵塞，支架坚固； 3. 阀门损坏后应检修更换
5. 试运	1. 脱水仓进渣，检查放渣门开关性能与各结合面密封性能； 2. 清理检修现场，结束工作票	1. 放渣门开关灵活到位； 2. 放渣门充气密封圈密封性能良好； 3. 检修现场整洁，设备标志铭牌齐全

提示　本节内容适合除灰设备检修（MU4）。

第四节　空压机系统设备检修

一、空压机系统

空压机系统一般由主机部分，电动机，油润滑过滤系统，冷却部分，压缩空气后处理部分等组成。

（一）螺杆式空压机

螺杆式空压机见图 13－3，螺杆式空压机的压缩过程有吸气过程、封闭及输送过程、压缩及喷油过程、排气过程 4 个过程。

螺杆式空压机机头是一种双轴容积式回转型压缩机，进气口开于机壳上端，排气口开于下端，两只高精度主、副转子，水平而且平行地装于机壳内部。主、副转子上均有螺旋形齿，环绕于转子外缘，两齿相互啮合，两转子由轴承支撑，电动机与主机体结合在一起。经过一组高精度增速齿轮将主转子转速提高，空气经过主、副转子的运动压缩，形成压缩空气。

螺杆式空压机是当今空压机发展的主流，其振动小、噪声低、效率高，无易损件，具有活塞式空压机不可比拟的优点。螺杆式空压机压缩原理：

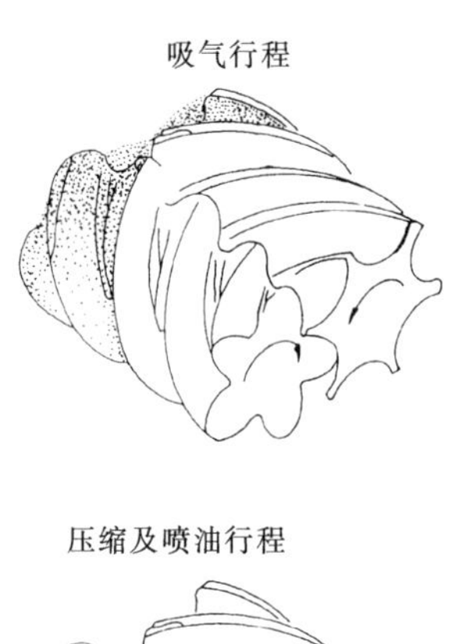

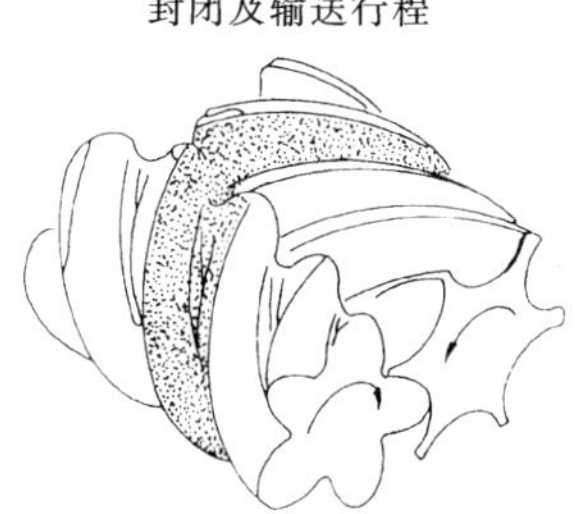

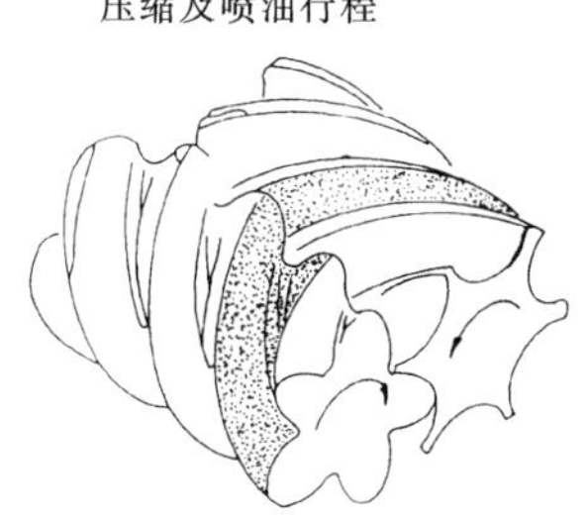

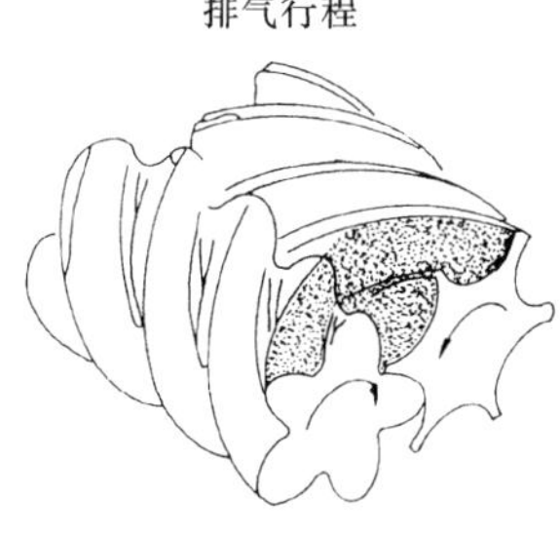

图 13－3　螺杆式空压机

(1) 吸气过程。螺杆式空压机无进气和排气阀组，进气只靠一调节阀的开启和关闭调节。当主、副转子的齿沟空间转至进气端时，其空间最大，此时转子下方的齿沟空间与进气口的自由空气相通，因在排气时齿沟内的空气被全数排出，排气完了时，齿沟处于真空状态，当转至进气口时，外界空气即被吸入，并沿轴向进入主、副转子的齿沟内。当空气充满了整个齿沟时，转子的进气侧端面即转离了机壳之进气口，齿沟内的空气即被封闭。

(2) 封闭及压缩过程。吸气终了时，主、副转子齿峰会与机壳密封，齿沟内的空气不再外流，此即封闭过程。两转子继续转动，齿峰与齿沟在吸气端吻合，吻合面逐渐向排气端移动，即为输送过程。

(3) 压缩及喷油过程。在输送过程中，吻合面逐渐向排气端移动，即吻合面与排气口之间的齿沟空间逐渐减小，齿沟内的空气逐渐被压缩，压力逐渐升高，此即压缩过程。压缩的同时，润滑油也因压差的作用被喷入压缩室内与空气混合。

(4) 排气过程。当主、副转子的齿沟空间转至排气端时，其空气压力最大，此时转子下方的齿沟空间与进气口的自由空气相通，因此齿沟内的空气被排出。此时两转子的吻合面与机壳排气口之间的齿沟空间为0，即完成排气过程。与此同时，两转子的吻合面与机壳进气口之间的齿沟空间达到最大，开始一个新的循环。

（二）活塞式空压机

工作原理及构造：电机通过皮带轮将动力传递到曲轴，使曲轴旋转运动，再经连杆将曲轴的旋转运动转变为十字头的往复直线运动，十字头前端与活塞连接，活塞在缸体内随十字头一起往复直线运动。当活塞运动离开死点时，排出阀立即关闭，排出过程结束，吸入阀开启，吸入过程开始；当活塞运动离开死点时，吸入阀立即关闭，吸入过程结束，排出过程开始。活塞和阀门的这种周而复始的运动就是活塞式空压机的工作过程。

（三）冷冻式干燥机

冷冻式空气干燥机，是采用制冷的原理，通过降低压缩空气的温度，使其中的水蒸气和部分油、尘凝结成液体混合物，然后通过却水气把凝结成的液体从压缩空气中分离排除，达到干燥要求。它一般由预冷气、蒸发气、祛水气、自动排水器、冷媒压缩机、冷媒冷凝器、膨胀阀、热气旁路阀等组成。

（四）吸附式干燥机

工作原理及流程：无热再生空气干燥器是根据变压吸附原理，在一定的压力下，使压缩空气自下而上流经吸附剂（干燥）床层，根据吸附剂表面与空气中水蒸气分压取得平衡的特性，将空气中的水分吸附，从而达到除去压缩空气中的水分的目的，完成干燥过程。本吸附筒为双筒结构，筒内填满吸附剂（干燥），当一吸附筒在进行干燥工序时，另一吸附筒在进行。

无热再生干燥器的解吸再生是快速降压方法，使吸附剂内被吸附的水分解吸，随后再用一定量经过干燥的空气将吸附剂内的水分吹出，使吸附剂（干燥）获得再生。

二、空压机系统设备检修

（一）螺杆式空压机检修

1. 螺杆空压机技术标准

（1）主、副转子长度差不大于0.10mm。

（2）齿轮表面无麻点、断裂等缺陷，键与键槽无滚键现象。

（3）轴封低于轴承座平面0.13mm。

（4）转子两端轴向间隙之和符合规定，总间隙为0.23mm，进气端间隙为0.15mm，排气端间隙为0.08mm。

（5）转子间隙分配：出口侧 2/3 总间隙，入口侧 1/3 总间隙。

（6）联轴器找中心要求径向、轴向偏差不超过 0.10mm，联轴器之间距离为 4～6mm，地角垫片不超过 3 片。

2. 螺旋空压机的解体步骤

（1）拆除联轴器防护罩及联轴器螺栓。

（2）拆卸两侧轴承端盖。

（3）顶出出口侧轴承座。

（4）将两转子、主副齿轮作好匹配记号。

（5）将两转子取出。

（6）解体入口侧轴承座。

（7）拆齿轮、转子时严禁强力拆卸。

3. 螺旋空压机的回装

（1）组装出入口的轴承座，并将其装在机壳上。

（2）装入主、副转子，出口侧轴衬。

（3）加热齿轮及轮毂，装在转子轴上，加热温度应符合设备厂家规定，如无规定，一般不得超过 150℃。

（4）调整转子间隙。

（5）电动机、压缩机就位，联轴器找正，安装联轴器螺栓和防护罩。

4. 故障分析与处理

（1）空压机油细分离器是否损坏的判断。

1）空气管路中含油量增加。

2）油细分离器压差开关指示灯亮。

3）油压是否偏高。

4）电流是否增加。

（2）空压机运转电流高，自动停机的故障原因及排除方法。

1）故障原因：电压太低；排气压力太高；润滑油变质或规格不正确；油细分离器堵塞，润滑油油压力高；空压机主机故障。

2）排除方法：电气人员检修电源；查看排气压力表，如超过设定压力，调整压力开关；检查润滑油质量、规格，更换合格的润滑油；用手转动机体转子，如无法盘车，请检查主机。

（3）空压机运转电流低于正常值的故障原因及排除方法。

1）故障原因：压缩空气消耗量太大，压力在设定值以下运转；空气滤清器堵塞；进气阀动作不良，如卡住等；容调阀调整设定不当。

2）排除方法：检查系统压缩空气消耗量，必要时增加空压机运行；

清理或更换空气滤清器；解体检查进气阀，并加注润滑脂；重新调整、设定容调阀。

（4）空压机机头排气温度低于正常值的故障原因及排除方法。

1）故障原因：冷却水量太大，环境温度太低，无负荷时间太长，排气温度表误差，热控阀故障。

2）排除方法：调整冷却水量。

（5）空压机机头排气温度高，自动停机的故障原因及排除方法。

1）故障原因：润滑油量不足，冷却水量不足，冷却水温度高，环境温度高，冷却器鳍片间堵塞，润滑油变质或规格不对，热控阀故障，空气滤清器堵塞，油过滤器堵塞，冷却风扇故障。

2）排除方法：查润滑油油位，及时添加到规定位置；查冷却水进、出水管温差；检查进水温度；增加泵房排风量，降低室内温度；查冷却水进、出水管温差，正常情况温差为5～8℃，如低于5℃，可能是油冷却器堵塞，请解体清理；检查润滑油质量或规格，更换合格的润滑油；查润滑油是否经过油冷却器冷却，如无，则检查、更换热控阀；清理或更换空气滤清器；检查更换冷却风扇。

（6）压缩空气中含油分高，润滑油添加周期短，无负荷时滤清器冒烟的故障原因及排除方法。

1）故障原因：添加润滑油量太多，回油管限油孔堵塞，排气压力低，油细分离器破损，压力维持阀弹簧疲劳。

2）排除方法：检查调整油位到规定位置；拆卸清理回油管限油孔；调整压力开关，提高排气压力；检查更换油细分离器；检查更换维持阀弹簧。

（7）空压机无法全载运转的故障原因及排除方法。

1）故障原因：压力开关故障，三向电磁阀故障，泄放电磁阀故障，进气阀动作不良，压力维持阀动作不良，控制油路泄漏，容调阀调整不当。

2）排除方法：检查更换压力开关；检查更换三向电磁阀；检查、更换泄放电磁阀；拆卸检查、清理压力维持阀，加注润滑脂；拆卸后检查阀座及止回阀片是否磨损，如磨损，应更换；检查、处理泄漏；重新调整、设定容调阀。

（8）空压机无法空车，空车时表压力仍保持工作压力或继续上升至安全阀动作的故障原因及排除方法。

1）故障原因：压力开关失效，进气阀动作不良，泄放电磁阀失效，气量调节膜片破损，泄放限流量太小。

2）排除方法：检修更换压力开关；拆卸检查清理进气阀，加注润滑脂；检修、更换泄放电磁阀；检修更换气量调节膜片；适量调整加大泄放限流量。

（9）空压机排气量低的故障原因及排除方法。

1）故障原因：空气滤清器堵塞，进气阀动作不良，压力维持阀动作不良，油细分离器堵塞，泄放电磁阀泄漏。

2）排除方法：清理或更换空气滤清器；拆卸检查、清理进气阀，加注润滑脂；拆卸检查压力维持阀阀座及止回阀片是否磨损，弹簧是否疲劳；检查，必要时更换油细分离器；检修，必要时更换泄放电磁阀。

（10）空压机空、重车频繁的故障原因及排除方法：

1）故障原因：管路泄漏，压力开关压差太小，空气消耗量不稳定。

2）排除方法：检修处理管路泄漏，重新调整设定压力开关压差，适当增加储气罐容量。

（11）空压机停机时空气滤清器冒烟的故障原因及排除方法。

1）故障原因：油停止阀泄漏，止回阀泄漏，重车停机，电气线路错误，压力维持阀泄漏，泄放阀不能泄放。

2）排除方法：检修，必要时更换油停止阀；检查止回阀阀片及阀座是否磨损，如磨损则更换；检查进气阀是否卡住，如卡住需拆卸检修、清理，加注润滑脂；检查检修电气线路；检修压力维持阀，必要时更换；检查检修泄放阀，必要时更换。

（二）活塞式空压机检修

1. 活塞式空压机润滑系统检修

（1）解体清洗检查油泵滤油器、滤网，滤油器、滤网完整，隔板方向正确。

（2）检查齿轮磨损、啮合情况，测量调整间隙，并做好记录，各部分间隙应符合设备厂家的规定。在没有资料规定时，要求齿面磨损不超过0.75mm，齿轮啮合时的齿顶间隙与背后间隙均为0.10～0.15mm，最大不超过0.30mm，啮合面积为总面积的75%。

（3）测量轴套间隙，齿轮与泵壳的轴向、径向间隙。在没有资料规定时，要求齿轮与泵壳的径向间隙不大于0.20mm，轴向间隙为0.04～0.10mm，顶部间隙为0.20mm。

（4）清洗连杆油孔及油管。

（5）清洗所有油系统部件，可使用软布、面团等材料，禁止使用棉纱等容易脱落的材料清洗，清洗后应用空气吹净。

2. 活塞式空压机曲轴和主轴承检修

（1）检查曲轴轴颈的磨损情况，测量圆度和圆锥度，轴颈磨损不大于0.22mm，圆度和圆锥度不超过0.06mm，轴颈表面有深度大于0.10mm的刮痕时必须处理消除。

（2）检修轴承并测量各个部位的配合间隙，轴承外套与端盖的轴向推力间隙为0.20～0.40mm，内套与轴的配合紧力为0.01～0.03mm。

（3）研刮主轴瓦，要求瓦顶间隙为0～0.02mm，曲轴与飞轮的配合紧力为0.01～0.03mm。

（4）清洗曲轴油孔并用压缩空气吹净，曲轴油孔应畅通，无杂物，末端密封严密不漏。

（5）平衡锤固定牢固，配合槽结合严密。

3. 活塞式空压机活塞环检修

（1）活塞环与槽的轴向间隙0.05～0.065mm，最大不超过0.10mm，活塞环在汽缸内就位后，接口有0.5～1.5mm的间隙。

（2）活塞环断裂或过度擦伤，丧失应有的弹性；活塞环径向磨损大于2mm，轴向磨损大于0.2mm；活塞环在槽中两侧间隙达到0.30mm；活塞环外表面与汽缸面应紧密结合，配合不良形成间隙的总长度不超过汽缸圆周的50%。

4. 活塞组装

（1）将连杆和活塞进行组合，压入活塞销并封好弹簧销扣。

（2）装活塞环和油封环，再从下部装入活塞，每装好一组活塞，就应盘车检查其灵活性。待全部安装完后，再盘车检查连杆小头在活塞销上的位置。

（3）按垫片记号与厚度记号组装曲轴下瓦。

（4）测量活塞上的死点间隙。

（5）组装轴封和端盖、飞轮。

5. 标准

（1）连杆活塞转动灵活，轴向窜动灵活。

（2）活塞环之间的接口位置应错开120°，开口销安装正确。

（3）螺栓紧力一致，垫片倒角方向正确。

（4）活塞上死点间隙一级为1.7～3mm，二级为2～4mm。

（5）毛毡轴封与轴结合，松紧适当，接口为45°斜口。

（6）飞轮装配时，加热温度不超过120℃，键与键槽两侧无间隙，顶部有0.20～0.50的间隙。

6. 试运行

（1）启动空压机随即停止运转，检查各个部件无异常情况后，再依次运转5、30min和4～8h，润滑情况应正常。

（2）运行中应无异常声音，紧固件应无松动。

（3）油压、油温、摩擦部位的温升，应符合设计规定。

7. 活塞式空压机冷却系统检查时应符合的要求

（1）水压试验压力为0.5MPa，时间为10min。

（2）冷却器水管有个别泄漏时，可将管口封堵，但封堵的管子不超过总数的1/10。

（3）各个阀门严密无渗漏，清晰干净。

（4）中间隔板结合面完整，冷却水无短路现象。

（5）盘车灵活，无异常声音。

（6）冷却水畅通，各个部位无泄漏。

（7）轴承温度不超过65℃，油温、油压、排气压力、电流符合厂家设计规定。

（8）各个部位振动不超过0.1mm。

8. 冷干机水冷式冷凝器的清洗方法

（1）先准备好耐酸腐蚀水泵、水箱，配以水管接头等，将水泵与水箱、冷凝器连接。

（2）在水箱中加入5%～10%的稀盐酸，并按0.5%g/kg溶液的比例加入乌洛托品一类的阻化剂。开启水泵，让酸水循环20～30h，排尽酸水，再用10%的烧碱水冲洗15min，然后用清水冲洗1～2h即可。

（3）将自动排水器前的手动阀关闭，将排水器分解，用中性洗涤液掺水清洗浮球及排水器内部。

（4）将自动排水器前的手动阀关闭。

（5）将盖子顶部的螺丝松开，让排水器内的压缩空气泄掉。

（6）拆下盖子上的其他螺丝，并把内部清洗干净。

（7）再把底部螺丝拆开，取出滤网，并进行清洗后，放回原处，拧上螺丝。

（8）在排水器腔内装满水后，盖上盖子，拧紧螺丝，确保其密封而不漏气。

（9）打开手动阀门。

(三) 吸附式干燥机检修

1. 检修项目

(1) 检修准备;

(2) 消声器的检修;

(3) 进气阀、排气阀的检修;

(4) 单向阀的检修;

(5) 更换吸附剂;

(6) 回装;

(7) 调试。

2. 检修内容、步骤

(1) 关闭干燥器进气阀门、出气阀门，旁路阀门，使设备与系统断开，并切断电源。打开安全阀将设备内部空气排出，确认无压力。

(2) 松开消声器连接螺栓，拆下消声器，取出滤芯，清理消声器内外壁的锈垢、杂物。疏通排气孔；清洗滤芯上的油污，必要时更换。

(3) 松开进气阀、排气阀法兰螺栓，拆下阀门。将阀门解体，检查弹簧、膜片、阀柄、阀座，如有损坏，应及时更换修复，并根据检修前的情况，检查阀杆的填料密封。

(4) 松开单向阀阀盖螺栓，取出阀座锥阀，清理检查阀座、锥阀、导向杆及密封垫的损坏情况，若有损坏，应及时修复。

(5) 拆下 A、B 吸附筒的上下堵板，排掉失效的吸附剂，取出出入口滤网，拆下再生器调节球阀和节流孔板，进行清理检查。更换所有密封垫后，依次安装上下滤网和下堵板，将新吸附剂加满后安装上堵板。

(6) 更换密封垫，回装单向阀、进气阀、排气阀、消声器。

(7) 启动干燥器，将进气阀、排气阀的工作压力设定为 0.2MPa，调整检查进气阀、排气阀动作程序、开关情况，运行周期及再生器调节球阀开度，检查各个连接、法兰有无渗漏，各个运行参数是否正常。

3. 检修标准及要求

(1) 设备系统有压力或未断电时，禁止工作。

(2) 消声器内外的油污、锈蚀、结垢、粉末应完全清除，所有排气孔畅通，必要时可酸洗。滤芯不得有破损，油污、灰尘、粉末难以清理干净时，应及时更换。

(3) 进气阀、排气阀为气动薄膜切换阀，其阀柄、阀座应配合良好，封闭严密，不得有机械损伤；弹簧弹性适中，不得有锈蚀、变形、断裂；膜片完好，无破损、开裂、老化现象；阀杆填料密封严密，紧力适当。

（4）锥阀、阀座、导向杆、密封垫完好，配合严密，动作灵活，无冲刷、磨损、破裂等机械损伤。

（5）吸附剂为4～8细孔球状活性氧化铝，应填满吸附筒。再生器调节球阀应开关灵活，上下滤网应完好、通畅，不得有破损或堵塞。

（6）干燥器启动后各个连接、法兰密封良好，无漏气现象，各个阀门动作灵活、正确，无泄漏卡涩。吸附筒在解吸再生工序时压力应小于0.05MPa；吸附筒在干燥工序时，排气压力与后系统气源压差不应大于0.05MPa，再生器调节球阀调整适当，再生气量小于12%。

（四）压缩空气罐检修

（1）检修周期：3年。

（2）检修项目：压力表检查或更换，罐体检修，人孔门检查。

（3）检修工艺及标准见表13－7。

表13－7　　压缩空气罐检修工艺及标准

检修项目	检修工艺	质量标准
1. 准备工作	将容器内介质排净，隔断与其连接的设备和管路	罐内有压力时，不得松紧螺栓或进行修理工作
2. 罐体检查	1. 检查罐体外表面有无裂纹，变形、漏点； 2. 将容器的人孔打开，清除容器内壁污物； 3. 筒体、封头等内外表面有无腐蚀现象，对怀疑部位进行壁厚测量并进行强度核算	1. 所有表面无裂纹、变形、断裂，无泄漏； 2. 进入容器检查，应用电压不超过24V的低压防爆灯，且容器外必须有人监护； 3. 安全附件齐全，安全阀压力定值合格； 4. 紧固螺栓完好无损
3. 封闭人孔门	1. 容器内检修工作结束，清理工器具及杂物； 2. 封闭人孔门	1. 容器内不许残留杂物； 2. 人孔门密封面无泄漏点
4. 压力表检查	1. 检查压力表； 2. 检查表管及接头	1. 表面干净； 2. 表管及接头无泄漏点； 3. 压力表校验合格

提示　本节内容适合锅炉辅机检修（NU12　LE30、LE31）除灰设备检修（MU8　LE22）。

第四篇

锅炉管阀检修

第十四章

锅炉外部汽水循环系统

第一节　给水及排疏水系统

一、给水系统

（一）系统的作用及工作特点

从除氧器给水箱经给水泵、高压加热器到锅炉省煤器的全部管道系统称为锅炉给水管道系统，按其压力不同可划分成低压和高压给水管道系统两部分。由除氧器给水箱下降管到给水泵进口之间的管道称低压给水管道系统，一般布置在汽机房，属汽轮机管辖的给水管道。由给水泵出口经高压加热器至锅炉省煤器入口联箱之间的管道称高压给水管道系统。

大容量锅炉都装有数级喷水减温器，用来调整过热汽温和再热汽温。提供喷水减温器用水的管道及设备称为减温水管道系统。由于减温水多采用给水，其工作特点和参数与给水管道相同，可以将其视为锅炉给水系统的一部分。

给水管道系统的工作特点是高压、低温（压力可达23.0MPa，温度不超过250℃），因此采用碳钢（如20G）或低合金钢（如BW36）制造，为厚壁管道。减温水管道靠近减温器的管子和一些连通管，一般用合金管（如12Cr1MoVG）。

（二）系统的配置方式

给水管道上的阀门比较多，包括关断用的闸阀和用于调节流量的调节阀。系统的配置一般有两种类型。

1. 使用调速给水泵的系统

这样的系统多用于大容量机组，使用调速给水泵控制主给水流量，不设主给水调节阀，只安装有一台闸阀。由于锅炉启动初期给水量非常小，因此设有用于锅炉启动时给水的旁路，设有调节阀和前后闸阀或截止阀。

2. 采用定速泵或集中母管制给水系统

采用此系统的锅炉给水压力较为恒定，给水管道设有主给水管道，用于小负荷的给水旁路管道，对于高压锅炉还配备有启动用的给水小旁路管道。每条管路都安装有调节阀和闸阀或截止阀。

通常锅炉减温水都取自给水，因此给水系统还装设供减温水的闸阀和调节减温水压力用的调压阀。

（三）系统的型式

1. 集中母管制系统

一般高、中参数发电厂的给水管路系统多数是集中母管制系统。它设有三根给水母管，即给水泵入口的低压吸水母管、给水泵出口侧的压力母管和锅炉给水母管。在图 14－1 的集中母管制给水管道系统中，低压吸水母管采用单母管分段；由于给水泵台数远大于锅炉台数，压力母管也采用单母管分段；锅炉给水管道为切换母管，并且是单路进水至锅炉省煤器。备用给水泵位于吸水母管和压力母管两分段阀之间的位置。单母管分段即是用 2 个串联的关断阀将母管分为 2 个以上的区段，以保证在母管本身或与母管直接联通的任一关断阀检修时，不致造成全厂运行的停顿，影响全厂的工作可靠性。

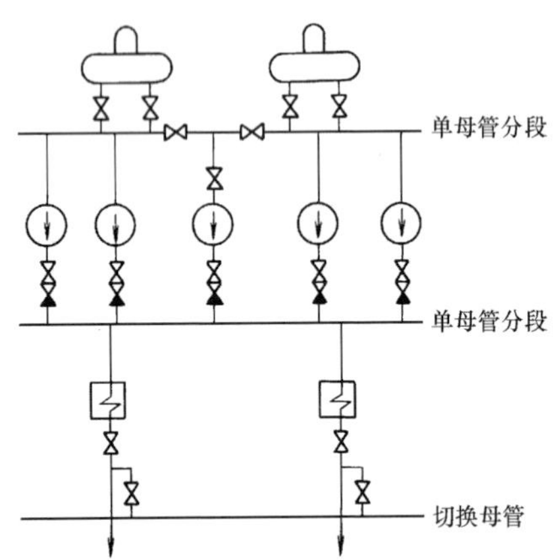

图 14－1　集中母管给水系统

在这种给水系统中，给水泵台数多，各给水泵的给水都送到压力母管中，再由母管分配给各加热器，故系统的可靠性较高。但系统复杂，钢材消耗量大，阀门较多。当给水泵的出力与锅炉容量不配合时，采用集中母管制比较合适。

2. 切换母管制系统

图 14－2 所示是切换母管制给水系统，低压吸水母管采用单母管分

段，压力母管和锅炉给水管路均为切换母管。给水泵出口的压力水可以直接经过高压加热器进入锅炉，也可以先送入切换母管，再进入高压加热器。因此，切换母管制可使给水泵、高压加热器、锅炉等设备相互切换运行，运行上较集中母管制灵活。

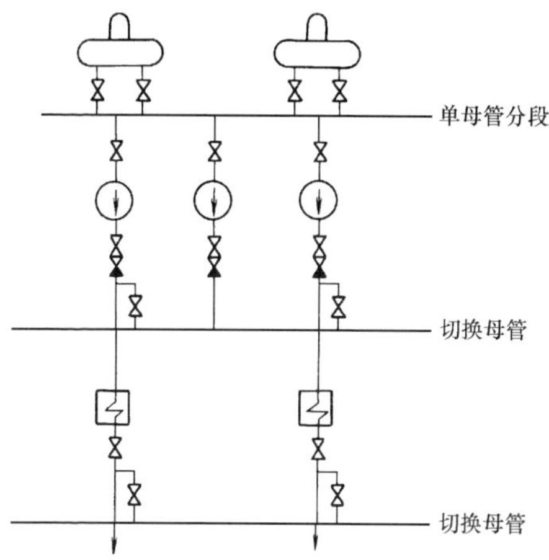

图 14－2　切换母管制给水系统

切换母管制系统原则上应能按单元系统运行，采用这种系统要求给水泵的出力与锅炉的容量相配。

3. 单元制系统

现代大功率、超高压参数发电机组为了节省投资，便于机，炉、电集中控制，蒸汽管道采用单元制系统，因此已无必要再设置锅炉给水母管，给水系统当然也是单元制的。图 14－3 所示是引进型 300MW 机组单元制给水系统图。

这种系统最简单，管路最短，管道附件最少，投资最省，尤其对于大功率、超高压参数机组，必须采用昂贵的合金钢管，因而，单元制系统的这些特点显得尤为重要。另外，该系统本身事故的可能性也最少，便于集中控制。但缺点是相邻单元不能相互切换，运行灵活性差，并要求设有单独的备用给水泵。

4. 扩大单元制系统

在主蒸汽采用单元制系统时，给水系统也可采用两个相邻单元组成的扩大单元制，如图 14－4 所示。吸水母管为单母管，压力母管为切换母管，锅炉给水不设母管。与单元制相比，这种系统的可靠性较高；两个基

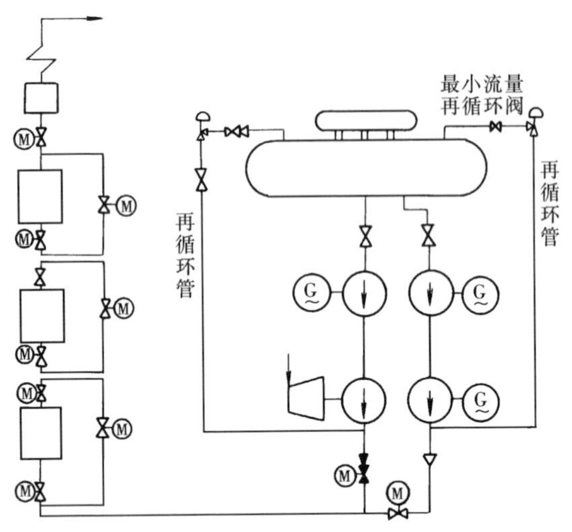

图 14－3　单元制给水系统

本单元共用一台备用给水泵，投资省，运行灵活，在变负荷时有利于节省厂用电，但系统较复杂。

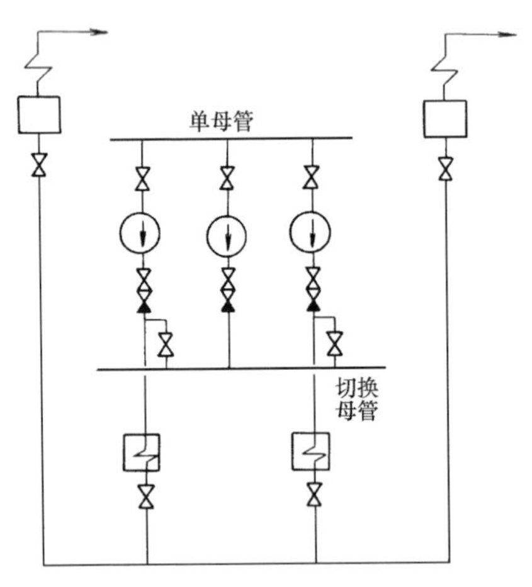

图 14－4　扩大单元制给水系统

二、疏水排污系统

(一) 疏排水系统的作用及工作特点

为排除汽包、水冷壁、过热器、省煤器和各种联箱的积水，或设备检修时排尽锅内凝结水，并为减少工质损失而回收，设置了用于排放和收集全厂疏水的管道系统及设备，称为疏放水系统。这个系统的工作特点是：正常运行情况不疏水，其中的蒸汽停滞不动，有时会变成凝结水。疏水时，先排走凝结水，而后排走蒸汽，管壁温度会急剧上升，属于高温高压管道，多采用小直径合金钢管。

为了保证蒸汽品质，锅炉水的质量要控制在允许范围之内，所以对自然循环汽包锅炉要进行排污。排污水管道系统包括从汽包引出的连续排污管和从水冷壁下联箱引出的定期排污管及其附件。其工作特点是高压、低温，故这一部分管道多采用小直径的碳钢管道（DN 为 28 ~ 38mm）。

（二）系统布置要求

1. 排污系统

锅炉排污分连续排污和定期排污。连续排污是将锅筒内含盐量较高的锅水连续排出锅外，定期排污是为了将锅炉内最低点处聚集的泥渣定期排出。锅炉排污系统由排污管道、阀门、截流孔板、扩容器、热交换器、流量计和压力表等组成。

连续排污从炉水含盐量最高点引出，在凝汽式电厂中，锅炉连续排污量不大，为确保连续排污顺利进行，系统中需配备调节灵敏的小流量排污装置，除截流孔板外还配有调节阀。定期排污引出点一般在水冷壁下联箱或下降管下端。为防止定期排污时对水冷壁水循环的影响和排污门的冲刷，排污管上配有截流孔板。

2. 疏水系统

疏水管自锅炉受热面下联箱引出，包括疏水管道、阀门、疏水联箱、扩容器等。由于疏水管道中经常出现汽水两相流，排污门内漏时管道冲刷严重，因此管道应按照压力管道的要求采用厚壁管。

提示　本节内容适合锅炉管阀检修（MU5　LE11）。

第二节　主蒸汽及再热蒸汽系统

一、主蒸汽系统

（一）系统的作用及工作特点

锅炉与汽轮机之间连接的蒸汽管道及其母管通往各辅助设备的支管都属于发电厂的主蒸汽管道系统。从锅炉主汽门起或从过热器出口（大容量机组锅炉多无主汽门）至锅炉房与汽机房的隔墙为止，属于锅炉管辖的主蒸汽管道系统。

这段管道系统的工作特点是高汽压（超临界压力25.4MPa），高汽温（可达540℃以上）、大管径（DN在400mm左右），因此，多采用含有铬、钼、钒等微量金属元素合金钢制造，为厚壁管道。

（二）系统型式

锅炉侧主蒸汽管道上一般在过热器出口安装主蒸汽阀，主蒸汽阀通常为电动控制。为保证主蒸汽阀在锅炉启动中便于开启，主蒸汽阀还设有电动旁路阀。主蒸汽管道有的采用一条管线，有的采用左右两条管线。这一般取决于最后一级过热器的出口联箱布置方式。如果过热器出口联箱上未设置安全阀，则在主蒸汽管道上设有过热器安全阀，安全阀的数量不少于两台。

火力发电厂的主蒸汽管道输送的工质流量大、参数高，所以对管道的金属材料要求很高，对电厂运行的安全可靠性和经济性影响也很大。一个最佳的管道系统方案可以通过改变主管道的连接点和改变管道部件的布置来确定。管道系统的设计应根据总布置图充分考虑局部条件和各种连接的可能性。此外，还必须考虑机组启停，备用设备的管道、安全保护装置等。管道系统的设计除了必须符合和满足热力系统中的各项给定条件和运行要求外，还应考虑系统简单、安全、可靠，运行方便，便于切换，安装维修方便；投资和运行费用节省。

1. 集中母管制系统

集中母管制系统是将全厂数台锅炉产生的蒸汽引往一根蒸汽母管，再由该母管引往各台汽轮机和用汽处，如图14－5所示。它的主要优点是系统中的各个汽源可以互相协调，其缺点是当与母管相连的任一阀门发生故障时，全部机组必须停止运行，严重影响全厂工作的可靠性。为此，一般用阀门将母管分隔成两个以上区段，以便母管分段检修。此外，该系统管道较复杂，相应投资也较大。这种系统过去在低参数小容量机组上得到广泛采用，目前大型机组上已不再采用。

2. 切换母管制系统

这种系统是将每台锅炉与其相对应的汽轮机组成一个单元，各单元之间有母管相连接。这样，机炉既可按单元运行，也可切换到蒸汽母管上由相邻锅炉供汽。运行方式的切换可通过单元机组与母管相连接的阀门来实现，如图14－6所示。

这种系统的主要优点是：既有足够的运行可靠性，又有一定的运行灵

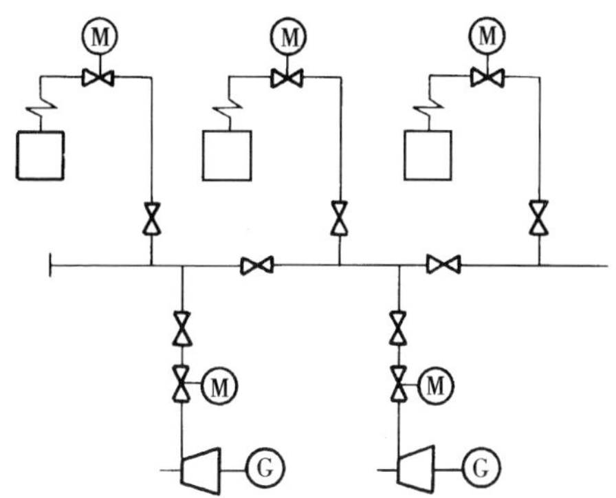

图 14－5　集中母管制主汽系统

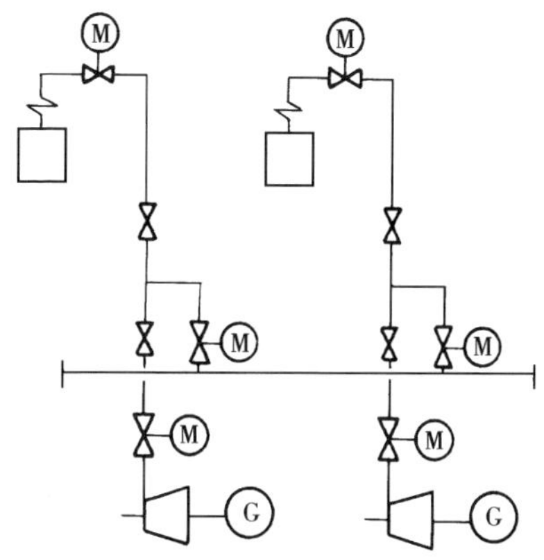

图 14－6　切换母管制主蒸汽系统

活性，并可充分利用锅炉的蒸汽裕量进行各锅炉之间的最佳负荷分配。其主要缺点是系统复杂、阀门多、投资大、事故可能性比单元制要大。当蒸汽参数不太高，机炉容量不完全配合，管道系统投资不太高时，其缺点尚不突出。所以，中参数机组或供热式机组的发电厂中被广泛应用。切换母管的管径按通过一台锅炉的最大蒸发量来选择。正常运行时，切换母管应处于热备用状态。

3. 单元制系统

这种系统是将每台锅炉直接向所匹配的1台汽轮机供汽，组成1个单元。各单元之间没有横向联系的母管，各单元需用主蒸汽的各辅助设备的用汽支管与各自单元的蒸汽母管相连，如图14－7所示。

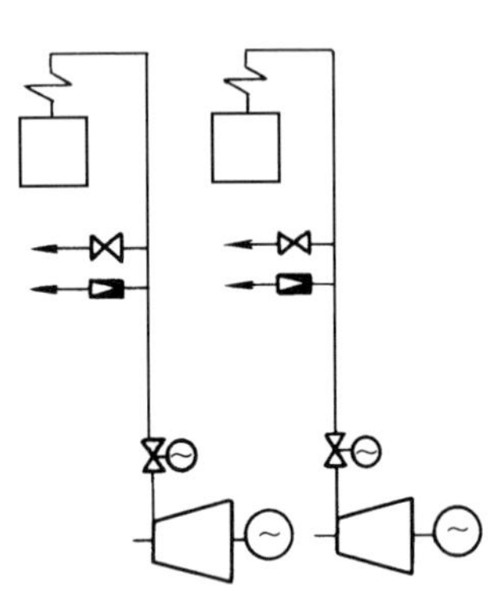

图14－7 单元制主蒸汽管道系统

这种系统的优点是：系统简单、管道短，阀门等附件少，不仅可以节省大量的高压高温管道和阀门等附件及其相应的保温材料和支吊架，降低投资；而且也有利于蒸汽管道本身的运行安全可靠性的提高。单元制系统的缺点是：当任何一台主要设备发生故障时，整个单元都要被迫停止运行，运行灵活性差；而且机炉必须同时安排检修，在负荷变动时，对锅炉燃烧控制的要求很高。

现代高参数大容量机组的主蒸汽管道必须采用昂贵的合金钢管，这样，单元制系统的优点就显得极为重要。特别对中间再热机组来说，当再热蒸汽的参数不一致时，就无法并列运行。所以，当今高参数大容量的中间再热式机组的主蒸汽管道系统一般均采用单元制系统。

二、再热蒸汽系统

（一）系统的作用及工作特点

对于中间再热式机组，连接汽轮机与锅炉再热器之间的管道系统称为再热蒸汽管道系统。再热蒸汽管道分为热段和冷段，冷段即为汽轮机通往锅炉再热器入口的管段，热段即为锅炉再热器出口至汽轮机中压缸的管段。

冷段由于压力、温度较低，一般采用优质锅炉碳素钢制造，为大直径管道。热段的工作特点是高温、中压、大管径，因此，也采用合金钢管。

（二）系统的型式

由冷段和热段管道构成，分左右各2条管线。通常每条管线都设有再热器安全阀，以保证再热器不超压。也有的只在热段管道安装有再热器安全阀，冷段不装，其目的是为了保证再热器超压安全阀动作时，再热器内有足够的介质流过，防止再热器超温。

拥有再热蒸汽系统的机组均为单元制，因而系统比较简单。由于锅炉再热器与汽轮机之间没有隔离的阀门，因此再热器冷热段的管道上设有用于再热器水压试验用的堵阀或加装堵板用的法兰。

提示 本节内容适合锅炉管阀检修（MU5 LE11）。

第三节 管道阀门基本知识

一、阀门的种类

阀门按功能和结构，可分为：

（1）关断阀类。用于切断或接通介质流动，如闸阀、截止阀、球阀、蝶阀、隔膜阀等。

（2）调节阀类。用来调节介质的压力、流量、温度、水位等，如调节阀、减温减压阀、节流阀等。

（3）保护阀类。用于保护设备的安全，如超压保护、截止倒流保护、事故工况保护等，如安全阀、泄压阀、止回阀、高加保护阀等。

（4）分流阀类。用于分配、分离或混合介质，如分配阀、疏水阀、三通阀。

阀门按公称压力可分为：

（1）低压阀，PN≤1.6MPa 的阀门。

（2）中压阀，PN＝2.5～6.4MPa 的阀门。

（3）高压阀，PN＝10.0～80.0MPa 的阀门。

（4）超高压阀，PN≥100.0MPa 的阀门。

阀门按介质工作温度可分为：

（1）常温阀，用于介质工作温度为－40～120℃的阀门。

（2）中温阀，用于介质工作温度为 120～450℃的阀门。

（3）高温阀，用于介质工作温度大于 450℃的阀门。

阀门按操作方式可分为手动阀、气动阀、电动阀、液动阀、电液阀、电磁阀。

二、阀门的基本参数

（1）阀门的公称通径和接管尺寸。阀门的公称通径是指符合有关标准规定系列、用来表征阀门口径的名义内径，用符号 DN 表示，单位为 mm。

电站阀门常用的公称通径和接管尺寸见表14－1。

表14－1　　焊接阀门的接管尺寸

DN10	PN10.0	PN20.0 P5410	PN25.0 P5414	PN32.0 P5417	P3722	P5420
10	ϕ16×3	Ø6×3	Ø16×3	Ø16×3		
15	Ø18×2				Ø22×4	Ø22×4
20	Ø25×2.5	Ø28×4	Ø28×4	Ø28×4		
25	Ø32×3				Ø32×5	Ø32×5
32	Ø38×3	Ø38×3.5	Ø42×5	Ø42×5		
40	Ø45×3				Ø51×6.5	Ø51×7.5
50	Ø57×3					
60		Ø76×6	Ø76×7.5	Ø76×10	Ø76×10	
80	Ø89×4.5				Ø16×3	Ø16×3
100	Ø108×5	Ø133×10	Ø133×13	Ø133×16	Ø133×16	Ø133×18
125		Ø168×13	Ø168×16	Ø16×3	Ø168×20	Ø168×24
150	Ø159×7	Ø194×15	Ø194×18	Ø194×22	Ø194×22	Ø194×26
175 200	Ø219×10	Ø219×16	Ø219×20	Ø219×26 Ø245×28	Ø219×26 Ø245×30	Ø16×3 Ø273×36
225	Ø273×12	Ø325×24	Ø325×30	Ø325×36	Ø325×40	Ø377×50
300	Ø325×14		Ø377×42	Ø377×42	Ø377×45	Ø426×56
350			Ø426×40	Ø426×50	Ø426×50	Ø426×60

对于工程压力 PN≤10MPa 的阀门，阀门与管子的连接多采用法兰连接，法兰标准按 JB82；对于 PN＞10MPa 的电站阀门，阀门与管子的连接大都采用焊接连接，焊接坡口的尺寸形状基本上按图 14－8。

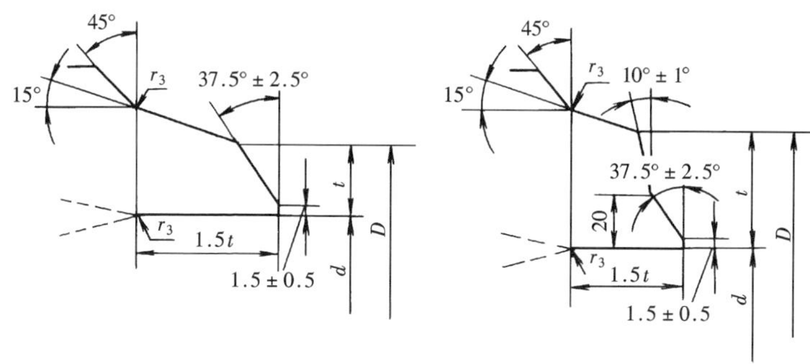

图 14－8　坡口的形状及尺寸

（2）阀门的公称压力、工作压力和试验压力。阀门的公称压力是指符合有关标准规定系列、用来表征特定材质阀门在一定温度范围内所允许的工作压力值。按我国的标准，阀门的工作温度等于或小于阀体、阀盖材料基准温度时，阀的公称压力就是阀门的最大工压力。公称压力用符号 PN 表示，单位为 MPa。

钢制阀门的基准温度为 200℃，当温度高于 200℃时，阀的允许工作压力 Pt 和相应的工作温度关系见表 14－2。

表 14－2　　阀门温压表基准温度（℃）工作温度（℃）

	基准温度（℃）					工作温度（℃）				
20、25 ZG230～450	200	250	300	350	400	425				
15CrMo ZG20CrMo	200	320	450	490	500	510	515	525	535	545
12 Cr1MoV 15 Cr1MoV ZG20CrMo ZG15Cr1MoV	200	320	450	510	520	530	540	550	560	570

续表

		基准温度（℃）					工作温度（℃）				
p_n（MPa）	p_s（MPa）	允许工作压力 p_t（MPa）									
1.0	1.5	0.98	0.88	0.78	0.69	0.63	0.55	0.49	0.44	0.39	0.35
1.6	2.4	1.57	1.37	1.23	1.08	0.98	0.88	0.78	0.69	0.63	0.55
2.5	3.8	2.45	2.16	1.96	1.76	1.57	1.37	1.23	1.08	0.98	0.88
4.0	6.0	3.02	3.53	3.14	2.74	2.45	2.16	1.96	1.76	1.57	1.7
6.3	9.5	6.27	5.49	4.90	4.41	3.92	3.53	3.14	2.74	2.45	1.57
10.0	15	9.80	8.82	7.84	6.96	6.27	5.49	4.90	4.41	3.92	3.53
16.0	24	15.68	13.72	12.25	10.98	9.80	8.82	7.84	6.96	6.27	5.49
20.0	30	19.60	17.64	15.68	13.72	12.25	10.98	9.80	8.82	7.84	6.96
25.0	38	24.50	22.05	19.60	17.64	15.68	13.72	12.25	10.9	9.80	8.82
32.0	48	31.36	27.44	24.50	22.05	19.60	17.64	15.68	13.7	12.2	10.9
42.0	58	41.16	37.04	32.93	28.81	25.73	23.15	20.58	18.5	16.4	14.4
50.0	70	49.00	44.10	39.20	35.28	31.36	27.44	24.50	22.1	19.6	22.1
63.0	90	62.72	54.88	49.00	44.10	39.20	35.28	31.36	27.4	24.5	21.1
80.0	110	78.40	69.58	62.72	54.88	49.00	44.10	39.2	35.2	31.4	27.4
100.0	130	98.00	88.20	78.40	69.58	62.72	54.88	49.0	44.1	39.2	35.3

注　p_s表示阀门的强度水压试验压力。

三、阀门的型号

阀门的种类繁多，需要一个阀门型号的统一编制方法，以便使用者根据型号，选用阀门。我国现使用原第一机械工业部标准 JB 308《阀门型号编制方法》和中国阀门行业标准《一般工业用阀门型号编制方法》（CVA2.1），电力行业还使用 JB 4018《电站阀门型号编制方法》阀门型号主要表明阀门的类别、作用、结构特点及所选用的材料性质等。一般用七个单元组成阀门型号，其排列顺序如下：

类别代号 1　传动方式代号 2　连接方式代号 3　结构型式代号 4
密封面或衬里材料代号 5　公称压力 PN 数值 6　阀体材料代号 7

（1）第一单元用汉语拼音字母表示阀门类别，如表 14－3 所示。

表 14－3　　阀门类别代号

阀门类别	闸阀	截止阀	逆止阀	节流阀	球阀	蝶阀
代号	Z	J	H	L	Q	D
阀门类别	隔膜阀	安全阀	调节阀	旋塞阀	减压阀	疏水器
代号	G	A	T	X	Y	S

（2）第二单元用一位阿拉伯数字表示传动方式，对于手动、手柄、扳手等直接传动或自动阀门无代号表示，如表 14－4 所示。

表 14－4　　阀门传动方式代号

驱动方式	蜗轮传动	正齿轮传动	伞齿轮传动	气动传动	液压传动	电磁传动	电动机传动
代　号	3	4	5	6	7	8	9

（3）第三单元用一位阿拉伯数字表示连接方式，如表 14－5 所示。

表 14－5　　阀门连接方式代号

连接形式	内螺纹	外螺纹	法兰	法兰	法兰	焊接	对夹式	卡箍	卡套
代号	1	2	3	4	5	6	7	8	9

注： 1. 用于双弹簧安全阀；
2. 用于杠杆式安全阀、单弹簧安全阀。

（4）第四单元用一位阿拉伯数字表示结构型式。结构型式因阀门类别不同而异，不同类别的阀门各个数字所代表的意义不同。常用阀门结构型式代号如表 14－6 所示。

（5）第五单元用汉语拼音字母表示密封面或衬里材料，见表 14－7。

（6）第六单元用公称压力数字直接表示，并用短线与前五单元分开。

（7）第七单元用汉语拼音字母表示阀体材料。对于 PN≤1.6MPa 的灰铸铁阀门或 PN≥2.5MPa 的铸钢阀门，及工作温度 $t>530$℃ 的电站阀门，则省略本单元，见表 14－8。

表 14－6　　阀门结构型式代号

闸阀	结构型式	明杆楔式单闸板	明杆楔式双闸	板明杆平行式双闸板	暗杆楔式单闸板	晴杆楔式双闸板	暗杆平行式双闸板
	代号	1	2	4	5	6	8

截止阀（节流阀）	结构型式	直通式（铸造）	直角（铸造）	直通（锻造）	直角式（锻造）	直流式	无填料直角式	无填料直通式	压力表计	无填料直流式
	代号	1	2	3	4	5	6	8	9	0

止回阀	结构型式	直通升降式（铸造）	离式升降式	直通升降式（锻造）	单瓣旋启式	多瓣旋启
	代号	1	2	3	4	5

表 14－7　　阀门密封面或衬里材料

密封面或衬里材料	铜	不锈钢	硬质合金	橡胶	渗氮钢	密封面由阀体加工	聚四氟乙烯	聚三氟乙烯	聚氯乙烯
代号	T	H	Y	X	J	D	W	SA	SB
密封面或衬里材料	酚醛塑料	尼龙	皮革	塑料	巴氏合金	衬胶	衬铅	衬塑料	陶瓷
代号	SD	SN	P	S	B	CJ	CQ	CS	TC

表 14－8　　阀门阀体材料代号

阀体材料	灰铸铁	可锻铸铁	球墨铸铁	铜合金	铅合金	铝合金
代号	Z	K	Q	T	B	L
阀体材料	铬钼合金钢	铬镍钛钢	铬镍钼钛钢	四铬钼钒钢碳	碳钢	硅铁
代号	1	P	R	V	C	C

四、阀门的结构、用途和工作原理

1. 闸阀

闸阀的构造如图 14－9 所示，主要由阀体、阀盖、支架、阀杆、阀座、闸板及其他零件构成。

其他零件还有：阀杆螺母，与阀杆形成螺纹副，用来传递扭力；填料，在填料箱内通过压兰，在阀盖和阀杆间起密封作用的材料；压盖，通过压盖螺栓或压套螺母，压紧填料；垫片，在静密封面上起密封作用。

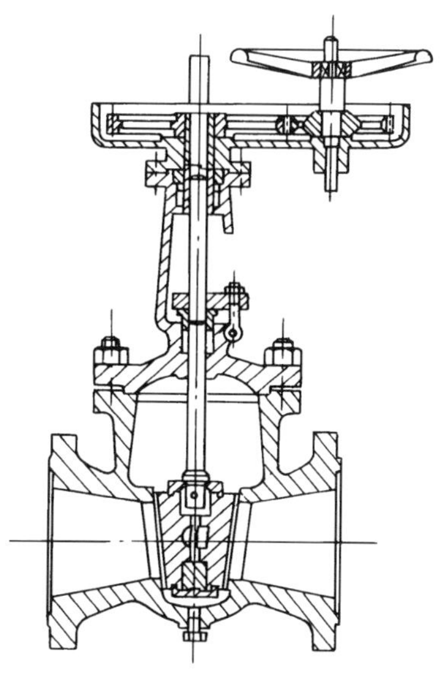

图 14－9 闸阀

闸阀零件较多，结构长度较短，但高度较高。使用的压力温度和通径范围较广（DN50～1800mm，PN0.1～40.0MPa，$t \leqslant 570℃$），具有密封性能好，流体阻力小，全行程启闭时间长，操作扭矩小等特点。

闸阀一般用于公称直径 DN40～1800 的管道上，作切断用。在蒸汽管道和大直径供水管道中，由于流动阻力要求小，故多采用闸阀。

2. 截止阀

最常用的截止阀为直通式截止阀，其构造如图 14－10 所示。各个零部件的形状与闸阀的有所不同，但其作用相同，这里不再赘述。截止阀的阀瓣有平面和锥面等密封形式。

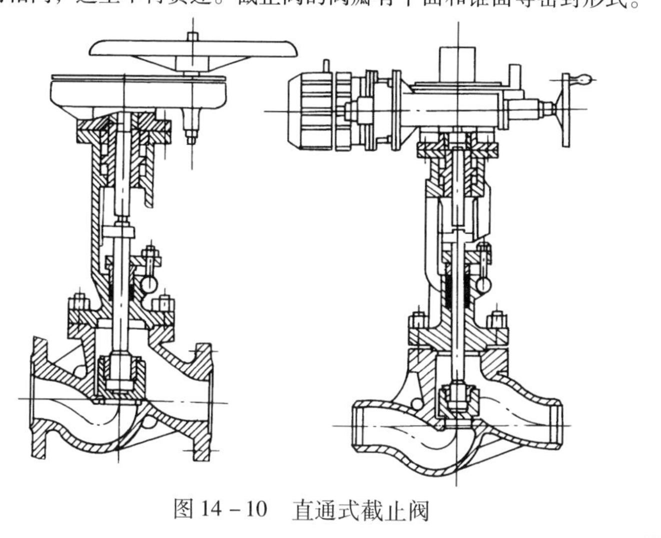

图 14－10 直通式截止阀

按阀杆螺纹的位置分为外螺纹式和内螺纹式，按通道方向分为直通式（见图14－10）、直流式（见图14－11）和角式（见图14－12）。

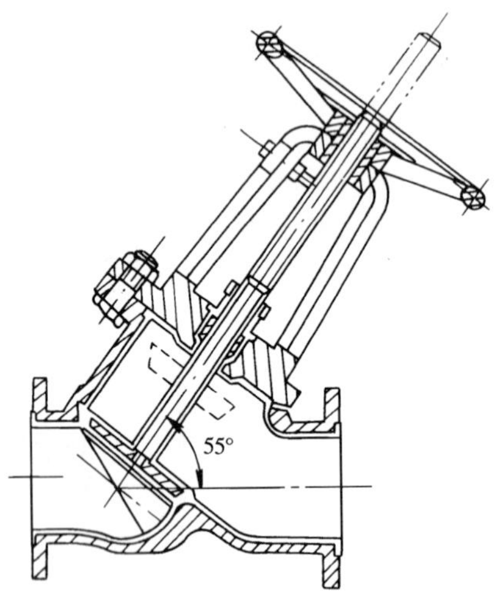

图14－11 直流式截止阀

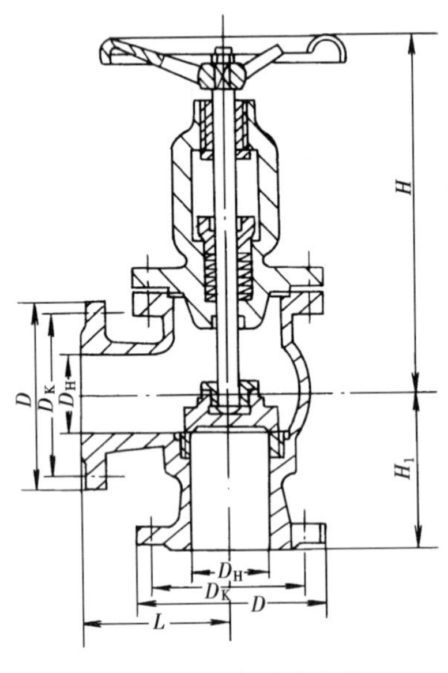

图14－12 角式截止阀

截止阀开启高度小，关闭时间短，密封性较好，但流体阻力大，开启、关闭力较大，且随着通路截面积的增大而迅速增加，制成通路截面积较大而又十分可靠的截止阀是很困难的。因此截止阀一般口径在 DN 为 200mm 以下，主要用来切断管道介质用。

3. 节流阀

节流阀的构造类似截止阀，只是阀瓣形状不同。节流阀的阀瓣下部有起节流作用的凸起物，大多采用圆锥流线形，如图 14－13 所示。

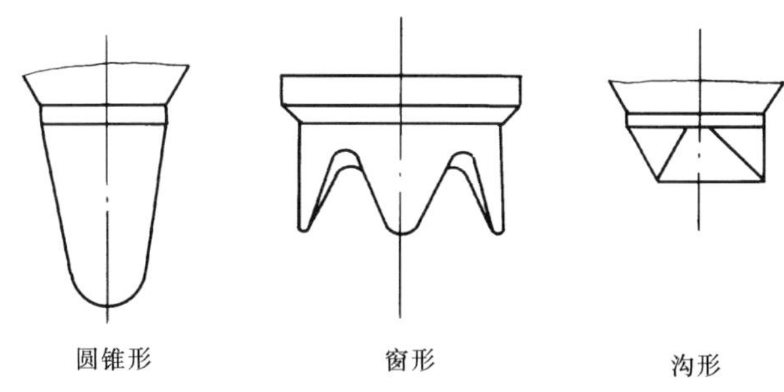

图 14－13　节流阀阀瓣

节流阀因结构限制，调节精度不高，不能作为调节阀使用，也不能用来切断介质。

4. 调节阀

通过阀瓣的旋转或升降改变通道截面积，从而改变流量和压力的阀门叫做调节阀。可分为回转式调节阀和升降式调节阀。

回转式调节阀的结构见图 14－14。

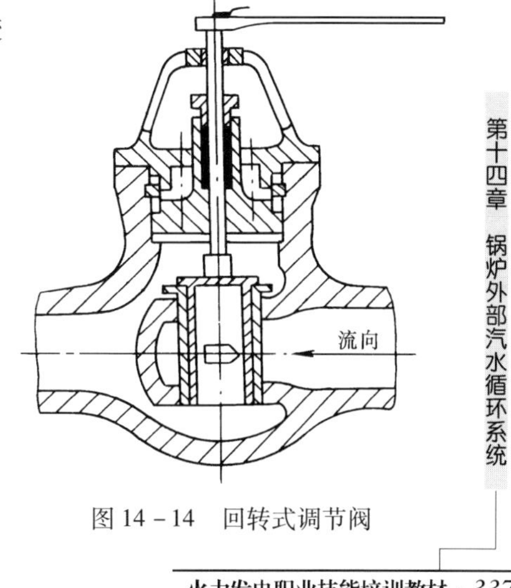

图 14－14　回转式调节阀

回转式调节阀圆筒形阀座上开有两只对称的长方形窗口，在可以回转的筒形阀瓣上对称地开有一对如图 14－15 所示的流通截面。阀门的流量调节借圆筒形的阀瓣和阀座的相对回

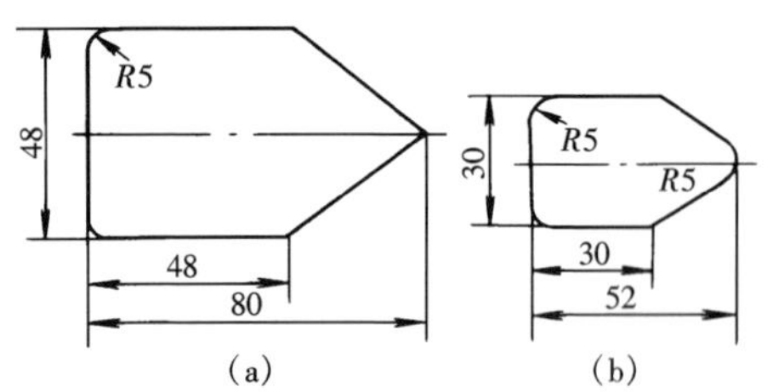

图 14－15　回转调节阀阀瓣流通截面
（a）主给水调节阀；（b）启动给水调节阀

转以改变阀瓣上窗口面积，即流通截面来实现。阀门的开关范围由阀门上方的开度指示板指示，指示计所指示的开关范围与阀门的开关范围一致。回转式调节阀应安装在水平管道上，且必须垂直安装，阀杆向上，并注意指示介质流向的箭头。

升降式调节阀如图14－16所示，可分为套筒式、针形式、柱塞式、闸板式等。阀门为套筒柱塞式结构，阀瓣和阀杆用销连为一体，由上下两只导向套导向，靠阀瓣在阀座中做垂直式升降运动，改变阀座流通面积，进行调节。

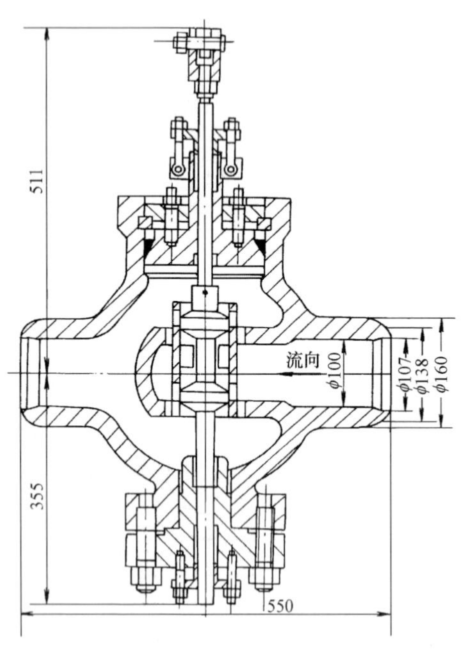

图 14－16　升降式调节阀

5. 止回阀

止回阀的阀瓣能靠介质的力量自动关闭，防止介质倒流。由于没有传动装置，所以构造较简单。止回阀按结构可分为升降式、旋启式和蝶式，如图 14 – 17 和图 14 – 18 所示。

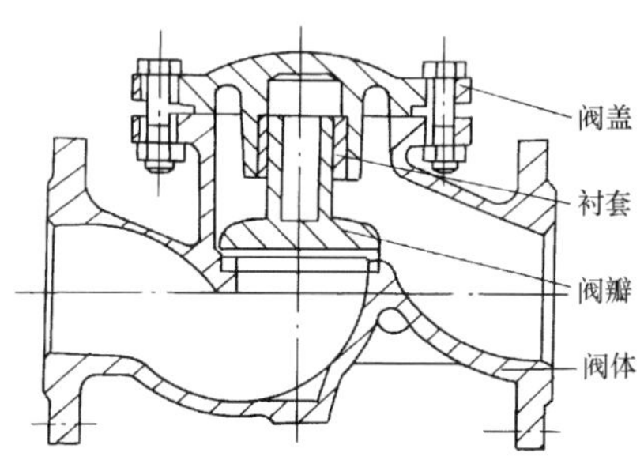

图 14 – 17　升降式止回阀图

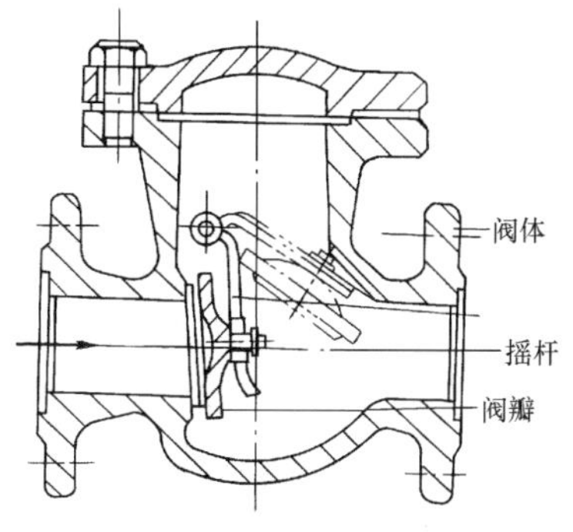

图 14 – 18　旋启式止回阀

6. 安全阀

安全阀是用于锅炉、容器等有压设备和管道上作为防超压的安全保护装置。安全阀的技术发展从排量较小的微启式发展到大排量的全启式，从重锤式发展到杠杆重锤式、弹簧式，继直接作用式之后又出现非直接作用的先导式，经过了漫长的过程。

常用的安全阀按其结构形式有直接载荷式安全阀、带动力辅助装置的安全阀、带补充载荷的安全阀和先导式安全阀（见图 14－19～图 14－22）。

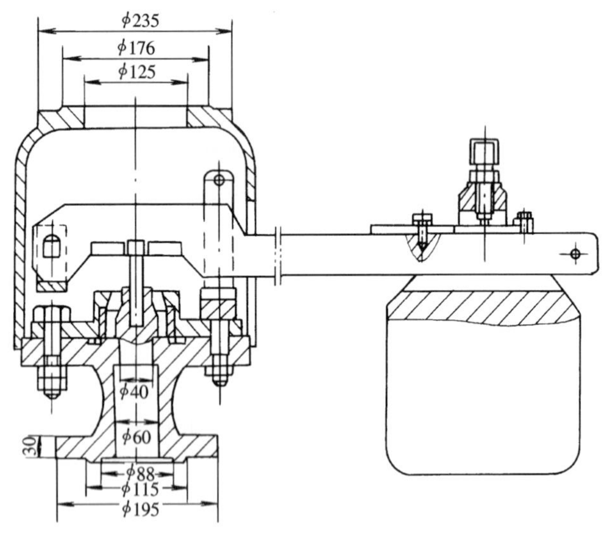

图 14－19　杠杆式安全阀

7. 球阀

球阀是利用一个中间开孔的球体作阀芯，靠旋转球体来控制阀的开启和关闭，该阀也作成直通、三通或四通的，是近几年发展较快的阀型之一。球阀分为浮动球阀和固定球阀两类。球阀结构简单，体积小，零件少，质量轻，开关迅速，操作方便，流体阻力小，制作精度要求高，但由于密封结构及材料的限制，目前生产的阀不宜用在高温介质中。按其结构形式基本上分为浮动球阀和固定球阀两类。球阀在管路中做全开或全关用，可安装在管路的任何位置，开闭靠水平旋转手柄来达到。

8. 堵阀

由于锅炉再热器出、入口一般不装设阀门，锅炉再热器水压时依靠安装在其出、入口管道上的法兰加堵板，来实现系统与其他设备的隔离。由于再热器出、入口管道管径大（一般在 300～600mm 之间），法兰口径也较大，堵板安装和拆除显得困难。为此近年来阀门生产厂设计制造了专用于再热器水压安装堵板用的堵阀。

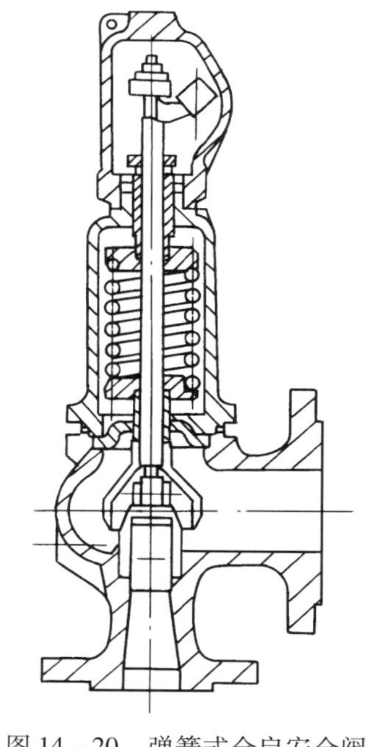

图 14－20　弹簧式全启安全阀

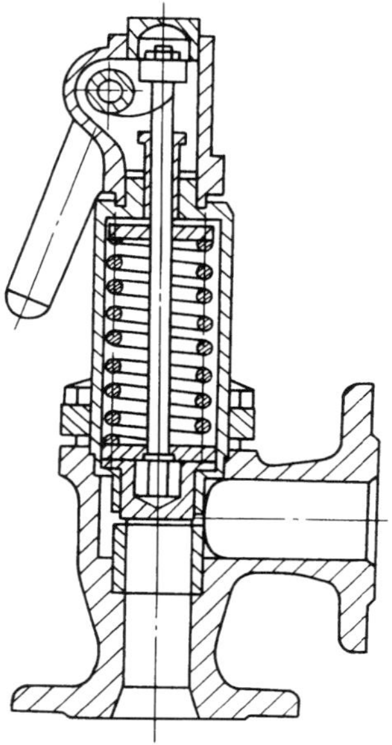

图 14－21　弹簧式微启安全阀

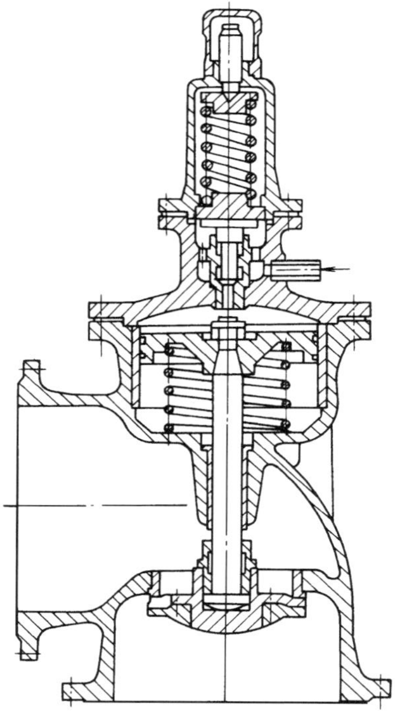

图 14－22　先导式安全阀

第四节 阀门驱动装置

对于驱动阀门的执行机构，机械部规定一律称为阀门驱动装置。阀门驱动装置根据使用能源的不同，可分为电动、气动及液动装置。

一、阀门手动装置

手动阀门即通过人力转动手轮或手柄，完成阀门启闭动作。对于中小口径的阀门（DN＜100mm），一般都是手轮或手柄直接安装在阀杆或阀杆螺母上。电站阀门一般都要求手轮安装在阀杆螺母上，这样在阀门动作时，阀杆只做轴向运动，不产生旋转，这样阀杆阻力和对填料的磨损最小。对于大口径阀门（DN≥100mm）一般都采用配有减速机构，减速机构分为正齿轮减速机构、伞齿轮减速机构和蜗轮蜗杆减速机构。使用了驱动机构，阀门操作力矩大为减小，操作省力，但操作时间延长。

二、阀门电动装置

阀门电动装置是由电动机传动的，使用起来比较灵活，适用于分散的和远距离的场合，是火电厂中使用得最广泛的一种阀门驱动装置。但是，它对于要求输出高转矩、高推力和高速度的场合和工作环境恶劣的场合则较难适应。

（1）主传动装置。阀门电动装置由电动机、传动机构和控制部件等组成，其典型结构原理如图 14－23 所示。电动机通过一对正齿轮和一对蜗轮副带动输出轴。当阀门电动装置在阀门上时，电动装置的输出轴就可以带动阀杆螺母去控制阀门的开启和关闭了。

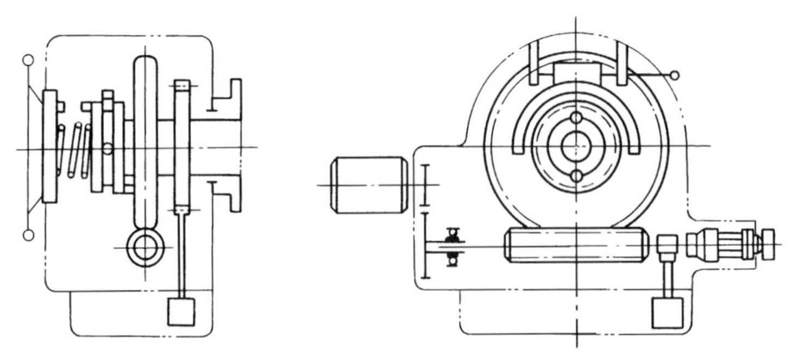

图 14－23 阀门电动装置典型结构原理

（2）转矩限制机构。为了保证关严阀门，电动装置设有转矩限制机构。开阀方向的转矩弹簧的工作情况和上述过程相似，仅运动方向相反。它是在出现事故性过转矩（阀门被卡住不能开启）时切断电动机的电源的，以保护电动装置。

（3）行程控制机构。为了保证阀门开启到要求的位置，电动装置设有行程控制机构，行程控制机构是一个多转圈数的角行程行程开关。输出轴旋转的角行程通过齿轮组8送入行程控制机构。当阀门开启的行程（输出轴的转圈数）达到规定值时，行程开关动作，切断电动机的电源。最常见的行程控制机构是计数进位齿轮传动的，它的结构见图14－24。

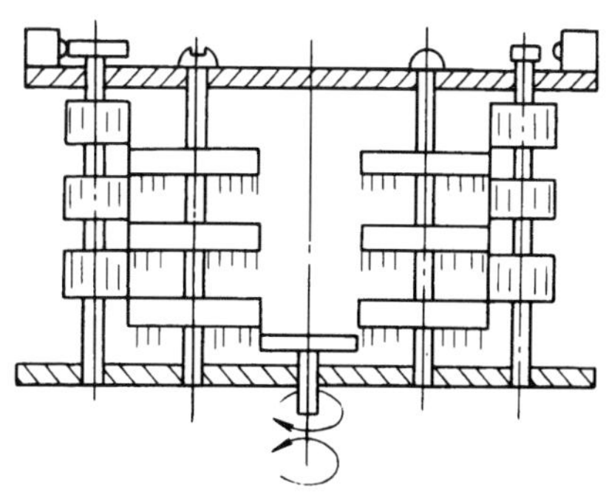

图14－24　行程控制机构

（4）手动—电动切换机构。在电动装置发生故障时，必须依靠人力直接操作阀门。这时可先扳动手柄，使拨叉将输出轴上的离合器与蜗轮脱开并与手轮啮合，这时就可以利用手轮1通过输出轴直接操作阀门。

（5）电动机。电动装置配用的电动机是专门设计的阀用电动机。

（6）状态显示。电动装置的转矩限制机构和行程控制机构除了用来保证准确启闭阀门外，还可以通过其开关触点提供阀门和电动装置工作情况的信息。

三、阀门气动装置

阀门气动装置使用压缩空气作能源，对于恶劣工作环境的适应能力较强，也容易实现高推力和高速度的要求。

（1）薄膜式气动装置。结构如图14－25所示，由薄膜气室、薄膜、弹簧和推杆组成。薄膜在气压下产生的推力和弹簧的反推力一起加在推杆上，推杆是和阀门的阀杆连接的。阀门的初始状态靠弹簧压力维持。薄膜上产生的推力必须克服弹簧的压力和阀门的阻力，才能使阀门转换到另一个状态。

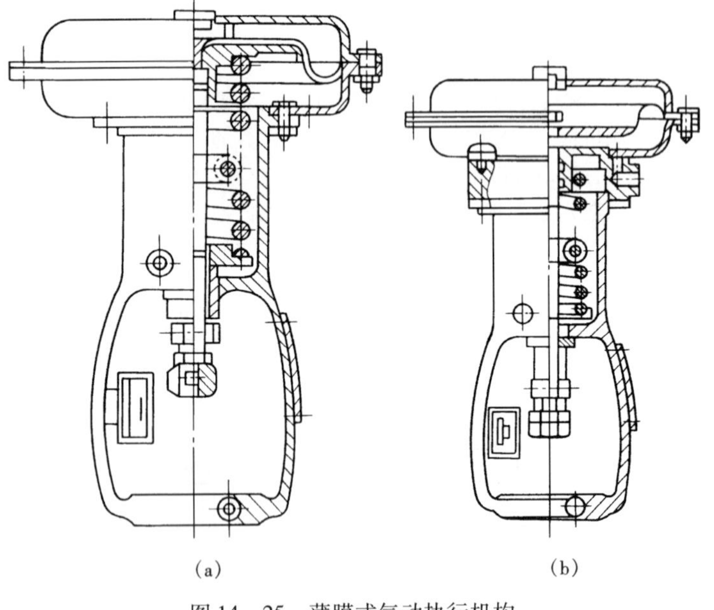

图 14－25　薄膜式气动执行机构

（2）活塞式气动装置。当阀门的工作压差和公称通径较大时，开启和关闭阀门时阀杆所需的推力也跟着增大，可以使用具有更大推力的活塞式气动装置，其结构如图 14－26 所示。它由气缸、活塞和推杆即活塞杆所组成，一般不设弹簧。执行机构的活塞杆随着活塞两侧压力差值做无定位的移动，活塞两侧的气室均有进气孔。当向上部气室供气时，活塞向下移动并排出下部气室的空气；相反地，当向下部气室供气时，活塞向上移动并排出上部气室的空气。

图 14－26　活塞式气动执行机构

四、阀门液动装置

阀门液动装置适用于高推力和高速度的场合。但是其能源的供应较复杂，特别是使用压力油作能源时，需要专门的供油装置和特殊的抗燃油，还有用压力水作能源的液动装置，因为火电厂中可以很容易取得作能源的压力水。

液动装置适用于高参数、大直径的阀门。液动装置辅助设备较复杂，还存在着漏油问题。图 14－27 所示为青岛电站阀门厂生产的 JT41X－2.5/4 液动截止阀，图中液动装置未画出。

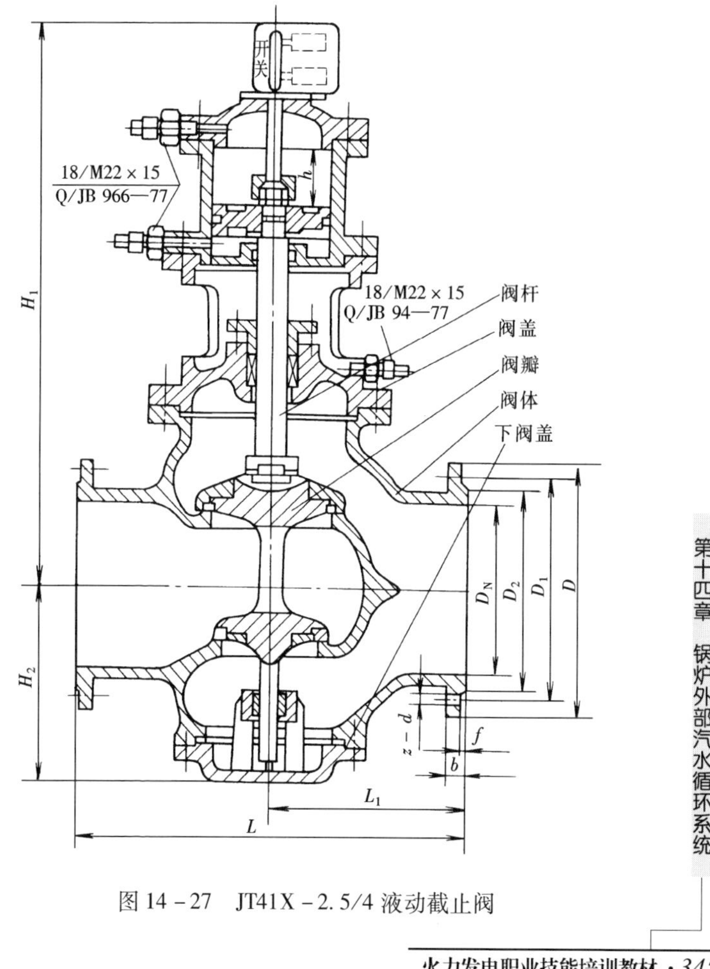

图 14－27　JT41X－2.5/4 液动截止阀

五、电磁阀

电磁阀是利用电磁原理控制管道中介质流动状态的电动执行机构，所控制的介质可以是气、水或压力油。电磁阀利用电磁产生的吸引力直接带动阀芯或使压力油进入液压缸，推动活塞杆带动阀杆动作。电磁阀通常是按“通”和“位”分类的，如二位三通，三位四通等。

第五节　管道附件

一、弯管

弯管工艺是对钢管的再加工，无缝钢管或有缝钢管均可采用热弯法或冷弯法弯制出平滑圆弧曲线的弯管。其中，以中频热弯制最能适应各种管径、壁厚与材质的钢管弯制，且因其具有稳定的产品质量保证而被广泛采用。

弯管制作若不采用加厚管，应选取管壁厚度带有正公差的管子。弯管弯曲半径应符合设计要求，设计无规定时，弯曲半径可按表 14－9 的数值选用。

表 14－9　　弯管的弯曲半径 *R*

DN	PN≥20MPa		PN≤10MPa	
	*D*w（mm）	*R*（mm）	*D*w（mm）	*R*（mm）
10	16	100	14	100
15	—	—	18	100
20	28	150	25	100
25	—	—	32	150
32	42	200	38	150
40	48	200	45	200
45	60	300	—	—
50	76	300	57	300
65	89	400	73	300

续表

DN	PN≥20MPa		PN≤10MPa	
	Dw（mm）	R（mm）	Dw（mm）	R（mm）
80	108	600	89	400
100	133	600	108	600
125	168	650	133	600
150	194	750	159	650
175	219	1000	194	750
200	245	1300	219	1000
225	273	1370	245	1300
250	325	1370	273	1370
300	377	1500	325	1370
350	426	1700	377	1500
375	480	1900 或 2400	—	—
400	—	—	426	1700
450	—	—	480	1900 或 2400
500	—	—	530	2100 或 2400
600	—	—	630	2400

二、热压弯头

PN≤6.4MPa 的碳素钢管道，一般都有热压弯头的系列产品。热压弯头弯曲半径按压力等级取值如下：

PN > 10MPa 时　　　$R = 2DW$

PN = 10 ~ 4MPa 时　　　$R = 1.5DN$

4 > PN > 2.5MPa 时　　　$R = 1.5DW$

PN≤2.5MPa 时　　　$R = DN + 50$

式中　PN——公称压力，MPa；

DN——公称直径，mm；

D_W——管子外径，mm。

三、斜接弯头

用两个或两个以上的直管段，在等分其弯角的平面内焊接在一起的弯头叫斜接弯头，又叫焊接弯、虾米弯、坡口弯等。斜接弯头的组成形式应符合设计要求，否则可按照图 14－28 所示形式配制。公称通径 DN＞400 的斜接弯头可增加中节数量，但其内侧的最小宽度不得小于 50mm。高压管道禁止使用斜接弯头。

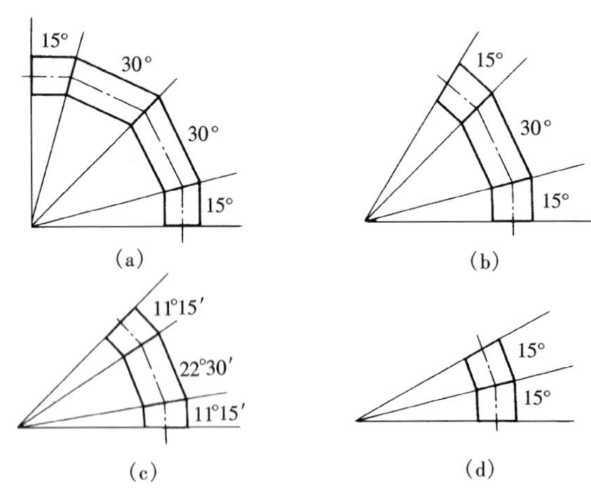

图 14－28　斜接弯头

斜接弯头斜接弯头周长偏差应符合设计规定，当设计无此规定时应符合：

DN＞1000 时，不应超过 ±6mm；

DN≤1000 时，不应超过 ±4mm。

斜接弯头对于超大口径的低压管道是唯一简便的转弯管件，它不但便于现场制造，而且形体紧凑，便于管道的安装尺寸布置。由于斜接弯头以折线转弯，刚性大，对流体的局部阻力较大，总的焊缝长度大，存在峰值应力等，故限用于常温低压管道。

四、三通

三视。

三通的分类见图 14－29 ~ 图 14－31。

五、管道附件表示方法

管道附件在管道安装图中的表示方法见表 14－10。

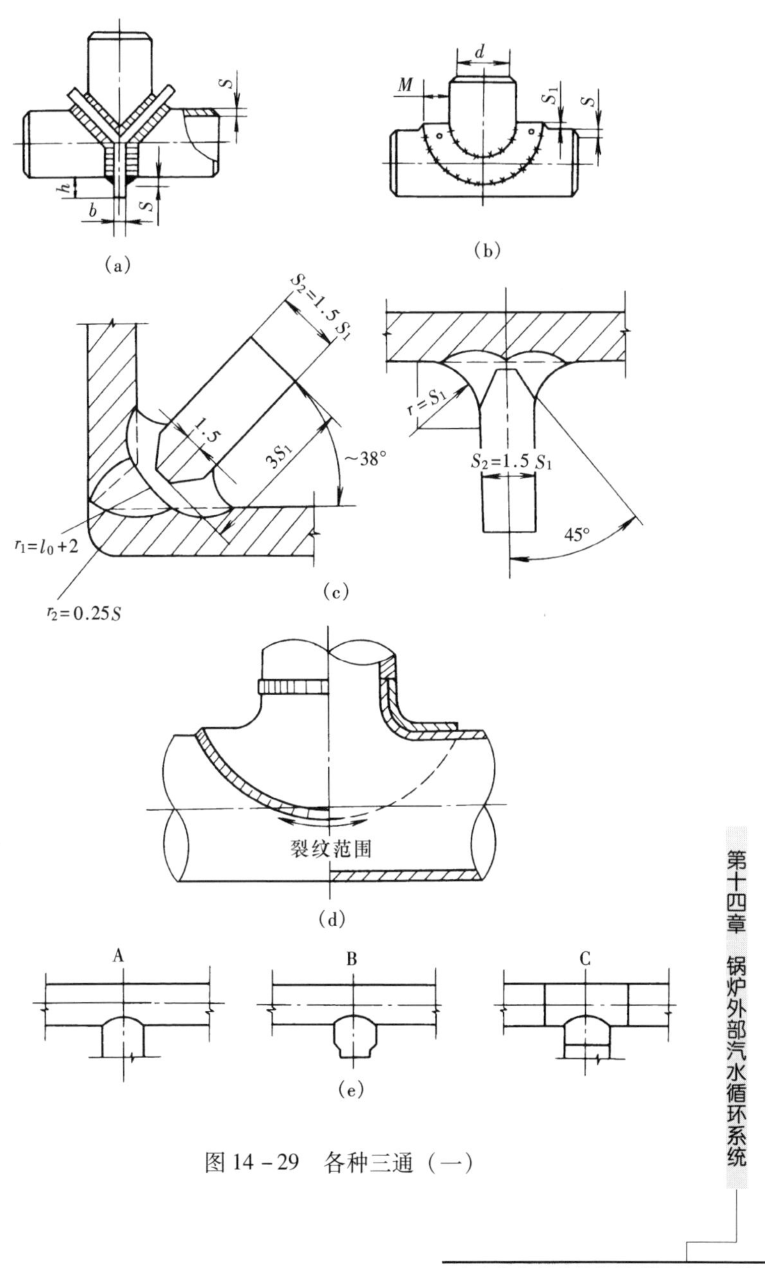
S
S
h
b
(a)
d
M
S_1
S
(b)
$S_2=1.5S_1$
1.5
$3S_1$
~38°
$r_1=l_0+2$
$r_2=0.25S$
$r=S_1$
$S_2=1.5S_1$
45°
(c)
裂纹范围
(d)
A
B
C
(e)

图 14－29　各种三通（一）

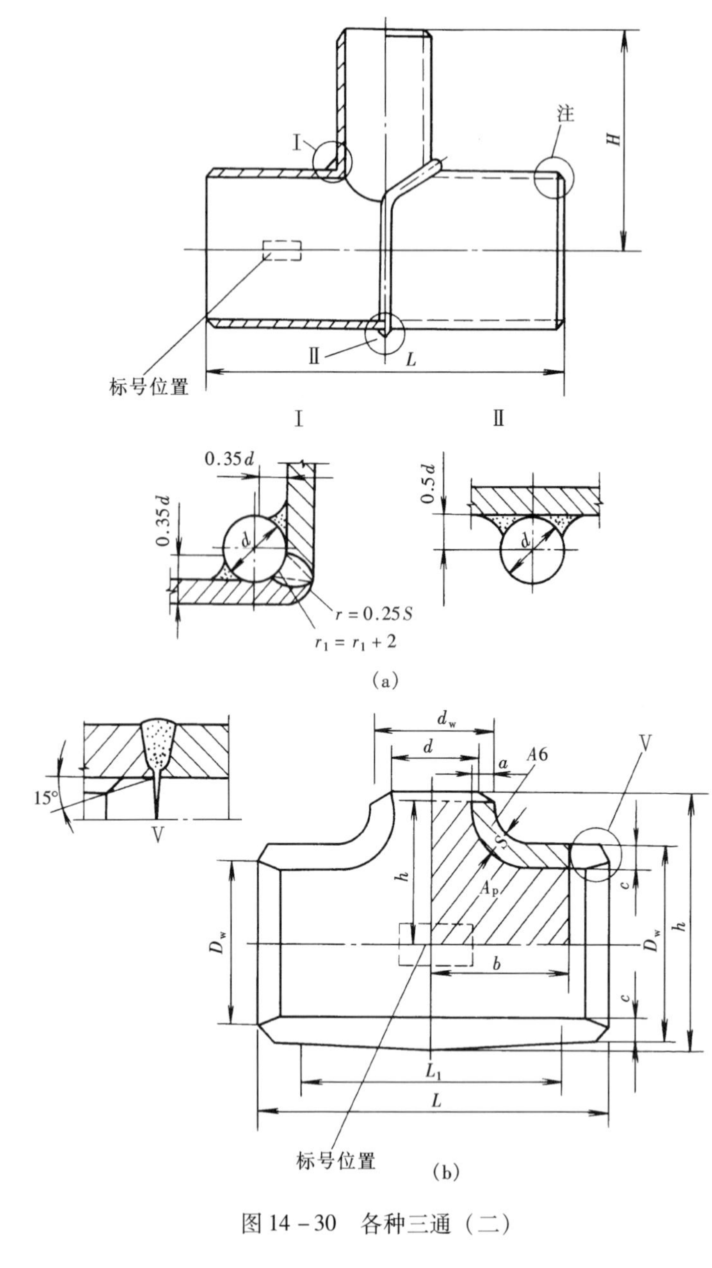
注
H
I
II
L
标号位置
I
II
0.35d
0.35d
d
r = 0.25S
$r_1 = r_1 + 2$
0.5d
d
(a)
15°
V
d_w
d
a
A6
V
S
h
A_p
D_w
D_w
h
c
b
c
L_1
L
标号位置
(b)

图 14－30　各种三通（二）

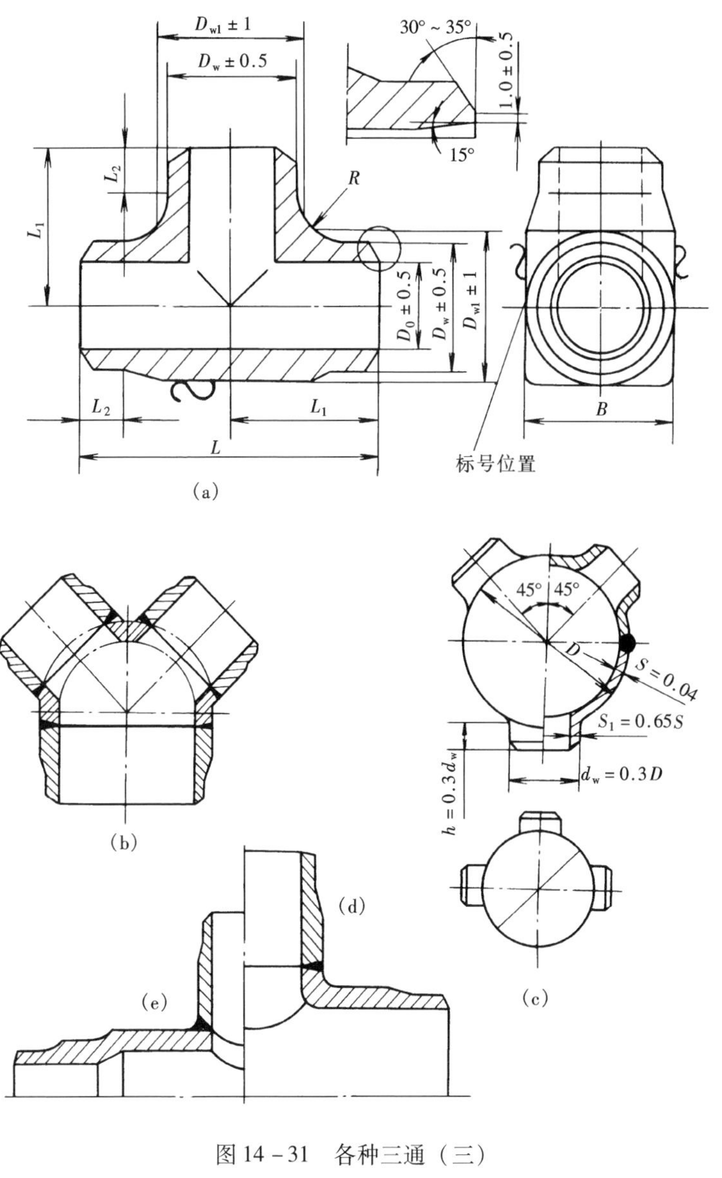
$D_{w1}\pm1$
$D_w\pm0.5$
30° ~ 35°
1.0 ± 0.5
15°
L_2
L_1
R
$D_0\pm0.5$
$D_w\pm0.5$
$D_{w1}\pm1$
L_2
L_1
L
B
标号位置
(a)
45° 45°
D
S = 0.04
$S_1=0.65S$
$h=0.3d_w$
$d_w=0.3D$
(b)
(d)
(e)
(c)

图 14-31　各种三通（三）

表 14－10　　常用管道附件图例

序号	名称		双线管路安装图图例符号	单线管路安装图图例符号
1	支吊架	固定支架	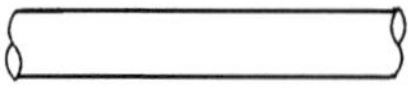	
		滑动支架	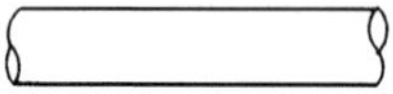	
		弹簧吊架		
		刚性吊架		
2	管道焊缝位置		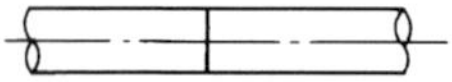	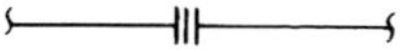
3	大小头	焊接大小头	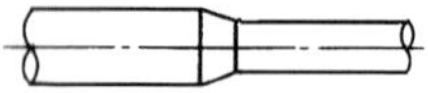	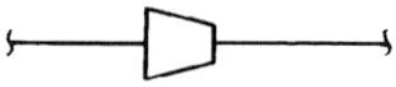
		法兰大小头	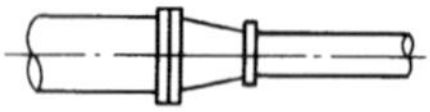	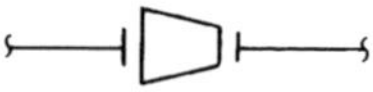
4	法兰		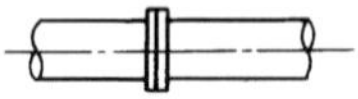	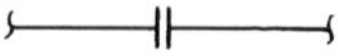
5	法兰流量喷嘴		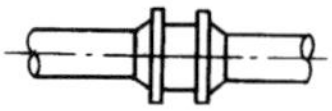	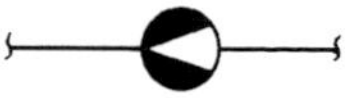
6	阀门	法兰阀门	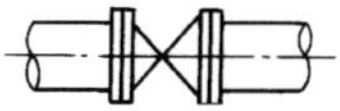	
		丝扣阀门	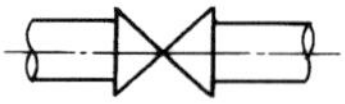	
7	三通	焊接三通	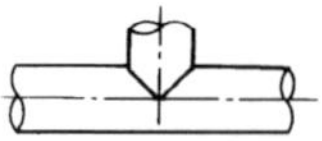	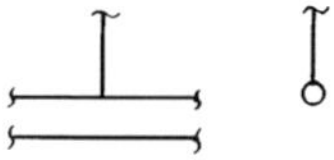
		丝扣三通	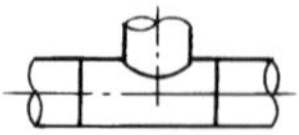	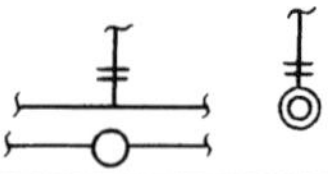
		法兰三通	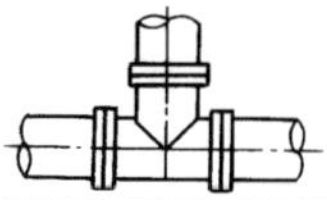	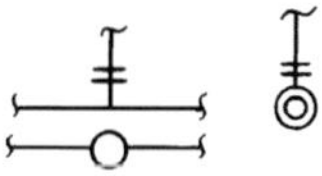

续表

序号	名　　称		双线管路安装图图例符号	单线管路安装图图例符号
8	弯头	弯头	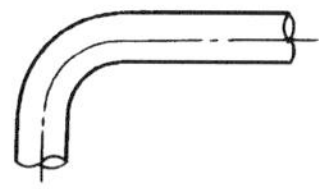	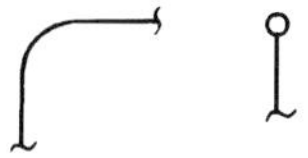
		焊接弯头	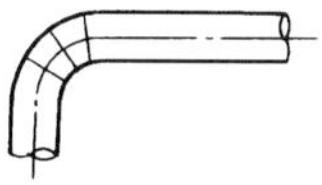	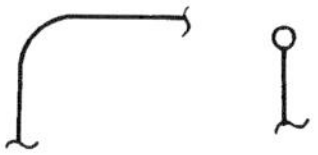
		丝扣弯头	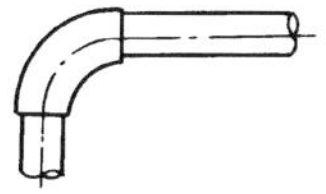	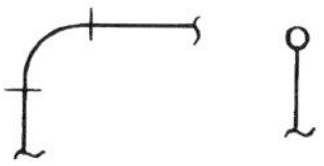
		法兰弯头	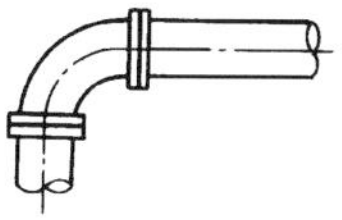	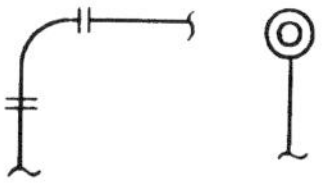

提示　本节内容适合锅炉管阀检修（MU4　LE8）、（MU5　LE12）。火力发电职业技能培训教材。

第十五章

汽水管道检修

第一节　管道检修

一、管道检查及检验

1. 中低压管道的检查

大修时应有计划地对各种中低压汽水管道进行检查。有法兰连接的管道可将法兰螺栓拆开，用灯和反射镜检查管道内部的腐蚀、积垢情况。对于没有法兰的管子，可根据运行及检修经验选择腐蚀、磨损严重的管段，钻孔或割管检查，并把检查结果认真记入检修台账。若管道腐蚀层厚度超过原壁厚的1/3，截门以后的疏水排污管道超过原壁厚的1/2时，该管应进行更换。原则上，管道实际壁厚小于理论计算壁厚时，该管即应进行更换。汽水管道检查的另一个内容是保温。大修时应检查保温有无裂缝、脱落，膨胀缝石棉是否完整，最外层的白铁皮有无开裂、损坏。如有缺陷时，应及时修复。

2. 高压管道的检查

高压管道的检查内容与要求除与中低压管道相同的支吊架、保温、管道健康状况等项目以外，最重要的一点就是要实施金属监督项目，应根据DL 438—91《火力发电厂金属技术监督规程》的规定进行检查。检查可用以下几种方法：

（1）表面裂纹的检验。检修人员应配合金属监督人员首先对管道、阀门及其他附件、焊缝等进行表面裂纹的检验，常用的方法有着色探伤、磁粉探伤法。由于许多裂纹都是从部件表面开始发展的，实践经验表明，有90%的损伤都可由表面探伤检验出来。

（2）内部检查。内部检查不管是用肉眼还是用仪器，都是一种重要的辅助手段，它可以用来确定内壁上存在的缺陷，或者用来判断内壁上有无沉积物或异物附着以及检查内壁的冲蚀或腐蚀。管道内壁可通过打开专用的封头、附件上的盖子，或拆除阀门附件等办法来检查。

检查内部时，应有足够亮度的照明。检验小直径钢管时，会遇到影响观察的阴影，可用在另一个部位放置第二个照明源的方法解决。作为观察用的辅助工具可以是光学检验仪器和内窥镜。值得注意的是由于内部检验位置往往很别扭，检验人员感到费劲，所以检验观察时定位要准，判断要确切，避免出错。

（3）外部目检。如怀疑管材存在着较大的缺陷，可先用目检法检查焊缝以外区域氧化层外部形态，把氧化层清除后，再用放大镜或显微镜仔细检查有无疲劳裂纹。这种方法常用于弯管的外侧和热挤压支管的颈部。

（4）超声波检验。用超声波探伤不仅可以检验出部件表面的缺陷，而且也能探测出内部深处的缺陷，因此超声波探伤是检修中最常用的一种方法。超声波检验由有资格的无损探伤人员操作，检修人员配合。

（5）壁厚的测量及透视检验。在检查过程中一般都要用测厚仪测量管子的壁厚，以对管子经过若干运行小时后的壁厚状况心中有数，并决定个别壁厚减薄超标的管子是否更换。检查中，必要时还可采用X射线或γ射线对管子进行透视检验，此时检修人员应按金属检验人员的要求，做好清理、打磨、搭架等工作。

另外，在机组检修时，还要特别注意检查导向装置和各种支吊架。应在热态时对每个支吊架的状态进行测量和记录，停机后再进行冷态的检查，确定其是否卡死或处于正常的工作状态。如吊架松弛，意味着设计错误或管道发生了位移，则应根据管道测量的有关规定和方法，进行校验调整。

二、管道的拆除

拆除旧管道时应注意以下几个问题：

（1）管道拆除前应先做好系统隔离的安全措施，与运行系统的隔离应采取可靠的方式，如加装堵板或盲板。如管道有保温，须先将保温拆除。

（2）如局部拆除管线，应先将断口处保留的管道可靠地固定好。如果拆除的管道为高温大口径管道，如主蒸汽管，需在断口处的保留管道上制作标记，将管道原始的绝对位置和相对位置做好记录。

（3）如整条拆除管线，应做好管道割断后的支吊，防止割下的管子或未割的管子发生坠落或翻转。

（4）如割除管道后需更换恢复，应复检管道材质，对于局部更换的合金管，应根据材质确定割管的工艺。

（5）局部更换管子应尽可能从焊口处割管，并将焊口去除，以减少管道焊口数量。

(6) 拆除下的管道应注意检查管子内外腐蚀、磨损情况，如需取样化验，一定要将管子保存好。以便积累经验，对该部位管子的运行情况做到心中有数。

(7) 对于拆除后保留管道的开口，应及时做好临时封堵措施。

三、管道更换

1. 中低压管道的更换

中低压管道一般使用碳钢管，焊前不需预热，焊后也不需要热处理，更换工作比较简单。但在更换时应注意以下几个问题：

(1) 所更换的水平管段应注意倾斜方向、倾斜度与原管段一致。

(2) 管道连接时不得强力对口。

(3) 管子接口位置应符合下列要求：管子接口距离弯管起点不得小于管子外径，且不少于 100mm；管子两个接口间的距离不得小于管子外径，且不少于 150mm；管子接口不应布置在支吊架上，接口距离支吊架边缘不得少于 50mm。管子接口应避开疏、放水及仪表管等的开孔位置。

(4) 应将更换的管段内部清理干净。中途停工时，应及时将敞开的管口封闭。

(5) 管子更换完毕后，应恢复保温并清理工作现场，按要求刷色漆。

2. 高压管道的更换

更换高压管道及附件时，除了与中低压管道相同的要求外，应该注意高压管道的特点，制定切实可行的施工方案，保证检修质量。

(1) 对口。更换管道或管件，特别是大直径厚壁管子或管件时，吊到安装位置时，应对标高、坡度或垂直度等进行调整。管子对口时可在管端装对口卡具，依靠对口卡具上的螺丝调节管端中心位置（使两管口同心)，同时依靠链条葫芦和人力移动，使对口间隙符合焊接要求。对口调节好后即可进行对口焊接，这时应注意两端管段的临时支承与固定，避免管子质量落在焊缝上，避免强力对口。

(2) 焊接。高压管道及附件的焊接应符合国家或主管部门的技术标准要求，并特别注意以下几点：

焊件下料宜采用机械方法切断，对淬硬倾向较大的合金钢材，用热加工法下料后，切口部分应进行退火处理。所有钢号的管子在切断后均应及时在无编号的管段上打上原有的编号。

不同厚度焊件对口时，其厚度差可按图 15 -1 的方法处理。

焊接时应注意环境温度，低碳钢允许的最低环境温度为 -20℃，低合金钢为 -10℃。工作压力大于 6.4MPa 的汽水管道应采用钨极氩弧焊打

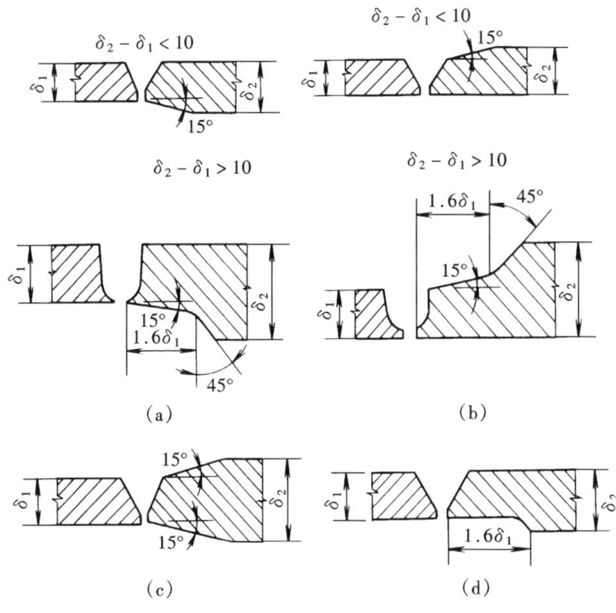

图 15－1　不同壁厚的对口型式

底，以保证焊缝的根层质量。直径大于 194mm 的管子对接焊口应采取二人对称焊，以减少焊接应力与变形。

壁厚大于 30mm 的低碳钢管子与管件、合金钢管子和管件在焊后应进行热处理，并注重焊前的预热。

（3）检验。焊接工作完成后，应按有关标准要求进行焊缝表面质量、无损探伤、硬度等项目的检查，并应符合 SDJ 51—82《电力建设施工及验收技术规范》（火力发电厂焊接篇）中焊接质量标准的要求。

提示　本节内容适合锅炉管阀检修（MU5　LE13）。

第二节　管道及支吊架安装

一、支吊架的型式

1. 固定支架

固定支架是一种承重支架，它对承重点管线有全方位的限位作用，是管线上三维坐标的固定点。它用于管道中不允许有任何位移的部位。除承重以外，固定支架还要承受管道各向热位移推力和力矩，这就要求固定支架本身是具有充足的强度和刚性的结构。固定支架的生根部位应牢固可靠。固定支架是管道热胀补偿设计计算的原点，是管道内压和外力作用产生叠加应力的部位。

在安装中，固定支架的非固定和非固定支架的固定是绝对不允许的。

2. 活动支架

活动支架也称滑动支架，多用于水平管线靠近弯头的部位。它是承受管道自重的一个支撑点，它只对管线的一个方向有限位作用，而对管线其他两个方向的热位移不限位。

当管线在该点上有向上的热位移时，水平管（或垂直管）上的活动支架为了不托空，必须采用弹性支承，即弹簧活动支架。

3. 导向支架

导向支架也称导向滑动支架，是管道应用最为广泛的一种支架，它同样是管道自重的一个支承点。它对管道有两个方向的限位作用，能引导管道在导轨方向（即轴线方向）自由热位移，起到稳定管线的重要作用。

刚性导向支架、活动支架都属有部分固定（限位）性能的承重支架，所谓部分限位是指管线在支承点处可以允许有一个或两个方向的热位移，而在另外方向被强制固定。

固定支架是刚性支架。活动支架与导向支架多数是刚性的，这两种支架都设有滑动支承块，导向支架在滑动块两侧增设有限制与引导其滑动方向的且与管线平行的两根导轨。为减小滑动块的运动摩擦阻力，在滑动块和支承面之间铺设一层聚四氟乙烯塑料软垫，此垫有减阻和耐温性能。在重要部位，在滑动块下设有滚子或滚珠盘，变滑动摩擦为滚动摩擦。

4. 吊架

（1）刚性吊架。刚性吊架用于常温管道，或用于热管道无垂直热位移和此种热位移值很微小的管道吊点，除承受管道分配给该吊点的质量之外，它允许该吊点管道有少量的水平方向位移，而对管道的向下位移有限位作用。

刚性吊架的实际荷载是不易准确测定的，因为螺母施加给拉杆的紧力大小是粗略的，过小的紧力使荷载不足，过大的紧力使管道产生附加内应力，故很少使用。

在高压管系中的刚性吊架有特殊的意义，它不以承重为主，而是作为专用限位吊架使用的。它可以制止该吊点处管线的向下热位移而对其他方向的位移可以自由摆动不受限制，见图 15－2。

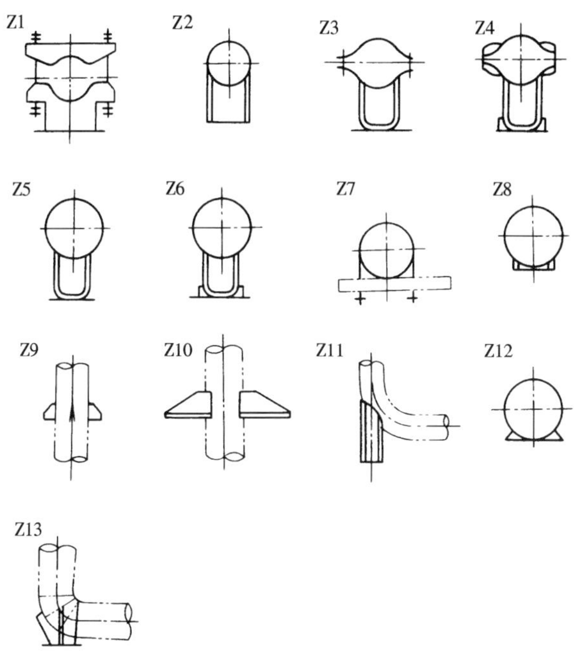

图 15－2　各种支架示意

（2）普通弹簧吊架。用于有垂直方向热位移和少量水平方向位移的管道吊点，它在承重的同时，对吊点管道的各向位移都无限位作用，弹簧吊架使管道在尽可能长的吊杆拉吊下可以自由热位移。

由弹簧直接承载的吊架因其弹簧原理还有两个特性。一是承载值由弹簧压缩值大小而定，可以准确计量；二是弹簧的工作压缩值以热态为依据，因此对吊点的上下热位移有冷态时压缩值增量或减量，造成冷态管道或受另增的附加外力作用或有荷重转移。

（3）恒力弹簧吊架。此种性能更优越的吊架用于管道垂直热位移值偏大或需限制吊荷变化的吊点。它不直接以弹簧承重，有比较复杂的结构，它不限制吊点管道的热位移，并且在管道很大的垂直热位移范围内，吊架始终承受基本不变的荷载，并因其承载有近似恒定值而得名，见图 15－3。

（4）限位支吊架。限位支吊架不以承载为目的，而以限制管道限位

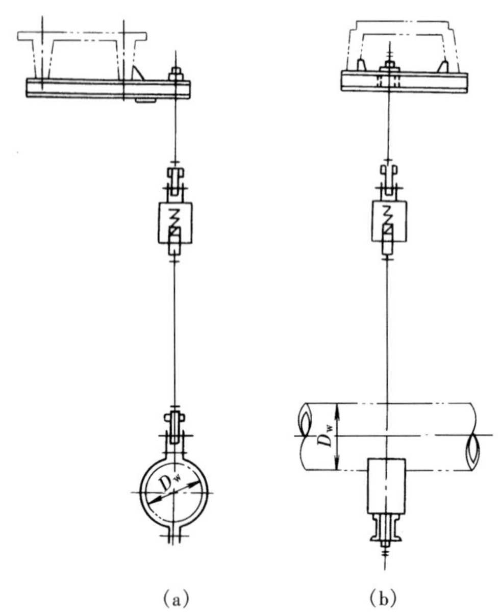

图 15－3　恒力弹簧吊架

支吊点某一个方向的热位移为专用的支吊架，它有稳定管线和控制管线热位移的重要作用，在大型机组的高压管系中都使用了此种限位支吊架。

（5）减振器。减振器是一种特殊支吊架，专用于某些管道的易震和强震部位，用以缓冲和减小管道因内部介质特殊运动形态引起的冲击和振动。防止振动对管道产生振动交变应力，以免管道因此发生突然的疲劳破坏。

二、高压管道支吊架工作特点

高压管道随着参数的提高与机组容量的加大，使管子的口径与壁厚都有相应的增大，有的壁厚大于 80mm，特大壁厚的管子由于制造原因，其单位长度的质量大，质量偏差也很大（可达 15% 左右），这对支吊架荷重的准确计算不利。高压管道支吊架不但要承受很大的管道自重荷载，而且管道的热胀位移值很大（有的部位超过 100mm），壁厚大的管子刚性增强且质量大，在很大的热位移值受阻时，会使管道产生强大的推力和力矩，不论是对支吊架的布置或由此产生的管道应力都使设计复杂化。

三、支吊架安装

管道在挂装到位、冷拉、水压等工序中，常使用部分临时支吊架，这些临时装置应有明显的标记以免与正式支吊架混淆。临时支吊架不得有碍施工，不得与正式支吊架有位置冲突。临时支吊架的生根不应占用正式支吊架的生根预埋件。这些临时支吊架一旦完成其作用或为正式支吊架取代时，应及时予以拆除。

不允许在支吊架的预埋铁上生根起吊超载（对预埋件而言）的重物。

在安装支吊架以前，要首先核对混凝土梁柱上的预埋件或金属构架的位置，应准确无误，不应有预埋件的遗漏或错位，然后凿出预埋件表面的水泥覆盖层，用准确的水平尺和吊线定位焊装根部件。固定在平台或楼板上的吊架根部，当其妨碍通行时，其顶端应低于抹面高度。

在混凝土基础上，用膨胀螺栓固定支吊架的生根时，应查对螺栓的型号和许用应力范围。膨胀螺栓的打入必须达到规定值，在梁柱上打孔应避开钢筋件。

不允许在混凝土结构上打出主筋作为支吊架的生根，也不允许在平台上打出超大面积的孔洞。单槽钢悬臂根部构件的吊杆穿孔，宜在槽钢顶端部平面贴焊带孔的加强筋板，使吊杆能紧靠槽钢立面，以免槽钢承受附加扭矩力。

水平管上的刚性支架，其支承点高度应准确地处于同一坡度线上，不允许以支承点忽高忽低的安装方式改变设计计算规定的荷重分配。

固定支架的生根与施焊应使其牢固稳定；导向支架和滑动支架的滑动面应平整洁净并和聚四氟乙烯垫板接触良好；滚珠、滚柱、托滚等活动零件应无异物卡涩、支承良好；导轨的方向与滑动间隙应符合设计要求；所有活动部分均应裸露，不应被水泥砂浆及保温材料覆盖，并预留 50% 位置量的偏位安装和做出冷态与热态位置标记。

支吊架调整后，各连接件的螺栓螺母丝扣必须带满，并锁紧螺母以防松动。但花兰螺栓左螺纹端可以不装设扁螺母锁紧。

吊杆的每节长度不得超过 2m，选用时应首先采用标准长度（即 L1 或 L2 型），吊杆中如需要数根吊杆相连接时，只允许其中一节为非标准长度，吊杆丝扣长度必须有足够的调整裕量。如吊杆只需一根且长度又小于 2m 时，也可直接用非标准件。吊杆加长的连接方式应按标准进行，不应使两吊杆直接对焊而成。

刚性吊架的吊杆直径可按结构型式的最大允许载荷确定，也可按吊架的设计荷载确定，而弹簧吊架的吊杆必须按弹簧组件要求的吊杆直径配置。

管道支架水平位移量超过滑动底板、导向底板允许的长度时，应考虑支架的偏装措施。

提示 本节内容适合锅炉管阀检修（MU5 LE15）。

第三节 管道系统的试验和清洗

一、管道系统的严密性试验

管道安装完毕，应按设计规定对管系进行严密性试验，以检查管道系统各连接部位（焊缝、法兰接口等）的工程质量。

（一）管道系统水压之前的准备工作

管系在进行严密性试验之前应做到：

（1）管道安装完毕，符合设计要求和规范的有关规定。

（2）支吊架安装完毕，经核算需加的临时支吊架加固工作已完成。

（3）热处理工作完毕并经检验合格。

（4）试验用的压力表（应不少于两个）经校验合格。

（5）有完善的试验技术措施、安全措施和组织措施并经审核批准。试压的临时管道系统，包括进水管、排空气管、放水管、试压泵等，已按措施完成，与试验范围以外的系统确已隔离封堵。

（6）所有受检部位均应裸露，现场已进行清理，各支吊架弹簧均已锁定并处于均衡受力的刚性吊状态。

（7）高压管道在试压前对下列资料进行审查，管子和管件的制造厂家合格证明书、管道安装前的检验及补充试验结果、阀门试验记录、焊接检验及热处理记录、设计变更与材料代用文件、管道组装的整套原始记录。

（二）管道系统严密性试验的有关规定

（1）严密性试验通常采用水压试验，要求水质洁净，在充水过程中能排尽系统内的空气。试验压力按设计图纸的规定，一般试验压力不小于设计压力的 1.25 倍，但不得大于任何非隔离元件如参与系统试压的容器、阀门、水泵的最大允许试验压力，且不得小于 0.2MPa。

（2）压力表的安装应考虑到管系中静水头高度对压力的影响。水管道以最低点的压力为准。

（3）管道在试压时，凡应作严密性检查的部位不应覆土、涂漆或防腐保温。

（4）与试压系统范围之外的管道、设备、仪表等隔绝方式，可采用临时带尾盲板。如采用阀门时（一侧为运行系统）两侧温差不得超过100℃，以防温差应力使阀门受损和危及运行安全。

（5）水压试验宜在水温与环境温度5℃以上进行，否则必须根据具体情况，采取进水加温防冻，以防止金属冷脆折裂，但介质温度不宜高于70℃。试压系统中的安全阀应拆卸加堵或调整到超过试验压力。在试压后需还原的各部位应有明显的标记和记录。管道的试验压力等于或小于容器的试验压力时，管道可与容器一起按管道的试验压力进行试验；当管道的试验压力超过容器的试验压力，且管道与容器无法隔离时，如果容器的试验压力不小于管道设计压力的1.15倍，管道和容器一起按容器的试验压力进行试验。

（三）管道系统严密性水压试验

在水压试验的升压过程中，如发现压力上升非常缓慢或升不上去，应从以下三方面找原因：①巡视系统各部位有无泄漏；②是否有未能排尽的空气；③试压泵是否有故障。

查明原因并处理好再继续升压。在升压中如发现有较大容积的系统其升压超常迅速，说明不远处有应开启的阀门处于关闭状态。

当压力达到试验压力后应保持10min，然后降至设计压力，对所有受检部位逐一进行全面检查。整个试验系统除了泵或阀门填料压盖处以外都不得有渗水或泄漏的痕迹，目测检查各管线部位无变形，即认为合格。

在试压过程中，如发现有渗漏，应降压至零消除缺陷后再次进行试验。严禁带压修理（如补焊、紧法兰螺栓等）。

法兰接合面的泄漏有多种可能的原因，不应以盲目施加超大紧力止漏。例如原法兰垫有问题，原螺栓有偏紧、接合面不平行的强迫法兰对口连接、法兰接合面有损伤或夹有异物等，只有及早发现问题才能有效地处理问题。

某些中小平焊法兰角焊缝微漏，微孔（焊接问题）引起泄漏和裂纹引起的渗水其迹象是不同的，裂纹渗透在承压中有扩展加重渗漏的趋势，甚至原不漏之处也新发生渗漏，这有可能是法兰材质有问题，其焊接工艺性能欠佳。

试验结束后（经验收合格），应及时放空系统内存水，并拆除所有临时装置，做好复原工作。

二、管道系统的清洗

为了清除管道系统内部的污垢、泥沙、锈蚀物、气割金属氧化物、焊渣、铁屑和其他可能混入管道内的异物，保证管道内部洁净，对各管道系统应按设计要求采取各种方式进行清洗。清洗方式有安装前清洗和安装后清洗，相应的方法包括水流冲洗、化学清洗、喷丸、蒸汽吹洗及脱脂处理等。安装后的整体清洗应在管道严密性试验之后和分部试运之前进行。

喷丸（喷砂）可代替酸洗，但对弯管的效果欠佳而很少采用。

酸洗即化学清洗，分酸液池（用蒸汽加温和形成动态）浸泡和酸液流通循环等方法。酸洗池应设在厂外和有防护安全设施、其废水的排放应处理到符合环保要求。

无论是喷丸或酸洗应达到管内壁完全露出金属光泽为准。经清洗后的管子管件应进行临时封闭。

水冲洗是水介质管道广泛采用的冲洗方式。按经审批的技术措施进行，在措施中应有水冲洗的系统图，采用的水泵（一般是系统中的设备），水源供应与冲洗水流的排放，冲洗程序等。

冲洗前应将系统内的流量孔板、节流阀阀芯、滤网和止回阀芯等拆除并妥善保管，待清洗完成后复装。不参与清洗的设备与管道，应予隔离。

清洗应按措施拟定的程序操作，先主管、后支管（包括旁路管）依次进行。

水冲洗的流量很大，应接至可靠的排水井（沟）中，并保证排泄畅通与安全。临时放水管流通面积应不小于被冲洗管道的60%。

水冲洗应以系统内可能达到的最大流量进行，因为大流量才能有高流速，高流速才能有较强的冲刷去污能力，其次才是冲洗时间的长短。水冲洗宜利用系统内所安装的正式设备水泵供水，冲洗采用澄清水。

冲洗作业应连续进行，先用量杯盛装一杯澄清水作为对比依据，目测排放水出口的水色由混浊态变为较清亮，以量杯取样。当排出水的水色与透明度与原始水一致时即认为冲洗合格。

管道系统清洗后，对可能残留脏物的部位用人工加以清除。在清洗中，除与清洗有关的工作以外，不得进行其他影响管道内部清洁的作业。管系的水冲洗作为隐蔽工程进行检查验收。

提示 本节内容适合锅炉管阀检修（MU5）。火力发电职业技能培训教材

第十六章

阀门检修与调试

第一节　阀门的解体与回装

一、阀门检修前的准备

阀门在检修前应充分做好各项准备工作，以便在检修开工后能很快地开展工作，保证检修工期，提高检修质量。

准备工作有以下几项：

（1）查阅检修台账，摸清设备底子。哪些阀门只需检修、哪些阀门需要更换，要做到心中有数，制定出检修计划。

（2）根据检修计划，提出备品配件的购置计划。锅炉所用的各种阀门都要准备一些，大口径的高压阀门因价格昂贵，材料库里适当备有即可。各种尺寸的小型阀门要适当多准备几个。所准备的阀门，在检修前应解体检查完毕，作好标志，以备检修时随时使用。

（3）工具准备。工具包括各种扳手、手锤、錾子、锉刀、撬棍、24～36V 行灯、各种研磨工具、螺丝刀、研磨平板、套管、大锤、工具袋、剪刀、换盘根工具、手拉倒链等。有些应事先检查维护，保证检修时能正常使用。

（4）材料准备。材料包括研磨料、砂布、各种垫子、各种螺丝、棉纱、黑铅粉、盘根、机油、煤油以及其他各种消耗材料等。

（5）准备堵板和螺丝等，以便停炉后和其他连接系统隔绝。

（6）准备阀门检修工具盒。高压锅炉阀门大部分是就地检修，大型锅炉高几十米、上百米，上下一次很费时间。所以在检修阀门时可将需要用的工具、材料、零件等都装入阀门检修工具盒中，随身携带，很是方便。这样可避免多次上下，浪费时间。

（7）准备检修场地。除要运回检修间修理的阀门外，对于就地检修的阀门，应事先划分好检修场地，如需要，则搭好平台架子。为了便于拆卸，检修前可在阀门螺丝上加一些煤油或喷上螺栓松动剂。

二、阀门的解体

阀门解体之前应确认该阀门所连接的管道已与系统断开，管道无压力，以确保人身安全。

解体的步骤如下：

（1）用刷子清除阀门外部的灰垢；

（2）在阀体及阀盖上打上记号，防止装配时错位，然后将阀门开启；

（3）拆下传动装置或拆下手轮螺母，取下手轮；

（4）卸下填料压盖螺母，退出填料压盖，清除填料盒中的盘根；

（5）拆下阀盖螺母，取下阀盖、铲除垫料；

（6）旋出阀杆，取下阀瓣，妥善保管；

（7）卸下螺纹套筒和平面轴承，用煤油洗净，用棉纱擦干，卸下的螺栓等零件也应清理干净并妥善保管；

（8）较小的阀门通常夹在台虎钳上进行拆卸，要注意不要夹持在法兰结合面上，以免损坏法兰面。

三、阀门回装的操作方法、质量标准

（一）垫片的安装

垫片应按照静密封面的型式和阀门的口径以及使用介质的压力、温度、腐蚀的状态来选用。垫片的硬度不允许高于静密封面，比静密封面低为好。普通橡胶石棉垫片不宜用在高温下。

对选用的垫片，应细致检查。对橡胶石棉板等非金属垫片，表面应平整和致密，不允许有裂纹、折痕、皱纹、剥落，毛边、厚薄不匀和搭接等缺陷。金属和金属缠绕垫片应表面光滑，不允许有裂纹、凹痕、径向划痕、毛刺，厚薄不匀以及影响密封的锈蚀点等缺陷。对齿形垫、梯形垫、透镜垫、锥面垫以及金属制的自紧密封件，除以上技术要求外，应进行着色检查，进行试装后，有连续不间断的印影为合格。对于接触不良的，应对不平的密封面进行研磨或铲刮，对这些垫片的粗糙度，除齿形垫可高一些外，其他垫片应在1.6~0.4之间。对使用过的金属垫片，一般要进行退火处理，消除应力，修整后再使用。

安装垫片前，应清理密封面。对密封面上的橡胶石棉垫片的残片，应用铲刀铲除干净，水线槽内不允许有碳黑、油污、残渣、胶剂等物。密封面应平整，不允许有凹痕、径向划痕、腐蚀坑等缺陷，不符合技术要求的要进行研磨修复。

垫片的安装要求如下：

（1）上垫片前，密封面、垫片、螺纹及螺栓螺母旋转部位涂上一层石墨粉或石墨粉用机油（或水）调和的润滑剂。垫片、石墨应保持干净（即垫片袋装、不沾灰，石墨盒装、不见光），随用随取，不得随地丢放。

（2）垫片安装在密封面上要适中，不能偏斜，不能伸入阀腔或搁置在台肩上。垫片内径应比密封面内孔大，垫片外径应比密封面外径小，以保证垫片受压均匀。

（3）安装垫片只允许上一片，不允许在密封面间上两片或多片垫片来消除两密封面之间的间隙不足。

（4）梯形垫片的安装应便于垫片内外圈相接触，垫片两端面不得与槽底相接触。

（5）O 型的安装除圈和槽符合设计要求外，压缩量要适当。金属空心O 型圈一般最适合的压扁度为 10% ~40%。对于橡胶 O 型圈的压缩变形率，圆柱面上的静密封取 13% ~20%，平面静密封面取 15% ~25%。在保证密封的前提下，压缩变形率越小越好，可延长 O 型圈的寿命。

（6）垫片在上盖前，阀杆应处于开启的位置，以免影响安装和损坏阀件。上盖时要对准位置，不得用推拉的方法与垫片接触，以免垫片发生位移和擦伤。

（7）垫片压紧时的预紧力应根据材质确定。一般非金属材料垫片比金属垫片的预紧力要低，复合材料适中。预紧力应保证在试压不漏的情况下，尽量减少。过大的预紧力容易破坏垫片，使垫片失去回弹力。

（8）垫片上紧后，应保证连接件有预紧的间隙，以备垫片泄漏时有预紧的余地。垫片安装的预留间隙见图 16 - 1。错误的安装方法是指法兰之间的台肩相处过分“亲密”，没有间隙，没有预紧的余地。

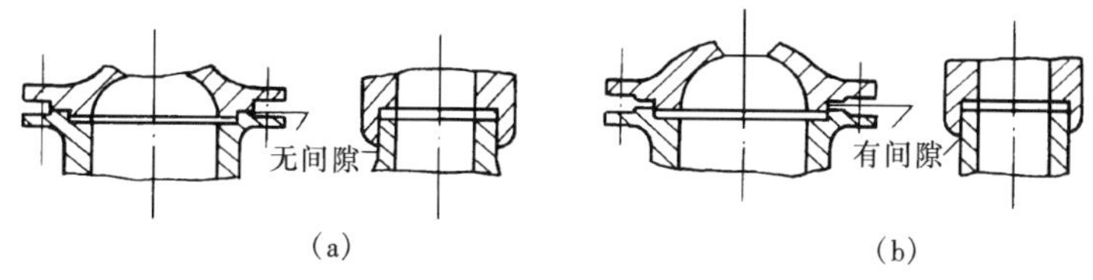

图 16 - 1　垫片安装预留间隙

（9）在高温工作下，螺栓会产生变形伸长，产生应力松弛，会使垫片处泄漏，需要热紧。反之螺栓在低温条件下，会产生收缩，螺栓需要冷松。热紧为加压，冷松为卸压。热紧或冷松应适度，操作时要遵守安全规程。

（二）填料的安装

填料的选用应按照填料函的形式和介质的压力、温度、腐蚀性能来选用。编结填料松紧程度应一致，表面平整干净，无创伤跳线、填充剂剥落和变质等缺陷。编结填料的搭角应一致，为45°或30°，尺寸符合要求，不允许切口有松散的线头、齐口、张口等缺陷，如图16－2所示。

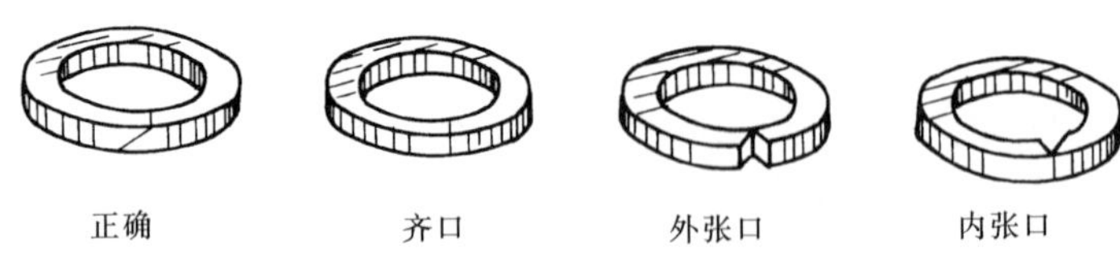

图16－2　填料预制的形状

柔性石墨填料表面应光滑平整，不得有毛边、松裂、划痕等缺陷。

填料装置需进行清理和修整。填料函内的残存填料应彻底清理干净，不允许有严重的腐蚀和机械损伤。压盖、压套应表面光洁、不得有毛刺、裂纹和严重腐蚀等缺陷。检查阀杆以及阀杆、压盖、填料函三者之间的配合间隙，阀杆应与压盖和填料函同轴线，三者之间的间隙一般为0.15～0.3mm。

填料安装的要求如下：

（1）安装前，无石墨的石棉盘根应涂上一层片状石墨粉。填料袋装或盒装，保持干净。

（2）凡是能在阀杆上端套入填料的阀门，都应尽量采用直接套入的方法。套入前先卸下支架、手轮、手柄及其他传动装置，用高于阀杆的管子作为压具，压紧填料。对不能采用直接套入的，填料应切成搭接形式，这种形式对O型圈要避免，对人字形填料要禁止，对柔性石墨盘根可采用。图16－3为搭接盘根安装方法。正确的方法应将搭口上下错开，斜着把盘根套在阀杆上，然后上下复原，使切口吻合，轻轻地嵌入填料函中。

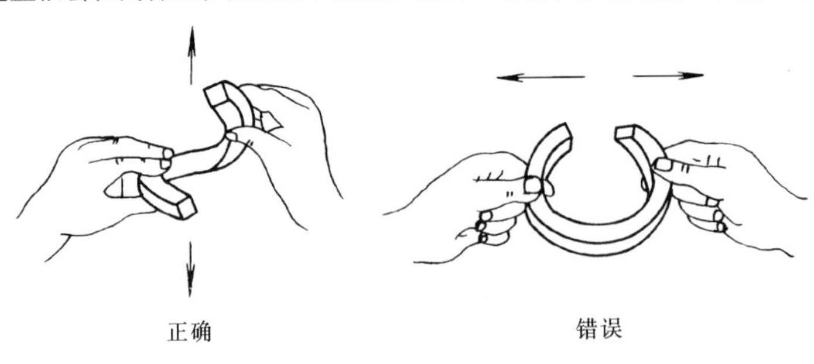

图16－3　搭接盘根安装方法

（3）向填料函内下填料时，应压好第一圈，然后一圈一圈地用压具压紧压均匀，不得用许多圈连绕的方法，如图 16－4 所示。正确的方法是将填料各圈的切口搭接位置相互错开 120°，这是最常用的一种方法，还有搭接位置相互各错 90°，或 90°和 180°交错使用的方法。填料在安装过程中，相隔 1～2 圈应旋转一下阀杆，以免阀杆与填料咬死。

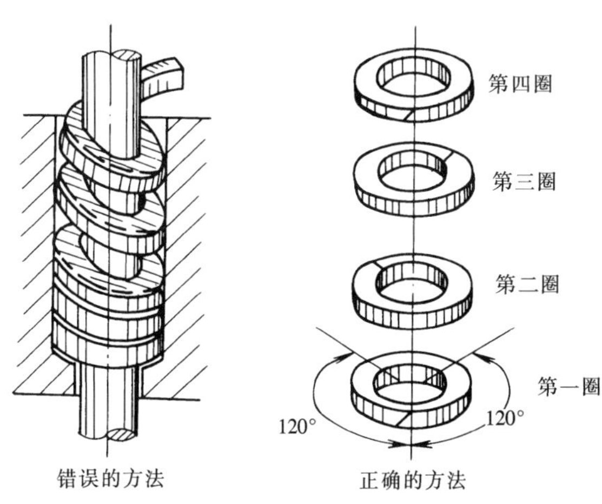

图 16－4　填料安装方法

（4）填料函基本上填满后，用压盖压紧填料。使用压盖时，用力要均匀，两边螺栓对称地拧紧，不得把压盖压歪，以免填料受力不匀，与阀杆产生摩擦。压盖的压套压入填料函的深度为其高度的 1/4～1/3，也可用填料一圈高度作为压盖压入填料函的深度，一般不得小于 5mm 预紧间隙，然后检查阀杆、压盖填料函三者的间隙，应四点一致。还要旋转阀杆，阀杆应操作灵活，用力正常，无卡阻现象为好。如果用力较大，应适当放松一点压盖，减少填料对阀杆的抱紧力。

（三）阀门的组装

阀件经过清洗、修复后，用不同的配合形式将不同的阀件组合在一起，并以不同类别的连接形式将这些阀件连接在一起，组成一个具有密封、开闭灵活等性能的阀门。阀门组装有以下要求：

（1）组装的条件。所有的阀件经清洗、检查、修复或更换后，其尺寸精度、相互位置精度、粗糙度及材料性能和热处理等机械性能均应符合技术要求。

（2）组装的原则。一般情况是先拆的后装，后拆的先装；弄清配合性质，切忌猛敲乱打，操作有序，先里后外、从左至右、自下而上；顺手插装，先易后难：先零件、部件、机构，后上盖试压。

（3）装配效果。配合恰当，连接正确，阀件齐全，螺栓紧固，开闭灵活，指示准确，密封可靠，适应工况。

闸阀组装可按表 16 - 1 的程序进行，其他类型的阀门可参照闸阀的组装程序并兼顾自己的结构特点。

表 16 - 1　　　　闸阀组装程序

工作程序	工　作　内　容	技　术　要　求
准备	配齐和修好阀件，制作或备齐垫片、填料，准备好需要工具和物料	阀件，工具、物料符合技术要求，按顺序摆放，不允许随便堆放在地上
清洗检查	用煤油或汽油清洗紧固件、密封面、阀杆、阀杆螺母等，用布擦洗阀体、阀盖、支架。边清洗擦拭，边检查阀件	清洗过的阀件应无油污、锈渍，阀件应符合技术要求
初次着色检查	用阀杆和闸板分别着色检查上密封和密封面。对于双闸板密封面着色检查，可按正式着色检查方法进行	印影清晰、圆且连续
装阀杆	装配好阀杆螺母、阀杆、并涂好润滑剂。明杆阀杆从填料函底孔穿出，套好压盖，旋入阀杆螺母中；暗杆阀杆的台肩夹持在填料函与阀盖间，阀杆下部，旋入阀杆螺母中，阀杆螺母在阀盖上的，一般阀杆穿过阀盖、压套螺母、压套后旋入	装配正确，间隙配合适当，阀杆螺母润滑系统完好
上填料	应装好开度指示器（对暗杆而言）和手轮。按规定逐圈装好填料，对称均匀把紧压盖、压套。可拆卸支架的，应装好填料后复原	填料安装符合技术要求。阀杆、阀杆螺母、压盖、填料函应在同一轴线上，压盖并有一定预紧间隙。阀杆旋转灵活，无卡阻的现象

续表

工作程序	工 作 内 容	技 术 要 求
正式着色检查	根据闸板不同结构形式，按顺序装在阀杆上，装上假垫片，检查闸板标志，盖好阀盖。用正常关闭力对密封面进行着色检查	阀杆与闸板等连接处符合要求。 着色检查印影清晰、圆且连续
组装	吹扫、擦拭阀体、阀盖，闸板，密封面洁净，闸板调到较高位置，上好符合工况条件的垫片，检查闸板标志，上好阀盖，对称、均匀地拧紧螺栓	清洁彻底，支架位置正确，螺栓材质一致，松紧一致，四点检查法兰间隙一致，且不小于2mm。操作灵活，指示正确
试压	按规定进行强度试验和密封性试验	关闭力适当，试压方法正确。在规定时间内不漏或有允许的微量渗漏为合格
整理	擦干阀门，涂漆，挂牌或打钢号。填写修理和试压记录，闸板关闭，封口以及包装	阀内干燥，涂漆符合要求。认真填写记录，文字简洁，清楚。钢号、挂牌在显目处。包装牢固

第二节 调节阀检修

一、柱塞式给水调节阀的检修

（1）解体。拆卸连杆上下法兰螺丝，吊出阀盖、阀芯，并用铁盖将法兰面盖严，用封条封闭，以防杂物落入阀门内。卸掉压兰螺丝，从阀盖上取出兰板、压套、横轴、阀芯以及调舌。

（2）检查修理。

1）检查阀芯表面损伤情况，测量阀芯的各部位配合间隙，检查、测量阀杆的弯曲情况，检查、修理阀芯工作面，对磨损及缺陷应做好原始记录。如损坏较严重，应先进行补焊，然后加工到要求规格；如无法修复，则应换新的备件。检查阀芯调孔有无磨损，磨损严重时应更换调孔垫片或焊补、修理调舌。

2）检查阀座结合面有无沟槽、麻点，如有轻微沟槽或麻点，可用专用研具研磨掉。检查上下导向套，若有腐蚀，用砂布擦光磨亮，测量调座各部位尺寸，做好记录。检查法兰面是否平整，法兰螺丝有无损坏，螺丝应用黑铅粉擦亮。

3）检查，修理调整杆，有无弯曲、磨损，配合是否松动，检查压兰密封圈、压兰套内垫是否光滑，有无磨损及沟配合间隙是否合乎要求。检查压兰螺丝是否完好，有无变形、裂纹、锈死等现象。

4）检查、修理调舌，如有裂纹，应更换，磨损严重时，可进行焊补修理。

5）测量调舌与阀芯调孔配合间隙。检查阀盖和底盖上口是否平整，有腐蚀沟槽、麻点等缺陷时均应修整。

6）检查阀芯与阀座接触线，涂红丹粉进行压线试验。若有断线或接触线不均，用研磨砂反复对磨数次，直到均匀为止。

（3）组装。将调整杆、调舌装至上盖上，装调整杆两端的压兰密封圈，并校正调整杆中心，加盘根。装阀芯，将合适的齿形垫放入。将阀芯、阀座及法兰止口面清理干净，吊装上盖和阀芯。

紧固法兰螺丝，装杠杆，并和有关车间配合，将自动调节装置连杆连接，拨出手轮，用手动开关调节阀，调节动作应灵活。清扫现场。

（4）调整及试验。检修完毕后，和有关车间人员一起做开关校正试验。调节阀投入运行后，和有关车间一起做泄漏量、最大流量和调整性能试验。

（5）检修质量标准。

1）螺丝应完整无损，不得有变形、裂纹、腐蚀情况，拆卸下的螺丝应做记号，并妥善保管。

2）阀芯及调舌的方向不应搞错，并做好记录。阀芯与上下阀座的每边间隙应在 0.12 ~ 0.18mm，阀芯与上下定位套的配合间隙也应在0.12 ~ 0.18mm。

3）上下阀座结合面应无沟槽、麻点等缺陷。调整杆应无磨损、点蚀，弯曲不能超过 0.05mm，配合无松动。密封圈与横轴间隙 $N = H = 0.08 \sim 0.12$mm，如图 16 – 5 所示。

4）法兰结合面不得有径向划痕。压兰螺丝应完好，无损坏、锈死现象，丝扣须涂铅粉。调舌与调孔配合间隙为 0.2 ~ 0.25mm，阀芯与阀座径向间隙不得大于 0.5mm。

5）调整时做好阀芯行程记录，一次元件开关应与仪表开度一致。全关时泄漏量不得大于最大流量的 5%。

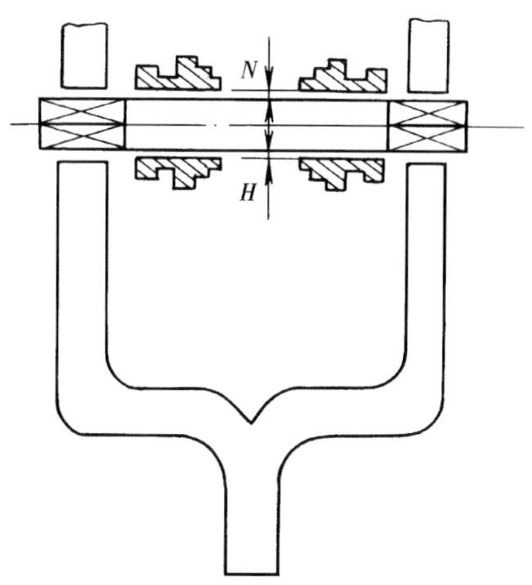

图 16－5　密封圈与调整杆间隙

二、回转式给水调节阀的检修

回转式给水调节阀的检修大体上与柱塞式相同，根据其结构特点，在检查时要注意圆筒形阀芯的椭圆度、粗糙度是否符合要求。阀芯、阀座的接触面须光洁，无毛刺、划痕、沟槽及磨损，其椭圆度均不得超过 0. 03mm，阀芯弯曲度最大不得超过 l/1000。阀芯与阀座的配合间隙为 0. 15mm，如图 16－6 所示。盘根垫圈与门杆的配合间隙不超过 0. 2mm，阀杆与阀盖密封圈的配合间隙不超过 0. 18mm，阀芯拨槽与拨杆配合间隙不得超过 0. 5mm。

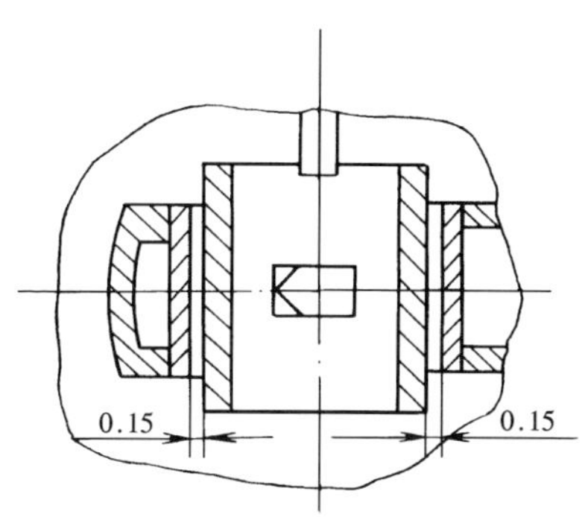

图 16－6　回转式给水调节阀阀芯与阀座的间隙

在安装时注意这两种调节阀必须垂直安装，阀杆向上，阀体上箭头指示的方向应与介质流向一致。

三、活塞笼罩式调节阀的检修

调节阀的产品类型很多，结构多种多样，而且还在不短的更新变化。目前，国内电厂锅炉使用的调节阀中美国 fisher 调节阀用量最大，在给水、减温水调节阀中占绝大多数。Fisher 阀结构相对简单，是高压调节阀的典型代表，主要有阀体、阀盖、阀座、阀笼等组成，如图 16－7 所示。

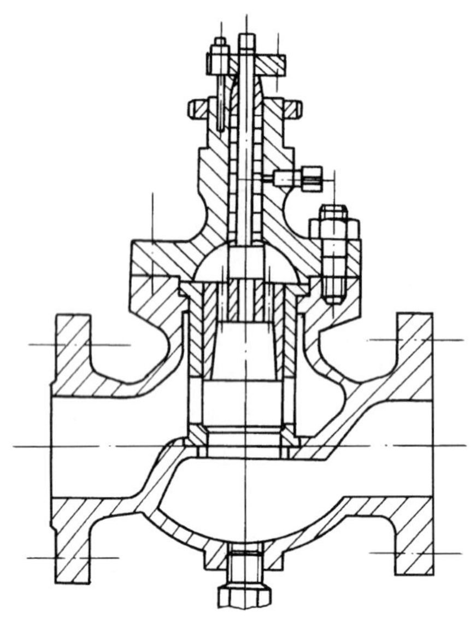

图 16－7　活塞笼罩式调节阀

下面简要介绍此类阀门的检修要求和标准。

（1）解体。拆阀时要标明与阀体法兰相对应的执行机构的连接位置。把执行机构与上阀盖分开；把上阀盖与阀分开；卸开上阀盖和填料函部件后，从阀体上可以拆下阀芯、阀杆以及下法兰。必须对所有的部件和零件进行检查，以便决定需要修理和更换的零件。

（2）阀芯、阀座的修理。阀芯和阀座是调节阀最为关键的零件，由于不断受到介质的冲刷、腐蚀和力的反复作用，是最容易损坏和发生故障的零件，它的密封面的情况决定了调节性能的好坏。

用螺纹拧入阀体的阀座环，修理起来要比阀芯更难，因此要慎重确定是否需要更换。小的锈斑和磨损表面，只要能用研磨解决，就不必拆卸下来。如果阀座面已被腐蚀、磨损、拉丝，或者需要改变阀门容量，就非更换不可。

有螺纹的阀座环的拆卸比较困难。在拆卸阀座环之前，要检查阀座环是否已被点焊在阀体上，如果是这样，必须首先除去焊点。松开阀座环时一定要清洗干净，再加些润滑油。拆卸时可利用一个专用的拆卸器，如图16－8所示。如果不能用拆卸器，可以利用车床或其他设备才能拆卸阀座环。下面介绍使用拆卸器的方法。

1）把尺寸合适的阀座凸缘棒横放在阀座环上，使棒和阀座的凸缘相接触。

2）插入驱动扳手，在扳手上所放的间隔环要足够，要使压紧夹在阀体法兰的上方露出6mm以上的高度。把压紧夹套在驱动扳手上，用六角螺钉（或者用钢阀体的六角螺母）把压紧夹固定在阀体上，但不要拧紧六角螺钉或螺母。

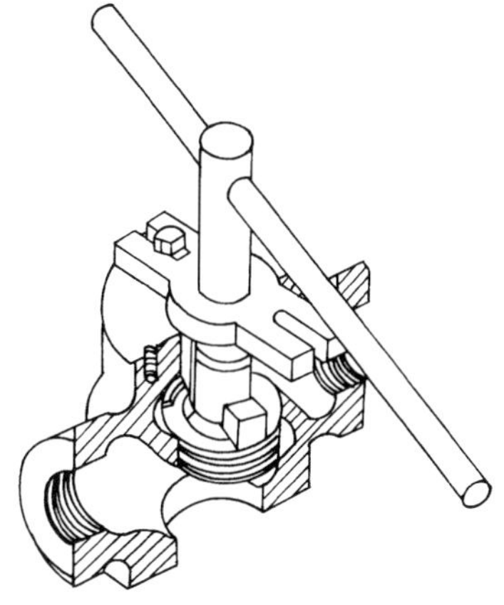

图16－8　阀座的拆卸

3）利用转棒拧松阀座环。要把阀座环拧开，需要在转棒上突然加力。可在转棒的一端套一根1～1.5m长的管子，在套管上施加稳定力的同时，可用锤子敲击另一端，使阀座松开。此外，在压紧夹附近的驱动扳手上可使用一把大管钳。

4）把阀座环拧松之后，交替松开在压紧夹上的法兰螺钉（或螺母），继续拧开阀座环。更换阀座环，或进行修理、加工。

注意，在双座阀的阀体上，一个阀座环大，一个阀座环小。对正作用阀门，在安装大环之前，先在离上阀盖远一些的阀体上安装小阀座环；对反作用阀门，在安装大阀座环之前，先在靠近上阀盖的阀孔上安装小阀座环。

安装时同样要用拆卸器来固定，也可以用车床或其他设备。在拧紧阀座环之后，要把环上多余的密封剂抹干净。可以把阀座环点焊住，避免其松动。

金属阀芯和阀座之间出现少量的泄漏量是允许的，但不能超过规定。

如果泄漏量过大，必须用研磨的方法来改善阀芯和阀座表面之间的接触情况。当磨损或裂痕较大时，是研磨不了的，必须用机械加工的方法才能解决，也就是说，必须用机械加工方法改变阀芯和阀座的倾斜角度，改变密封位置。例如，没有修理前，在阀座环斜边上加工角度为60°，阀芯的斜边角度为65°［如图16－9（a）所示］，修理后，在阀座环的表面上加工一个新的60°斜面，并把阀芯的65°斜面改变为59°［图16－9（b）］。这样阀座密封就从阀座环的底部改成阀座环的顶部。

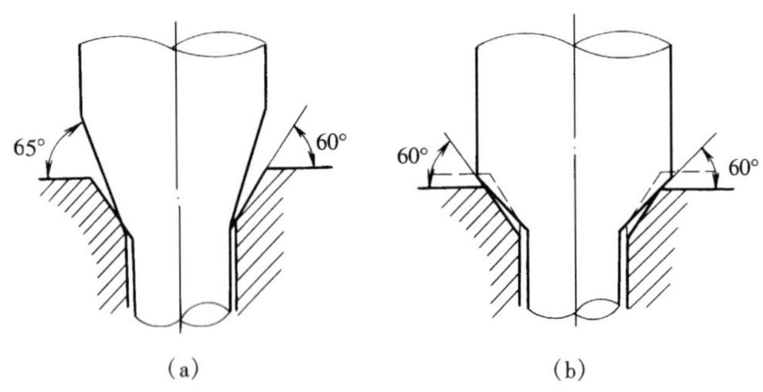

图16－9　改变阀芯、阀座的密封位置

阀芯和阀座环最后必须手工研磨，才能达到精密配合，研磨和抛光技术比其他检修技术都要高。为了保证质量，阀芯和阀座的对中十分重要，因此，所有的导向装置在研磨之前都要装好。研磨的时候要使用研磨剂。研磨剂的类型很多，粗细也不同。采用优质的研磨剂，或者自己配用一种粒度适中的、含有碳化硅和特殊油剂的混合研磨剂，是非常必要的。研磨剂中还要加入铅白或石墨，以防过大的切割和撕裂。

可以用自制的研磨工具进行研磨（图16－10），研磨时要一边转动，一边上下活动，研磨8～10次之后抬高阀芯并转动90%，接着进行研磨。粗研磨剂一直使用到阀芯及阀座环的密封边缘上研磨出精细和连续的接触线为止。然后洗掉全部粗研磨剂，再用细研磨剂将阀座密封线抛光。

对于双座阀的阀体，上阀座环往往比下阀座环研磨得快，这样，要不断给下阀座环添加研磨剂和铅白，而对上环只加一些抛光剂。当两个阀座孔中有一个泄漏时，对不漏的阀座环要多加些研磨剂，另一个则多加些抛光剂，这样，把不漏的这一环多研磨掉一些，直到两个阀座环都能同时接触和密封为止。在研磨一个阀座环时，绝对不能让另一个阀座环变干。

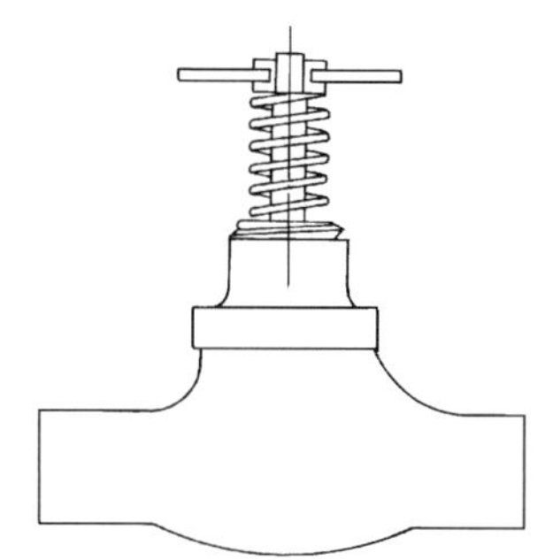

图 16－10　利用弹簧的研磨工具

第三节　安全阀检修

一、安全阀的结构特点

安全阀是锅炉的安全保护装置。当锅炉管路和容器内介质的压力超过规定数值时，安全阀能自动开启，排除过剩的介质，将压力降低，使设备免遭破坏，当压力恢复到规定数值时，安全阀又能自动关闭。

在大型高压锅炉中，采用较多的是脉冲或安全阀与带有外加负载的弹簧式安全阀。如在国产的亚临界压力 1000t/h 直流锅炉上，装有 15 只弹簧式安全阀。

（一）脉冲安全阀结构原理简介

脉冲安全阀由一个大的安全阀（主阀）、一个小的弹簧安全阀（辅阀）及连接管道组成，如图 16－11～图 16－13 所示。

主阀比较迟钝，辅阀比较灵敏，通过辅阀的脉冲作用带动主阀启闭。当汽包或联箱内压力超过规定值时，将弹簧安全阀打开，蒸汽进入主阀活塞上部，借蒸汽压力使活塞向下移动，打开主阀，排出多余的蒸汽，使压力降低。当压力降到一定程度后，辅阀即关闭，使蒸汽停止进入主阀活塞上部，这样主阀在弹簧的作用下随即关闭。阀上部弹簧在蒸汽压力尚未达到额定值时帮助其密封，辅阀依靠弹簧的作用力将阀瓣压住，使阀门保持严密；通过调节螺丝来调节弹簧的松紧，以达到要求的开启压力。

辅阀上部带有电磁铁，当容器压力超过规定值时，此接点压力表发出信号，通过继电器使电磁铁电流接通，打开辅阀。也有的辅阀采用杠杆重锤安全阀。

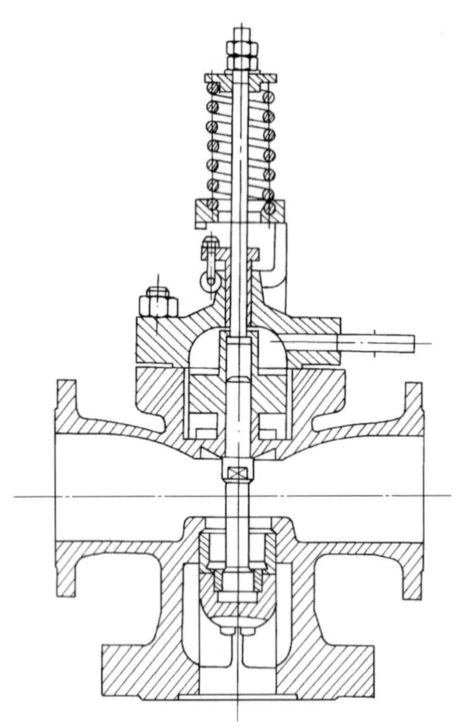

图 16－11　主安全阀

脉冲式安全阀排汽能力大，启闭时滞现象小且关闭严密，因此在高压锅炉上广泛采用。

（二）带有外加负载的弹簧安全阀

目前我国生产的超高压和亚临界压力锅炉多采用带有外加负载的弹簧安全阀，其构造如图 16－14 所示。安全阀阀瓣上的压力是由盘形弹簧产生的，压力大小可用调节螺母来调整。其工作原理是：正常情况下，弹簧力与介质作用于阀瓣上的压力相平衡，使密封面密合。当汽包或联箱内的介质压力过高，超过规定值时，喷嘴内蒸汽作用于阀瓣上的压力大于盘形弹簧向下的作用力，使弹簧受到压缩，阀瓣即被推离阀座，介质从中泄出，安全阀开启，排汽降压。直至容器内的蒸汽压力降低到使作用于阀瓣上的力小于盘形弹簧的作用力时，弹簧力又将阀瓣推回阀座，密封面重新密合，安全阀关闭。

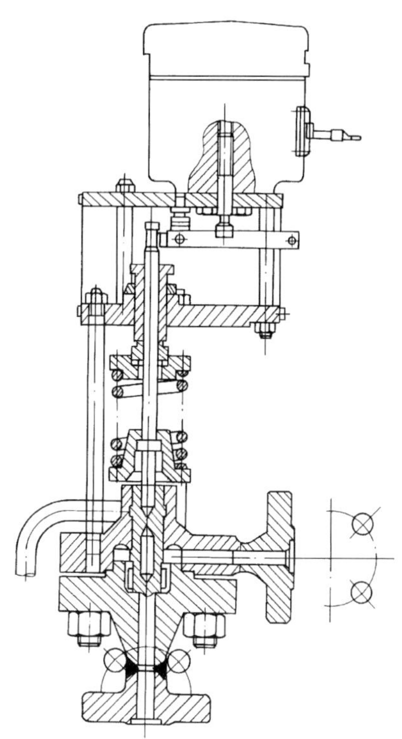

图 16－12　脉冲弹簧安全阀

一般弹簧安全阀的泄漏现象是很难避免的，但在弹簧安全阀上加以外加负载后，就可大大减少泄漏，一般采用压缩空气作为外加负载。压缩空气缸设置的目的就是改善安全阀的严密性，减少泄漏现象，延长使用寿命和提高启闭灵敏性。压缩空气缸的进口气压要求为 0.4MPa，气源的接通和切断是由容器上的压力冲量经压力继电器来控制的。

带有外加负载的弹簧安全阀在正常运行时，压缩空气受压力继电器的作用，由气管进入活塞上部，在阀瓣上加了一个压缩空气的作用力，使之关闭严密。如果汽压升高，达到启动压力，这时压力继电器动作，使活塞上部的压缩空气切断而通入活塞下部，由于活塞面积大约是阀瓣面积的十倍，所以 0.4MPa 压力的压缩空气能产生相当大的作用力，将阀瓣升起，并一下子开足，排出蒸汽。压力恢复后，压缩空气又自动切换，使阀门关闭严密。

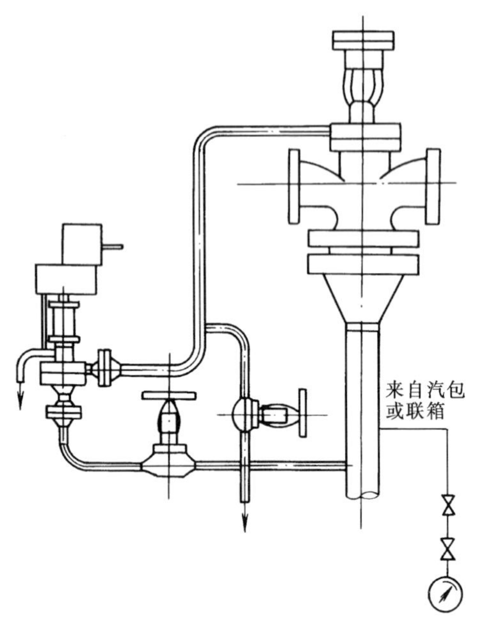

图 16－13　脉冲安全阀系统

安全阀上端的小盘形弹簧是当安全阀开启、在阀瓣上升时起缓冲作用的，以避免过大的冲击，保证安全阀的工作安全。定位圈和 U 型垫板是供安全阀校验时，为不使已校验好的安全阀动作的装置，它是用 U 型垫板卡在定位圈上，并将定位圈向上旋紧，安全阀就不能动作了。但在全部安全阀校验好后，切记取下 U 型板。

（三）全启式弹簧安全阀

弹簧式安全阀按作用原理可分为微启式和全启式两种，微启式主要用于不可压缩的液体介质，它的开启过程是随着介质压力升高逐渐成比例地增大开启高度。介质压力回降较快，阀座，阀瓣结构简单，两者之间不设置为增大开启高度的专门机构。全启式主要用于可压缩的气体或蒸汽，气体或蒸汽介质具有膨胀性，安全阀开启排放时希望迅速增大开启高度，迅速排除剩余介质。因此，在阀座、阀瓣间专门设置增大开启高度的机构。多年来安全阀制造厂成功设计了特性很好的双环控制机构，利用喷射汽流作用在阀瓣的反冲盘上，扩大喷射气流的反冲作用面积，使汽流束改变方向再喷射到阀座上的下盘，从而增大阀瓣的向上推力，迅速增大开启高度。全启式安全阀初始开启阶段与微启式基本相同，稳定而均衡。在当介

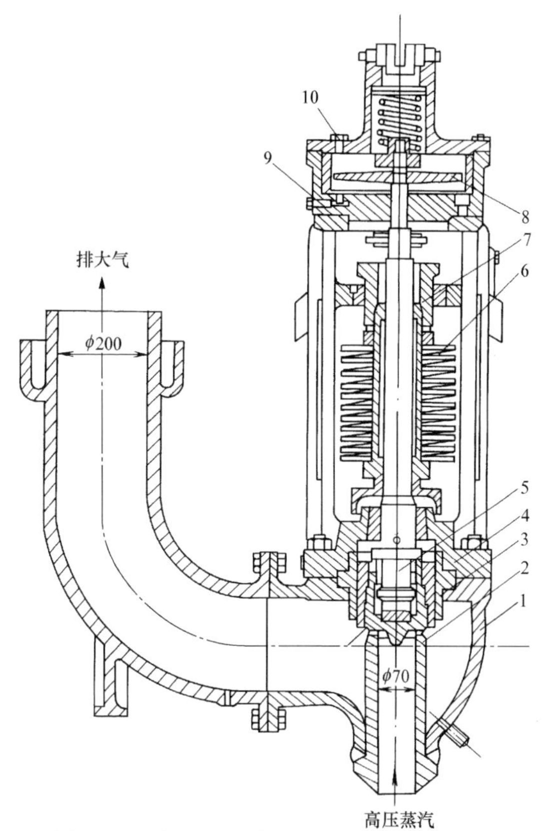

图 16－14　带有外加负载的弹簧安全阀

质压力继续上升时开启高度也相应增大，喷射汽流作用到更大的双环面积上时，汽流束方向改变，反冲力增大，使原均衡开启状态变为不均衡状态，阀瓣急速开启达到最大全开启高度，介质达到最大排放量。阀瓣开启时介质流出示意如图 16－15 所示。

1. 密封面特点

安全阀的性能、质量和使用寿命取决于密封面的工作期限，密封面是安全阀最薄弱和最重要的环节。正常状态下作用在阀瓣上的外力是一个定值，随着介质压力的升高，密封面受力强度逐渐变小，到达额定压力时密封面上、下的压差受标准规定已降得很小，要达到安全密封，安全阀与其他类型阀门相比其要求高得多。

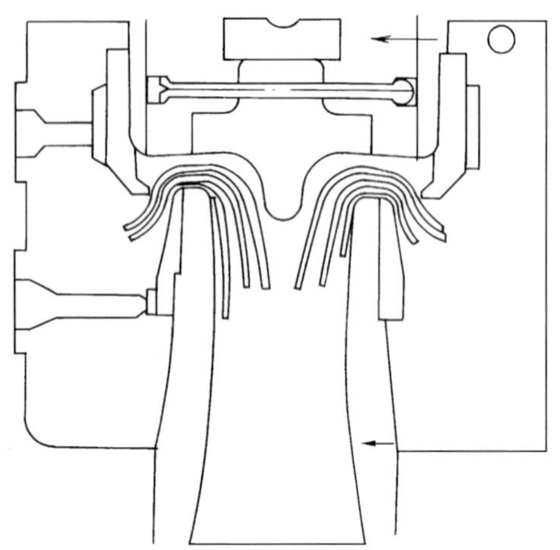

图 16－15　安全阀开启时介质流动示意

安全阀的密封面工作条件极其苛刻。早期泄漏会吹损密封面，受热不匀易引起阀瓣挠曲，装配歪斜、作用外力不对中，密封面不平整均会引起周围密封压力不均匀，易发生泄漏，起座排放时间过长易吹损，回座时不及时截断流动介质或夹带杂质都将会损伤密封面。

要确保安全阀的良好密封，必须从设计、制造、试验和精心维护保养多方面努力。

2. 密封比压及结构

密封比压是密封压紧力与密封面积之比。要使两平面之间达到密封，必须有足够的外力施加在平面上，使两接触平面间的微观不平度产生弹性变形，达到完全接触，它取决于密封面上下的压差、密封面的材质、接触面的状况等因素。

电站锅炉高温、高压安全阀的密封面，要在不大的规定压差下有效密封。必须取用很小的接触面积，当阀前介质压力很低或无压力时，因作用外力不变，受密封面比压强度所限，需要取用较大的接触面而存在矛盾。为了满足高压运行时能使接触面密封，低压或无压时（启动或停炉）密封面比压不超限，设计取用了“弹性阀瓣”结构。即当停炉或启动时在很大的弹簧作用力下压阀瓣，阀瓣产生的弹性变形增大了与阀座的接触面，随着阀前压力的上升，由弹簧下压力产生的密封比压减小，阀瓣弹产生变形随之减小，在额定压力时密封面保持规定压差，从而使矛盾对立得到统一。

电站锅炉安全阀密封面的材料，应有抗侵蚀、耐磨蚀、足够的比压强度和弹性变形能力，还要有良好加工特性研磨配合性能。

3. 阀瓣、阀座结构

阀瓣、阀座和密封结构是安全阀的核心部分，是决定阀门性能的主要关键。图 16－16 所示为近代大容量锅炉安全阀的结构之一。

阀座 1 与锅炉的安全阀接口管座相连接，内通道由较长的渐缩段、较短的圆柱段和一个定锥角的扩口组成，以形成刚强的出口喷射流束，主要特征尺寸有入口直径（A）（未示出）、喉口直径（B）、出口直径（D）、密封面外径（E）。阀芯 2 的下端迎流面制成锥体或特种曲线型面，以使合理分叉出口喷射汽流，获得良好的开启特性。阀芯内孔中心镶嵌凹球面硬质材料，保持阀杆（S）支顶对中，使密封面受力均匀。

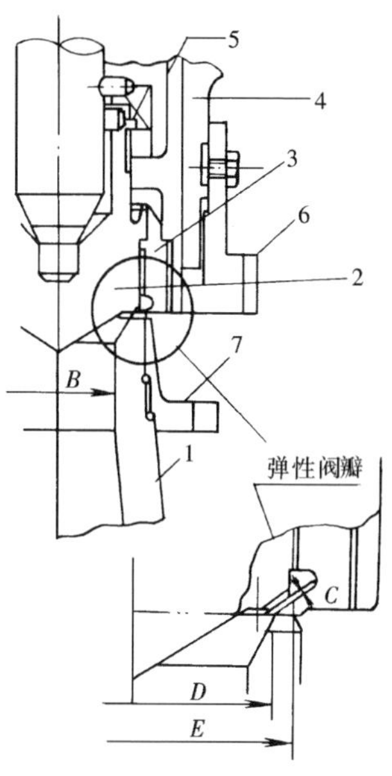

图 16－16　大容量锅炉安全阀

1—阀座；2—阀芯；3—弹性阀瓣；4—导向套；5—阀套；6—上调节环；7—下调节环

弹性阀瓣 3 套装于阀芯外圆，上端环面与阀芯对应圆环焊接，下端曲线内环槽与舌形屏边构成弹性密封结构，舌形下唇面与阀座密封面接触。在介质压力作用下舌形上斜面与阀芯下端斜面间存在很小间隙 C，使接触面更密封。当无压力时，由弹簧外力作用，阀芯下端斜面压紧在舌形内唇边斜面上，弹性间隙 C 消除。此结构可采用较大密封接触面，选择合适的密封比压（取值约在 100MPa 左右），可避免高压与无压时密封面比压相差过大的状况，从而对提高密封可靠性和抵抗回座冲击性有利。

阀芯运动的导向是由导向套 4 固定于阀盖上，连接阀芯的阀套 5 滑动配合在导向套内保持阀芯运动自由。

双环调节机构由上调节环 6 和下调节环 7 组成。上调节环用螺纹连接在导向套外圆上，下调节环用螺纹连接在阀座外圆上。可各自作上、下不同位置的调节，以调整出口汽流的喷射偏转角，改变汽流反冲作用面的大小，达到调整阀瓣开启和回座作用力，获得安全阀良好性能。

二、安全阀解体检查

安全阀解体后，应对以下部件进行检查：

1）检查安全阀弹簧，可用小锤敲打，听其声音，以判断有无裂纹。若声音清亮，则说明弹簧没有损坏；若声音嘶哑，则说明有损坏，应仔细查出损坏的地方，然后再由金属检验人员作 1 ~ 2 点金相检查。

2）检查活塞环（涨圈）有无缺陷，并测量涨圈接口的间隙。在活塞室内间隙应为 0.20 ~ 0.30mm，在活塞室外自由状态时，其间隙应为 1mm。检查活塞有无裂纹，活塞室有无裂纹、沟槽和麻坑。

3）检查安全阀阀瓣和阀座的密封面有无沟槽和麻坑等缺陷。

4）检查弹簧安全阀的阀杆有无弯曲，检查时可将阀杆夹在车床上，用千分表检查。阀杆的弯曲以每 500mm 长度允许的弯曲不超过 0.05mm 为准。

5）检查重锤安全阀的杠杆支点“刀口”有无磨毛、变钝等缺陷。

6）检查安全阀法兰连接螺丝有无裂纹、拉长、丝扣损坏等缺陷，并由金属检验人员做金相检查。

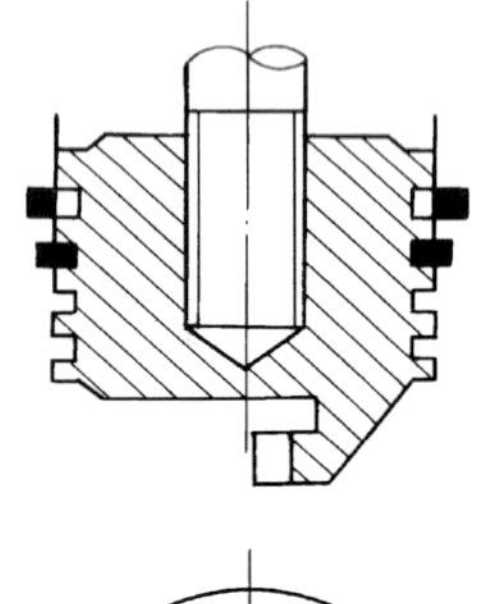

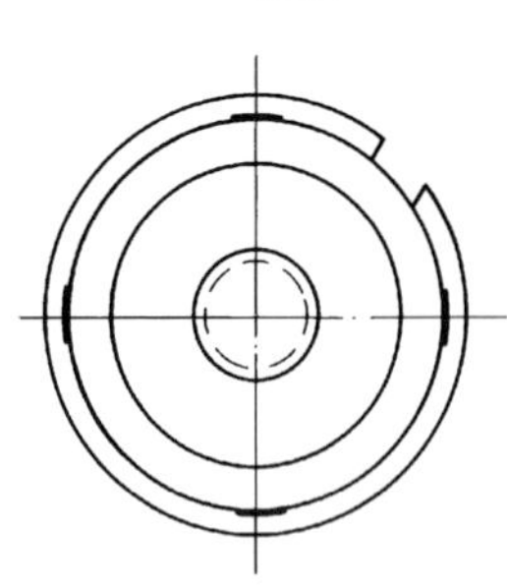

图 16 – 17　拆卸活塞环的方法

三、安全阀的检修

1. 密封面的研磨

安全阀阀瓣和阀座密封面的研磨方法和阀门密封面的研磨相同，只是要求更高。先用研具分别研磨，达到要求后，再将阀座与阀瓣合研，至全面接触的宽度为阀座密封面宽的 1/2 为止，其粗糙度应达到 0.05。

2. 活塞环与活塞室检修

由于活塞环很脆，容易断裂，在拆装时应特别注意。从活塞上拆卸时，将事先准备好的锯条片从环的接口处插入，再沿圆周方向移动，移动 90°后，再从环的接口处插入第三个锯条片，用同样的方法将锯条片从环接口的另一端插入。这样四根锯条片即可将活塞环从槽中撬出来，此时将其顺轴向拉出来，如图 16 – 17 所示。装活塞环则与拆卸相反，先将锯条片贴在活塞上，把活塞环套上，再逐根沿一个方向把锯条片抽出，活塞环即可进入槽中，装好后应使活塞环口互相错开。所使用的锯条片应将锯齿磨去，其端部和四边亦应磨成圆弧状，以免划伤活塞环。

如发现活塞环断裂，应更换新的。由于活塞环要求光滑，因此检修时要用零号砂布铺在平板上，对其上下面进行研磨。研磨时应用两只手的拇指和中指将其压住，沿圆周方向反复转动，切不可直线移动，以免活塞环断裂。活塞环的圆周面应用零号砂布沾上黑铅粉摩擦，然后将活塞环放入活塞室试验，检查其与活塞室是否光滑接触。活塞室内壁若有沟槽或麻坑时，应用零号砂布沿圆周方向研磨，研磨后抹上黑铅粉，切忌用油。

3. 重锤式脉冲安全阀的检修与调整

对杠杆上支力点的刀口进行水平、垂直度的校正。若刀口与杠杆中心线互不垂直、不水平、不在一个水平面上，使刀口吃力不均和歪斜，需重新调整，如图 16－18 所示。

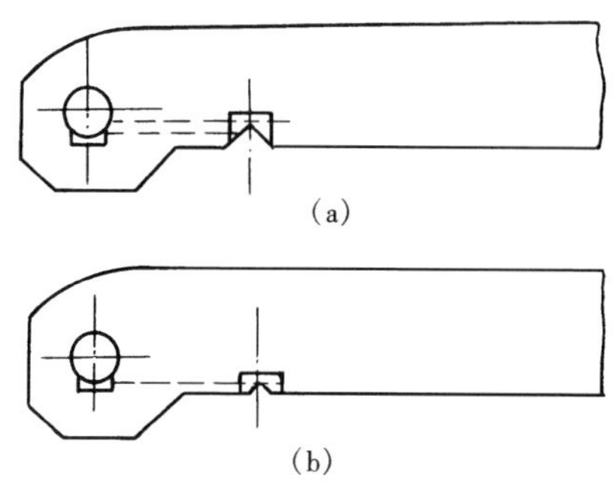

图 16－18　杠杆支力点刀口校正

杠杆上支力点的刀口不在一个水平面上时，可利用在刀口左右和上方三处加垫铁或锉去一部分的办法调整到一个水平面上，如图 16－19 所示。对有扭曲现象的杠杆应进行校正，并在平板上进行左、右、上三个平面找平工作。

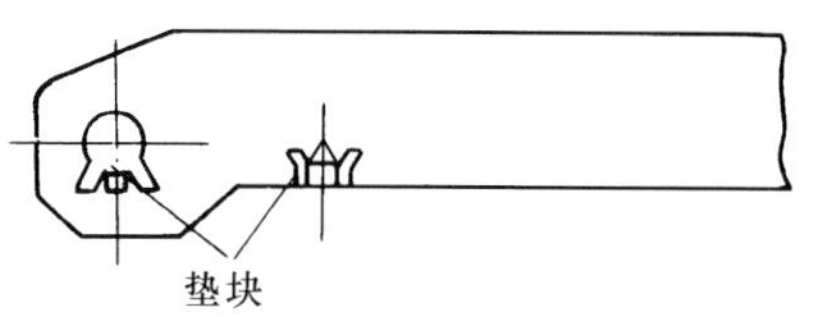

图 16－19　杠杆支力点刀口调整

支力点的刀口粗钝、不规则、刀口倾斜等使其吃力不均时，需拆下进行修理，如图 16－20 所示。

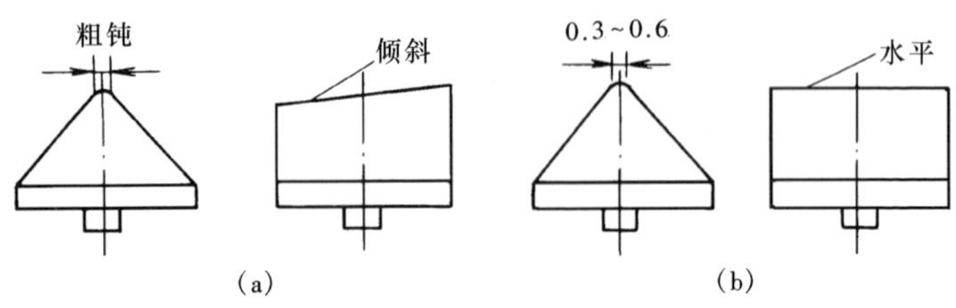

图 16－20　杠杆上的支力点刀口检修

固定支点刀口销片顶丝容易松动，影响吃力均匀，应认真检查，并将顶丝拧紧，以保持刀口垂直，如图 16－21 所示。

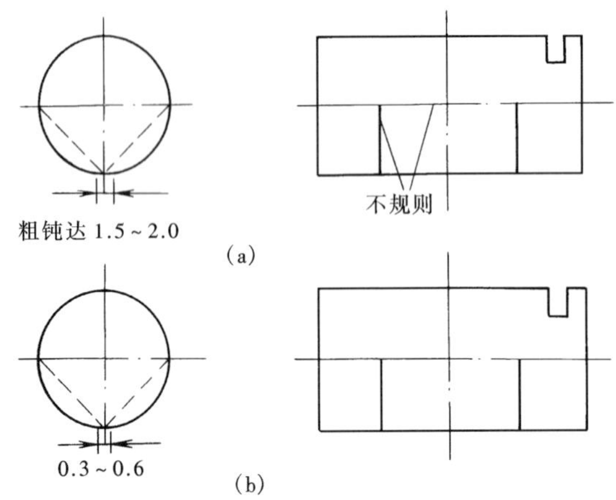

图 16－21　支点架上的支点刀口检修

对支点架对边进行平整度找正，且使其间隙保持在 1.5～2mm 范围内。由于支点架对边不平行，如图 16－22 中虚线所示，使杠杆与支点架对边间隙太小，没有活动余地。经调整至如图 16－23 中实线所示，然后固定死，可以保证杠杆与支点架有 1.5～2mm 的间隙。

将阀杆放入阀瓣内，检查杠杆能否垂直地压在阀杆上，若杠杆上的刀口与阀杆上的支力点刀口吻合，且杠杆处于水平状态，说明杠杆可以垂直地压在阀杆上。若杠杆呈不水平状态，则说明由于阀瓣密封面经多次研磨

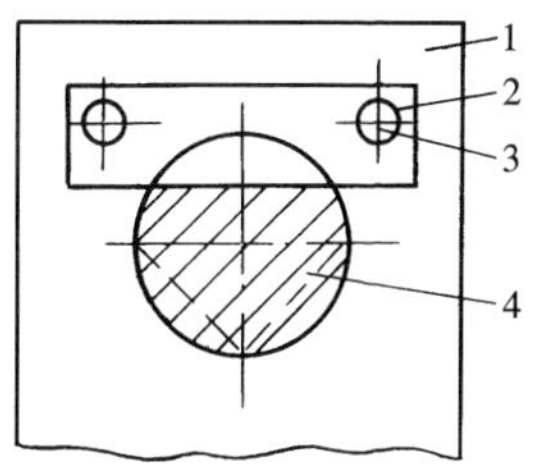

图 16－22　固定支点刀口销片检查

1—支点刀架；2—销片；3—顶丝；4—支点刀口

或车削变薄，引起阀杆下降，此时可用接长阀杆或用补焊加厚密封面厚度的方法，将杠杆调整到水平状态，使其能垂直地压在阀杆上。

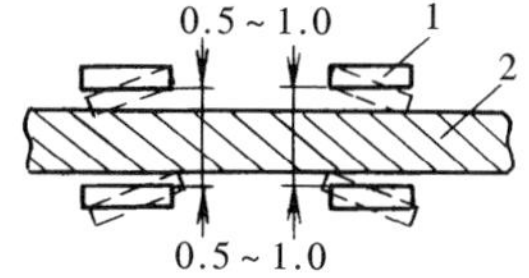

图 16－23　支点架调整

1—支点架；2—杠杆

4. 安全阀的组装

1）安全阀各部件检修完后组装时，应根据解体前测量的记录进行组装，如各处尺寸、间隙有变动，也要做好检修记录，保存好备查。

2）焊接弹簧式安全阀水压试验。

焊接式弹簧安全阀通常与锅炉或压力容器，同时进行水压试验。由于试验压力有时接近或大于安全阀作压力，此时需使用安全阀水压试验管塞或固定卡来进行水压试验。

当采用压紧装置（见图 16－24）压紧安全阀时必须十分小心，避免

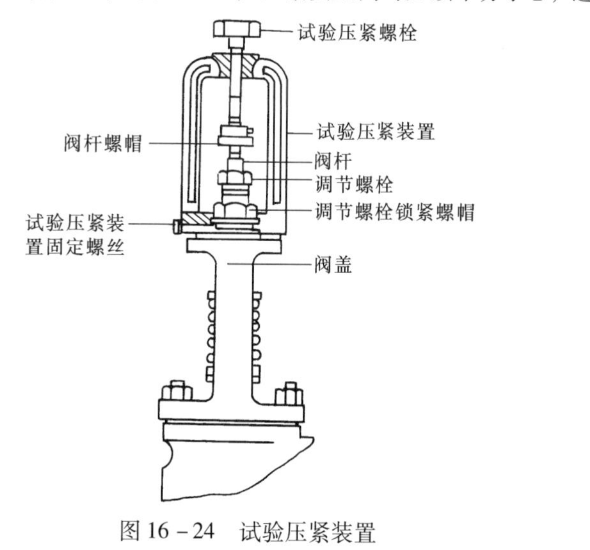

图 16－24　试验压紧装置

压得太紧而损坏阀杆及阀芯。只需要保持压紧装置由足够的压力才不使阀门被抬起集控。对于较高的压力，如果用手拧紧力量不足的话，可以采用扳手。

第四节　水位计的检修

水位计也叫水面计，是用来指示汽包水位高低的。在高压锅炉中大都采用云母水位计，其结构如图 16－25 所示。

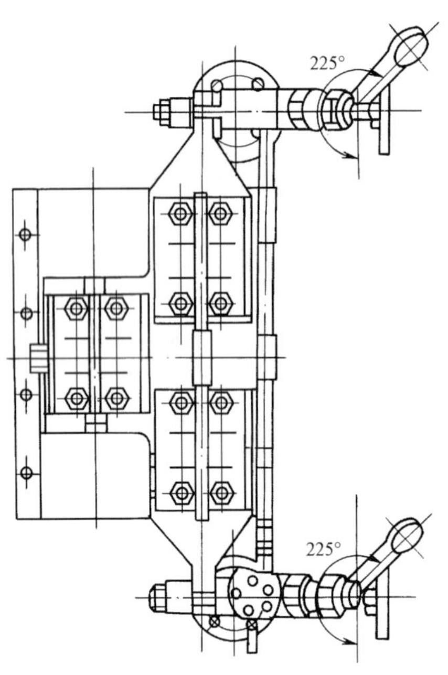

图 16－25　云母水位计结构示意

一、准备工作

水位计检修之前，应准备好水位计云母片和铝垫（可用石棉垫代）。用薄刀片去掉云母片的破损层，按水位计云母片的样板在大张云母片上划线，再用小刀切割成水位计所需的样子，也可购买成型云母片直接使用。用厚度为 0.5～0.8mm 的铝板或石棉板剪好水位计垫子，并在上面涂以墨铅粉。准备好水位计螺丝和螺丝帽，这种螺丝和普通双头丝扣螺丝的不同之处是靠在一端有一个突出台阶，以备紧螺帽时用，如图 16 - 26 所示。

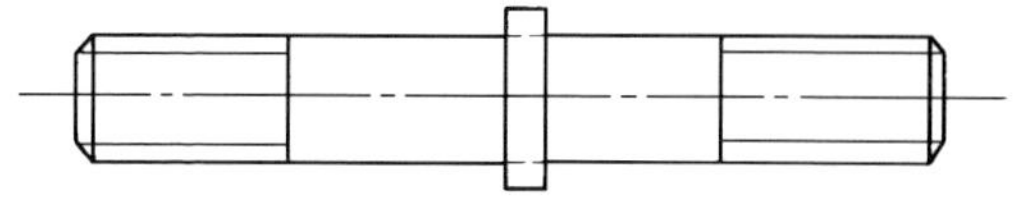

图 16 - 26　水位计螺丝

二、解体检修

水位计从汽包上拆下后进行解体（也可以不拆下来，在现场检修），解体时将水位计夹紧在虎钳上，使用适当的套管扳手拆下螺母，并在水位计本体和压板上打上钢印，以免组装时装错。检查拆下来的螺丝，应无断扣、弯曲、裂纹等缺陷，螺丝和螺帽应配合适当，压板不应有弯曲、变形、裂纹等缺陷。

取下云母片，逐片检查，其中无损伤且透亮的、质量还好的应放起来，准备再一次使用。用錾子取下水位计旧铝垫或石棉垫，注意不要损伤平面。修刮水位计本体平面时，先用锉刀锉去平面上较深的麻点和沟槽，再用加工好的平板研磨平面，然后在平面上涂上红丹粉，进行修刮，直到符合要求为止。

水位计的汽水阀门检修方法同其他阀门的检修。

三、组装

水位计组装时，先放置好铝垫，再放上云母片。使用旧云母片时，应把它夹在中间或放在最外边。如果在现场组装，由于水位计本体是垂直放置的，必须把铝垫和云母片用细棉绳绑在水位计本体上，然后压上密封板和压紧框，穿好螺丝拧紧，最后用扳手按固定顺序紧螺丝。

水位计紧螺丝的方法正确与否对水位计的正常运行有很大影响。水位计各个螺丝一定要紧得均匀，才能使各层结合面严密地结合在一起，从而保证水位计的严密性。根据现场经验，有四种紧螺丝的方法，可使螺丝均匀地紧好，避免水位计的泄漏。图 16 - 27 为紧螺丝的顺序示意图。

（1）两头挤。先从中间紧两个螺丝，再按数字顺序一对一对地紧下去，适用于有 3 ~4 对螺丝的水位计。

（2）交叉紧。先从中间紧两个螺丝，再按数字顺序交叉地紧下去，适用于有 5 ~7 对螺丝的水位计。

（3）一头紧。先从头上紧一个螺丝，再按数字顺序紧下去，适用范围同（2）。

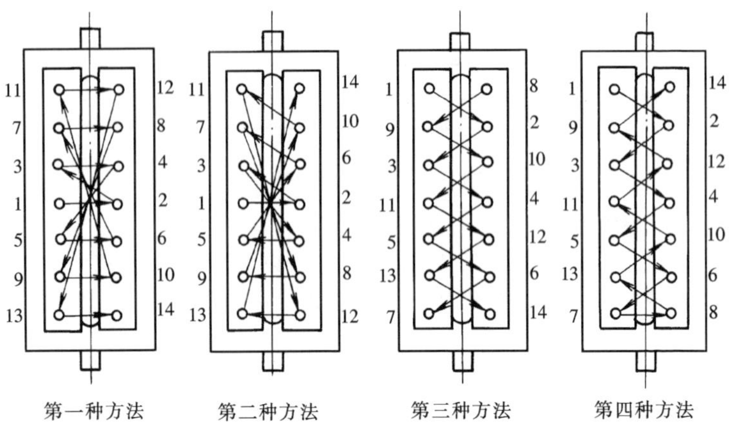

图 16－27　云母水位计紧螺丝顺序

（4）平面压。先从头上紧一个螺丝，再按数字顺序紧下去，适用于有 8 对以上螺丝的水位计。

紧水位计螺丝一般要紧四遍。第一遍要轻轻地紧，且紧得均匀；第二遍要用一些力紧；第三遍可以接长 350mm 的套管，轻轻地用力紧；第四遍接上套管，用力紧。紧螺丝时要由一个人从头紧到尾，中间不能换人，否则就可能紧得不均匀。

云母片在初次投入运行时，将汽水阀开启，先预热 10～20min，再关闭，轻轻地紧一次螺丝，然后再投入运行。运行中云母片有漏汽现象时，也可以关闭汽水阀，轻轻地紧一次螺丝，投入运行后若不漏，就可以继续运行；如果还漏，则应更换云母片。

四、水位计检修质量标准

（1）所用云母片应透明、平直均匀，无麻点皱纹、裂纹、弯曲、断层、折角和表面不洁等缺陷，其厚度以 1.2～1.5mm 为宜。

（2）水位计本体及压板应平整无缺，各汽水阀门应开关灵活，严密不漏。

（3）检修后投入的水位计云母片可见度清晰并严密不漏。

（4）汽水连通管内洁净畅通，并朝汽包方向倾斜 2～5mm，支架应留出膨胀间隙。

（5）水位计正常水位线必须与汽包正常水位一致，并在水位计罩壳上准确标出正常水位及高低水位线，误差不大于 1mm。

提示 本节内容适合锅炉管阀检修（MU5 LE13、LE16）。

第五节 阀门研磨

为了使各种阀门的接合部位不渗漏气体或流体，要求阀门具有良好的密封性能。当阀门接合面（指阀芯和阀座）被划伤、蚀伤等而使阀门无法关严时，需进行研磨修理。阀门的研磨是阀门在安装及检修过程中的一项重要工作。

一、研磨的基本原理与分类

研磨时，研磨工具上的磨料受到一定的压力，磨料在磨具与工件间作滑动和滚动，产生切削和挤压，每一粒磨料不重复自己的运动轨迹，磨去工件表面一层凸峰，同时润滑剂起化学作用，很快形成一层氧化膜。在研磨的过程中，凸峰处的氧化膜很快磨损，而凹谷的氧化膜受到保护，不致继续氧化。在切削和氧化交替过程中得到符合要求的表面，所以，研磨过程是物理和化学合成的结果。

按研磨的干湿可分为干研磨和湿研磨两种；按研磨的精度分粗研、精研和抛光；按研磨对象分平面研磨，内、外圆柱研磨，内、外圆锥体研磨，内、外球面研磨和其他特殊形状的研磨等。干研方便干净，粗糙度低。湿研效率高。粗研主要是得到正确的尺寸和精度，精研主要是降低粗糙度。

二、手工研磨

手工研磨是检修工人使用简单的研具对阀门密封面进行研磨，不需复杂的研磨设备。但这是一种手工研磨劳动强度大的工作，生产效率很低，研磨质量主要依靠工人的技术水平来保证，因此研磨质量往往不够稳定。

手工研磨分为粗研、精研和抛光等。粗研是为了消除密封面上的擦伤、压痕、蚀点等缺陷，提高密封面平整度和降低粗糙度，为密封面精研打下基础。精研是为了消除密封面上的粗纹路，进一步提高密封面的平整度和降低粗糙度。抛光的目的主要是降低密封面的粗糙度，手工研磨不管粗研还是精研，整个过程始终贯穿提起、放下、旋转、往复、轻敲、换向等操作相结合的研磨过程。其目的是为了避免磨粒轨迹重复，使密封面得到均匀的磨削，提高密封面的平整度，降低粗糙度。在研磨过程中要始终贯穿着检验过程，其目的是为了随时掌握研磨情况，做到心中有数，使研磨质量达到技术要求。在研磨过程中清洁工作是很重要的环节。应做到

“三不落地”，即被研件不落地，工具不落地，物料不落地；“三不见天”，即显示剂用后上盖，研磨剂用后上盖，稀释剂（液）用后上盖；“三干净”，即研具用前要抹洗干净，密封面要清洗干净，更换研磨剂时研具和密封面要抹洗干净。研磨中应注意检查研具不与密封面外任何疤点台肩相摩擦，使研具运动平稳，保证研磨质量。经过渗氮、渗硼等表面处理的密封面，研磨时要小心谨慎，因为渗透层的硬度随着研磨量增大而明显下降，研磨时磨削量应尽量小，最好进行抛光使用，至少要精研后使用。如达不到要求，就将残存的渗透层磨掉，重新渗透处理，恢复原有密封面的性能。刀型密封面一般宽度为0.5～0.8mm，接近线密封。研磨后，密封面会变宽，应注意恢复刀型密封面原有的尺寸，可用车削或研磨刀型密封面两斜面的方法恢复宽度尺寸。

研具使用后应进行一次检查，对平整度不高的平面要修理好，应清洗干净，保持完整，要分门别类地把研磨工具摆放在工具箱内，便于以后使用，研磨分平面密封面研磨、锥形密封面研磨、圆弧密封面研磨、柱体密封面研磨等几种，下面只介绍平面密封面的研磨方法。

1. 阀体平面密封面的研磨

阀体密封面位于阀体内腔，研磨比较困难。通常使用带方孔的圆盘状研磨工具，放在内腔的密封面上，再用带方头的长柄手把来带动研盘运动。研盘上有圆柱凸台或引导垫片，以防止在研磨过程中研具局部离开环状密封面而造成研磨不匀的现象。图16－28为闸阀、截止阀阀体平面的手工研磨示意图。

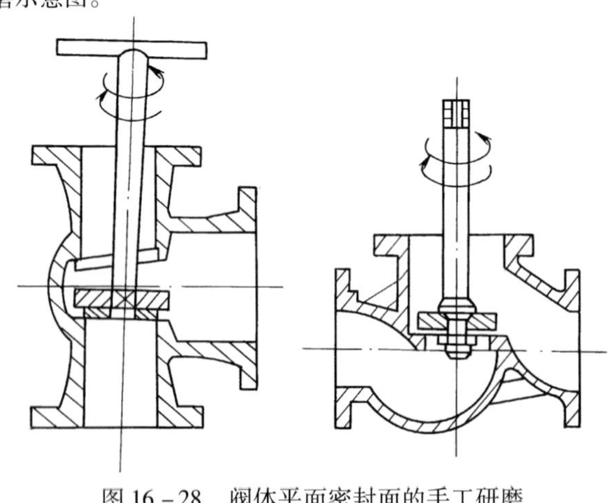

图16－28　阀体平面密封面的手工研磨

研磨前应将研具工作面用丙酮或汽油擦净，并去除阀体密封面上的飞边、毛刺，再在密封面上涂敷一层研磨剂。研具放入阀体内腔时，要仔细地贴合在密封面上，然后采用长柄手把使研盘作正、反方向的回转运动。先顺时针回转180°，再逆时针回转90°，如此反复地进行。一般回转10余次后研磨剂中的磨粒便已磨钝，故应该经常抬起研盘来添新的研磨剂。研磨的压力要均匀，且不宜过大。粗研时压力可大些，精研时应较小。应注意不要因施加压力使研具局部脱开密封平面。研磨一段时间后，要检查工件的平面度。此时可将研具取出用丙酮或汽油将密封面擦净，再将圆盘形的检验平板轻轻放在密封面上并用手轻轻旋动，取出平板后就可观察到密封面上出现的接触痕迹。当环状密封面上均匀地显示接触痕迹，而径向最小接触宽度与密封面宽度之比（即密封面与检验平板的吻合度）达到工艺上规定的数值时，平面度就可认为合格。为了保证检验的准确性，检验平板应经常检查、修整。

2. 闸板、阀瓣和阀座密封平面的研磨

闸板、阀瓣和阀座的密封平面可使用研磨平板来手工研磨。研磨平板平面应平整，研磨用平板分刻槽平板和光滑平板两种，如图16－29所示。研磨工作前，先用丙酮或汽油将研磨平板的表面擦干净，然后在平板上均匀、适量地涂一层研磨剂，把需研磨的工件表面贴合在平板上，即开始研磨。用手一边旋转一边作直线运动，或作8字形运动。由于研磨运动方向的不断变更，使磨粒不断地在新的方向起磨削作用，故可提高研磨效率。图16－30所示为闸板密封面的手工研磨。

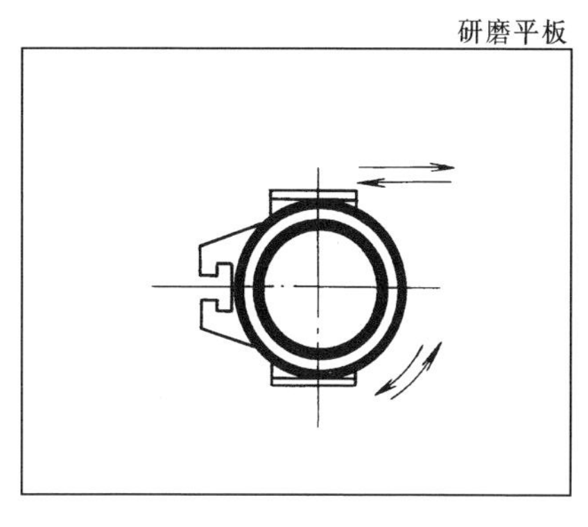

图16－29　研磨用平板

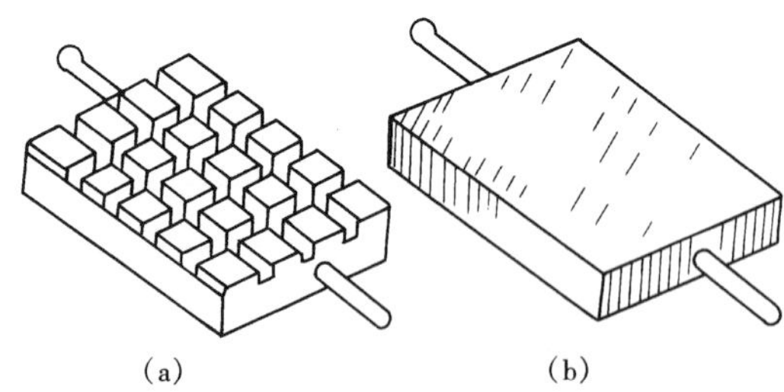

图 16－30　闸板密封面的手工研磨

为了避免研磨平板的磨耗不均，不要总是使用平板的中部研磨，应沿平板的全部表面上不断变换部位，否则研磨平板将很快失去平面精度。

闸板及有些阀座呈楔状，密封平面圆周上的重量不均，厚薄不一致，容易产生偏磨现象，厚的一头容易多磨，薄的一头会少磨。所以，在研磨楔式闸板密封面时，应附加一个平衡力，使楔式闸板密封面均匀磨削。图 16－31 所示为楔式闸板密封面的整体研磨方法。

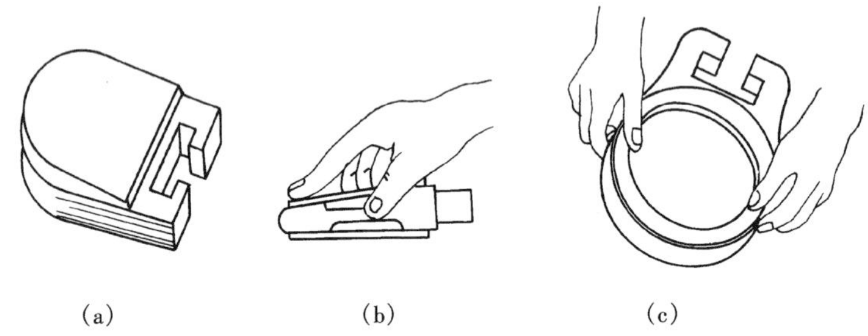

图 16－31　楔式闸板密封面的整体研磨

三、机械研磨

在进行阀门密封面研磨时，采用机械研磨时效率高且质量可靠，不像手工研磨那样要求较高技术水平的工人来操作。

机械研磨可参照研磨工具的说明进行。下面介绍一种简单的将研磨工具装到立钻上研磨阀门密封面的方法，如图 16－32 所示。图中研磨器 1 的直径较密封面的直径大10～20mm，研盘的心轴 2 卡在立钻的主轴 3 上。阀门体 4 则固定在回转盘 5 上。回转盘 5 装到立钻的支持台面 6 上，且与立钻的主轴保持一定的偏心。这样，当研盘转动时，使阀体也转动，因而可以缩短研磨过程，并保证研磨均匀。

四、阀门研磨的质量检验

在阀门密封面经过粗研和细研后，必须仔细清理干净。清理时应使用干净的软布或面纱，防止研磨砂或硬物划伤密封面，然后进行表面质量检验。

（一）使用平板检验

在阀芯或阀座密封表面上用铅笔划上细密的径向道，然后用表面干净的检查平板检查密封面，检查时将平板放在密封面的表面上，并轻按平板，使其在密封面上往复旋转十数次。取下平板，观察密封面的表面，若所画的铅笔道已被平板均匀磨去，则表示该密封面的表面已经达到要求的平整和光洁度。如果在这个表面上的铅笔道不能全部被平板磨去，则表示密封面仍然存在缺陷，需继续研磨。

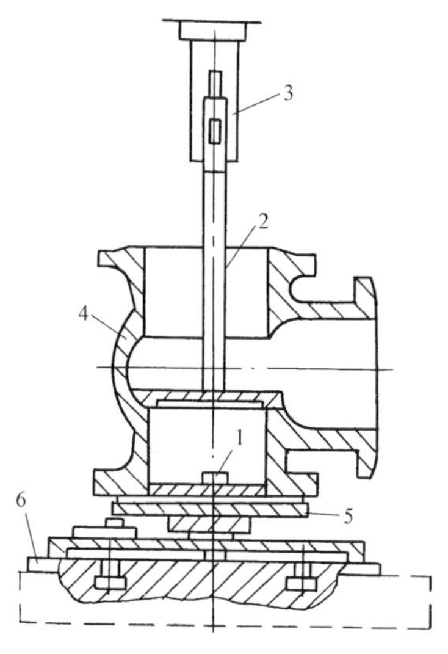

图 16－32　在立钻上研磨阀门密封面的工具

1—研磨器；2—心轴；3—主轴；4—阀门体；5—回转盘；6—支持台面

（二）阀芯与阀座对合检验

在阀芯与阀座的密封面上涂上少许清洁的机油，然后上下密封面对合在一起，轻压阀芯向左或向右旋转数圈，取下阀芯，擦净密封面，仔细检查，接触部位会发黑亮颜色。如阀芯及阀座密封面接触连续均匀，光亮全周一致，且宽度大于阀座密封面的2/3，且无个别地方发亮或有划道等现象，表示阀门研磨质量合格。如研磨质量很好时，往往向上提起阀芯时，有吸向阀座的吸力。

提示　本节内容适合锅炉管阀检修（MU5　LE13）。

第六节　吹灰器检修

锅炉吹灰器主要有蒸汽吹灰器、脉冲吹灰器、次声波吹灰器，我国当前使用较多的是蒸汽吹灰器。锅炉的吹灰系统由蒸汽系统、吹灰器和吹灰程序控制盘组成。蒸汽吹灰器按工作行程可分为长、短两种；长吹灰器布置在过热器、再热器、省煤器等部位；短吹灰器布置在水冷壁四周。本节主要介绍 IR－3D 型短吹灰器和 K－525 型长吹灰器。

一、IR－3D 型短吹灰器

1. 基本结构

IR－3D 型吹灰器，主要用来吹扫炉膛水冷壁，它的螺纹管在行进中可以旋转 360°，并有一个凸轮控制，对预先设定的部位进行吹扫。该型吹灰器主要由外壳、电动机、齿轮箱提升阀、进气管、枪管（旋转管）等部件组成，其结构如图 16－33 所示。

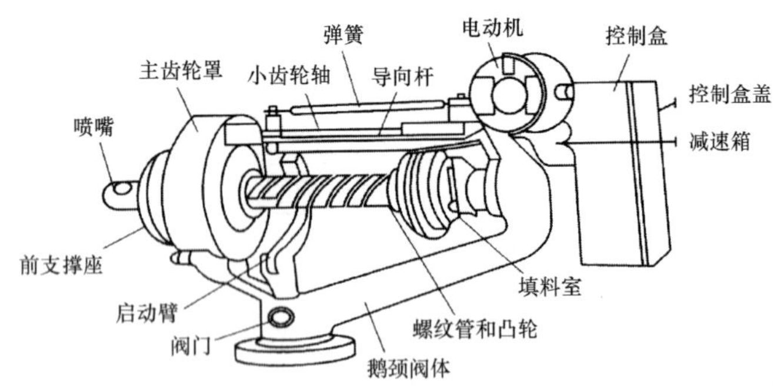

图 16－33　IR－3D 型吹灰器的结构

2. 工作原理

电源接通，吹灰器启动，大齿轮顺时针转动，螺纹管伸出，凸轮部件前移。凸轮法兰上的导向槽卡在导向杆内移动，防止螺纹管和凸轮的转动。当螺纹管前进到前极限限位时，凸轮脱开导向杆和弹簧定位的棘爪，螺纹管、凸轮和喷嘴顺时针转动，吹灰过程开始。固定在法兰上的凸轮环面触及启动臂打开吹灰器介质阀门，按照预定圈数吹灰。吹灰完成预定圈数后，控制系统使电动机反转，大齿轮逆时针方向转动，螺纹管和凸轮也逆时针方向转动，当凸轮上的导向槽导入弹簧定位棘爪后，作用于蒸汽阀网杆上的顶力消失，于是在复位弹簧力及残余蒸汽压力作用下网门立即关闭，蒸汽被切断。棘爪阻止了凸轮的继续转动，使螺纹管和凸轮沿着导向杆回到了起始位置。螺纹管回到起始位置后，凸轮上的导向槽脱开导向杆继续逆时针旋转，螺纹管前端的定位环防止螺纹管继续后退。

3. 检修工序

（1）吹灰器从炉上拆下。

1）切断吹灰工质及电源。

2）卸下吹灰器外罩。

3）用手拉葫芦将吹灰器吊在吹灰器上面的钢梁上。

4）拆下枪管轴承外壳。

5）取出电动执行机构与机械连接销。

6）抽出电动执行机构，将其完全脱离吹灰器机械部分。

7）卸下吹灰器入口法兰螺栓。

8）拆下吹灰器与炉墙连接螺栓。

9）将剩下机械部分向炉外平移，使吹灰喷嘴完全抽出炉外。

10）用手拉葫芦将吹灰器缓慢放到平台。

（2）拆卸提升阀。

1）将吹灰器从炉上卸下。

2）取下连接拐臂与凸轮连接销钉。

3）卸下阀门弹簧轭架销钉，取下轭架。

4）取出阀门弹簧座圈及弹簧。

5）拆下提升阀盘根压盖螺母。

6）取出盘根压盖及盘根。

7）抽出提升阀杆及阀瓣。

8）检查阀瓣及阀座结合面，标准应无麻点及划痕。阀杆弯曲度不应超过0.1～0.5mm。

（3）更换进汽管盘根。

1）切断吹灰工质和电源。

2）手动盘车将枪管向前移动以获得工作空间。

3）御下盘根压盖螺母。

4）将盘根压盖向后移动以获得工作空间。

5）用盘根钩子取出盘根。

6）将填料室和盘根压盖清除干净。

7）重新回装盘根时，前后第一圈用石棉盘根，中间均用石墨盘根，相邻两面开口应错开90°～120°。

8）回装盘根压盖，拧紧压盖螺母，盘根压盖应至少有1/3的紧压间隙。

9）将吹灰器手动盘车到全缩位置，手动盘车前，必须切断电源，避免吹灰器反转伤人。

（4）更换吹灰喷嘴。

1）切断吹灰工质及电源。

2）将吹灰器从炉上拆下。

3）拆下枪管轴承支架螺栓及轴承。

4）卸下拐臂及凸轮。

5）用盘根钩子取出盘根。

6）将进汽管从枪管中抽出。

7）检查枪管及喷嘴，若需要则更换。

8）回装时按上述相反顺序进行。

9）更换喷嘴，喷口中心线到炉水冷壁间的距离应在38～40m之间，喷口应朝下。

（5）更换凸轮。

1）将吹灰器处于全缩位置。

2）切断吹灰工质及电源。

3）拆下吹灰器外罩。

4）拆下固定凸轮螺栓，取下凸轮。

5）检查凸轮磨损情况，若磨损严重应更换。

6）将凸轮回装在吹灰器上。

7）转吹灰器一个行程。

8）合格后回装吹灰外罩。

（6）提升阀研磨。

1）从吹灰器上拆下提升网并解体。

2）将阀体、阀瓣放在专用支架上进行研磨。

3）将研磨膏均匀涂在专用的研磨胎具上进行研磨。

4）研磨时将力垂直向下作用在磨具上，旋转磨具方向，应交替进行。

5）每研磨5min时，将结合面研磨膏擦干净，进行检查若不合格需重新研磨，直到合格为止，其标准密封结合面粗糙度应达0.4um以上。

6）研磨结束后，用清洗剂清洗，再用面中纸将结合面擦拭干净。

7）研磨时应平稳，不能晃动和歪斜，免结合面被研偏。

（7）吹灰压力设定。

1）检查吹灰器在全缩位置，提升阀在全关位置。

2）卸下装压力表丝堵，安上压力表。

3）接通吹灰器电源和吹介质进行试转，此时由专人监视压力表读数。

4）若压力不合格、再将吹灰器调至停止工作位置。

5）卸下防松销、用螺钉旋具拨动压力控制盘来调整压力，其方法是顺时针拨动为降压，逆时针为升压。

6）装回防松销并拧紧，重新送汽试压。

7）若吹灰压力仍不合格就按上述4）、5）、6）顺序再调整压力，直至合格为止。

8）取下压力表，回装丝堵并拧紧。

（8）拆轴承组件。

1）将吹灰器从炉上拆下。

2）卸下凸轮及导向杆。

3）拆下提升阀拐臂。

4）拆下轴承外置。

5）取下枪管两个滑块。

6）卸下轴承内外卡簧。

7）拆下主动齿轮。

8）取出轴承，若有损坏应更换

9）回装按拆卸相反顺序进行。

（9）吹灰器检查。

1）检查各轴承、油封等油位正常，并无渗漏现象。

2）阀门拐臂、拉杆各连接轴灵活好用。

3）检查凸轮开口正确，切入导向杆并平行滑动。

4）检查提升阀弹簧，无卡涩现象并行程到位。

5）吹灰器行程限位开关位置正确。

6）就地试验启、停按钮灵活好用。

7）冷态试验各旋转部位，应无异声及卡涩现象，运行正常。

8）热态试验，各法兰结合面应无渗漏现象。

9）吹灰时间和吹灰行程正确。

IR－3D型吹灰器常见故障及处理方法见表16－2。

二、长伸缩性吹灰器（K－555型及K－525EL型）

1. 基本构造

该吹灰器主要由大梁、齿轮箱、行走箱、吹灰管、阀门、开阀机构、前部托轮组及炉墙接口箱等组成，如图16－34。主要用于吹扫锅炉上部过热器、再热器和锅炉尾部竖井内低温段过热器、再热器、省煤器上的积灰和结渣。

表 16－2　IR－3D 型吹灰器常见故障及处理方法

现象	原　　因	处　　理
吹灰器卡住或不能运行	（1）大、小齿轮卡； （2）枪管卡在墙箱中； （3）棘抓黏住，不能抠在凸轮法兰的槽内； （4）连接齿轮和轴承组件传动销断裂； （5）电动机和减速齿轮之间传动键断裂	（1）检查大、小齿轮及传动装置，若必要应更换； （2）解体检查墙箱内有无卡涩物； （3）检查导向杆组件，重新调整凸轮开口，必要时更换； （4）更换传动销； （5）更换传动键
驱动过负荷	（1）阀杆卡在导向组件中； （2）管阀支撑不正确扭力传给吹灰器	（1）拆开提升阀并检查阀杆，若损坏应更换； （2）重新布置管阀支架
吹灰介质无法切断	（1）提升阀杆黏在导杆上； （2）阀瓣与阀杆脱开； （3）阀轭或弹簧损坏； （4）阀杆上阀盘松动	（1）拆开提升阀，检查阀杆若有损坏应更换； （2）拆开提升阀，重新上好阀瓣，并锁好止动销； （3）更换阀轭和弹簧； （4）拆卸提升阀，检查阀盘，如有必要应更换
炉管磨损或挡板冲蚀	（1）吹灰压力太高； （2）吹灰介质中水分过高； （3）吹灰时间过长	（1）重新设定压力； （2）提高吹灰介质温度； （3）缩短吹扫时间

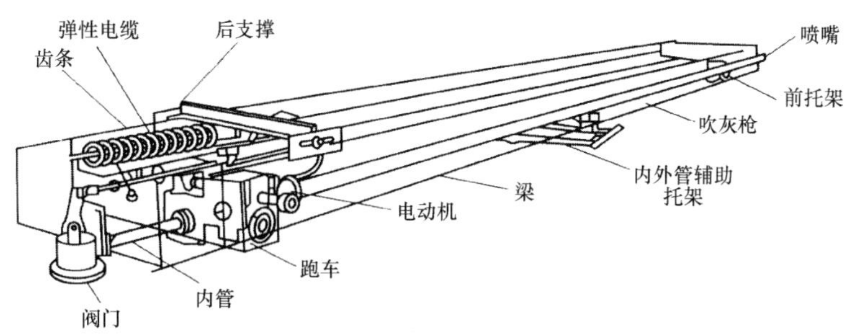

图 16－34　IK－555 型吹灰器

2. 工作原理

当电源接通，跑车带着内托管托沿工字梁向前移动，吹灰枪和跑车拴接在一起，向前旋转前进。当吹灰枪进入烟道一定距离后，吹灰器阀门自动打开，吹灰开始。跑车续将政灰枪旋转前进并吹灰直至达到前端极限。当跑车触及前端行程开关时，电动机反转，使跑车、托架引导欧灰器枪管与前进时不同的吹灰轨迹后退，边后退边旋转，边继续吹灰。当吹灰枪喷头退到距炉墙一定距离时、蒸汽阀门自动关闭，吹灰停止，跑车退到起始位置，触及后端行程开关，吹灰枪停止行走。吹灰完成一次吹灰过程。

吹灰枪吹灰时，一边前进（或后退），一边旋转，做螺旋运动，喷头上的两只喷嘴按以上叙述的沿螺旋线轨迹，将两股蒸汽射向对流受热面。

3. 检修工序

（1）将提升阀从吹灰器上拆下。

1）切断吹灰器电源，防止装置自动投入运行。

2）切断吹灰工质供应。

3）拆下吹灰器单向阀，如图 16－35 所示。

4）取下提升阀拐臂销钉，卸下螺母及拐臂轴。

5）取下提升出入口法兰螺栓（拆卸入口法兰螺栓前，应检查蒸汽管支吊架是否牢固、否则应做好安全措施再拆卸）。

6）从吹灰器上取下提升网。

7）回装时按拆卸相反顺序进行。

（2）提升阀解体。

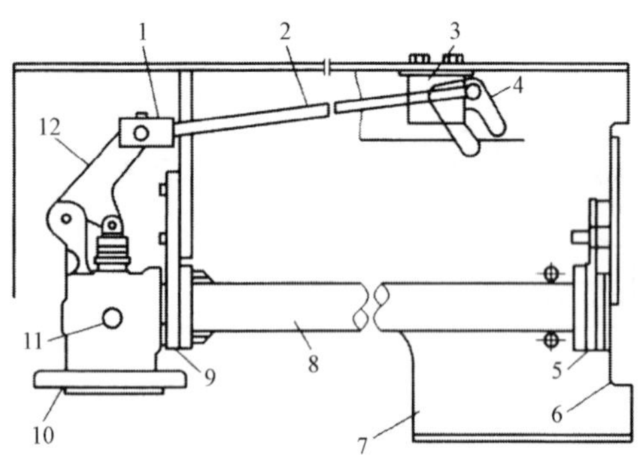

图 16－35　提升阀位置

1—滑块；2—拐臂；3—旋转组件；4—凸轮组件；5—填料压盖；6—小车组件；7—梁；8—进汽管；9—安装托架；10—提升阀；11—压力锁定销；12—阀门拐臂

1）从吹灰器上取下提阀。

2）取下轭架开口销，抽出销钉。

3）取出拐臂销钉及拐臂。

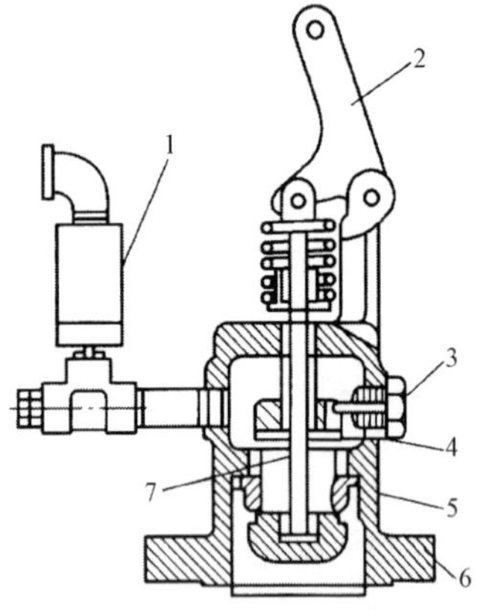

图 16－36　提升阀结构

1—单向阀；2—拐臂；3—锁定销；4—压力控制盘；5—阀座；6—阀体；7—阀杆组件

4）取下门弹簧，取出轭架。

5）取下弹簧，卸下盘根压盖螺母。

6）取出盘根压盖及密封盘根。

7）抽出杆及阀。

8）检查阀座、阀瓣结合面，其标准结合面应无麻点及划痕；阀杆弯曲不应超过 0.1mm，如图 16－36 所示。

（3）更换提升阀盘根。

1）切断吹灰介质及电源。

2）抽出提升阀拐臂销钉，卸下拐臂。

3）卸下轭架，取下弹簧。

4）拆下盘根压盖螺母，取出

盘根。

5）将填料室和盘根压盖清扫干净。

6）重新加装密封盘根，其标准是上、下第一是石棉盘根，中间均是石墨盘根、数 2 盏至少应有 1/3 的紧压间隙。

7）回装时按拆即相反顺序进行。

（4）更换进汽管盘根。

1）切断吹灰工质及电源。

2）手动车将小车向前移动一段距离（移动的距离到不妨碍工作即可）。

3）即下盘根压盖螺母，将压盖移开。

4）用专用盘根钩子取出旧盘根。

5）将填料室及盘根压盖清除干净。

6）重新加装密封盘根，里外第一圈应用石棉盘根、其余均用石墨盘根，相邻两圈开口开 90°～120°。

7）回装盘根压盖，拧紧压盖螺母，盘根压盖至少应有 1/3 的紧压间隙。

8）将小车手动盘车（手动盘车前必须切断电源，避免小车反转摇把伤人），调到全缩位置。

9）进行试转。

（5）提升阀研磨。

1）提升阀从吹灰器卸下并解体。

2）将阀体和阅瓣放在专用支架上进行研磨。

3）将研磨膏均匀涂在专用的研磨胎具上，研磨时旋转方向应交替进行，并应平稳，不能晃动或歪斜，避免将结合面研偏。

4）每研磨 5min 时，将结合面研磨膏擦拭干净，进行检查。若不合格，则重新研磨，直至合格为止，标准结合面粗糙度应达 Ra0.4 以上。

5）研磨结束后用清洗剂清洗，再用面巾纸将结合面擦拭干净。

（6）枪管及进汽管拆卸。

1）切断吹灰介质及电源。

3）用手拉葫芦将枪管吊起，此时应防止枪管进汽管抽出小车后在炉墙处损坏。

2）将小车调至全缩位置。

4）卸下枪管毂法兰螺栓，并将法兰移开。

5）取出连接枪毂键销及止动螺母。
6）向前移动枪管，直至使枪毂退出小车外边。
7）手动盘车将小车向前移动，以获得工作空间。
8）用盘根钩子取出进汽管盘根。
9）卸下吹灰器出口法兰（方形法兰）螺栓。
10）拆下进汽管夹板螺栓，将夹板前移。
11）取下进汽管与夹板连接键。
12）先向前移动进汽管，然后卸下止动螺母。
13）继续向前移动进汽管，直至完全脱离小车为止。
14）将枪管从炉内抽出。
15）回装时接拆卸相反顺序进行。
（7）小车从吹灰器上卸下。
1）切断吹灰介质及电源。
2）将小车调到完全缩进位置。
3）将枪管和进汽管拆下并完全脱离小车。
4）拔下电动机电缆插头。
5）卸下伸缩电缆支架。
6）拆下小车限位开关撞击杆。
7）卸下吹灰器外壳检修盖板。
8）用手拉葫芦将小车吊好。
9）拆下为小车落地检修的轨道。
10）用手拉葫芦缓慢放下小车。
11）回装小车时按其拆卸的相反顺序进行。
（8）拆卸小车一级齿轮组。
1）卸下小车底部放油阀，将油完全放尽。
2）将小车从吹灰器卸下。
3）卸下固定电动机螺母及防松垫圈。
4）从小车上拆下固定电动机螺栓，拆下电动机和密封垫。
5）拆卸齿轮箱内六角螺栓，解体箱体。
6）拆下轴承组件挡圈及键，并移动正齿轮。
7）检查齿轮，若有磨损或损坏，应更换。
8）用润滑油脂涂在齿轮上。
9）按拆卸相反顺序回装。
10）拧紧放油阀，重新给小车加油。

(9) 拆卸正齿轮及组件。

1) 拆下小车滚子和小齿轮。

2) 卸下固定轴承防松垫圈。

3) 抽出轴与齿轮连接键销，取下齿轮。

4) 取下齿轮轴承挡圈，此时不要把挡圈弄变形。

5) 检查齿轮、轴及其他组件，若有损坏应更换。

6) 将推荐的润滑脂涂在齿牙上。

7) 四装轴和齿轮时将键槽朝上定位。

8) 回装时按拆卸相反顺序进。

(10) 吹灰压力设定。

1) 检查吹灰器在全缩位置，提升阀全关位置。

2) 卸下装压力表丝堵，装上压力表。

3) 接上吹灰器电源和介质进行试转，此时应由专人监视压力表读数。

4) 若吹灰压力不合格，再将吹灰器调到试转前状态。

5) 卸下防松销，用螺钉旋母拨动压力控制盘来调整吹灰压力，顺时针拨动为降压，逆时针为升压。

6) 装回防松销并拧紧，送汽试压。

7) 若压力还不合格，按上述4)、5)、6) 顺序再调整压力，直到合格。

8) 取下压力表，再用丝堵封好。

(11) 吹灰器检查。

1) 检查各轴承、油封等油位是否正常，有无渗漏现象。

2) 阀门拐臂、拉杆各组件连接轴灵活好用。

3) 检查凸轮组件“鸭嘴”开口位置是否正确。

4) 检查提升阀弹簧有无卡涩现象，行程是否到位。

5) 吹灰器各行程限位开关位置是否正确。

6) 就地试验启停按钮是否灵活好用。

7) 冷态试转各旋转部位，应无异声及卡涩现象，运行正常。

8) 热态试转，法兰及各结合面有无渗漏现象。

9) 吹灰时间、吹灰行程是否正确。

4. 常见故障及处理方法

IK－525B 型吹灰器的常见故障及处理方法见表 16－3。

表 16－3　IK－525B 型吹灰器的常见故障及处理方法

现象	原　因	处　理
吹灰器卡住或不能前进	（1）前滚轮没有正确设定； （2）枪管在炉墙内结垢； （3）管在炉内结垢； （4）墙箱内有细铁屑或污垢； （5）进汽管填料太紧； （6）小齿轮卡在齿条上； （7）阀杆抱死在阀套中； （8）管道支撑不对	（1）重新找正滚轮； （2）检查炉墙内有无卡涩物； （3）调整吹灰器安装角； （4）用压缩空气吹扫； （5）调整填料盖； （6）检查齿条平直度，清洁小齿轮齿牙； （7）拆下提升阀并检查阀杆，若有损伤应更换； （8）检查管道，必要时重新敷设
吹灰器不会停	（1）限位开关拖机杠杆松动； （2）限位开关卡住	（1）拧紧拖机杠杆； （2）清除卡物或更换开关
吹灰介质无法切断	（1）提升阀杆黏在套中； （2）阀瓣与阀杆脱开； （3）阀轭或弹簧损坏； （4）阀杆上阀盘松动； （5）操作销损坏； （6）伞形齿轮断	（1）拆开提升阀检查阀杆，若有损坏应更换； （2）拆卸提升阀，重新上好阀瓣并锁好锁销； （3）更换阀轭架或弹簧； （4）拆卸提升阀，必要时更换新盘； （5）更换操作销； （6）解体齿轮箱，更换伞形齿轮
炉管磨损或挡板冲蚀	（1）吹灰压力太高； （2）吹灰介质中水分过高	（1）重新设定吹灰蒸汽压力； （2）提高吹灰介质温度

三、检修质量标准

1. 提升阀

（1）阀座和阀瓣密封结合面应无腐蚀、划痕现象，粗糙度应达 Ra0.8 以上。

（2）网杆螺纹应无拉毛、滑扣现象，弯曲度不超过总长的 1/1000，椭圆度不大于 0.05mm。

（3）阀体、盖应无裂纹和砂眼，阀体、阀盖结合面应无损伤和径向沟痕现象。

（4）螺栓、螺母丝扣完整无损，无拉毛、变形现象。

（5）阀杆密封盘根里外第一圈用石墨盘根，中间均用石棉盘根。相邻两圈开口应错开 90°～120°。

2. 喷嘴

（1）喷嘴中心线到水冷壁表面距离应符合要求。

（2）喷嘴完好，喷口不变形应符合设计要求。

（3）喷嘴应与水冷壁表面垂直。

（4）停止工作时喷口方向朝下。

3. 喷管

（1）内管表面应光洁，无划痕、损伤，管内无堵塞。

（2）外管各支点焊缝无脱焊和裂纹。

（3）内外管弯曲度符合使用要求。

4. 减速箱

（1）各齿轮配件应无裂纹、缺损等现象。

（2）齿轮、蜗轮磨损不得超过原厚度的 20%。

（3）齿轮啮合接触面不得小于 70%。

（4）轴承内外套、滚珠架、滚珠应均无裂纹、麻点、重皮等现象。

（5）轴承内套与轴不能产生滑动。

（6）减速箱润滑油、润滑脂应符合质量标准，油位（润滑油）、油量（润滑脂）应符合规定标准。

5. 调试与验收

（1）吹灰器进退动作灵活、旋转方向是否正确、工作行程是否正确。

（2）提升阀弹簧有无卡涩现象，弹簧工作行程是否到位。

（3）行程限位开关是否灵活好用。

（4）提升阀开关执行机构应灵活好用。

（5）各法兰结合面应无泄漏现象。

（6）电动机超负荷保护和吹灰超时间保护动作是否正确。

四、吹灰器运行及维护

（1）吹灰器投入运行后，就地巡检人员要检查吹灰器工作情况，发现吹灰器故障立通知主值班员停止吹灰。及时联系检修人员将故障吹灰器手动摇出（吹灰器卡住后严禁止蒸汽，避免吹灰器烧弯无法取出扩大故障）。

(2) 值班员定期检查吹灰器程序执行情况，发现程序执行错误或停止执行吹灰情况时应及时联系热控人员进行处理。

(3) 吹灰器投入后运行人员要加强锅炉燃烧调整，保持较高炉膛负压，避免炉正压。

(4) 锅炉吹灰时，加强对冷灰斗检查，发现掉大焦影响捞渣机运行时应及时联系主班员停止锅炉吹灰，故障处理后再进行吹灰。

(5) 锅炉吹灰时，注意检查吹灰器拉线电缆安全，发现拉线电缆移动受阻要及时停止该吹灰器运行，联系热工人员及时处理。

(6) 定期对吹灰器齿轮和齿条进行注油维护，避免齿轮及齿条损坏。

(7) 定期更换密封填料，避免填料不严密发生吹灰器漏汽，损坏拉绳电缆和发生人员伤害事故。

(8) 发现疏水门、总门内漏要及时处理（如果不能在机组运行中处理的，要做好处理准备，利用停机机会及时处理）。

(9) 定期检查电气控制回路，及时发现问题进行处理。

(10) 定期检验吹灰器吹灰角度是否正常，避免因吹灰角度不符合要求而吹损受热面。

(11) 利用停机机会，检查吹灰器吹灰区域受热面外观是否有损伤部位，如发现问题应及时组织有关技术人员进行分析，查找原因，采取相应对策。

第七节 阀门调试

一、阀门电动执行机构的调整

电动装置的调整方法如下：

（一）准备工作

电动装置全部安装工作完成后，将手动、电动切换机构切到手动侧。用手轮操作开启和关闭阀门，检查电动机与阀门开、关方向是否一致，开度指示变化与手操作方向是否一致并同步。开关应灵活，无卡涩，并将阀门放至中间位置。

（二）电动试操作

检查电气控制回路接线，应正确，绝缘良好。将手动、电动切换机构切到电动位置，送上电源，电动操作向开或关方向试开一次，其方向正确，动作灵敏可靠，工作平稳无异声。并用手拨动相应的行程或转矩开关，在开或关方向均能正确切断控制电路，使电动机停转。

（三）调整开向行程开关

调整转矩、行程开关前，必须检查开度指示器上电位器是否已脱开，以免损坏（可把电位器轴上齿轮的紧定螺丝松开，手操阀门至全开后，再回关0.5～1.5圈，作为电动装置的全开位置，以防温度变化及电动机惯性使阀门卡死）。对于计数式的行程控制机构，调整时应先拧下控制机构中部的闭锁螺丝，或用螺丝刀将顶杆推进并转90°，使主动齿轮和控制机构的计数齿轮脱开，然后按箭头指示方向，旋转控制机构开关方向的调整轴，直到凸轮弹性压板使微动开关动作为止。最后退出控制机构中部的闭锁螺丝，使主动齿轮和控制计数齿轮重新咬合。用螺丝刀稍许转动调整轴，用电动稍关几圈，然后再打开，视开向行程动作是否符合要求，如不符合，应按上述程序重新调整，每调一齿（个位齿轮），输出角度变化不大于9°。在开向行程开关调好以后，将阀门先关，后用电动打开，再手动开完，记下预留圈数。并反复试操几次正确无误。调整时，一般控制阀门开向为全行程的90%左右。

对不同结构的行程控制机构，应按照各自的整定方法进行整定。总的原则是阀门停止在指定的全开位置，整定行程控制机构，使开启方向的行程开关刚刚动作。有的行程控制机构，当行程超过上限时会造成零件的损坏。在整定这类行程控制机构时，应先使控制机构与主传动机构脱开，再用手动操作使阀门全开。

（四）调整关向行程开关

在整定阀门关闭方向的行程开关时，首先必须明确被控制阀门关闭的定位方式，表16－4列出扬州修造厂生产的电动装置关闭位置的定位方式。

表16－4　　阀门、电动装置关闭位置的定位方式

阀门种类	控制方法		阀门种类	控制方法	
	关向	开向		关向	开向
自密封（闸线）	行程	行程	密封蝶阀	转矩	行程
强制密封（闸线）	转矩	行程	非密封蝶阀	行程	行程
截止阀	转矩	行程	球阀	行程	行程

从表16－4看出，大多数阀门关闭位置的定位方式是按转矩定位的，即阀门的全关位置是阀门操作转矩达到规定值的位置。这类转矩定位的阀

门控制电路是靠转矩开关来切断的，这时阀门关闭方向的行程开关主要用来闭锁控制电路和提供阀位信号。在一般情况下，这类阀门关闭方向行程开关的动作位置，可以定在阀门全关后再开启1~2圈处。

有的阀门关闭位置是按阀门行程定位的，即阀门的全关位置是阀位达到规定值的位置。这类行程定位的阀门控制电路是靠行程开关来切断的，这时阀门关闭方向的行程开关应整定在阀门的全关位置。

调整关阀方向行程开关的方法和调整开阀方向行程开关的方法是相同的，即首先用手动将阀门操作到规定的位置，然后整定行程控制机构，使关阀方向行程开关刚刚动作。

用电动操作阀门反复开启和关闭，检查电动阀门的工作，应平稳、灵活。对按行程定位的阀门，在开启和关闭的操作中，转矩开关不应动作。对按转矩定位的阀门，在关闭过程中，关闭方向的行程开关应先动作，然后转矩开关再动作，并切断控制电路。

（五）调整开度指示器、远传装置和附加行程开关

开度位置指示器和远传装置的调整主要是定上、下限和方向，也就是对正阀门全开和全关位置。阀位、远传装置调整，必须与装在控制盘上的位置指示表一起进行。调整前，应先校正指示表的机械零位，并合通阀位、远传装置的电源。调整时，先将阀门操作到全关位置，再调整位置指示器，使它的指针正好指在全关位置。调整阀位、远传电路中的调整电阻（或电位器在零位上，并使电位器轴上的齿轮与开度轴上的齿轮啮合，拧紧电位器轴上的紧定螺丝即可），使盘上的阀位指示表正好指在全关位置（零位）。然后，再操作，使阀门开启，检查位置指示器和盘上的阀位指示表指针移动方向，应与阀门操作方向一致并保持同步。当阀门全开时，调整相应的部件，使位置指示器正好指示阀门在全开时的位置。调整阀位、远传电路中的调整电阻（或电位器），使盘上阀位指示表正好指示阀在全开位置。调整附加行程开关时，必须首先明确要求开关动作的位置，调整操作阀门，使它停在要求开关动作的位置，然后再调整附加行程开关，使之合通或断开。

（六）调整转矩开关或机械保护装置

调整转矩开关或机械保护装置，必须在转矩试验台上或按照随产品提供的转矩特性曲线或数据进行。首先调整关方向转矩（旋转转矩弹簧或拨动力矩指示值），从小转矩值开始，逐渐增大转矩值，直到阀门关严为止。调整开方向转矩，应根据已调好的关方向转矩值增大1.5倍以上，即为开方向的转矩值，这是在空载无介质压力下调整的。在有压力、温度时

应注意其能否关严，如关不严则要适当增加转矩值，以关严、打得开为准。但有时缺乏数据和曲线，需现场调整时宜谨慎从事，应先将关阀方向的转矩调到较小值，然后用电动关闭阀门。当转矩开关动作切除电源后，将电动切为手动，用手动检查阀位的关紧程度。如果阀门能用手动继续关闭，则应进一步提高转矩开关的整定值，并用同样方法检查阀门的关紧程度，直到阀门电动关严，用手动不能再继续关，但又能用手动开启时为止，即可认为转矩开关在关阀方向已经调整好。然后参考关阀方向转矩开关整定值，去整定开阀方向转矩开关的整定值，使其值大于关阀方向的值，以保证能打开、关严阀门。因冷、热态时转矩会有差别，故在正常工作的压力、温度下，整定转矩开关更能适应工作状态。虽然上法可满足要求，但有一定的盲目性，为此可采用简易方法来粗略测量转矩开关的动作转矩值。如有的电动装置在手动、电动切换机构切到手动时，转矩限制机械仍然参加传动工作，且手动操作时同样可使转矩限制机构动作，所以可利用手动操作机构（手轮）来粗略地测量动作转矩值。

二、汽水系统安全门的调整校验

（一）冷态校验

安全阀检修好后可以先进行冷态校验，这样可保证热态校验一次成功，缩短校验时间，并且减少了由于校验安全阀时锅炉超过额定压力运行的时间，安全阀的冷态校验在专用的校验台上进行。

（1）脉冲安全阀的冷态校验。

将主阀和辅阀安装在校验台上，其系统如图 16－37 所示。先关闭校验调整阀和校验台放水阀，开启脉冲安全阀入口阀，并开调节缓冲节流阀，开 1/4～1/2 圈，再接通校验用的高压给水，其压力应高于安全门动作压力。校验时徐徐开启阀，监视压力表压力升高数值和脉冲安全阀的动作情况，调整副阀弹簧调整螺母（重锤式调整重锤位置），使其在规定的动作压力下动作，则主阀亦应动作，否则应查找原因并消除。校验好后应将调整螺母固定，或者将重锤位置记下，也可用顶丝顶紧，使其不能移动。根据实践经验，冷态校验安全阀的动作压力应比规定的安全阀动作压力高 0.05～0.1MPa。校验完后，打开校验台放水阀，放完水后，拆下安全阀，将内部的水擦干净，再组装好，即可安装。

主阀也可单独进行校验，如图 16－38 所示。这样仅能检查主阀是否能灵活动作，所用的水或蒸汽不需太高的压力，有 1～1.5MPa 即可。校验时先打开入口阀，关闭放水阀，再慢慢开启调整阀，到主安全阀动作为止。

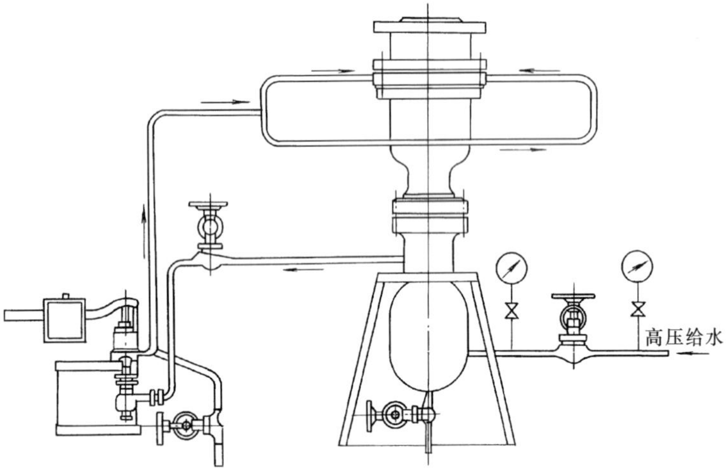

高压给水

图 16－37　安全阀校验台

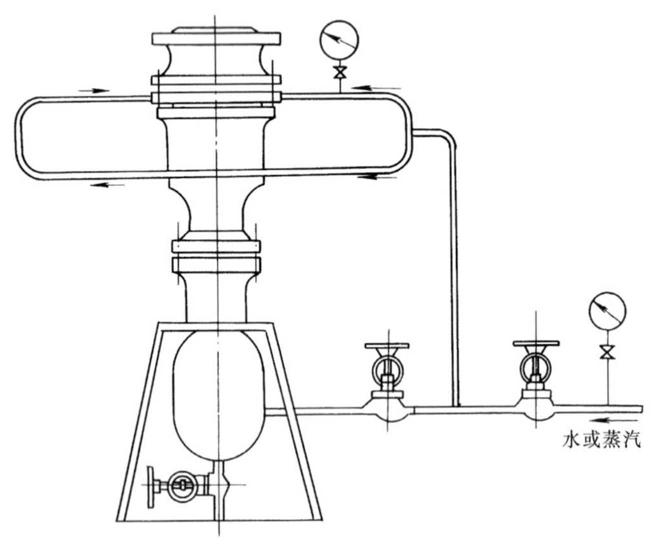

图 16－38　主安全阀校验台

（2）外加负载弹簧安全阀的校验。

仍可采用图 16－38 所示的校验台及系统，将安全阀装到校验台上，此时安全阀上部的活塞部分不装。校验时使高压给水充满校验台，根据动作压力调整弹簧调整螺母（拧紧或旋松），直到在规定动作压力下能动作即可。冷态校验压力同样比动作压力高 0.05～0.1MPa。校验后将阀内的水擦干净。

（二）热态校验

检修后，锅炉点火升压，校验安全阀是锅炉检修的最后一项工作，校验合格后，锅炉即可投入运行或备用。安全阀校验应事先做好组织准备工作，以缩短校验时间，争取各个安全阀一次校验成功。

（1）安全阀热校验的准备工作。

安全阀热校验时，锅炉已点火启动，因此，现场应清扫干净，架子拆掉，符合运行的要求。热校验安全阀的方式、程序和注意事项应由检修负责人组织检修人员和运行人员共同研究制定，并对参加校验的人员分工。准备好通信设备及联络信号，并且准备好校验中要用的粉笔、小黑板、扳手、手锤、螺丝刀、压板等工具和物品。换上标准压力表，校验时要经常和司炉操作盘上的压力表进行对照。

当锅炉压力升到 0.5～1MPa 时，检修人员应按规定紧螺丝，紧所有阀门盘根。当压力升至额定压力时，应对锅炉进行一次全面的严密性检查，并将检查结果做好记录。经检查确定无影响锅炉正常运行的缺陷后，方可进行安全阀的校验工作。安全阀动作压力的校验标准如表 16－5 所示，制造厂有特殊规定的除外。

（2）脉冲式安全阀热校验。

安全阀热校验时，从动作压力较小的锅热器安全阀开始，然后校验汽包控制安全阀和汽包工作安全阀。

表 16－5　　安全阀启座压力

安装位置		超座压力	
汽包锅炉的汽包或过热器出口	汽包锅炉工作压力 $p<5.98$MPa	控制安全阀 工作安全阀	1.04 倍工作压力 1.06 倍工作压力
	汽包锅炉工作压力 $p>5.88$ MPa	控制安全阀 工作安全阀	1.05 倍工作压力 1.08 倍工作压力

续表

安 装 位 置	超 座 压 力	
直流锅炉的过热器出口	控制安全阀 工作安全阀	1.08 倍工作压力 1.10 倍工作压力
再热器		1.10 倍工作压力
启动分离器		1.10 倍工作压力

注 1. 对脉冲式安全阀，工作压力指冲量按出地点的工作压力，对其他类型安全阀指安全阀安装地点的工作压力。

2. 过热器出口安全阀的起座压力应保证在该锅炉一次汽水系统境所有安全阀中，最先动作。

当锅炉压力升至接近安全阀动作压力（一般较动作压力小 0.1MPa 左右）时，若脉冲安全阀还不动作，应将脉冲阀的弹簧调整螺母稍松一些；如为重锤式，则将重锤向里侧稍加移动。若此时脉冲阀动作，接着主阀也动作，应将动作压力和动作完毕返回压力记录下来，作为技术档案保存。如果动作压力和规定动作压力一致，或正负相差在 0.05MPa 之内，即算合格。此时应将调整螺母固定（如为重锤式，将重锤固定或做出记号），并将脉冲阀入口阀关闭，接着校验其他安全阀。若安全阀经过冷态校验，一般情况热校验可以一次成功。全部安全阀校验完后，切莫忘记开启脉冲阀入口阀。

当单独试验安全阀电磁铁装置时，应将脉冲阀入口阀关闭，以防安全阀动作。

（3）外加负载弹簧安全阀热校验。

在外加负载弹簧安全阀校验时，其上部的外加负载装置先不安装，待校验完后再安装。

如果被校验的安全阀已经过冷态校验，当锅炉压力升至动作压力时，若安全阀还不动作，应将压力降至锅炉工作压力，稍松弹簧调整螺母，然后再升至动作压力，安全阀即可动作。此时记下开始动作和返回的压力数值，存档。这个安全阀校验完后，用 U 型板卡在定位圈上，并将定位圈向上旋紧，这样该安全阀就不会动作了，可继续校验其他安全阀。但一定要在所有安全阀校验完后取下 U 型板，并将定位圈向下旋松到规定位置，千万不可忘记。

如果安全阀未经过冷态校验，其热态校验方法相同，不过可能要多费一些时间才能校准。

（4）安全阀校验时的安全注意事项。

在安全阀做冷态校验时，应有专人控制高压给水进入校验台的入口阀，防止阀开得过大，超压过多。开门时应慢慢地开，均匀地升压，避免高压给水烫伤工作人员，校验前要把校验台内部和管道内部清理干净，防止铁渣等杂质损伤安全阀密封面。

提示 本节内容适合锅炉管阀检修（MU5 LE16）。

第十七章

管道阀门故障分析处理

第一节　管道常见缺陷的处理

由于长期在高温高压的条件下运行，给水、蒸汽管道阀门往往发生各种损伤、故障，造成设备停运检修。常见的损伤形式有材料的耗损、变形和各种各样的裂纹。

一、材料的耗损

材料的耗损通常是由于渣粒和铁锈等固体物在蒸汽或水的涡流作用下造成的冲蚀。如果水的流速很高或紊流很大，妨碍磁性氧化铁保护层形成时，即会产生冲蚀和腐蚀相结合的现象。如有一个喷水减温器的减温水管，外径为63.5mm，壁厚6mm，蒸汽压力为23.5MPa，温度为240℃，在运行过程中突然在连接焊缝上沿圆周方向破裂，被迫停炉。经过仔细检查，发现焊缝后面（沿介质流动方向）的管壁厚度大为减薄，焊缝根部突出很高的焊瘤，由于焊缝根部突出的焊瘤，管道横截面变小，造成紊流严重，因而材料遭到冲蚀，以至于破坏。还有一$\varphi 291\times 20$的给水压力管道，材质为15Mo3，位于放水管管座的后面，由于冲蚀作用，管壁减薄，炸开大约有手掌大小的破口。在给水调节阀出口后的管道也有类似损伤的例子。因此，对这类管道应在大修时进行超声波壁厚测量，对于管壁明显减薄的管段应及早更换。

另外在蒸汽管道上的异形管件、联箱的检查孔管座、堵头等部位处，往往由于蒸汽进入异形管件的过程中产生涡流而发生冲蚀，造成泄漏，也必须引起重视。

二、裂纹

（一）环向裂纹

环向裂纹多发生在焊缝附近，有的在母材的热影响区，有的在焊缝金属内。如有一台锅炉，运行55000h，启动142次以后进行检修时，在蒸汽压力为14.8MPa，温度为530℃的蒸汽管道中，一个由拔制管座连接（通向减温减压装置）的三通上发现了裂纹，该三通内径分别为 360mm 和 240mm，壁厚分别为 80mm 及 42mm，材料为 13CrMo44。裂纹位于焊缝与拔制管座之间的过渡区，长约 200mm，最大深度为 18mm。经分析，这一裂纹的产生是由于焊缝根部咬边和焊缝凸起所致，个别覆盖层的焊道过于粗糙也是促进裂纹形成的原因。采取修复的方法是先打磨，然后精心焊接，并作好相应的热处理，最后再将焊缝过渡区和焊缝表面磨光。

（二）横向裂纹

绝大部分横向裂纹到达焊缝后即停止向前发展，但也有一些横向裂纹穿过了热影响区而深入母材较远的部位。

如一蒸汽压力为 3.5MPa、温度为 530℃的再热蒸汽管道异形管件，其内径为 1120mm，壁厚为 42.5mm，材料为 10CrMo910，在运行 15700h 后，对其 4 个安全阀出口对接管座（内径为 350mm，壁厚为 57mm，材料为 10CrMo910）的角焊缝用磁粉检验，发现在这 4 个管座上，沿着圆周角焊缝均有长短不一的横向裂纹，其中有些裂纹延伸到异形管件与母材之间的过渡区内。经超声波检验得知裂纹深度有 20mm 左右。采取漆印法及取船形试样分析得出，该横向裂纹夹有金属氧化焊渣，是由于焊接时氢扩散而产生的，在运行应力作用下，一直穿透到外表面。处理的方法是将焊缝金属磨去 20mm 深，经检验，裂纹仍然存在，最后将焊缝金属全部铲除干净，重新补焊，并采取相应的热处理工艺。

（三）母材的纵向裂纹

纵向裂纹是沿管道轴向发展的，在光滑的弯管外侧出现的纵向裂纹，可能是由于弯制方向及随后的热处理引起的附加应力造成持久强度下降。

如一蒸汽压力为 21.5MPa、温度为 540℃的主蒸汽管的 90°弯管，其材料为 14MV63，规格为 $\phi 235 \times 30$，曲率半径为 1070mm。运行 9500h 后，满负荷运行时弯管外侧突然发生爆裂，裂口长 1400mm；在可能开始发生破裂的范围内，有一平行于主破裂口的轴向老裂纹，缝深约达管壁厚度的 80%，另外有很多小裂纹，分布在宽度为 10mm 的范围内，肉眼看也是很明显的。在管子内壁上，主要在主破裂口的中段，也有较多的轴向小裂纹。弯管外侧顶部一段的主破裂口断裂面的特征，与宏观变形不大的断口相似，其破裂口边缘很粗糙，有龟裂。从垂直于管子表面的老断裂面到裂纹末端形成一个小于 45°的倾斜断裂面。

材料试验结果表明，这是一种蠕变损伤，裂纹的起始点多在弯管外侧顶部的拉伸区。由爆破起始点到老裂纹起始点和弯管末端，从弯管外侧到内侧，整个弯管的持久强度是逐渐减小的，所以材料寿命缩短。其原因之一是附加应力，在弯管加工中的工艺及规范不合乎要求也是一个原因。

（四）其他裂纹

热冲击裂纹一般均发生在管壁较厚而介质温度有突变或伴随着蒸汽和水的相变的管件上，其裂纹的分布方向是无规则的。热应力裂纹则是指介质温度变化使管壁产生热应力而造成的裂纹，这类裂纹一般都是沿管件圆周的温度分布不均匀所造成的。

如蒸汽管道上的排汽管，由于运行中有凝结水，会对温度较高的蒸汽管道产生热冲击，从而出现热冲击裂纹。控制式安全阀的脉冲连接管的孔壁上，也常常会发生热冲击裂纹。

蒸汽管道上安装的一些阀门，会发现壳体上裂纹，多是由于阀门的形状复杂，在启停机时，在凹槽中容易积存凝结水，产生热应力，再加上孔的尖锐边缘都是应力集中的部位，因而在运行中产生裂纹。当然也有阀体是因为铸造中的缺陷而引起的裂纹。

三、检修

实际经验表明，在检修中牵涉到的专业技术和加工问题往往比制造新设备更难解决，其主要原因为：

一般来说，管材都已运行了很长时间，材质可能已发生变化。检查裂纹或蠕变等材料损伤的范围，利用现有的无损探伤方法，并不完全可靠。在已安装好的条件下要进行检验、检修及热处理，往往受到空间、温度及灰尘等环境条件的限制。在检修工作中工期往往比较紧，使检修时间受到限制。

由于上述原因，使得检修工作通常有更大的难度和风险。为使检修顺利进行，必须根据具体的检修情况，十分周密地制订检修计划，否则将有可能造成检修质量不合格。

例如有 $-\phi544\times11.5$，接管座为 $\phi438\times9.5$ 的异形管件，材料为 St45.25 钢，在进行安全阀性能试验时突然发生爆裂，设备受到严重损伤。检查发现，在拔制管座的异形管件上与主管顶部的连接焊缝处，有一个横向裂纹，该裂纹作过简单的补焊，这是发生爆裂的原因所在。而此横向裂纹，则是由安全阀出口管的附加外力造成的。如果开始发现横向裂纹时，不是简单地采取补焊办法，而是按照程序，先查找原因，进行试验和分析，然后采取适宜的修复措施，则不会发生这一次的爆裂事故。

对一些从损伤部位取下的试样检验发现，许多裂纹都是从检修补焊的焊缝处发展而成的。这也就是说，是由于检修焊接时没有进行热处理，或者处理不好造成的。在这些未被消除的残余应力和运行应力的共同作用下，使检修焊缝区产生了横向裂纹，因此检修和查找原因是密不可分的。一般说来，在发现问题后，首先要弄清以下几个问题：

（1）损伤的原因是什么；

（2）是个别缺陷还是系统性缺陷；

（3）若未发现的缺陷造成进一步的损伤，是否会危及安全，即是否会造成人身事故或较大的设备事故。

根据缺陷的性质决定修复的方法，并要消除产生缺陷的原因，这就要求检修人员与金属检验人员紧密配合。在检修工作中，可按图 17－1 所示的程序开展工作。

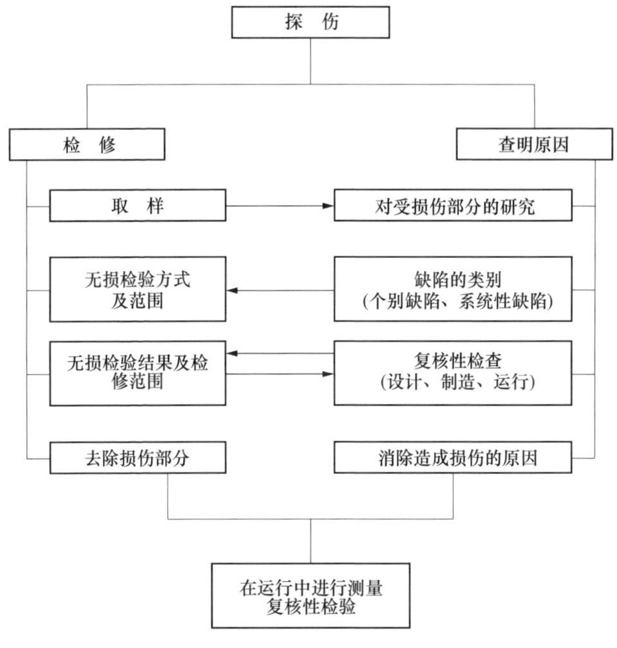

图 17－1　排除损伤的工序

提示　本节内容适合锅炉管阀检修（MU5　LE14）。

第二节　阀门常见缺陷的处理

一、阀门密封面的缺陷处理

（一）堆焊

阀头和阀座密封面经长期使用和研磨，密封面逐渐磨损，严密性降低，可用堆焊的办法将其修复。这种方法具有节约贵重金属、连接可靠、适应阀门工况条件广、使用寿命长等优点。堆焊的方法有电弧焊、气焊、等离子弧焊、埋弧自动堆焊等，电厂检修中最常用的方法是手工堆焊。

（1）不锈钢品类的堆焊材料已普遍用于中高压阀门密封面的堆焊。这里所说的不锈钢焊材不包括铬 13 不锈钢类，为了叙述的方便，也将堆 567 焊条归在此类。

堆焊处表面和堆焊槽要粗车或喷砂除氧化皮，堆焊处不允许有任何缺陷和脏物，并将原密封面和渗氮层彻底清除，见本体光泽后方可堆焊。焊条的选择一般应符合原密封面材质。常用的不锈钢堆焊焊条如表 17－1 所示。

表 17－1　不锈钢堆焊常用焊条的牌号、性能及用途

<table>
<tr><th>牌号</th><th>药皮类型</th><th>焊接电流</th><th>焊缝主要成分及硬度</th><th>主要用途</th><th>焊接措施</th></tr>
<tr><td>堆 532</td><td>钛钙型</td><td>交直流</td><td>Crl8Ni8M03V
HB≥170</td><td>用于堆焊中压阀门密封面，有一定的耐磨、耐蚀、耐高温性能</td><td>焊条经 250℃左右，烘焙 1h</td></tr>
<tr><td>堆 537</td><td rowspan="3">低氢型</td><td rowspan="3">直流反接</td><td rowspan="2">Crl8Ni8Si5
HB 270～320</td><td rowspan="2">用于堆焊工作温度在 570℃以下的高压锅炉阀门密封面，具有良好的抗擦伤、耐腐蚀、抗氧化等性能</td><td rowspan="2">焊条经 250℃左右烘焙 1h，一般碳素钢不预热，大件、其他钢材要一定温度预热。焊层为 3～4层为适</td></tr>
<tr><td>堆 547</td></tr>
<tr><td>堆 547
钼</td><td>Crl8Ni8Si5Mo
HRC≥37</td><td>用于工作温度低于 600℃高压阀门密封面，具有良好的抗擦伤、抗冲蚀、抗热疲劳性能，堆焊金属时效强化效果显著</td><td>焊条经 250℃左右烘焙 1h，堆焊大件、深孔小口径截止阀体或其他钢材时，需预热缓冷或热处理，连续施焊焊 3～4 层</td></tr>
</table>

也有的阀门密封面是用18－8型不锈钢，堆焊焊条选用一般的奥112、奥117。为了防止热裂纹和晶间腐蚀，采用直流反接、短弧、快速焊、小电流，不应有跳弧、断弧、反复补焊等不正常操作。用18－8型不锈钢堆焊密封面，操作工艺简单，不易产生裂纹，但其硬度较低，不适合作闸阀密封面。

（2）铬13不锈钢材的堆焊。铬13是不锈钢的一种，从金相组织上分，它属于马氏体不锈钢，在中高压阀门上应用较广泛，常用牌号有1Crl3、2Crl3、3Crl3等。堆焊处表面的要求与前相同，选用焊条尽量符合原密封面材质，常用焊条见表17－2，这类焊条常用来堆焊510℃以下、0.6～16MPa的铸钢为本体的密封面。

表17－2　　铬13堆焊常用焊条的牌号、性能及用途

<table>
<tr><th>牌号</th><th>药皮类型</th><th>焊接电流</th><th>焊缝主要成分及硬度</th><th>主要用途</th><th>焊接措施</th></tr>
<tr><td>堆502</td><td>钛钙型</td><td>交直流</td><td rowspan="2">1Crl3
HRC≥40</td><td rowspan="2">用于堆焊工作温度在450℃以下的中压阀门等，堆焊层具有空淬特性</td><td>焊条经150℃左右烘焙1h，焊件焊前预热300℃以上，焊后不热处理。加热750～800℃，软化加工后，再加热950～1000℃，空冷或油淬后重新硬化。焊接工艺良好</td></tr>
<tr><td>堆507</td><td>低氧型</td><td>直流反接</td><td>焊条经250℃左右烘焙1h时。其他与上相同</td></tr>
<tr><td>堆507钼</td><td rowspan="2">低氢型</td><td rowspan="2">直流反接</td><td>1Crl3Mo
HRC≥38</td><td>用于堆焊510℃以下的中温高压截止阀、闸阀密封面应将本焊条与堆577配合使用，能获得良好的抗擦伤性能</td><td rowspan="2">焊条经250℃左右烘焙1h，焊件不需预热和焊后处理</td></tr>
<tr><td>堆507钼铌</td><td>1Crl3MoNi
HRC≥40</td><td>用于堆焊450℃以下的中、低压阀门密封面，具有良好的抗氧化和抗裂纹性能</td></tr>
</table>

续表

牌号	药皮类型	焊接电流	焊缝主要成分及硬度	主要用途	焊接措施
堆 512	钛钙型	交直流	2Cr13 HRC≥45	用于堆焊过热蒸汽用的阀件，其硬度耐磨性比堆 502 高，较难加工，堆焊层有空淬特性	焊件经 150℃左右烘焙 1h，焊前预热 300℃以上，不需热处理。可在 750 ~ 800℃遇火软化，加工后再经 950 ~ 1000℃空冷或油淬，重新硬化
堆 517	低氢型	直流反接	2Cr13 HRC≥45		250℃左右烘焙 1h。其他同上
堆 S27			3Cr13 HRC 40—49		焊条经 250℃左右烘焙 1h，焊前预热 350℃以上

（3）钴基硬质合金的堆焊。

钴基硬质合金以钴、铬、钨、碳为主要成分，具有良好的耐腐抗蚀性能，常用作 650℃高温高压阀门的密封面。

钴基硬质合金在检修中最常用的堆焊方法是氧－乙炔堆焊法，这种方法熔深较浅，质量好，节约贵重合金，设备简单，使用方便，但效率较低。

堆焊 35 号、Cr5Mo、15CrMo、20CrMo 以及 18－8 不锈钢等材质的阀门，堆焊表面的清理要求如前所述，堆焊前要预热，堆焊时焊件要保持温度一致，焊后要缓冷，表 17－3 为钴基硬质合金堆焊件预热及热处理规范。

表 17－3　　钴基硬质合金堆焊前预热及热处理规范

焊件材料	预热温度（℃）	焊后热处理
普通低碳钢小件	不预热	空冷
普通碳钢大件，高碳钢及低合金钢小件	350 ~ 450	置于砂或石棉灰中缓冷
高碳钢、低合金钢大件、铸钢部件	500 ~ 600	焊后在 600℃炉中均热 30min 后，炉冷
18－8 型不锈钢	600 ~ 650	焊后于 860℃炉中保温 4h，以 40℃/h 速度冷至 700℃后，再以 20℃/h 速度炉冷或石棉中缓冷

续表

焊件材料	预热温度（℃）	焊后热处理
铬13类不锈钢	600～650	焊后于800～850℃炉中，每25mm厚保温1h后，以40℃/h速度炉冷

氧－乙炔堆焊操作时，应调试好火焰，焰心与中焰长度比为1∶3，即“三倍乙炔过剩焰”，这种碳化焰温度低，对碳合金元素烧损最小，能造成焊件表面渗碳和堆焊熔池极小的良好条件。堆焊过程中应随时注意调整火焰比。为了保证火焰的稳定，最好单独使用乙炔瓶和氧气瓶。堆焊时要严格按照操作规范操作，换焊丝时火焰不能离开熔池，收口火焰离开要慢，以免焊层产生裂纹和疏松组织。焊前对焊丝进行800℃保温2h的脱氢处理。堆焊含钛阀体金属应打底层过渡。堆焊时注意火焰对熔池浮渣的操作及对焊渣的清除，以免堆焊层产生气孔、翻泡、夹渣等缺陷。

钴基硬质合金堆焊也可采用电弧堆焊的方法，或等离子弧粉末堆焊法。

（二）堆焊缺陷的预防

阀门密封面的手工堆焊操作工艺复杂，要求严格，焊前应针对施焊件制定技术措施，做好充分的准备，才能保证堆焊质量，不出现各种各样的缺陷。

1. 裂纹的预防

堆焊前要制作适当的堆焊槽，堆焊槽的宽度比密封面宽，棱角处呈圆弧，严格清除原堆焊层和渗氮层，堆焊槽上的油污、缺陷要认真清除干净。对刚性大、大堆焊件、中碳钢及淬硬倾向高的低合金钢，要进行整体或合理的局部预热，以消除和减少堆焊产生的应力。堆焊时要采用过渡层，用奥氏体不锈钢等塑性好的焊条打底，以防止堆焊层出现裂纹和剥离。堆焊最好在室内进行，避免穿堂风，并尽量避免连续多层堆焊，防止焊件过热，焊后应缓冷。有的堆焊层焊后应立即进行热处理，如用堆547钼焊条堆焊15CrlMolV后，需立即进行680～750℃高温回火，以改善淬硬组织，降低热影响区的硬度。对于一般不锈钢、低碳钢等塑性好的堆焊件，可以不用焊前预热、焊后热处理。

2. 气孔和夹渣的预防

气孔和夹渣对阀门密封面是十分不利的，在堆焊时应尽量防止气孔和夹渣的出现，这就要求焊接时应严格按照操作规范、规程，正确选用焊条、焊丝和焊粉，按规定烘焙焊条。堆焊时应电流适中，速度恰当。每层焊完后都应认真清除焊渣，并检查是否存在焊接缺陷，严格把关。

3. 变形的预防

为了减少变形，应尽可能地减少施焊过程中的热影响区，采用对称焊法及跳焊法等合理堆焊顺序；采用较小的电流、较细的焊条、层间冷却办法；也可采用必要的夹具和支撑，增大刚度。

4. 硬度

为了保证堆焊层的硬度达到设计要求，在堆焊过程中应采用冲淡率小的工艺方法。当采用手工电弧堆焊时，宜采用短弧小电流。对有淬硬倾向的焊材（如堆507、堆547），可用适当的热处理措施来提高堆焊层的硬度。

（三）密封面的粘接铆合

在修理中低压阀门密封面中，经常会遇到密封面上有较深的凹坑和堆焊气孔，用研磨和其他方法难以修复，可采用粘接铆合修复工艺。

（1）根据缺陷的最大直径选用钻头，把缺陷钻削掉，孔深应大于2mm。选用与密封面材料相同或相似的销钉，其硬度等于或略小于密封面硬度，直径等于钻头的直径，销钉长度应比孔深高2mm以上。

（2）孔钻完后，清除孔中的切屑和毛刺，销钉和孔进行除油和化学处理，在孔内灌满胶黏剂。胶黏剂应根据阀门的介质、温度、材料选用。

（3）销钉插入孔中，用小手锤的球面敲击销钉头部中心部位，使销钉胀接在孔中，产生过盈配合。用小锉修平销钉然后研磨。敲击和锉修过程中，应采取相应的措施，以免损伤密封面。

二、阀门主要部件的缺陷处理

（一）阀体和阀盖的焊补

高压阀门由于在运行中温度变化或在制造时的缺陷，阀体和阀盖上可能产生砂眼或裂纹，如不及时修补，危险性很大。

阀体和阀盖上如发现裂纹，在进行修补之前，应在裂缝方向前几毫米处使用5~8的钻头，钻止裂孔，孔要钻穿，以防裂纹继续扩大。然后用砂轮把裂纹或砂眼磨去或用錾子剔去，打磨坡口，坡口的型式视本体缺陷和厚度而定。壁厚的以打双坡口为好，打双坡口不方便时，可打U型坡口。焊补时，应严格遵守操作规范，一般焊补碳钢小型阀门时可以不预热，但对大而厚的碳钢阀门、合金钢阀门，不论大小，补焊前都要进行预热，预热温度要根据材质具体选择。焊接时要特别注意施焊方法，焊后要放到石棉灰内缓冷，并做1.25倍工作压力的超压试验。

（二）阀杆及其修理

阀杆是阀门的重要零件之一，它承受传动装置的扭矩，将力传递给关闭件，达到开启、关闭、调节、换向等目的。阀杆除与传动装置相连接外，还与阀杆螺母、关闭件相连接，有的还与轴承直接连接，形成阀门的完整传动系统。

1. 阀杆常用材质

阀杆在阀门的开关过程中不但是运动件、受力件，而且是密封件。它要受到介质的冲击和腐蚀，还与填料产生摩擦，因此在选用阀杆材料时，必须保证在规定的温度下，有足够的强度，良好的冲击韧性、抗擦伤性以及耐腐蚀性。阀杆又是易损件，材料的机械加工性能和热处理性能也是要注意的，电厂常用的阀杆材料如下：

铜合金：一般选用牌号有 QA19－2、HP659－1－1，适用于 PN≤1.6MPa、t≤200℃的低压阀门。

碳素钢：一般选用 A5、35 号钢，经过氮化处理，适用于 PN≤2.5MPa 的中低压阀门。A5 钢适用温度不超过 300℃。35 号钢适用温度不超过 450℃。但碳钢氮化制成的阀杆不耐腐蚀。

合金钢：一般选用 40Cr、38CrMoAlA、20CrMo1V1A 等材料。40Cr 经镀铬处理后，适用于 PN≤32MPa、t≤450℃的汽水、石油等介质；38CrMoAIA 经氮化处理后，适用于 PN≤10MPa、t≤540℃的汽水、油介质；20CrMolVlA 经氮化处理后适用于 PN≤14MPa、t≤570℃的汽水、油介质。

2. 阀杆的矫直

阀杆经常受到的介质的冲击、传动中的扭曲、关闭过程中压紧力的作用以及不正常的碰损都会使阀杆产生弯曲。阀杆弯曲会影响阀门正常操作，使填料处产生泄漏，加快阀杆与其他阀件的磨损。阀杆的弯曲变形可采用以下几种方法矫直修理：

（1）静压矫直法。通常在专用的矫直台上进行。先用千分表测出阀杆弯曲部位及弯曲值，再调整 V 型块的位置，把阀杆最大弯曲点放在两只 V 型块中间，并使最大弯曲点朝上，向下施加力，如图 17－2 所示，以矫正弯曲变形。

（2）冷作矫直法。冷作矫直的着力点正好与静压矫直相反，它是用圆锤、尖锤或用圆弧工具敲击阀杆弯曲的凹侧表面，使其产生塑性变形。受压的金属层挤压伸展，对相邻金属产生推力作用，弯曲的阀杆在变形层的应力作用下得到矫直。冷作矫直不降低零件的疲劳强度，矫直精度易控制，稳定性好，但矫直的弯曲量一般不超过 0.5mm。弯曲量过大，应先静压矫直，再冷作矫直。矫直完毕后，可用细砂纸打磨锤击部位或用抛光膏抛光。

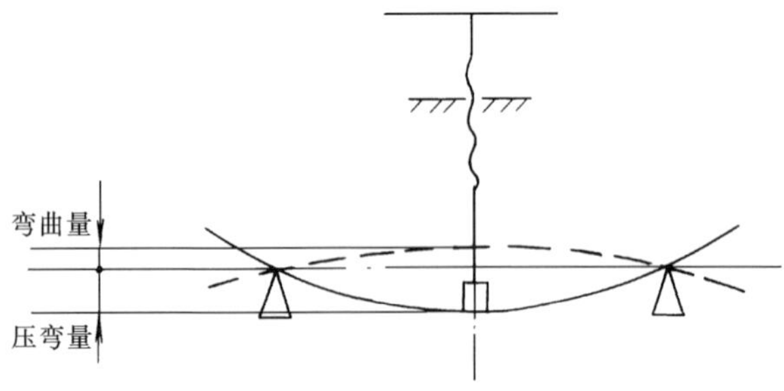

图 17－2　静压矫直示意

（3）火焰矫直法。与静压矫直一样，在阀杆弯曲部分的最高点，用气焊的中性焰快速加热到 450℃以上，然后快冷，使其弯曲轴线恢复到原有直线形状。需要注意的是如把阀杆直径全部加热透，则起不到矫直的作用；阀杆镀铬处理过，则要防止镀铬层脱落，热处理过的阀杆加热温度不宜超过 500～550℃。

3. 阀杆表面缺陷的修理

阀杆在使用中还易产生腐蚀和磨损。阀杆密封面损坏后，可用研磨、镀铬、氮化、淬火等工艺进行修复。研磨可参照动密封面的研磨方法，常用的研具如图 17－3 所示。表面处理可参照有关工艺进行。如阀杆损坏严重，无法修复，可制作新阀杆或购置备件进行更换。

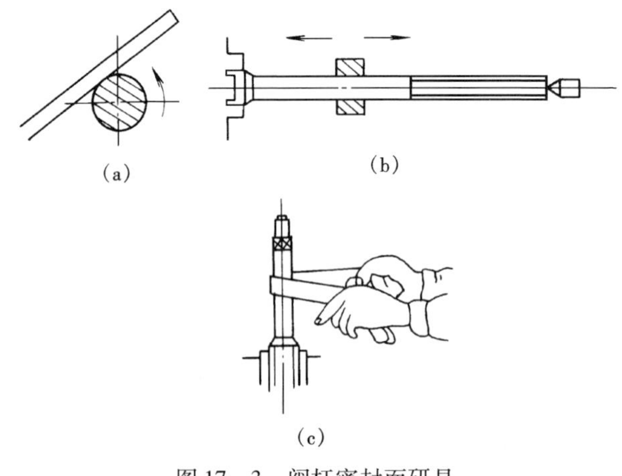

图 17－3　阀杆密封面研具

（三）阀杆螺母及其检修

1. 阀杆螺母的材料

阀杆螺母与阀杆以螺纹相配合，直接承受阀杆的轴向力，而且处于与支架等阀件的摩擦之中。因此阀杆螺母除要有一定的强度外，还要求具有摩擦系数小，不锈蚀，不与阀杆咬死等性能。阀杆螺母常用材料如下：

铜合金：铜合金不生锈，摩擦系数小，有一定的强韧性，是阀杆螺母普遍采用的材料。ZHMn58－2－2 铸黄铜适用于 PN≤1.6MPa 的低压阀门；ZQA19－4 无锡青铜适用于 PN≤6.4MPa 的中压阀门；ZHA166－6－3－2 铸黄铜适用于 PN＞6.4MPa 的高压阀门。

钢：电动阀门的阀杆螺母需要较高的硬度，在不导致螺纹咬死的条件下，常选用 35 号、40 号优质碳素钢。在选用时，应遵守阀杆螺母硬度低于阀杆硬度的原则，以免产生过早磨损和咬死的现象。

2. 阀杆螺母的检修

阀杆螺母系传递扭矩的阀件，它除了承受较大的关闭力外，在阀内的阀杆螺母容易受到介质的腐蚀和冲蚀，在阀外的阀杆螺母容易受到大气的侵蚀、灰尘的磨损，致使阀杆螺母过早损坏。在检修时，要注意阀杆螺母的梯形内螺纹、键槽、滑动面及爪齿的损坏情况。如轻微损坏，可针对损坏情况进行相应的处理；如果阀杆螺母损坏严重，则需更换新的阀杆螺母，若无备件，则需要自己加工配制。阀杆螺母的形式有多种，但它们的一些基本技术要求几乎是一致的，如阀杆螺母的梯形螺纹粗糙度一般要求为 6.3，普通螺纹的粗糙度一般要求为 12.5，凸肩滑动面粗糙度一般要求为 3.2，外圆柱滑动面粗糙度一般要求为 6.3。闸板上的阀杆螺母通常呈方块，旋转的阀杆螺母一般带有圆形凸肩，从梯形螺纹的旋向来看，固死在支架上的阀杆螺母通常为右旋，嵌在闸板上的阀杆螺母通常为左旋，旋转的阀杆螺母一般为左旋。根据以上基本共同点，再通过实际测绘，便可绘制出阀杆螺母的图去加工了。

第三节 阀门执行机构的缺陷处理

一、气动执行机构的缺陷处理

1. 膜片的维修

当阀门被隔离而不再受到压力时，要尽可能把主弹簧的各种压缩件松开。对一些角行程阀门，由于其弹簧膜片执行机构在外部是不可调的，弹簧的起始压缩量是在生产厂中调好的，因此更换膜片时不必松开。正作用执行机构的膜片室上盖一打开，就可以取出膜片并更换新膜片。对反作用的气动执行机构，要把膜头组件拆开之后才能更换膜片。

大多数弹簧－膜片气动执行机构都使用模压的波纹膜片。图 17－4 所示膜片由于有圆角为 R2 的波形，所以形成一个波纹深度 S，如果行程为 L，则 $S=(0.4\sim1.0)L$，行程大时，S 应适当取小值。波纹膜片安装方便，在阀门的全行程范围内有比较均匀的有效面积，和平膜片相比，还能得到较大的行程和较好的线性度。

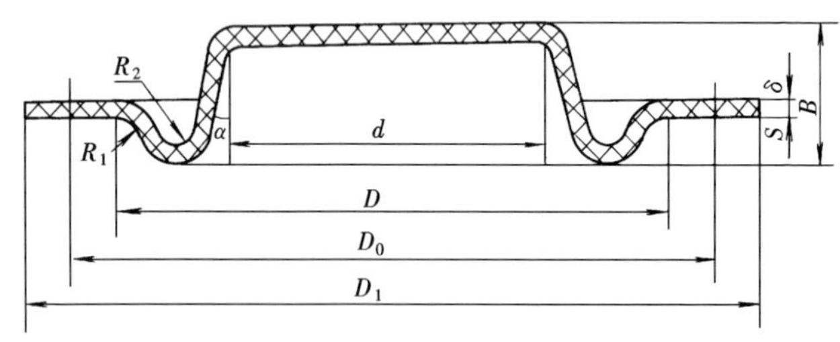

图 17－4　波纹膜片

膜片如果损坏、破裂、磨损、老化，都应该更换。要选用耐油、耐酸碱、耐温度变化的材料，橡胶膜片的种类很多，我国一般都用丁腈橡胶－26，中间夹层是锦纶－6 的 n 支丝织物。膜片从小到大的规格都已标准化，选用时应该注意。

如果在应急的情况下使用了平膜片，就要尽快用波纹膜片换下来。在重新装配膜片室上盖时，一定要均匀固定四周的螺栓，拧紧螺栓的顺序要均匀，既要防止泄漏，又要防止压坏膜片。

2. 气缸的维修

气动或液动执行机构中的气缸（液缸）缸体，由于使用时间长或装配不当等原因，会产生磨损，使缸体的内表面出现椭圆度、圆锥度、划痕、拉伤、结瘤等缺陷。较严重时影响活塞环和缸体内表面的密封，需要修理。缸体如果破损厉害，则应更换。如果只是磨损或小毛病，则可维修。维修的方法如下。

（1）手工研磨。对缸体轻微的划痕和擦伤等毛病，先用煤油擦洗干净，用半圆形油石在圆周方向打磨，然后用细砂纸蘸柴油在周围研磨，直至肉眼再也看不出毛病为止。研磨之后，要清洗气缸。

（2）机械磨削。如果内表面的缺陷较严重时，可直接用机械方法进行磨削或研磨，使其恢复原来的光洁度和精度。

（3）镀层处理。缸体电镀能恢复其原来尺寸，一般都镀铬，也可用其他材料。电镀之前要把缸体内表面的缺陷消除，要清除其原有的镀层（如果有的话）。电镀之后还要进行研磨或抛光。

（4）镶套法。如果气缸的内表面已严重损坏，上述考虑的方法都不能解决，则可以再镶嵌一个套。就是加工一个薄壁套镶入到缸体中。不过，缸体如果太薄，就不能进行。套筒太薄时，压配之后有变形，因此内孔还要加工，还要进行耐压试验。

3. 活塞的维修

活塞和缸体内表面在不良的工作条件下（例如活塞杆弯曲，润滑不良，有砂尘）都会造成磨损，甚至在外力的作用下活塞局部会产生断裂。维修方法如下。

（1）局部修理。对局部断裂部分，如图 17－5（a）所示，可以用焊接或粘接加螺钉等方法来修复，如图 17－5（b）、（c）所示。

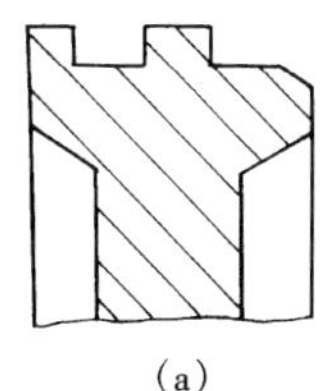

(a)

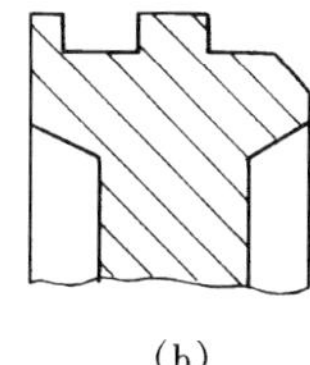

(b)

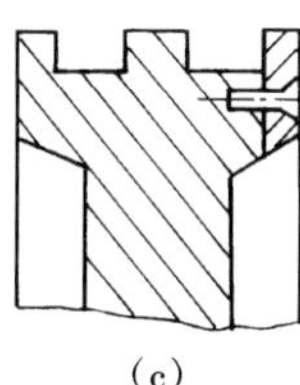

(c)

图 17－5　活塞局部破损的修复

（a）局部破损；（b）堆焊；（c）粘接

（2）表面喷涂。活塞磨损后外径变小，或由于缸体内表面镗大而使活塞与缸体之间间隙偏大。如果无法更换活塞，可以用二硫化钼－环氧树脂制成膜剂进行喷涂，以恢复或增大活塞的外径尺寸。这种合成物质的合成膜，干涸之后耐磨经久，方法简单。在喷涂之前应将活塞的非喷涂部分（槽、孔）包好塞紧，只用喷枪喷涂外径圆柱表面部分，喷一层晾干一层，直至所需的尺寸。涂层越薄结合越牢，厚度不要超过 0.8mm。晾干后放入烘箱，升温 2h 至 130～150℃，保温 2h，再随

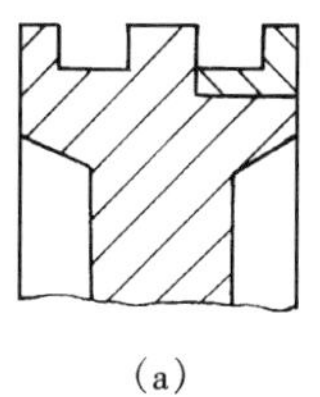

(a)

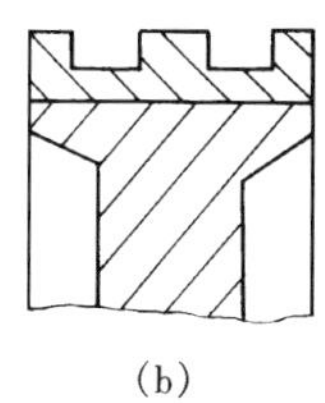

(b)

图 17－6　活塞的镶套

（a）局部镶套；（b）整体镶套

炉温降至室温，最后用外圆磨床把活塞研磨到所要求的尺寸。

（3）镶套修理。当活塞与气缸（液缸）之间的间隙过大或活塞断裂时，可在其外表面镶套修复。可以局部镶套［图 17－6（a）］，也可以整体镶套［图 17－6（b）］。镶套时可采用粘接、压配或其他机械方法，但最后尺寸及技术要求都要符合标准。

二、电动执行机构的缺陷处理

电动执行机构机械部分主要是减速箱，而减速箱主要由齿轮和蜗轮组成，这些零件由于长期使用或使用不当而产生断裂或磨损，下面主要介绍齿轮和蜗轮的修理方法。

1. 翻面使用法

如果齿轮和蜗轮是单面磨损，而结构又对称，修理时只要把齿轮、蜗轮翻个面，把未磨损面当成主工作面即可。

2. 换位使用法

由于角行程阀门（球阀、蝶阀等）的开关角度范围多数为 90°，作为传动件的蜗轮齿（或齿轮齿）就只有 1/4～1/2 的部位磨损最大，在修理时可把蜗轮（或齿轮）调换 90°～180°位置，让未磨损的轮齿参与啮合。蜗杆的长度较长，如果部分齿面磨损厉害，结构又允许的话，也可适当调整位置，不让磨损面参与啮合。

3. 断齿修复法

由于材料质量或热处理、加工、外力作用等原因，个别轮齿容易断裂或脱落。可设法把这个轮齿补上，当然，脱落齿数不能多。采用的修复方法有粘齿法［图 17－7（a）］、焊齿法［图 17－7（b）］、栽桩堆焊法［图 17－7（c）］。修理时，一般都要把损坏的轮齿除掉，再加工成燕尾槽，用和原齿轮相同的材料制成新齿，借助样板把新齿粘接，或将其焊接。在

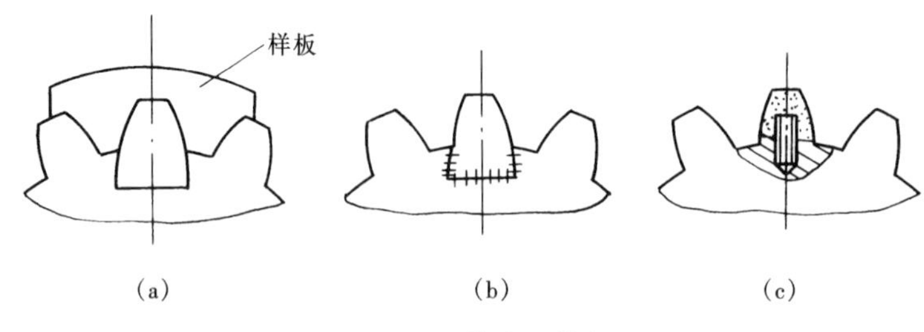

图 17－7　轮齿的修复

（a）镶齿粘接法；（b）镶齿焊接法；（c）栽桩堆焊法

用栽桩堆焊法时，先在断齿上钻孔攻丝，拧上几个螺钉桩，再在断齿处堆焊出新齿。必须注意，在修复过程中要防止损坏其他轮齿。在修复新牙之后要加工成与原齿一样的渐开线齿形。还要防止齿轮受热退火。

4. 磨损齿面修复法

齿面如果磨损严重或有点蚀破坏，可用堆焊法修复。把磨损面清理干净，除去氧化层、渗碳层之后，用单边堆焊法，根据齿形，从根部到顶部，首尾相接，在齿面焊2~4层，齿顶焊一层。要防止齿轮变形。焊接完成后，进行退火处理，然后按精度要求，进行机械加工。

提示 本节内容适合锅炉管阀检修（MU5　LE14）。

第四节　阀门常见故障的分析与处理

一、阀门密封失效的分析处理

阀门泄漏是阀门最常见的故障，分为外部泄漏和内部泄漏两种。检修中应针对不同的泄漏原因和情况，采取相应的措施消除和预防。

（一）阀门外部泄漏

1. 阀体泄漏

阀体浇铸质量差，有砂眼、气孔，甚至有很多砂包、裂纹。一般水压时未发现泄漏，在启动调试和运行中经冷、热交变后就暴露出来，现场对此只能采取挖补和淘汰法解决。故应改进阀门，提高制造质量和加强检验，但最好的解决办法是将阀体改为模锻焊接阀门，不仅可防止泄漏，而且可减少废品，节省金属，同时阀壳减薄后对热疲劳、热变形有利，可延长使用寿命。

2. 密封泄漏

密封圈寿命短，阀盖自密封泄漏多。其原因是：

1）密封圈质量差，橡胶组成成分多，石棉纤维短，金属丝不是镍基不锈钢的，易老化，失去弹性，冷、热变化后就难再用。

2）阀壳内壁疏松，未加不锈钢镀层，容易产生斑点腐蚀，修刮时粗糙度、公差不易做到精确，所以更易泄漏吹损，造成恶性循环。对温度高于450℃的不锈钢自密封结构，其加工精确度、间隙、接触角的正确性要求高，否则密封圈的弹性小，变形不合适时，易失去密封作用。此种结构阀门横装时，冷、热变化后密封圈与阀壳会有偏心，冷态无压力下缺乏密封性，泄漏更为严重。

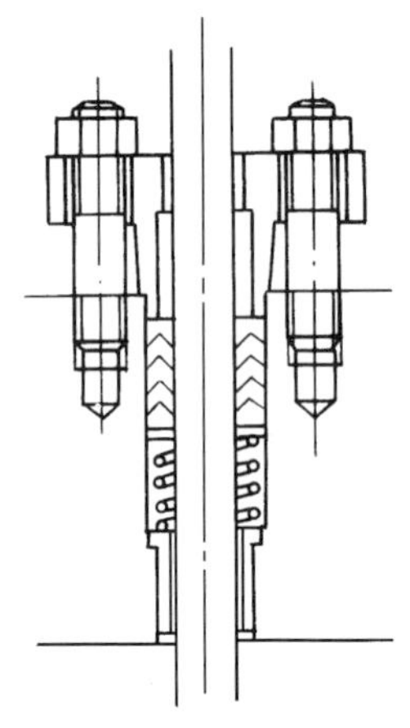

图 17－8　带有弹簧及唇形 V 填料的阀盖结构

3）填料盒泄漏，目前阀杆处盘根都是剪切接头，因此装配工艺松紧程度对泄漏关系很大。如现场既无紧度标准，又缺乏合适的力矩扳手，因而安装检修人员为使阀门不漏，往往把填料盒压盖过于压紧，造成盘根在冷、热变化后很快失去弹性。有的填料盒压盖螺丝难以热紧，有的两旁螺孔开豁，松紧螺丝时曾发生压盖弹出事故，以致高压热态不敢紧盘根，使它逐步发生更大泄漏，短期即要挖去重换盘根。同时有的在使用中盘根质量差、已老化，检修时未及时更换或补充盘根，造成泄漏的也不少。可以采用图 17－8 所示有自密封的 V 型盘根，在尺寸允许时，可把盘根分上、下两段，中间加唇形 V 填料，可接轴封或打入润滑剂，也可加装弹簧，使盘根保持弹性，减少泄漏，延长寿命。

（二）阀门内部阀瓣与阀座结合面泄漏原因分析

（1）由于安装检修时管系内存有残渣、杂物，化学清洗留有死角，某些管段未经彻底冲洗，或在冲洗中应拆除的阀芯未拆、不该装的阀门装了，以致脏物卡涩，卡坏结合面或冲坏阀门造成泄漏，尤其启动初期损坏阀门结合面的较多。

（2）阀门结合密封面太宽、压强不够；密封面堆焊硬质合金耐磨性差、质量差、龟裂；密封面研磨质量差，粗糙度、精确度不够，或磨偏；制造研磨差或研磨座时，尺寸角度与原阀头、阀座不一致，以致泄漏。如某些需要关严的调节阀，采取下进上出宽平面密封，缺乏足够的密封力，泄漏严重。对某些高压差阀门也要求严密关闭，宜用锥形密封，阀座、阀芯采用不同的圆锥角，形成线接触，产生很大压强。

（3）密封面也常常是节流吹损面，寿命较短，焊接式高压阀门缺更换阀座、车磨密封面的专用工具，或公用系统阀门隔离停下的机会少，阀门泄漏后得不到及时修理，而吹损更甚，以致恶性循环，泄漏严重。

（4）采用电动装置规格不合适，调整不当，以致不能保证阀门关严，如电动闸阀及上进下出电动截止阀。照理有压力时能起自密封作用，但因目前使用的电动机都是无电气制动的普通电动机，关到限制位置后受惯性惰走，同时受到流体压力作用和热态时热膨胀影响等。当用行程开关限位时，如用电动关闭，总留有一定的空隙，以免卡坏阀门，如不用手动操作再关，就难以保证严密。有的电动头调整不当，空行程留得过大或过小，前者关后泄漏，后者则关得过紧，不易打开，还易卡坏结合面。有的电动装置选择不当，质量差，执行机构力矩不足，高压差时很难关，更不能保证关严等。

（5）操作不注意或不得法，使本可关严的隔绝门结合面吹损，如启动系统有时由于调节阀不灵，采用分进等隔离门作调节阀用，因而遭到吹损，关不严。如串联阀门未严格按先开一道门再开第二道门，关时先关第二道门后关第一道门的程序，也往往造成两阀门均吹损泄漏等。

二、阀门动作失效的分析处理

阀门动作失效的原因主要有两类，一类为阀门的启闭件故障，另一类为执行机构故障。

（一）阀门启闭件故障原因分析与处理

当阀门动作失效是由启闭件故障引起时，启闭件的故障可能是阀杆与阀杆螺母或填料函等的配合不良引起。其原因是：

（1）阀杆或阀杆螺母的螺纹损坏，造成乱扣卡死或划扣松脱，阀杆螺母应使用适当的材质，螺纹的精度和表面粗糙度符合要求，螺母与阀杆配合间隙符合标准。

（2）阀杆弯曲，应校直阀杆。

（3）阀杆与其导向部件配合间隙不符合要求，同心度不良，应校直阀杆或调整通心度。

（4）阀杆外圈的部件装配不良，如填料压盖、填料密封环等偏斜卡住阀杆，应重新装配。

（二）阀门执行机构故障原因与处理

1. 减速机构的齿轮、蜗轮和蜗杆传动不灵活

（1）传动部件装配不正确，轴承与轴套间隙过小，应使机构装配合理，间隙适当。

（2）传动机构组成的零件加工精度低，齿面不清洁有异物、润滑差或被磨损等，应在装配前检查部件质量，齿轮齿面磨损或断齿应进行修复或更换，保证良好的润滑。

（3）传动部位的定位螺丝、卡圈、胀圈或键、销损坏，应保证装配正确。

2. 电气部件故障

（1）因连接工作时间过久，电源电压过低，电动装置的转矩限制机构整定不当或失灵，使电动机过载，或因接触不良或线头脱落而缺相，因受潮、绝缘不良而短路等，造成电动机损坏。使用中电动机连接工作时间一般不宜超过10～15min，电源电压要调整到正常值。转矩限制机构整定值要正确，对传动机构动作不灵应修理、调整，其开关损坏应更换。

（2）行程开关整定不正确，行程开关失灵，使阀门打不开，关不严。应重新调整行程开关的位置，使阀门能正常开闭，行程开关损坏应更换。

（3）转矩限制机构失灵，造成阀门损坏等事故。转矩限制机构失灵是很危险的故障，应定期对该机构进行检查和修理，转矩开关损坏应及时更换，同时加强电动机的过载保护的检查。

（4）信号指示系统失灵或者指示信号与阀杆动作不相符时，应调整电动装置，注意电动装置的电动、手动方向一致，并使阀门实际开闭状态与信号指示相符。

（5）磁阀电磁传动失灵，线圈过载或绝缘不良而烧毁，电线脱落或接头不良，零件松动或异物卡住，介质浸入圈内，电线接头应牢固，电磁传动内部构件应安装正确、牢固，电磁传动部分的密封应良好。

三、安全阀故障的原因分析与处理

安全阀故障时，可根据不同情况，采取相应的措施，具体见表17－4。

表17－4　　安全阀故障原因及消除措施

现　象	原　　因	消除措施
脉冲阀动作不灵，不能起跳或动作迟钝	1. 各处间隙不合适，产生卡涩，摩擦大； 2. 阀内有脏物，锈蚀严重，局部卡涩； 3. 电磁铁线圈阻力大，铁芯不能垂直作用在杠杆上	1. 检查调整各部间隙，使其符合要求； 2. 冲净脉冲管，清理阀芯内部，将脏物、锈蚀清除； 3. 抽出铁芯检查电磁铁，去除油垢，涂黑铅粉，使其灵活不卡，垂直作用在杠杆上； 4. 检查修正刀口，保持支点、刀口、着力点在一条线上，杠杆刀口角度调至120°，阀杆刀口角度为90°，厚为0.3～0.6mm，各处不卡

续表

现　象	原　　因	消除措施
脉冲阀回座压力低	1. 各部间隙不合适，有卡涩现象； 2. 安全阀各处水平度、垂直度不合要求； 3. 阀杆弯曲大于0.1mm； 4. 弹簧塑性变形，紧弹簧时四周间隙不匀、中心偏斜； 5. 粗糙度高，阀杆、衬套有毛刺； 6. 各活动部分有脏物、卡涩； 7. 疏水门开度不合适； 8. 安全阀起跳后，重锤位置移动	1. 保证各部间隙符合有关要求； 2. 保持各水平度、垂直度在允许范围内； 3. 校正阀杆，使弯曲值在要求范围内； 4. 重新校验弹簧，更换、紧固弹簧，保证弹簧中心不偏斜； 5. 对粗糙处进行磨光处理； 6. 清除脏物，保证阀体内部干净； 7. 调整疏水门开度至合适值； 8. 把重锤略向后移，并固定牢靠
主安全阀拒绝动作	1. 疏水门全开或开得过大，活塞室漏气； 2. 脉冲阀开启行程不够； 3. 阀芯与活塞的有效作用面积相差太小； 4. 胀圈太硬，胀圈与汽缸壁硬度差小于HB50； 5. 胀圈的接口及径向间隙太小； 6. 阀芯导向翅与阀座间隙小； 7. 活塞室、胀圈内有脏物、卡涩	1. 关小疏水门，换活塞环，减小漏气间隙和漏汽量； 2. 查明原因消除，增大脉冲阀行程； 3. 增大活塞直径或减少阀芯直径； 4. 保证汽缸壁硬度HB400～500，胀圈硬度HB300～350； 5. 接口间隙为2～3mm，径向间隙大于0.1mm； 6. 加大阀座与阀芯导向翅间隙至0.5～0.7mm； 7. 清理活塞室、胀圈内脏物，消除卡涩
主安全阀漏汽	1. 结合面材质差，使用焊条不当，有夹渣裂纹； 2. 结合面研磨质量差，有关间隙不合要求； 3. 弹簧刚性变化紧力不够，弹簧压偏，中心不正，单面受力；	1. 采用钨铬钴基、热507焊条，注意堆焊工艺，保证硬度等于250； 2. 重新研磨，符合要求，检查阀各间隙均匀，大小合要求； 3. 更换弹簧，在安装时保证中心不偏，受力均匀；

续表

现　象	原　　因	消除措施
主安全阀漏汽	4. 阀芯密封面、阀壳与内套垫、活塞连接法兰面不平行，造成吃力不匀，汽流将垫子吹成槽； 5. 阀芯连接处脱落度间隙大，弹簧紧力小时，造成安全阀动作后不能复位； 6. 活塞连接杆螺丝有裂纹，丝杆受热后拉长； 7. 管路系统脏，安全阀动作后，排气管脏物落下，卡密封面； 8. 主安全阀阀芯锁紧垫片强度差，断裂、松动，阀头掉	4. 保持三个结合面的平行度合乎要求； 5. 减小阀芯连接处脱落度至1mm； 6. 更换不合格的连杆； 7. 排汽管安装时应保证内部清洁； 8. 重新加工锁紧垫片，材料由FB2改为1Crl8Ni9Ti并加厚1mm，然后将阀芯装牢，必要时应重试安全阀将脏物吹净
主安全阀回座延迟	1. 疏水门开度小或活塞室漏汽小； 2. 摩擦阻力大	1. 开大疏水门，适当开大缓冲器止回阀节流孔； 2. 保证各处配合间隙及粗糙度在要求范围
安全阀动作频跳	1. 压力继电器取样点距主安全阀距离太近； 2. 阀芯内部结构间隙不合适，回座压力不稳定； 3. 回座压力过高，起座、回座压差大于3%； 4. 联系不够，安全阀起跳后未及时降压，甚至继续升压	1. 改变压力继电器取样点，远离主安全阀； 2. 改变阀芯结构，调整各部间隙； 3. 调整节流阀开度，关小疏水门，降低回座压力； 4. 加强联系，安全阀动作后应采取降压措施
主安全阀开启行程不够	1. 限制开启行程的台阶距离不够； 2. 导向衬套松脱，致使阀芯受压； 3. 电磁铁与作用杠杆间行程不够； 4. 主阀弹簧短，预紧力不够，水压试验时漏，活塞杆上抬过多，与端盖相碰，距离不够，限制行程	1. 按厂家要求保证开启行程，必要时车短凸肩； 2. 解体检修，导向衬套复位，并固定牢靠； 3. 保证电磁铁最大的行程，必要时加垫； 4. 换弹簧或增加衬垫，减小活塞杆外凸过多，保证行程

提示　本节内容适合锅炉管阀检修（MU5 LE14）。